U0387744

教育部高等学校电子信息类专业教学指导委员会规划教材

高等学校电子信息类专业系列教材·新形态教材

光电技术

（第2版）

杨应平 编著

清华大学出版社

北京

内 容 简 介

本书系统地介绍光电技术的基础理论、常用光电探测器的工作原理与特性、典型光电探测器应用技术和光电信号探测与处理技术,主要内容包括辐射度学与光度学基础、光电探测器的理论基础、光电导探测器、光伏探测器、光电子发射探测器、热探测器、光电图像探测器、光学信息变换、微弱光电信号的探测与处理和光电探测系统应用实例分析。

本书可作为高等院校光电信息科学与工程、应用物理、测控技术与仪器、电子科学与技术、电子信息科学与技术、电气工程及其自动化、通信工程、信息工程等专业本科生及研究生教材,也可供其他相关专业师生和工程技术人员参考。

图书在版编目(CIP)数据

光电技术/杨应平编著. —2 版. —北京:清华大学出版社,2023.6(2024.6重印)
高等学校电子信息类专业系列教材·新形态教材
ISBN 978-7-302-61094-6

Ⅰ. ①光… Ⅱ. ①杨… Ⅲ. ①光电技术—高等学校—教材 Ⅳ. ①TN2

中国版本图书馆 CIP 数据核字(2022)第 101036 号

策划编辑:盛东亮
责任编辑:钟志芳
封面设计:李召霞
责任校对:时翠兰
责任印制:丛怀宇

出版发行:清华大学出版社
    网　　址:https://www.tup.com.cn, https://www.wqxuetang.com
    地　　址:北京清华大学学研大厦 A 座　　邮　　编:100084
    社 总 机:010-83470000　　邮　　购:010-62786544
    投稿与读者服务:010-62776969, c-service@tup.tsinghua.edu.cn
    质量反馈:010-62772015, zhiliang@tup.tsinghua.edu.cn
    课件下载:https://www.tup.com.cn, 010-83470236
印 装 者:三河市君旺印务有限公司
经　　销:全国新华书店
开　　本:185mm×260mm　　印　张:24.25　　字　　数:591 千字
版　　次:2020 年 8 月第 1 版　2023 年 8 月第 2 版　　印　　次:2024 年 6 月第 2 次印刷
印　　数:1501～2500
定　　价:69.00 元

产品编号:096775-01

前 言
PREFACE

　　光电技术是一门以光电子学为基础,将光学技术、电子技术、精密机械及计算机技术紧密结合的新技术,是获取光信息或借助光提取其他信息的重要手段。它将电子学中的许多基本概念与技术移植到光频段,解决光电信息系统中的工程技术问题。这一先进技术使人类能更有效地扩展自身的视觉能力,使视觉的长波延伸到亚毫米波,短波延伸到紫外、X 射线、γ 射线乃至高能粒子,并可以飞秒级速度记录超快现象的变化过程。光电技术在现代科技、经济、军事、文化、医学等领域发挥着极其重要的作用,是当今世界争相发展的支柱产业,是竞争激烈、发展最快的信息技术产业的主力军。随着光电技术的迅速发展,各种新型半导体激光器、国产 1.5 亿像素的固体图像传感器、新型的光电探测器等在工业与民用领域随处可见,热成像技术也已广泛应用于军事和工业领域。光电技术已经渗透到国民经济的各个方面,成为信息社会的支撑技术之一。

　　编者总结 20 多年讲授光电技术课程的教学经验,参阅了大量国内外优秀教材和文献,为适应新技术发展对光电人才培养的需要,依据教育部高等学校光电信息科学与工程专业教学指导分委会对“光电技术”课程要求及教育部关于《高等学校课程思政建设指导纲要》精神修订了本书。本书从教学价值塑造、专业知识传授、能力培养和普适性出发,注重基础、强调应用,主要特点如下:

　　(1) 全书以光电探测的物理理论基础、光电探测器、光电信号探测与处理和典型光电探测系统分析为主线,形成完整的光电技术知识体系,内容全面、结构合理、重点突出并注重实用。

　　(2) 书中融入光电发展历程、发展趋势、国家航天重大工程成果和中外科学家人物事迹,使学生养成探索未知、培养精益求精的大国工匠精神,激发学生科技报国的家国情怀和使命担当。

　　(3) 全书突出光电信息系统构成,使学生掌握光电信息系统的总体框架,发挥学生的“奇思妙想”,充满兴趣地投入光电创新实践活动中。

　　(4) 中国大学 MOOC 上运行的“光电技术”在线课程和国家级线上线下混合式一流本科课程采用本书作为教材。

　　(5) 本书配备了微课视频、教学课件、教学大纲、测试题库、习题解答等资源,实现了“互联网＋”的课程学习模式。

　　(6) 与本书配套的实验教材为《光电信息技术实践教程》(陈梦苇等编著,清华大学出版社出版),可选择使用,以增强学生的光电系统综合设计能力。

　　全书共 10 章。第 0 章介绍光电技术的研究内容及其发展趋势;第 1、2 章主要讲述光电技术的理论基础;第 3～6 章主要讲述光电导探测器、光伏探测器、光电子发射探测器和热探测器的工作原理、特性参数、偏置电路及应用技术;第7章主要讲述真空摄像管及电荷耦合器件、CMOS 图像传感器、红外焦平面等固体图像传感器;第8章讲述光学信息变换技术;第9章讲述微弱光电信号的探测与处理技术;第10章讲述光电探测系统的典型应用。其中,华中科技大学曾延安负责编写7.5节,武汉理工大学胡昌奎负责编写第8章、9.1节、10.1节、10.2节、10.3节,武汉理工大学黎敏负责编写10.4节、10.5节,其他章节由杨应平编写。全书由杨应平统稿。

教育部高等学校光电信息科学与工程专业教学指导分委会原副主任委员、华中科技大学杨坤涛教授对书稿进行了认真仔细的审阅并提出了许多宝贵建议,在此表示衷心的感谢。在本书的编写过程中,武汉理工大学物理系光电材料与器件物理研究室的陈梦苇、胡靖华和多名研究生在资料文献查阅、文字整理和插图绘制等方面做了大量的工作,在此特向他们表示诚挚的谢意。感谢"武汉理工大学本科教材建设专项基金项目"资助。

在本书的编写过程中,参考了大量的国内外优秀教材和科技文献,根据本书体系的需要选编了其中的一些典型内容并在书后给出了主要参考文献,在此特向这些文献的作者表示感谢。

由于编者水平有限,书中难免存在疏漏之处,希望读者指正。

本书配套提供教学大纲、教学课件、习题解答、专业英语、测试题库、测试题库参考答案、课程思政教学案例等教学资源,供广大教师授课使用,可以扫描下面二维码获取。

教学资源

编 者

2023 年 5 月

知 识 结 构
CONTENT STRUCTURE

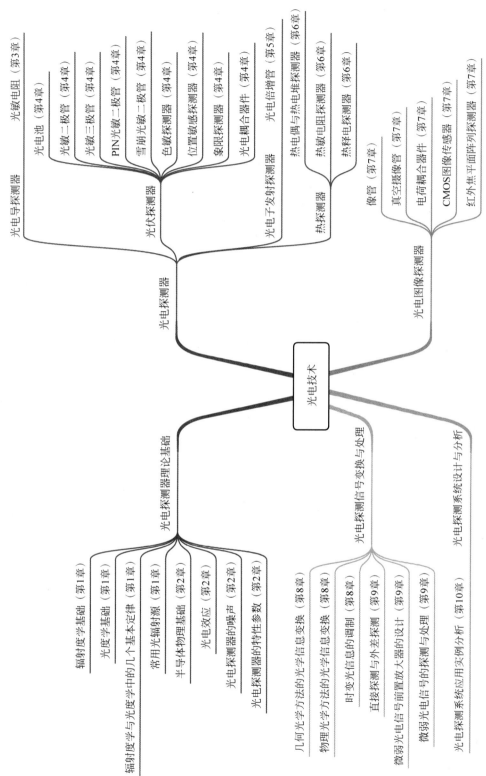

光电技术

光电探测器

光电导探测器
- 光敏电阻（第3章）

光伏探测器
- 光电池（第4章）
- 光敏二极管（第4章）
- 光敏三极管（第4章）
- PIN光敏二极管（第4章）
- 雪崩光敏二极管（第4章）
- 色敏探测器（第4章）
- 位置敏感探测器（第4章）
- 象限探测器（第4章）
- 光电耦合器件（第4章）

光电子发射探测器
- 光电倍增管（第5章）

热探测器
- 热电偶与热电堆探测器（第6章）
- 热敏电阻探测器（第6章）
- 热释电探测器（第6章）

光电图像探测器
- 像管（第7章）
- 真空摄像管（第7章）
- 电荷耦合器件（第7章）
- CMOS图像传感器（第7章）
- 红外焦平面阵列探测器（第7章）

光电探测器理论基础
- 辐射度学基础（第1章）
- 光度学基础（第1章）
- 辐射度学与光度学中的几个基本定律（第1章）
- 常用光辐射源（第1章）
- 半导体物理基础（第2章）
- 光电效应（第2章）
- 光电探测器的噪声（第2章）
- 光电探测器的特性参数（第2章）

光电探测信号变换与处理
- 几何光学方法的光学信息变换（第8章）
- 物理光学方法的光学信息变换（第8章）
- 时变光信息的调制（第8章）
- 直接探测与外差探测（第9章）
- 微弱光电信号前置放大器的设计（第9章）
- 微弱光电信号的探测与处理（第9章）

光电探测系统设计与分析
- 光电探测系统应用实例分析（第10章）

教学建议
SUGGESTION

本书所涉及的光电技术内容构成一个完整的理论教学体系，旨在通过本课程的学习，使学生掌握光电技术的基础理论、各种光电探测器的工作原理与特性、典型器件应用技术和光电信号探测与处理技术，能进行基本光电信息系统设计，为后续的光电专业课学习打下理论和实验的基础；同时，课程穿插融入中外光电科学家的成就、光电国之大器、光电中国制造等，培养学生勇攀科学高峰的责任感和使命感、精益求精的大国工匠精神，激发学生科技报国的家国情怀和使命担当。

本书共 11 章，第 0～2 章为光电技术理论基础，第 3～6 章为光电导探测器，第 7 章为光电图像探测器，第 8 章、第 9 章为光学信息变换与光电信号探测技术，第 10 章为光电探测系统的典型应用。各章需掌握的内容、重点、难点和教学学时建议如下：

教学内容	教学要求	学时
第 0 章 绪论	了解光电系统和光电技术应用及发展趋势	1
第 1 章 辐射度学与光度学基础	掌握的内容：辐射度学的基本物理量、光度学的基本物理量、辐射度学与光度学中的基本定律、光源的基本特性参数、热辐射光源、气体放电光源、激光器、发光二极管。 重点：辐射度学与光度学的基本物理量、发光二极管的工作原理与应用。 难点：辐强度（发光强度）、辐亮度（光亮度）、辐度量与光度量的关系、同质和异质结发光二极管工作原理	7
第 2 章 光电探测器的理论基础	掌握的内容：半导体物理基础、光电效应、光电探测器的噪声、光电探测器的特性参数。 重点：光电效应、探测器中的噪声和探测器的特性参数。 难点：光电导效应、光伏效应	6
第 3 章 光电导探测器	掌握的内容：光敏电阻的原理与结构、光敏电阻基本特性参数、典型光敏电阻、光敏电阻的基本偏置电路、光敏电阻应用。 重点：光敏电阻的工作原理与应用、主要特性参数、光电探测器的偏置电路。 难点：光敏电阻的基本偏置电路和应用	4
第 4 章 光伏探测器	掌握的内容：硅光电池、硅光敏二极管、硅光敏晶体管、PIN 光敏二极管、雪崩光敏二极管（APD）、色敏探测器、象限探测器、位置敏感探测器（PSD）。 重点：光电池、光敏二极管、PIN 光敏二极管、APD、象限探测器和位置敏感探测器。 难点：PIN、APD、QPD、PSD 原理与应用、光电器件的光电变换电路分析	12
第 5 章 光电子发射探测器	掌握的内容：光电阴极、光电倍增管的工作原理、光电倍增管的主要特性参数、光电倍增管的供电和信号输出电路、光电倍增管的应用。 重点：光电阴极、光电倍增管的供电和信号输出电路。 难点：负电子亲和势光电阴极、光电倍增管的信号处理电路	4

续表

教学内容	教 学 要 求	学时
第6章 热探测器	掌握的内容：热辐射的一般规律、热电偶与热电堆探测器、热敏电阻探测器、热释电探测器。 重点：热辐射的一般规律、热电堆探测器和热释电探测器。 难点：温度变化方程、热探测器特性参数、热释电工作原理与应用	4
第7章 光电图像探测器	掌握的内容：像管、真空摄像管、电荷耦合器件和CMOS图像传感器。 重点：摄像管工作原理、电荷耦合器件工作原理和CMOS工作原理。 难点：摄像靶工作原理、电荷耦合工作原理与应用、有源像素结构及工作原理与应用	6
第8章 光学信息变换	掌握的内容：光学信息变换。 重点：几何和物理光学方法的光学信息变换	4
第9章 微弱光电信号的探测与处理	掌握的内容：放大器的噪声模型与等效输入噪声、噪声系数、最佳源电阻和运放的选用与设计原则。 重点：放大器的噪声模型与等效输入噪声、噪声系数、最佳源电阻和运放的选用与设计原则	4
第10章 光电探测系统应用实例分析	掌握的内容：光电系统的设计	4
教学总学时		56

本书既适合多学时(56学时)教学,也适合少学时(40学时)教学,根据不同学校的学时安排、先修课程情况和专业办学特色等,可以适当调整有些教学内容。

建议对于少学时的教学,可以选讲第1章、第8~10章等章节的部分内容,不会影响课程系统的完整性和其他章节内容的学习。

建议先修高等数学、大学物理、模拟电路、数字电路和单片机应用等课程。

建议讲述第3~7章和第9章中的教学内容时,开设对应的实验教学内容。

建议针对光电技术和先修课程开设光电信息系统的综合课程设计内容。

物理量符号
PHYSICAL SYMBOLS

符 号	符 号 名 称	单 位	单 位 名 称
Ω	立体角	sr	球面度
Q_e	辐射能	J	焦耳
Φ_e	辐通量	W	瓦［特］
I_e	辐强度	W/sr	瓦［特］每球面度
M_e	辐出度	W/m^2	瓦［特］每平方米
E_e	辐照度	W/m^2	瓦［特］每平方米
L_e	辐亮度	W/(m^2 · sr)	瓦［特］每平方米球面度
$\Phi_{e,\lambda}$	光谱辐通量	W/μm	瓦［特］每微米
$M_{e,\lambda}$	光谱辐出度	W/(m^2 · μm)	瓦［特］每平方米微米
$I_{e,\lambda}$	光谱辐强度	W/(sr · μm)	瓦［特］每球面度微米
$L_{e,\lambda}$	光谱辐亮度	W/(m^2 · sr · μm)	瓦［特］每平方米球面度微米
$E_{e,\lambda}$	光谱辐照度	W/(m^2 · μm)	瓦［特］每平方米微米
Q_v	光量	lm · s	流明·秒
Φ_v	光通量	lm	流明
M_v	光出射度	lx	勒克斯
I_v	发光强度	cd	坎［德拉］
E_v	光照度	lx	勒克斯
L_v	光亮度	cd/m^2	坎［德拉］每平方米
μ	迁移率	m^2/V · s	平方米每伏［特］秒
V	电压	V	伏［特］
	体积	m^3	立方米
U	电势	V	伏［特］
I_p	光电流	A	安［培］
I_d	暗电流	A	安［培］
S_i	电流灵敏度	A/W	安培每瓦［特］
S_v	电压灵敏度	V/W	伏［特］每瓦［特］
D^*	比探测率	cm · Hz$^{1/2}$/W	厘米根号赫兹每瓦［特］
R_p	光敏电阻	Ω	欧［姆］
M	雪崩倍增系数		
	光电导增益		
	塞贝克常数	V/K	伏［特］每开［尔文］
η	量子效率		
γ	光照指数		
	热释电系数	C/cm^2 · K	库仑每平方厘米开［尔文］

续表

符 号	符 号 名 称	单 位	单 位 名 称
S_g	光电导灵敏度	S/lm	西[门子]每流明
α	吸收系数		
	温度系数		
	电压指数		
V_r	反向偏压	V	伏[特]
ε	收集率		
	发射系数		
	介电常数	F/m	法[拉]每米
δ	二次发射系数		
α_T	温度系数	1/K	每开[尔文]
T_c	居里温度	K	开[尔文]
P_s	电极化强度	C/m^2	库[仑]每平方米
S	面积	m^2	平方米
v	速度	m/s	米每秒
Q	电量	C	库[仑]
e	电子电量	C	库[仑]
ρ	电荷体密度	C/m^3	库[仑]每立方米
	电阻率	$\Omega \cdot$ m	欧姆米
σ	电荷面密度	C/m^2	库[仑]每平方米
	电导率	S/m	西[门子]每米
	斯特藩玻耳兹曼常数		
I , i	电流	A	安[培]
J	电流密度	A/m^2	安[培]每平方米
E	电场强度	V/m	伏[特]每米
R	电阻	Ω	欧[姆]
Z	阻抗	Ω	欧[姆]
f	频率	Hz	赫[兹]
ω	角频率,角速度	rad/s	弧度每秒
λ	波长	m	米
c	[真空中]光速	m/s	米每秒
n	折射率		
G	增益		
	热传导系数	W/K	瓦[特]每开[尔文]
C	电容	F	法[拉]
	热容	J/K	焦耳每开[尔文]

目 录
CONTENTS

视频目录
VIDEO CONTENTS

续表

章　名	视　频　名　称	时长/分钟
第4章　光伏探测器	4.5.3 雪崩光敏二极管特性参数与应用	19
	4.6.1 色敏探测器结构与工作原理	10
	4.6.2 色敏探测器的信号处理电路与应用	11
	4.7.1 位置敏感探测器结构与工作原理	12
	4.7.2 位置敏感探测器检测电路与应用	12
	4.8.1 象探测器结构与工作原理	7
	4.8.3 象限探测器信号处理电路与应用	7
第5章　光电子发射探测器	5.1 光电阴极	12
	5.2 光电倍增管工作原理与结构	5
	5.3 光电倍增管主要特性参数	17
	5.4 光电倍增管工作电路	13
	5.5 光电倍增管应用	4
第6章　热探测器	6.1 热探测器的基本原理	11
	6.2 热电偶与热电堆探测器	12
	6.3 热敏电阻探测器	9
	6.4 热释电探测器	19
第7章　光电图像探测器	7.1 像管	8
	7.2 真空摄像管	9
	7.3.1.1 电荷耦合器件工作原理-CCD信号电荷存储与产生	19
	7.3.1.2 电荷耦合器件工作原理-CCD信号电荷耦合	18
	7.3.1.3 电荷耦合器件工作原理-CCD信号电荷检测	13
	7.3.2 电荷耦合器件主要特性参数	11
	7.3.3.1 线阵电荷耦合成像器件	15
	7.3.3.2 面阵电荷耦合成像器件	15
	7.3.4 电荷耦合器件的驱动方法与应用	16
	7.4 CMOS图像传感器	22
第8章　光学信息变换	8.1 几何光学方法的光学信息变换	12
	8.2 物理光学方法的光学信息变换	13
	8.3 时变光信息的调制	12
第9章　微弱光电信号的探测与处理	9.1.1 直接探测	6
	9.1.2 外差探测	11
	9.2.1.1 放大器的噪声模型	8
	9.2.1.2 放大器的等效输入噪声	8
	9.2.2.1 噪声系数	14
	9.2.2.2 最佳源电阻	7
	9.2.4 低噪声前置运放的选用与设计原则	22
第10章　光电探测系统应用实例分析	10.3 用于三维复合精细成像的双CCD交会测量	22
	10.4 拉曼时域分布式光纤测温系统	13

第 0 章

CHAPTER 0

绪　　论

0.1　光电技术及其研究内容

　　光电技术(Photoelectric Technology)是一门以光电子学为基础,将光学技术、电子学技术、精密机械及计算机技术紧密结合在一起的新技术,它为获取光子信息或借助光子提取其他信息提供了一种重要手段。它将电子学中的许多基本概念与技术移植到光频段,解决光电信息系统中的工程技术问题。这一先进技术使人类能更有效地扩展自身的视觉能力,使视觉的长波延伸到亚毫米波,短波延伸至紫外、X 射线、γ 射线,乃至高能粒子,并可在飞秒级的速度下记录超快现象的变化过程。

　　光电技术的研究内容可以分为光电基础技术和光电信息技术两部分。光电基础技术是以物理学、化学和材料科学为基础,以器件物理技术为依托的多学科的技术体系,如高光电转换效率的太阳能电池、高速低噪的 PIN 与雪崩光敏二极管(Avalanche Photodiode,APD)、高像素与高图像质量的电荷耦合器件(Charge Coupled Device,CCD)与 CMOS 图像传感器等基础光电器件的研制。光电信息技术包括光电信息的产生、获取、变换、传输、处理和控制等过程。光电技术在现代科技、经济、军事、文化、医学等领域发挥着极其重要的作用,以此为支撑的光电子产业是当今世界争相发展的支柱产业,是竞争激烈、发展最快的信息技术产业的主力军。随着光电技术的迅速发展,半导体激光器、几千万像素的 CCD 与 CMOS 固体图像传感器、PIN 与 APD 光敏二极管、LED、太阳能电池、液晶显示器等在工业与民用领域随处可见,红外成像技术已经广泛应用于军事和工业领域。

　　光电技术是信息技术的重要分支之一,其研究对象是携带信息的光子(Photon)和电子。光子学(Photonics)与电子学(Electronics)在信息领域中是并行发展而又密切关联的科学技术,扮演着信息化时代两大关键技术的重要角色。

　　电子学的发展可以追溯到 19 世纪末。1883 年,爱迪生(T. Edison)在一次改进电灯的实验中,将一根金属线密封在发热灯丝附近,通电后意外地发现,电流居然穿过了灯丝与金属线之间的空隙,这是人类第一次控制了电子的运动。这一现象的发现为 20 世纪电子学的茁壮成长提供了生长条件,这一生长条件下的第一只蓓芽是弗莱明(John Ambrose Fleming,1864—1945)发明的整流器(Rectifier)。弗莱明把爱迪生和马可尼(Marconi)两位科学大师的发明成果结合起来,着手研究真空电流效应,于 1904 年发明了真空二极管整流器。1906 年,美国人德·福雷斯特(Lee de Forest,1873—1961)在弗莱明的二极管中加入一块栅极(Grid Electrode),制成既可以用于整流又可以用于放大的真空三极管。在研究中发现,三极管可以通过级联使放大倍数大增,这使得三极管的实用价值大大提高,促成了无线电通信技术的迅速发展。1910 年,德·福雷斯特首次把它用于声音的传送系统,1916 年,在他的主持下建立了第一个广播电台,开始了新闻广播。到 20 世纪 20 年代,真空电子器件已经成为广播事业与电子工业的心脏,它推动着无线电、雷达、电信、电子控制设备、电子信息处理等整个电子技术群的迅速发展。1948 年,巴丁、肖克莱、布拉顿 3 位物理学家发明了半导体晶体管(Transistor),揭开了电子革命崭新的一页。1958 年,半导体集成电路问世,不仅使高速计算机得以实现,还促使电子工业与近代信息处理技术发生翻天覆地的变化。20 世纪第一个 10 年,真空管问世,促使了电子学的诞生;从 20 年代到 60 年代,电子器件从真空管过渡到晶体管,随之实现了集成化,促进了电子学的大发展。

人物介绍

约翰·巴丁(John Bardeen,1908—1991),男,美国物理学家,因晶体管效应(1956 年)和超导的 BCS 理论(1972 年)两次获得诺贝尔物理学奖。巴丁是在物理学中获得两次诺贝尔奖的第一位科学家。不难看出巴丁在科学的道路上是何等的勇于进取和善于发挥集体的力量。在 1972 年他接受诺贝尔奖时,在颁奖词中提到:"……珠穆朗玛峰只有一小部分热心攀登者才能到达。巴丁、库珀、斯里弗三位在前人的基础上,终于成功地到达了这一顶峰……你们作为一支队伍,坚韧不拔,协力攻关……现在来自山顶上的那无限美好的景色终于展现在你们的眼前。"

约翰·巴丁

经历了整整一个世纪的发展,电子学的成就已经渗透到科学技术的各个领域和社会生活的各个方面,最具有代表性的是无线电广播、通信和电子计算机的发明和应用。随着社会的发展,人们对社会信息量的需求呈现爆炸式的增长。电子信息由于受到电子载体(电阻、电容、电感等)在互连通道上的时延效应而形成了瓶颈。突破瓶颈效应的限制,需要在信息载体上进行一场革命,至少是在逻辑门之间的互连过程中摒弃电子载体,采用一种不荷电的新载体,那么光子就是理想的候选者。光子与电子在物理属性与特征上有很多本质的区别,如表 0-1 所示。电子是带负电的,它受外电场的作用形成电流,电子载体在固体回路中的传输即表现为电流在回路中的流动,它受到回路电学延迟效应的限制,其传输速率较慢。光子是不荷电的中性体,光子载体的传输不受外场的影响,不存在回路电学延迟效应,始终以光速在固体回路中传播,延迟时间只与传输光程有关。光子信息回路的运行速度比电子信息回路快 10^3 倍。

光子学的发展可以追溯到 20 世纪 60 年代。1960 年,美国科学家梅曼(Maiman)研制成功世界上第一台红宝石激光器,促使了光子学的诞生,开创了光子学发展的新纪元。随后短短的几年时间内,氦氖激光器、半导体激光器、钕玻璃激光器、氩离子激光器、二氧化碳激光器、YAG 激光器、化学激光器、染料激光器等固体、气体、液体、半导体激光器相继出现,这些激光器为光与物质相互作用的研究提供了一个崭新的、极其有效的工具。1965 年,华裔科学家高锟提出以石英基玻璃纤维作长程信息传递,并提出当玻璃纤维损耗率下降到 20dB/km 时,光纤通信就会成功。20 世纪 70 年代低损耗光纤的实现、半导体激光器成熟及 CCD 的问世,促使以光通信(Optical Communication)、光纤传感(Optical Fiber Sensing)、光信息存储(Optical Information Storage)、显示和光信息处理(Optical Information Processing)等为代表的光信息技术蓬勃发展。20 世纪 80 年代,人们对超晶格量子阱结构材料和工艺的深入研究,促成了超大功率量子阱阵列激光器的出现;通过对特种光纤材料的研究,掺稀土的光纤放大器与光纤激光器(Fiber Laser)也相继诞生。20 世纪 90 年代,光子学技术在通信领域取得了极大成功,形成了光纤通信产业;半导体激光器也走向产业化;光盘存储成为计算机存储数据的重要方式。进入 21 世纪,人类社会步入了高度信息化社会,信息与信息交换量呈现爆炸性增长,社会对信息量的要求以 Tb/s 为起点呈现超摩尔定律的增长趋势,科学家们称其为 3T 高度信息化社会,即信息的传输容量 Tb/s,信息存储密度 Tb/cm^3 和 1/Ts 的信息处理速度。

表 0-1　光子与电子的主要区别

特　征	电　子	光　子	特　征	电　子	光　子
静止质量	m_0	0	传播特性	不能在自由空间传播	能在自由空间传播
运动质量	m_e	$h\nu/c^2$	时间特性	具有时间不可逆性	具有一定的时间可逆性
电荷	-1.6×10^{-19} C	0	空间特性	高度的空间局域性	不具空间局域性
自旋	1(h)/2	1(h)	粒子特性	费米子(费米统计)	玻色子(玻色统计)
传播速度	小于光速 c	等于光速 c			

0.2　光电信息系统

光电技术的重要研究内容之一是光电信息系统,它是信息技术的重要分支。光电信息系统是以光子和电子为信息载体,通过光电相互转换,综合利用光子学和电子学的方法实现光电信息的产生、获取、变换、处理、传输、存储和控制等的系统技术。

光电信息系统比电子信息系统的频率提高了几个数量级,其在信息容量、距离分辨率(Range Resolution)、角分辨率(Angle Resolution)和光谱分辨率(Spectral Resolution)等方面大大提高,在雷达、通信、精确制导(Precision Guidance)、导航(Navigation)、测量领域获得广泛应用。应用于这些场合的光电信息系统构成上尽管各不相同,但基本上都是由光信息源、光学系统、光电探测器和电子信息系统等几部分组成,基本模型如图 0-1 所示。

图 0-1 中,光信息源可以分为被动和主动光信息源。被动光信息源主要来自被探测物体自身的辐射,如人体、动植物、飞机等物体自身的红外光、可见光和紫外光辐射;也可以是来自其他自然辐射源照射到被测物体上形成的反射、散射等光辐射。主动光信息源是将某些非光学的物理量(力、热、声、电和磁等)通过各种效应先变成电信息,然后通过调制器将电信息加载到光波上进行传输,典型的光纤通信系统(Fiber Optic Communication System)如图 0-2 所示;或者采用人工光源照射到被测物体,使所需信息加载到反射、透射、散射或衍射光波上,然后利用光电信息系统进行检测,图 0-3 是脉冲式激光测距系统(Laser Ranging System)原理图。

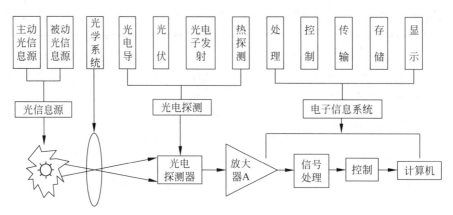

图 0-1　光电信息系统模型

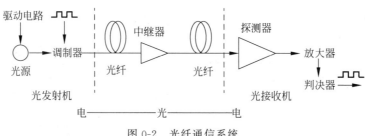

图 0-2　光纤通信系统

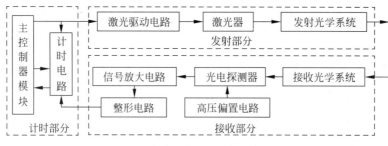

图 0-3　脉冲式激光测距系统原理图

　　光学系统包括借助光学元件产生的几何光学(直线传播、反射和折射)、波动光学(干涉、衍射和偏振)现象及光波传输介质,如大气空间、水下和光纤等。

　　光电探测器将光信息量转换为电信息量的器件,如光电导型、光伏型、光电子发射型和热伏型器件。通常为了尽可能提高检测信息的质量,系统中加入调制环节,因此光电探测器输出的信息是调制信号。

　　电子信息系统将光电探测器输出信号经过前置放大器放大、信号处理等就能检测所需要的信息。检测的信息可以显示、存储等,或者连接控制环节形成自动控制系统,或者通过计算机接口技术连接到计算机完成信息的处理任务。

　　光电信息系统涉及光子学、电子学、激光技术、几何光学、物理光学和微控制技术等众多技术学科。本书的内容限定在光电探测器基本原理、光电信号的变换与处理方法及典型的光电系统分析设计上。

0.3 光电技术的应用及发展趋势

0.3
微课视频

光电技术应
用动态效果

光电技术在人们的日常生活中应用越来越广泛,应用的基本功能是将光学参量或非光学参量进行光电转换完成工业检测、军事光电对抗、红外探测、控制跟踪等。这些参量包括:几何参量(物体的长度、角度、形状、位置、变形、面积、体积和距离等);运动参量(速度、加速度、转动、振动和流量等);表面形态参量(工件粗糙度、疵病和伤痕等);光学参量(吸收、反射、透射、光度、色度、波长和光谱分布等);成分分析(物理属性、浓度、浊度等);机械量(质量、应力、应变和压强等);电磁量(电流、电场和磁场等)。

光电技术在光通信、大容量的光存储、生物工程与医学、工业在线检测、危险环境检测、遥测遥感、光纤传感、精密计量、太赫兹波技术等方面有着广泛应用。下面简单介绍光电技术的几方面应用及发展趋势。

1. 光电技术在工业检测上的应用及发展趋势

由于工业现代化、自动化的飞速发展,对工业在线实时质量检测和过程控制的要求越来越高。光电检测是非接触式,具有极快的响应速度,高精度、高灵敏度、易于实现自动控制,能直接获得被检测信息,特别适合在恶劣环境下的工业在线检测(On-line Detection)。光电检测可以对高温物体、不可接触物体进行非接触遥测,而且还可以适应外形、位置和传输速度变化的工业环境。常见的工业检测,如线材直径和表面粗糙度的实时评估,热轧钢板、板材厚度检测,铝箔表面性质和缺陷的检测,多波段聚合薄膜厚度检测,织物和玻璃器皿的线列检测,自动电弧焊的在线检测,工业内窥镜等。

光电技术的发展日新月异,在工业光电检测技术的发展趋势主要表现在:

(1)向高精度方向发展:检测精度向高精度方向发展,纳米、亚纳米高精度的光电检测新技术是今后的发展热点。

(2)向智能化方向发展:检测系统向智能化方向发展,如光电跟踪与光电扫描测量技术。

(3)向数字化方向发展:检测结果向数字化,实现光电测量与光电控制一体化方向发展。

(4)向多元化方向发展:光电检测仪器的检测功能向综合性、多参数、多维测量等多元化方向发展,并向人们无法触及的领域发展,如微空间三维测量技术和大空间三维测量技术。

(5)向微型化方向发展:光电检测仪器所用电子元件及电路向集成化方向发展,光电检测系统朝着小型、快速的微型光机电检测系统发展。

(6)向人工智能方向发展:检测技术向人工智能、非接触、快速在线测量方向发展,检测状态向动态测量方向发展。

2. 光电技术在光电对抗上的应用及发展趋势

在现代高技术战争中,充斥着各种基于光电技术装备构成的武器系统。传统武器与先进光电手段相结合,使这些武器系统具备惊人的威力。在光电武器装备的较量中,一种全新的作战手段,光电对抗相伴而生。光电对抗是指敌对双方在光波段范围内,利用光电设备和器材,对光电制导武器和光电侦查设备等光电武器进行侦查告警并实施干扰,使敌方武器削弱、降低或丧失作战效能,同时,利用光电设备和器材,有效地保护己方光电设备和人员免遭敌方的侦查告警和干扰。光电对抗(Electro-optical Countermeasure)按功能和技术可以分为光电侦察、光电干扰、反光电侦察与抗光电干扰,如图 0-4 所示。

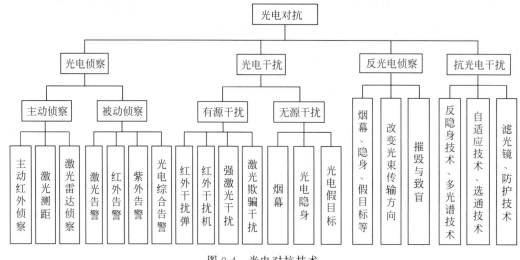

图 0-4　光电对抗技术

1) 光电侦察(Photoelectric Detection)

光电侦察是指对敌方辐射或散射的光谱信号进行搜索、截获、测量、分析、识别以及光电设备测向、定位,以获取敌方光电设备参数、功能、类型、位置、用途,并判断威胁程度,及时提供情报和发出警告的一种侦察手段。光电侦察分为主动侦察和被动侦察。光电主动侦察(Active Detection)是利用敌方光电装备的光学特性而进行的侦察,即向敌方发射光束,再对反射回来的光信号进行探测、分析和识别,从而获得敌方情报的一种手段,如激光测距机、激光雷达。光电被动侦察(Passive Detection)是指利用各种光电探测装置截获和跟踪敌方光电设备装置的光辐射,并进行分析识别以获取敌方目标信息情报的一种手段,如激光告警、红外告警、紫外告警和光电综合告警等。

2) 光电干扰(Photoelectricity Interference)

光电干扰指采取某些技术措施破坏或削弱敌方光电设备的正常工作,以达到保护己方目标的一种干扰手段,分为有源干扰(Active Jamming)和无源干扰(Passive Jamming)两种方式。有源干扰是利用己方光电设备发射或转发敌方光电设备相应波段的光波,对敌方光电装备进行压制或欺骗干扰,如红外干扰机、红外干扰弹、强激光干扰和激光欺骗干扰。无源干扰是利用特制器材或材料,反射(Reflection)、散射(Scattering)或吸收(Absorption)光波能量,或人为改变己方目标的光学特性,使敌方光电装备效能降低或被欺骗而失效,以保护己方目标为目的的一种干扰手段,如烟幕(Smokescreen)、光电隐身(Electro-optic Stealthy)和光电假目标。

3) 反光电侦察

反光电侦察是抓住光电系统的薄弱环节,使敌方的光电侦察装备无法看见己方的军事设施,最终一无所获的一种干扰手段,主要方法有伪装与隐身、遮挡和欺骗。反光电侦察的具体技术包括烟幕、伪装(Camouflage)、光箔条、隐身、假目标、摧毁与致盲、编码技术和改

变光束传输方向等。

4）抗光电干扰

抗光电干扰是在光电对抗环境中为保证己方使用光频谱而采取的行动,在己方目标上,通过采取抗干扰电路、光电防护材料等措施,衰减或滤除敌方发射的强激光或其他干扰光波,保护己方设备或作战人员免遭干扰和损伤的技术,包括反隐身技术、多光谱技术(Multispectral Technique)、信息融合技术(Information Fusion Technology)、自适应技术(Adaptive Technology)、编码技术、选通技术等。

随着军用光电技术、微电子技术和计算机技术的发展,光电制导武器及配套的光电侦察设备性能不断提高,在现代战争中应用更加普遍,对重要军事目标和军事设施构成严重威胁,这使得光电对抗技术的发展和光电对抗装备的研制受到世界各军事大国的广泛重视。其发展趋势主要表现在:

（1）多光谱对抗技术广泛应用。

（2）光电对抗手段从单一功能向多功能方向发展。

（3）软干扰与硬摧毁相结合成为一种重要的研究潮流。

（4）探索新型对抗技术与体制成为光电对抗技术研究热点。

（5）光电对抗的综合一体化和自动化。

（6）多层防御全程对抗。

（7）空间光电对抗。

（8）光电对抗效果评估。

3. 光电技术在航天探测器上的应用及发展趋势

光电探测系统在航空发展中具有重要作用。航天探测器(Space Probe)(包括各种卫星、空间站、月球探测器、火星探测器、金星探测器等)及有效载荷(Payload)对光电技术的需要如下:

（1）航天探测器姿态的确定。探测器姿态测量用航天探测器上面的姿态传感器实现。姿态传感器有陀螺仪(Gyroscope)、光学敏感器(Optical Sensor)、磁敏感器(Magnetic Sensor)和射频敏感器(Radio Frequency Sensor)等。而光学敏感器应用十分普及,主要包括太阳敏感器、红外地球敏感器、星敏感器、紫外敏感器和图像敏感器等。

（2）航天探测器轨道确定,即导航的需要。根据不同探测器对象和飞行的不同阶段,可以采用不同的光学敏感器,如太阳敏感器、红外地球敏感器、可见光 CCD 敏感器、紫外敏感器和陆标敏感器等。由一种或几种敏感器来测量航天探测器运动参数(速度、加速度和角速度等)。

（3）航天探测器的自主、半自主、遥控操作导航的需要。在其他星球上进行巡视探测的巡视器要提高生存能力和执行任务的能力,就必须能进行自主、半自主的管理或进行人工遥控。其中关键技术之一就是获取自身的位置、环境、速度等信息。为此,对其赋予视觉导航或天文导航功能就必须分别依靠图像采集处理器或星敏感器,乃至多种敏感器结合的组合导航技术。

（4）工程监视的需求。更真实、更实时地掌握探测器关键部件的关键动作状态和监视探测器某些部位的长期状态,可以在探测器的不同部位安装小型监视摄像机,将获取的图像及时地传回地面。

（5）有效载荷的需要。对航天探测器的研究目的是探测某一天体,获取所需信息。为了实现科学目标,就需要配置能符合目标需求的有效载荷。以光电技术为基础的有效载荷有高、中、低分辨率的 CCD 相机,多光谱成像仪,激光探测装置等。

(6)空间交会对接的需求。航天探测器的一些任务,需要几个飞行器在空间实施交会对接。交会对接的本质是精确控制不同飞行器的姿态、轨道,这需要有包括光学敏感器在内的多种敏感器的参与。如天舟一号与天宫二号的自动完成对接中,起核心作用的是交会对接激光雷达和光学成像敏感器。

(7)航天探测器测控通信的需要。随着通信距离变得越来越远,光通信是十分必要的,它与射频相比,具有频率宽、信息容量大、传输速率高等优点。

(8)航天探测器其他方面的需求,如高效的太阳能电池阵等。

天舟一号与
天宫二号
自动对接
视频

人物介绍

孙家栋,男,汉族,1929 年 4 月 8 日出生,中国科学院院士,共和国勋章和两弹一星功勋奖章获得者。他是我国人造卫星技术和深空探测技术的开拓者之一,从事航天工作 60 年来,主持研制了 45 颗卫星。担任我国北斗导航系统第一代和第二代工程总设计师,实现了北斗卫星导航系统的组网和应用。作为我国月球探测工程的主要倡导者之一,担任月球探测一期工程的总设计师,月球探测工程树立了我国航天史上新的里程碑。被新华社、人民网誉为中国的航天"大总师""我国人造卫星技术和深空探测技术的开创者",对他的评论如下:"他为人正直,顾全大局,善于综合,敢于决策。少年勤学,青年担纲,是国家的栋梁""导弹、卫星、嫦娥、北斗、满天星斗璀璨,写下传奇。年过古稀未伏枥,犹向苍穹寄深情"。

孙家栋

我国嫦娥系列 1～4 号上的光电技术设备包括 CCD 立体相机、干涉成像光谱仪(Interference Image Spectrograph)、激光高度计(Laser Altimeter)、星敏感器(Star Sensor)、紫外敏感器、降落相机与监视相机、地形地貌相机、月基光学望远镜(Lunar Optical Astronomical Telescope)、极紫外相机、全景相机(Panorama Camera)和红外成像光谱仪(Infrared Imaging Spectrometer)、月壤结构探测仪、月球矿物光谱分析仪、国旗展示系统等。其主要功能及参数指标如表 0-2 所示。

表 0-2　嫦娥系列卫星上的光电载荷与设备

光 电 设 备	功能与主要参数指标
CCD 立体相机 (1 号)	视场角为 40°的一次成像系统,以推扫方式工作,采用三行数据输出,分别对应星下点、前视 16.7°和后视 16.7°的位置。成像幅宽 60km;月表地元分辨率为 120m;基高比大于 0.6
TDICCD 立体相机 (2 号)	前后两视角方案,夹角为 25.2°。月表地元分辨率 100km 轨道高时优于 10m;15km 轨道高时优于 1.5m;基高比大于 0.45
干涉成像光谱仪	采用推扫方式,采集每个地元的点干涉图,经数学处理后获得相应地元的点光谱图,并提供二维重构光谱图像,从而获得有关月表主要物质类型及分布信息。月表成像幅宽为 25.6km;月表地元分辨率为 200m

续表

光 电 设 备	功能与主要参数指标
激光高度计	采用半导体泵浦固体激光器,向月球表面发射大功率的窄脉冲激光,并接收月球表面散射后激光信号,通过测量激光往返延时来计算卫星到月表的距离。激光波长1064nm;脉冲重复率(1 ± 0.1)Hz;测高分辨率1m
星敏感器	通过恒星的观测和星图识别从而获得卫星相对于惯性空间的姿态。光学视场$10°\times10°$;仪器可见星$+6$等星;惯性姿态测量精度为0.03°
紫外敏感器(1号)	采用对月球的紫外谱段进行观测的方式,测量环月飞行时月球中心相对于卫星的方向,从而获取卫星相对轨道参考系的姿态信息。环月姿态确定精度优于0.15°;波长范围为300~450nm;环形视场为110°~150°
紫外敏感器(2号)	改进嫦娥1号上的功能,恢复中心视场,具备地月转移阶段导航功能;具备对月球紫外成像功能。成像覆盖月面直径42.51km;分辨率137m
降落相机和监视相机(2~5号)	嫦娥2号上增加了1台降落相机和3台监视相机,主要用于卫星飞行过程中关键事件的监视和对地球/月球的成像,进行监视/降落相机小型化、低功耗设计技术验证
地形地貌相机(3~5号)	安装于着陆器,获取着陆区光学图像,用于月球地形地貌的调查与研究。彩色有效像元数2352×1728;视场角$22.9°\times16.9°$;帧频5~10帧/s
降落相机(3~5号)	安装于着落器,获取着落器降落过程中的着落区域光学图像。波段为可见光;有效像元大于1024×1024;视场角$45°\times45°$;帧频大于10帧/s
月基光学望远镜(3号)	安装于着落器,在月昼期间进行月基光学天文观测,观测近紫外星等亮至13等的天体。光谱范围为200~360nm;视场角为$1.36°\times1.36°$;探测极限小于2.03×10^{5}个光子/$(s\cdot m^{2})$;有效像元数为1024×1024
极紫外相机(3号)	安装于着落器,在月昼期间对地球等离子体层进行极紫外成像探测。测量波段中心频点为30.4nm;带宽小于5nm;视场角15°;角分辨率0.1°
全景相机(3~5号)	安装于玉兔,获取巡视区域月表的三维光学成像,用于巡视区地形地貌、撞击坑及月球地质构造解析和综合研究。正常成像距离3m至无穷;视场角$19.7°\times14.5°$
红外成像光谱仪(3~5号)	安装于玉兔,获取近红外谱段的反射光谱及图像,短波红外谱段的反射光谱。光谱范围为450~2400nm;光谱分辨率可见近红外2~10nm;近红外短波3~12nm;探测距离0.7~1.3m
激光测距敏感器和激光三维成像敏感器(3~5号)	通过测量月面回波脉冲信号与激光发射脉冲信号的时间间隔,获得嫦娥四号着陆器相对于月面的精确距离,测量精度0.2m之内。为着陆器选择安全可靠着陆地点的重任,而且必须独立完成任务,确保在仅有的三次机会中找到起伏小于20cm的平地
低频射电频谱仪	利用月球背面没有地球电磁波干扰和天然洁净的环境,研究太阳爆发、着陆区上空的月球空间环境,还可以对来自太阳系行星的低频射电场进行观测,并"聆听"来自宇宙更深处的"声音"
月表中子与辐射剂量探测仪(4号,德国)	测量月球表面粒子基本辐射情况和危害程度,能够为月球的开发和载人登月做好前期准备。另一个附加功能是进行水资源的信息获取
中性原子探测仪(4号,中国和瑞典)	用于观测巡视探测点为0.01~10keV的能量中性原子及正离子
月壤结构探测仪(5号)	获取落月点钻取区域的月表浅层结构,为钻取提供数据支撑
月球矿物光谱分析仪(5号)	获取多个表面取样点取样前后的光谱数据,对视场中的重点目标进行多次探测

光电技术在航天探测器中的应用非常广泛,地位与作用十分重要。从我国的实际应用和今后发展需求看,由于受光电技术的制约,我国的探测器功能、性能受到了很大程度上的限制。

4. 光电技术在生物医学上的应用及发展趋势

光电技术在生物医学中的应用涉及人类疾病的诊断、预防、监护,治疗,以及保健、康复等。生物医学光子学在生物活检、细胞结构与功能检查、对基因表达规律的在体观测等方面取得了丰富的研究成果。由于生物超微弱发光与生物体内细胞分裂、细胞死亡、光合作用、生物氧化、解毒作用、肿瘤发生、细胞内和细胞间的信息传递与功能调节等重要的生命过程有密切的联系,因此基于生物超微弱发光的生物光子技术在肿瘤诊断、农业、环境监测、食品监测和药理研究等方面得到了广泛应用。下面从4个方面介绍光电技术在生物医学上的应用及发展趋势。

1) 生物分子光子技术

基于分子光子学标记的光学成像技术正成为实时在体研究分子间/分子内蛋白质与蛋白质的相互作用、离子通道、细胞膜蛋白及相关信号转导、生物底物及酶转运等的重要手段,由于具有高时间、空间分辨率,比其他手段更为直接,因而可望成为后基因组时代新药靶发现和高通量药物筛选的新方法。随着荧光基因标记技术的发展,光学成像技术可以实时在体监测肿瘤病理生理动力学过程,包括基因表达、血管生成、细胞黏附与迁移、血管与组织间隙和淋巴中的物质传输、代谢微环境与药物传输等。

生物光子学(Biophotonics)技术研究的热点问题主要有:

(1) 生物分子的光学标记新技术研究。针对所研究的体系和对象,发展具有高度特异性的、可用于生物体内活体成像的核酸和蛋白质探针。

(2) 在体光学成像新技术与应用研究。针对不同的研究对象和应用目标,发展各种新型的在体光学成像技术。

(3) 数据处理、图像重构与可视化方法研究。在光学成像检测的基础上,还需要开展数据处理、图像重构与可视化方法研究。

2) 医学光学成像技术

医学光学成像技术主要可以分为扩散光学成像(Diffuse Light Imaging)与相干域光学成像(Coherence Domain Optical Imaging)。扩散光学成像深度主要在组织深层,理论基础是光子输运方程的扩散近似,被检测的光学信号会在组织体内经历多次散射,如何建立散射信息与组织光学特性参数间的关系和提取散射信息是关键;相干域光学成像深度主要在组织浅层,散射影响较小,如何避免散射和在强散射背景中提取有用的结构与功能信息是关键。医学光学成像的主要特点:

(1) 光学成像采用非致电离辐射,其光子能量约为2eV,因而没有致癌作用。

(2) 光学成像可以在肿瘤和良性/正常疾患之间获得高的软组织对比度。

(3) 光学成像可以实现功能检测。

光谱和分子结构有关,一旦人体组织发生分子水平的改变,就应该能观察到光学性质的改变。从生理角度看,光学吸收与血管生成、细胞凋亡、坏死、过度代谢等有关,光学散射主要与细胞核大小有关,光学偏振与胶原蛋白有关,因此,光学技术可以量化一系列的生理参数,包括血氧饱和度、总血红蛋白含量、血流、胶原蛋白的方向性、胶原蛋白的浓度与变性等。

医学光学成像技术的发展与光子技术的进步密切相关。随着理论研究的不断深入和光子技术的不断发展,多种形式的光学成像技术正受到生物和医学领域的重视。

3) 光电技术在无创血糖检测中的应用

无创血糖检测的光电技术方法包括光声光谱法、拉曼光谱法、荧光法、偏振光旋光法、光学相干层析成像法、近红外光谱法和中红外光谱法。中红外血糖检测原理为红外发射激光器发出的光通过人体手指后被光电探测器接收,以手指为检测部位构建数学模型,将光信号转换为电信号并进行放大、滤波、整形、计算处理,对人体血糖浓度进行关联运算。实物如图0-5所示。

图 0-5　无创血糖监测仪

无创血糖检测的难点是提高检测灵敏度、消除各种噪声干扰、减小个体差异、测量条件的影响和处理数据的方法等。

4) 光电技术在肠胃检测中的应用

传统的肠胃检测是将光纤内窥镜的一端插入人体肠胃中,利用内窥镜前端的摄像头获取肠胃内部图像。这种方法无法深入肠道,使小肠部分成为检测盲区。同时,插入式内窥镜给病人带来巨大的疼痛,而且有肠穿孔的危险。无线胶囊内窥镜是在普通药丸大小的胶囊体内集成了微型成像装置、照明装置、微型控制单元和无线通信系统。病人吞服后在人体胃肠道蠕动作用下,在运动过程中内窥镜拍摄人体消化道内壁图像,并通过无线通信系统持续地将肠胃道图像传出体外,直到由肛门被自然排出人体。在无线内窥镜系统研究方面,国内外已有很多公司投入巨资进行研发。国外最著名的是以色列Given Imagimg公司于2001年5月推出的M2A无线电子药丸,国内金山科技公司于2004年研发出我国第一颗胶囊内窥镜,2019年发布的SC100高清胶囊内窥镜,直径为11mm,长为25.4mm,视野为1600,采样频率为10fps,工作时间为12h,如图0-6所示。其内部包括CMOS图像传感器、无线通信芯片、照明白光LED、电池等。

5. 光电技术在红外成像探测上的应用及发展趋势

红外成像(Infrared Imaging)探测系统由光学系统、红外探测器、视轴瞄准与跟踪子系统、信息处理和提取子系统等组成,对于分布式网络化红外成像探测系统还包括通信子系统。红外探测技术已经经历了60多年的发展,红外成像探测也走过了40多年的发展历程,先后经历了几次局部战争的实战考验,红外成像探测系统的体制、理论、方法、技术和应用得到了很大的发展。红外发展第一阶段的红外探测主要是点源探测、单波段探测和一维信号空间处理。第二阶段的红外成像探测特点主要是二维焦平面探测器。由于在红外成像探测领域的技术进步,在各种不同的应用领域的性能也显著提高。军事上广泛应用于天基弹道导弹预警、机载舰载红外搜索跟踪、机载导弹发射预警、机载星载对地监测侦察、反导反卫动能拦截弹、空空导弹、空地导弹、反舰导弹、反装甲导弹精准制导等领域。

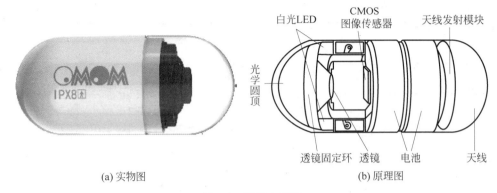

(a) 实物图   (b) 原理图

图 0-6　胶囊内窥镜

　　未来红外探测技术将由集中式的信息获取、基于设备的探测模式、单频段单偏振方向的系统构成向分布式信息获取、基于体系的探测模式、多频段多偏振方向的系统构成、自适应及人工智能的工作模式、环境知识辅助的检测方法等方向拓展。未来红外探测的主要研究方向如下：

　　(1) 新概念大视场高分辨率红外成像与探测技术。传统的成像系统受制于衍射的限制，为了实现高分辨率，孔径不断加大，体积、质量不断增加，为了保证足够大的视场，还需要研制大规格、小探测元尺寸的红外焦平面探测器。新概念计算成像系统采用自适应编码孔径成像等计算混合成像机制取代常规的透镜式光学成像，综合利用光学系统、采样和图像重构技术实现大视场、高分辨率成像。

　　(2) 新型多光谱红外成像/偏振红外成像技术。第一，新型多光谱红外成像技术。常规多光谱成像由于谱段细分导致目标截获距离较近，近年来正发展既能形成用于目标截获和跟踪的二维全色图像，又能形成用于目标识别和分类的多光谱图像的新一代自适应光谱成像器，它将成为克服常规多光谱、超光谱成像缺点的有效途径之一。自适应多光谱红外成像采用智能化的超大规模集成化探测芯片，实现对多个波段上的光谱进行同时探测，并能够完成自适应谱段选择，以使局部背景和目标或所要识别的材料对比度最大，具有更高的空间分辨率和更好的目标识别能力、更高的工作速度、更小的体积功耗和更低的成本。第二，红外与多光谱偏振成像探测技术。红外偏振成像技术是一种能提供除亮度、颜色之外的一种新型目标特性的成像传感器模式。地球表面和大气中的任何目标，在反射和发射辐射的过程中都会产生由它们自身性质和光学基本定律决定的偏振特性。不同物体或同一物体在不同状态下会产生不同的偏振信息，且与波长密切相关，形成偏振光谱。使用偏振成像探测手段可以在复杂辐射背景下检测出有用信号，以成像方式显示隐藏的军事目标。

　　(3) 基于压缩感知的红外成像信息处理、提取一体化技术。红外成像场合人们通常最终的需求是分类、识别、探测和跟踪信息，现有系统通常需要先进行成像，再从图像出发进行后续处理。目前一些研究者正在研究从测量数据直接进行分类、识别、检测和跟踪的处理方法。

　　(4) 分布式协同组网敏感技术。为了有效地解决复杂环境目标识别、多站无源测距、多对多拦截等问题，人们开始采用组网遥感传感器，用于弹道导弹防御的多拦截弹头和用于攻击时间敏感运动目标的多武器搜索和跟踪。

（5）低成本、高性能红外成像技术。人们提出的一项非常吸引人的技术是实现从红外光子到可见光子的波长转换。可见光探测器具有成本低、灵敏度高、无须制冷、技术成熟度高等优势，而且可以制备规格非常大、像素尺寸非常小的焦平面阵列，从红外波长变换到可见光波长的波长变换概念，将使这些低成本、性能优越的焦平面阵列用于探测红外波长的辐射。

（6）基于高拟真度建模和实时分布式场景生成的多波段红外成像仿真技术。由于未来的多光谱敏感系统除了增加更多谱段的传感器之外，将继续提高其成像处理能力，因此需要采用实时动态合成数据进行校验。这将导致实时产生这种合成数据的复杂性显著增大，需要场景生成和投影系统提高性能和拟真度以适应这些未来的多光谱敏感系统的试验需求。

6. 太赫兹波技术应用

太赫兹（Terahertz，THz，$1 \text{THz}=10^{12}\text{Hz}$）波通常是指频率为 $100\text{GHz}\sim10\text{THz}$，相应波长为 $0.03\sim30\mu\text{m}$，介于毫米波与红外线之间的电磁波。在电磁波谱中占有特殊的位置，处于电子学向光子学的过渡区域。由于太赫兹波缺乏有效的辐射产生和检测方法，使得这一波段的电磁波未得到充分的研究和应用。

太赫兹的核心是太赫兹辐射源和太赫兹探测器。目前太赫兹辐射源有自由电子激光器、工作于太赫兹波段的气体激光器、真空电子学太赫兹源、超快激光泵浦光电导太赫兹源、太赫兹量子级联激光器、光子学太赫兹辐射源、其他半导体电子学源。太赫兹辐射源的低功率输出和太赫兹频率范围内较大的热辐射背景噪声等因素对太赫兹探测器的探测灵敏度等性能提出了很高的要求。目前太赫兹探测法主要有傅里叶变换光谱探测法、时域光谱（Time-Domain Spectroscopy，TDS）太赫兹探测法、外差式探测法、太赫兹半导体量子阱（Quantum Well）探测器和量子点单光子探测器。

太赫兹波之所以引起人们的广泛关注，是因为它不同于微波、红外光以及 X 射线等电磁波特点。太赫兹波的研究与应用涉及物理学、材料科学、生命科学、天文学、信息技术和国防安全等多个领域。太赫兹波的主要应用包括以下几方面：

（1）太赫兹波谱分析。

（2）太赫兹成像。

（3）太赫兹通信。太赫兹波是很好的宽带信息载体，太赫兹波段可提供的带宽比微波宽得多，特别适合于卫星间及局域网的宽带移动通信。太赫兹波通信具有定向性好、传输信息容量大和传输更安全等众多优点。

（4）太赫兹生物和医疗诊断。太赫兹波在生命科学研究和医疗诊断领域具有重要的应用价值。由于许多生物大分子和 DNA 分子的旋转及振动能级大都处于太赫兹波段，生物体对太赫兹具有独特的响应，因此可以利用太赫兹辐射进行疾病诊断和对生物体探测。在医疗诊断方面，由于太赫兹波的光子能量低，不易产生有害的电离，因而太赫兹波适合于对生物组织进行活体检查。

（5）太赫兹环境与质量监测。太赫兹辐射能有效地探测物体的含水量，因而能用于遥感和环境监测。太赫兹辐射还可以用于污染物检查、生物和化学物质的探测、隐蔽物质检查以及食品工业的质量控制等。

（6）太赫兹射电天文探测。太赫兹频段是射电天文学极其重要的波段。太赫兹波段集中了宇宙大爆炸背景辐射的一半能量,是观测宇宙中冷暗天体、早期遥远天体、被尘埃遮掩的恒星和行星系统等天体以及巨大气体和尘埃云的重要波段。

太赫兹科学与技术是一个非常重要的、发展极其迅速的交叉学科前沿领域,目前正处于一个方兴未艾的发展时期。太赫兹技术为科技创新和国民经济的发展提供了一个非常诱人的机遇。太赫兹技术目前正向深层次理论研究、器件研制及应用系统研发等多方向迅速发展,并正在推动新一代 IT 产业的兴起。

第 0 章
参考答案

思考题与习题

0.1　谈谈你对光电技术的理解。

0.2　光电技术的研究内容与研究对象是什么?

0.3　光电信息系统由哪几部分组成?举一个日常生活中的例子分析。

0.4　举出几个你所知道的日常生活中的光电技术应用实例。

0.5　何为太赫兹波?太赫兹波有哪些应用?

0.6　光电技术在嫦娥 4 号与玉兔上的应用有哪些?

0.7　查阅文献,谈谈光电技术在红外成像探测上的应用及发展趋势。

0.8　天舟一号与天宫二号对接时用到哪些光电技术?

第三届全国
大学生光电
竞赛视频

第四届全国
大学生光电
竞赛视频

第1章
CHAPTER 1

辐射度学与光度学基础

光与人们的生活密切相关。人们习惯上讲的光通常是狭义上的可见光,即波长范围为 $0.38\sim0.78\mu m$ 的光。这仅仅是电磁辐射中的一小部分。它是对人眼能产生目视刺激的电磁辐射(Electromagnetic Radiation)。

人们通常从两个角度来研究电磁辐射问题。一是辐射度学(Radiometry)角度,它是研究电磁辐射能量的一门科学,与之相应的物理量是辐射度量(Radiometric Quantity),它是用能量单位描述电磁辐射的客观物理量。二是光度学(Photometry)角度,它是研究光度测量的一门科学,与之对应的生理学量为光度量,它是光辐射能为人眼平均所接收引起的视觉刺激大小的度量。辐射度量和光度量都是用来定量描述电磁辐射能强度的,是衡量光电探测器的性能或者评价光电测量方法的指标,两者的研究方法和概念上基本相同,辐射度量和光度量是紧密相关的,它们的基本物理量也是一一对应的。

1.1 电磁辐射

1.1.1 电磁波谱

1.1
微课视频

麦克斯韦(Maxwell)电磁场理论指出,空间区域有变化电场 E(或变化磁场 H),在临近的区域就会产生变化的磁场 H(或变化电场 E),变化的电场和变化磁场不断地交替产生,由近及远以一定速度在空间传播形成电磁波(Electromagnetic Wave)。电磁波具有以下性质:

(1)变化的电磁场在空间以波动形式传播形成电磁波,E 和 H 都在各自平面内振动,电磁波具有偏振性(Polarization)。

(2)电矢量 E 与磁矢量 H 相互垂直,且电矢量 E 和磁矢量 H 都与波的传播方向 k 垂直,E、H、k 三者呈右手螺旋关系,电磁波是横波(Transverse Wave)。

(3)在任一给定点上,E 和 H 的振动始终同相位,即它们同时达到最大值,也同时减小到零。

(4)在空间任一点,E 与 H 的幅值成比例,在数值上的关系为 $\sqrt{\varepsilon_r \varepsilon_0} E = \sqrt{\mu_r \mu_0} H$。

(5)电磁波在真空中传播速度为 $c = 1/\sqrt{\varepsilon_0 \mu_0}$,介质中的传播速度为 $c = 1/\sqrt{\varepsilon_0 \varepsilon_r \mu_0 \mu_r}$。由于与电磁波的频率有关,因此介质中不同频率的电磁波具有不同的传播速度,即电磁波在介质中会出现色散现象。

（6）电磁波能量 $S = E \times H$。

电磁波谱包括电磁波（或电磁辐射）所有可能的频率。一个物体的电磁波谱是指该物体所发射或吸收的电磁波的特征频率分布。电磁波谱频率从低到高分为长波电磁波（Long Wave）、无线电波（Radio Wave）、微波（Microwaves）、红外线（Infrared）、可见光（Visible Light）、紫外线（Ultraviolet Rays）、X射线（X-Rays）和宇宙射线（Cosmic Rays）。可见光只是电磁波谱中很小的部分。电磁波谱波长长到数千千米，短到只有原子的大小。短波长的极限被认为几乎等于普朗克长度，长波长的极限被认为等于整个宇宙的大小，理论上电磁波谱是无限的、连续的。按波长或频率的顺序把全部电磁波排列成图表，称为电磁波谱（Electromagnetic Spectrum），如图1-1所示。无线电波是由振荡电路中自由电子的运动产生的；红外线、可见光和紫外线是原子的外层受到激发后产生的；X射线是原子内层电子受到激发后产生的；γ射线是原子核受到激发后产生的。在不同的电磁波段，可以使用不同的波长单位，如纳米（nm）、微米（μm）、毫米（mm）、米（m）等。表1-1给出了各种电磁波的划分、能量范围、产生机理和用途。

图 1-1
动态效果

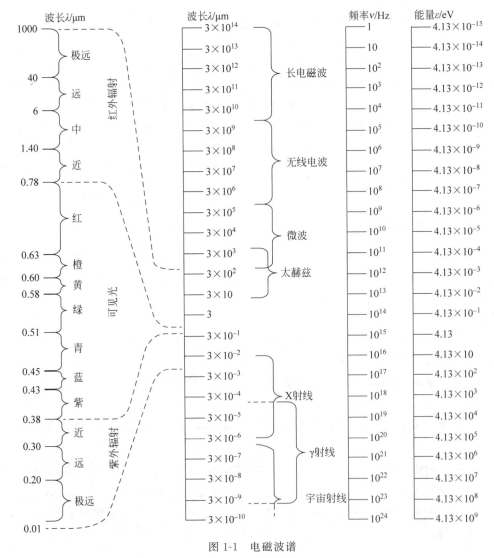

图 1-1　电磁波谱

表 1-1 电磁波的划分、能量范围、产生机理和用途

电磁波	频率范围/Hz	空气中波长	能量/eV	产生机理	用途
宇宙或 γ 射线	$>10^{20}$	$<3\times10^{-12}$ m	$>4.13\times10^5$	原子核	治疗肿瘤等
X 射线	$10^{20}\sim10^{16}$	$3\times10^{-3}\sim30$nm	$41.3\sim4.13\times10^5$	内层电子跃迁	断层摄影、工业探伤等
远紫外光	$10^{16}\sim10^{15}$	$30\sim300$nm	$4.13\sim41.3$	电子跃迁	杀菌消毒、指纹检查等
紫外光	$10^{15}\sim7.89\times10^{14}$	$300\sim380$nm	$3.26\sim4.13$	电子跃迁	
可见光	$7.8\times10^{14}\sim3.8\times10^{14}$	$380\sim780$nm	$1.59\sim3.26$	价电子跃迁	观察物体、照相等
近红外光	$3.8\times10^{14}\sim1.2\times10^{14}$	$0.78\sim2.5\mu$m	$0.496\sim1.59$	振动跃迁	红外夜视仪、红外理疗等
红外光	$1.2\times10^{14}\sim10^{11}$	$2.5\sim3000\mu$m	$4.13\times10^{-4}\sim0.496$	振动或转动跃迁	
微波	$10^{11}\sim10^9$	$0.003\sim0.3$m	$4.13\times10^{-6}\sim4.13\times10^{-4}$	转动跃迁	通信业务、微波炉等
无线电波	$10^9\sim10^5$	$0.3\sim3000$m	$4.13\times10^{-10}\sim4.13\times10^{-6}$	原子核旋转跃迁	通信、广播等
声波	$10^5\sim30$	$3\sim10^4$ km	$1.24\times10^{-13}\sim4.13\times10^{-10}$	分子运动	语言交流等

1.1.2 光辐射

以电磁波形式或粒子传播的能量可以被光学元件反射、成像或色散(Dispersion),将这部分电磁波称为光辐射。光辐射的波长在 $0.01\sim1000\mu$m,或者频率为 $3\times10^{16}\sim3\times10^{11}$Hz。通常按辐射波长及人眼的生理视觉效应将光辐射分为三部分:红外辐射(Infrared Radiation)、可见光(Visible Light)和紫外辐射(Ultraviolet Radiation)三个波段。光辐射波段的划分如表 1-2 所示。

表 1-2 光辐射波段划分

波 段	光辐射名称	波长范围/μm	波 段	光辐射名称	波长范围/μm
紫外光	极远紫外	$0.2\sim0.01$	可见光	黄色	$0.6\sim0.58$
	远紫外	$0.3\sim0.2$		橙色	$0.63\sim0.6$
	近紫外	$0.38\sim0.3$		红色	$0.78\sim0.63$
可见光	紫色	$0.43\sim0.38$	红外光	近红外	$0.78\sim1.4$
	蓝色	$0.45\sim0.43$		中红外	$1.4\sim6$
	青色	$0.51\sim0.45$		远红外	$6\sim40$
	绿色	$0.58\sim0.51$		极远红外	$40\sim1000$

红外光波长范围为 $0.78\sim1000\mu$m,通常又将红外光分为近红外($0.78\sim1.4\mu$m)、中红外($1.4\sim6\mu$m)、远红外($6\sim40\mu$m)和极远红外($40\sim1000\mu$m)四个区域。极远红外中,人们将波长范围为 $30\sim3000\mu$m,即频率为 $0.1\sim10$THz 的波称为太赫兹波。太赫兹波正好处于科学技术发展相对较好的微波毫米波与红外线之间,研究相对较晚,是处于人们开发阶段的波段。

可见光波长范围为 $0.38\sim0.78\mu$m,它是人们能够直接感受而察觉的电磁波中极少的那一部分。当可见光进入人眼时,根据人眼主观生理感觉,按波长由长到短表现为红色($0.78\sim0.63\mu$m)、橙色($0.63\sim0.6\mu$m)、黄色($0.6\sim0.58\mu$m)、绿色($0.58\sim0.51\mu$m)、青色($0.51\sim0.45\mu$m)、蓝色($0.45\sim0.43\mu$m)和紫色($0.43\sim0.38\mu$m)。

紫外辐射范围为 $0.38 \sim 0.01 \mu m$,紫外辐射可以细分为近紫外($0.38 \sim 0.3 \mu m$)、远紫外($0.3 \sim 0.2 \mu m$)和极远紫外($0.2 \sim 0.01 \mu m$)。

1.1.3　光的波粒二象性

光的本质是什么?牛顿(1642—1727)证明了光的粒子性,惠更斯(1629—1695)证明光表现为波动性。杨(1773—1829)证实了光的干涉存在。麦克斯韦(1831—1879)证实了光是电磁波。赫兹(1857—1894)证实了光具有电磁波特性。爱因斯坦(1879—1955)提出了光量子假说,解释了光电效应。物理学家经过300年的研究证实了光既是电磁波(波动性)又是光子流(粒子性)。在研究光的传播问题时,人们常常把光作为电磁波处理;而研究光与物质相互作用时,把光作为粒子流处理。

根据爱因斯坦光量子假设:一个频率为 ν 的光子,其能量和动量分别表示为

$$\varepsilon = h\nu \tag{1-1}$$

$$p = \frac{h\nu}{c} \tag{1-2}$$

式中:h——普朗克常量,$h = 6.626\,176 \times 10^{-34} \mathrm{J \cdot s}$;$\nu$——光的频率。

如果用光速 c 和波长 λ 表示频率 ν,则式(1-1)可以表示为

$$\varepsilon = h\nu = \frac{hc}{\lambda} = \frac{1.24}{\lambda} \mathrm{eV} \tag{1-3}$$

式中:λ 的单位为 μm。按式(1-3),可以计算出电磁波谱不同波段的能量范围如表 1-1 所示。

1.1.4　电磁辐射中立体角计算

由于电磁辐射体都是在它周围一定空间内辐射能量,因此涉及辐射能量的计算问题是一个立体空间问题。在进行有关电磁辐射问题的计算时,一般把整个空间以辐射源上的某一点为中心划分成若干立体角。一个任意封闭锥面所包含的空间称为立体角(Solid Angle),用 Ω 表示,立体角的单位为球面度(Steradian,sr)。假设封闭锥面的面积为 dS,点辐射源 0 到锥面的半径为 r,如图 1-2 所示,立体角用数学式表示为

$$\mathrm{d}\Omega = \frac{\mathrm{d}S}{r^2} \tag{1-4}$$

由式(1-4)可以计算出一个球面的立体角为

$$\Omega = \int \frac{1}{r^2} \mathrm{d}S = \frac{4\pi r^2}{r^2} = 4\pi$$

一个锥体的顶端在球心,底在球面上,底面积等于球半径的平方,则锥体所包的立体角就叫作单位立体角。

例题 1　如图 1-3 所示,半径为 r 的半球面,求:(1)球面上阴影微面元 dS 所包含的微立体角;(2)半顶角为 φ 的圆锥面所包含的立体角。

解　(1)由图 1-3 可知球面上阴影微面元的面积为

$$\mathrm{d}S = r^2 \sin\varphi \mathrm{d}\varphi \mathrm{d}\theta$$

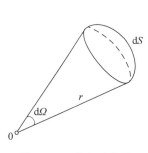

图 1-2 立体角示意图

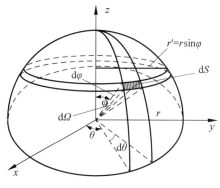

图 1-3 立体角计算

图 1-2
动态效果

图 1-3
动态效果

依据立体角定义有

$$\mathrm{d}\Omega = \frac{\mathrm{d}S}{r^2} = \sin\varphi\,\mathrm{d}\varphi\,\mathrm{d}\theta$$

（2）半顶角为 φ 的圆锥面所包含的立体角为

$$\Omega = \iint_{\Omega} \sin\varphi\,\mathrm{d}\varphi\,\mathrm{d}\theta = \int_0^{2\pi}\mathrm{d}\theta\int_0^{\varphi}\sin\varphi\,\mathrm{d}\varphi = 2\pi(1-\cos\varphi) = 4\pi\sin^2\frac{\varphi}{2}$$

如果 φ 值很小，则近似有 $\sin\dfrac{\varphi}{2} \approx \dfrac{\varphi}{2}$，则得立体角为 $\Omega = \pi\varphi^2$。

1.2 辐射度学的基本物理量

1.2
微课视频

1. 辐能 Q_e

辐能（Radiant Energy）是一种以电磁波的形式发射或传播的电磁波能量，用符号 Q_e 表示，其计量单位为焦耳（J）。

当辐能被其他物质吸收时，可以转换成其他形式的能量，如热能、电能等。当物质吸收了强度调制的辐能后，可以通过检测热波、声波等形式的能量研究物质的性质。

2. 辐通量 Φ_e

辐通量（Radiant Flux）是单位时间内通过电磁空间某一面积的辐射能，以符号 Φ_e 表示，其计量单位为瓦（W）或焦耳每秒（J/s），由定义有

$$\Phi_e = \frac{\mathrm{d}Q_e}{\mathrm{d}t} \tag{1-5}$$

3. 辐强度 I_e

辐强度（Radiant Intensity）为点辐射源在某一方向上单位立体角内所发出的辐通量，以符号 I_e 表示，单位为瓦每球面度（W/sr），由定义有

$$I_e(\theta,\varphi) = \frac{\mathrm{d}\Phi_e}{\mathrm{d}\Omega} \tag{1-6}$$

通常，由于辐射源是各向异性的，因此辐强度随方向 θ、φ 变化，如图 1-4 所示。如果一个置于各向同性、均匀介质中点辐射源向所有方向发射总辐通量为 Φ_e，则该点辐射源在各

个方向的辐强度为 $\Phi_e/4\pi$。

4. 辐出度 M_e

辐强度表示辐射体在不同方向上的辐射特性,但不能表示辐射体表面不同位置的辐射特性。为了表示辐射体表面任意一点的辐射强弱,在某点取微面元 $\mathrm{d}S$,不管其辐射方向,也不管在多大立体角内辐射。定义单位辐射面积上出射的辐通量称为辐出度(Radiant Exitance),以符号 M_e 表示,单位为瓦每平方米(W/m²),如图 1-5(a)所示。由定义有

$$M_e = \frac{\mathrm{d}\Phi_e}{\mathrm{d}S} \tag{1-7}$$

5. 辐照度 E_e

受照物体单位面积上所接收的辐通量称为辐照度(Irradiance),以符号 E_e 表示,单位为瓦每平方米(W/m²),如图 1-5(b)所示。辐照度和辐出度的单位相同。由定义有

$$E_e = \frac{\mathrm{d}\Phi_e}{\mathrm{d}S} \tag{1-8}$$

图 1-4
动态效果

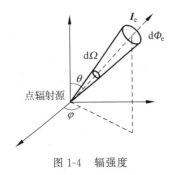

图 1-4 辐强度

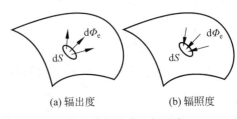

(a) 辐出度　　　(b) 辐照度

图 1-5 辐出度和辐照度

注意:不能将辐照度 E_e 和辐出度 M_e 混淆起来。虽然两者单位一样,但定义不一样,E_e 是接收的辐通量,M_e 是发射的辐通量。

6. 辐亮度 L_e

辐射源表面某一点处的面元在给定方向上的辐强度除以该面元在垂直于给定方向平面上的正投影面积,称为辐亮度(Radiance),以符号 L_e 表示,如图 1-6 所示。辐亮度代表了辐射源不同位置和不同方向上的辐射特性,单位为瓦每平方米球面度[W/(m² · sr)],由定义有

$$L_e = \frac{\mathrm{d}I_e}{\mathrm{d}S'} = \frac{\mathrm{d}^2\Phi_e}{\mathrm{d}\Omega\,\mathrm{d}S\cos\theta} \tag{1-9}$$

7. 光谱辐度量

对于单色电磁辐射,同样可以用物理量表示,光谱辐度量(Spectral Radiance)定义为单位波长间隔内的辐射度量,由定义有

$$X_{e,\lambda} = \frac{\mathrm{d}X_e}{\mathrm{d}\lambda} \tag{1-10}$$

式中: X_e——光谱辐射度量。

光谱辐射度量和光谱辐度量之间的关系为

$$X_e = \int_0^\infty X_{e,\lambda}\,\mathrm{d}\lambda \tag{1-11}$$

光谱辐度量包括光谱辐通量 $\Phi_{e,\lambda}(W/\mu m)$、光谱辐出度 $M_{e,\lambda}(W/(m^2 \cdot \mu m))$、光谱辐强度 $I_{e,\lambda}(W/(sr \cdot \mu m))$、光谱辐亮度 $L_{e,\lambda}(W/(m^2 \cdot sr \cdot \mu m))$、光谱辐照度 $E_{e,\lambda}(W/(m^2 \cdot \mu m))$。辐通量与波长关系如图 1-7 所示。辐射源的总辐通量为 $\Phi_e = \int_0^\infty \Phi_{e,\lambda} d\lambda$。

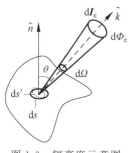

图 1-6　辐亮度示意图

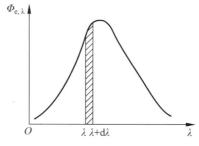

图 1-7　辐通量与波长关系

图 1-6
动态效果

1.3
微课视频

1.3　光度学基础

1.3.1　光度学的基本物理量

1. 光量 Q_v

光量(Quantity of Light)是光通量在可见光范围内对时间的积分,以 Q_v 表示,其计量单位为流明·秒(1m·s)。

2. 光通量 Φ_v

单位时间内通过某一面积的光量称为光通量(Luminous Flux),用符号 Φ_v 表示,单位为流明(lm),1lm＝1cd·sr。光通量是按人眼的视觉强度来度量的辐通量,它和辐射能的波长有关。由定义有

$$\Phi_v = \frac{dQ_v}{dt} \tag{1-12}$$

3. 光出度 M_v

光源单位发光面积上发出的光通量称为光出度(Luminous Exitance),用符号 M_v 表示,单位为勒克斯(lx)。由定义有

$$M_v = \frac{d\Phi_v}{dS} \tag{1-13}$$

4. 发光强度 I_v

光源在给定方向上单位立体角内发出的光通量定义为发光强度(Luminous Intensity),用符号 I_v 表示。若给定方向的立体角为 $d\Omega$,发射的光通量为 $d\Phi_v$,由定义有

$$I_v = \frac{d\Phi_v}{d\Omega} \tag{1-14}$$

发光强度的单位是坎德拉(Candela),简称为坎(cd),是国际单位制中七个基本单位之一。2018 年第 26 届国际计量大会上通过决议,坎德拉的新定义为:在给定方向上,当频率为 540×10^{12} Hz 的单色辐射的光视效能(K_{cd})取其固定数值为 $683lm/W$($cd \cdot sr/W$ 或 $cd \cdot sr \cdot kg^{-1} \cdot m^{-2} \cdot s^3$),其中千克、米、秒分别用 h, c 和 $\Delta\nu_{Cs}$ 定义。其发光强度定义为一

个坎德拉(cd)。由定义有

$$1\text{cd} = \frac{1\text{lm}}{1\text{sr}} \qquad (1\text{-}15)$$

由公式可知：发光强度为 1cd 的均匀点光源,在单位立体角内的光通量为 1lm。发光强度为 1cd 的点光源在整个球空间所发出的总光通量为

$$\Phi_v = 4\pi I_v = 12.566\text{lm}$$

5. 光照度 E_v

物体表面单位面积上所接收的光通量称为光照度(Illuminance),以符号 E_v 表示,单位为勒克斯(lx)。由定义有

$$E_v = \frac{\text{d}\Phi_v}{\text{d}S} \qquad (1\text{-}16)$$

根据定义可知,1 勒克斯等于 1 平方米面积上接收 1 流明的光通量,即 $1\text{lx} = 1\text{lm/m}^2$。表 1-3 列出了常见的光照度值。

表 1-3　不同环境的光照度值

光照环境	照度/lx	光照环境	照度/lx	光照环境	照度/lx
医院手术台	10^4 以上	夜间棒球场	400	路灯下	5
中午的太阳	1.2×10^5	办公室、教室	300	满月	0.27
无云的晴空	1×10^4	食堂	150	上、下弦月	10^{-2}
阴霾的天空	1×10^3	60W 灯泡	100	无月晴空	10^{-3}
阅读、绘图	500	晨昏朦影	10	无月乌云夜空	1×10^{-4}

6. 光亮度 L_v

光源表面某一点处的面元在给定方向上的发光强度除以该面元在垂直给定方向平面上的正投影面积定义为光亮度,如图 1-8 所示。

光亮度用符号 L_v 表示,单位为坎德拉每平方米(cd/m^2),即尼特,$1\text{nit} = 1\text{cd/m}^2$。如果光源面积为 1cm^2,则光亮度单位为熙提(stilb),$1\text{stilb} = 10^4\text{nit}$。由定义有

$$L_v = \frac{\text{d}^2\Phi_v}{\text{d}\Omega \text{d}S \cos\theta} \qquad (1\text{-}17)$$

表 1-4 列出了一些常见物体的光亮度。

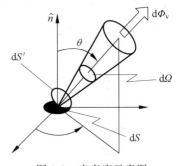

图 1-8　光亮度示意图

表 1-4　常见光源的光亮度(cd/m^2)

光　　源	光　亮　度	光　　源	光　亮　度
太阳	1.5×10^9	月球表面	2.5×10^3
白炽灯灯丝	$(5 \sim 15) \times 10^6$	人工照明下纸面	10
太阳光下的白色表面	3×10^4	白天晴朗的天空	5×10^3
钠光灯	$(1 \sim 2) \times 10^5$	2500K 黑体	5.3×10^6

7. 常用辐射度量和光度量对应关系

辐射度量和光度量之间的对应关系如表 1-5 所示。

表 1-5　辐射度量和光度量之间的对应关系

辐 射 度 量				光 度 量			
名称	符号	定义式	单位	名称	符号	定义式	单位
辐射能	Q_e		J	光量	Q_v		lm·s
辐通量	Φ_e	$\Phi_e = \dfrac{dQ_e}{dt}$	W 或 J/s	光通量	Φ_v	$\Phi_v = \dfrac{dQ_v}{dt}$	lm
辐出度	M_e	$M_e = \dfrac{d\Phi_e}{dS}$	W/m²	光出度	M_v	$M_v = \dfrac{d\Phi_v}{dS}$	lx
辐强度	I_e	$I_e(\theta,\varphi) = \dfrac{d\Phi_e}{d\Omega}$	W/sr	发光强度	I_v	$I_v = \dfrac{d\Phi_v}{d\Omega}$	cd
辐亮度	L_e	$L_e = \dfrac{d^2\Phi_e}{d\Omega dS \cos\theta}$	W/(m²·sr)	光亮度	L_v	$L_v = \dfrac{d^2\Phi_v}{d\Omega dS \cos\theta}$	cd/m²
辐照度	E_e	$E_e = \dfrac{d\Phi_e}{dS}$	W/m²	光照度	E_v	$E_v = \dfrac{d\Phi_v}{dS}$	lx

1.3.2　光谱光视效率

人的眼睛仅仅对波长在 $0.38\sim0.78\mu m$ 的电磁波辐射产生视觉,这部分波长范围内的电磁辐射称为可见光。物体发射的光或反射的光到达人眼的视网膜上产生丰富色彩的实物感,这是由于光刺激视网膜的锥状细胞或柱状细胞所导致的。在可见光的范围内,人眼对不同波长的光的灵敏度也不一样,对绿光最敏感,对红光和紫光反应较差。由于不同人的视觉生理和心理作用的影响,因此不同的人对各种波长的灵敏度也不相同。

国际照明委员会(International Commission on illumination,CIE)根据对大多数人观察的结果,确定了人眼对各种波长光的相对灵敏度,称为光谱光视效率(Spectral Luminous Efficiency),又称为视见函数(Visibility Function),用符号 $V(\lambda)$ 表示。当光亮度大于 $10^{-3}\,\mathrm{cd/m^2}$ 时,人眼的锥状细胞起作用,能分辨出各种颜色,且在波长为 $0.555\mu m$ 处最敏感,规定其光谱光视效率为1,即 $V(0.555)=1$。用各种单色辐射分别刺激标准观察者眼中的锥状细胞,当刺激程度相同时,其他波长所需要光谱辐射亮度要大于波长为 $0.555\mu m$ 所

需的光亮度,显然 $V(\lambda)\leqslant1$。$V(\lambda)$ 称为明视觉光谱光视效率。当光亮度小于 $10^{-3}\,\mathrm{cd/m^2}$ 时,人眼的柱状细胞起作用,敏感波长范围为 $0.33\sim0.73\mu m$,且在波长为 $0.507\mu m$ 处最敏感,不能分辨颜色,用 $V'(\lambda)$ 表示,称为人眼的暗视觉光谱光视效率。

$V(\lambda)$ 和 $V'(\lambda)$ 都是无量纲的相对值,图 1-9 所示为人眼的明视觉光谱光视效率曲线(实线)和暗视觉光谱光视效率曲线(虚线)。

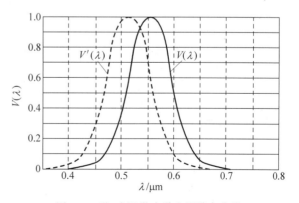

图 1-9　明、暗视觉光谱光视效率曲线

表 1-6 所示为正常人眼的 $V(\lambda)$、$V'(\lambda)$ 与 λ 的数值关系。

表 1-6　正常人眼的 $V(\lambda)$、$V'(\lambda)$ 与 λ 的数值关系

λ/nm	$V(\lambda)$ ($L_v = 10\mathrm{cd/m^2}$)	$V'(\lambda)$	λ/nm	$V(\lambda)$ ($L_v = 10\mathrm{cd/m^2}$)	$V'(\lambda)$	λ/nm	$V(\lambda)$ ($L_v = 10\mathrm{cd/m^2}$)	$V'(\lambda)$
380	0.0000	0.0006	515	0.6082	0.966	645	0.1382	0.0012
390	0.0001	0.0022	520	0.7100	0.935	650	0.1070	0.0007
395	0.0002	0.0044	525	0.7932	0.873	655	0.0816	0.0005
400	0.0004	0.0093	530	0.8620	0.811	660	0.0610	0.0003
405	0.0006	0.0170	535	0.9149	0.731	665	0.0460	0.0002
410	0.0012	0.0348	540	0.9540	0.65	670	0.0320	0.0001
415	0.0022	0.0657	545	0.9803	0.566	675	0.0230	0.000 09
420	0.0040	0.0966	550	0.9950	0.481	680	0.0170	0.000 07
425	0.0073	0.1482	555	1.0000	0.406	685	0.0119	0.000 06
430	0.0116	0.1998	560	0.9950	0.3288	690	0.0082	0.000 04
435	0.0230	0.2640	565	0.9786	0.2683	695	0.0057	0.000 03
440	0.0168	0.3281	570	0.9520	0.2076	700	0.0041	0.000 02
445	0.0298	0.3916	575	0.9154	0.1645	705	0.0029	0.000 01
450	0.0380	0.455	580	0.8700	0.1212	710	0.0021	0.000 009
455	0.0480	0.511	585	0.8163	0.0936	715	0.0015	0.000 008
460	0.0600	0.567	590	0.7570	0.0655	720	0.0010	0.000 005
465	0.0739	0.618	595	0.6990	0.0450	725	0.0007	0.000 004
470	0.0910	0.67	600	0.6310	0.0332	730	0.0005	0.000 003
475	0.1126	0.732	605	0.5668	0.0246	735	0.0004	0.000 002
480	0.1390	0.793	610	0.5030	0.0159	740	0.0003	0.000 001
485	0.1663	0.849	615	0.4412	0.0117	750	0.0001	0.000 000 8
490	0.2080	0.904	620	0.381	0.0074	760	0.000 06	0.000 000 4
495	0.2586	0.943	625	0.321	0.0054	770	0.000 03	0.000 000 2
500	0.3230	0.982	630	0.265	0.0033	780	0.000 02	0.000 000 1
505	0.4073	0.999	635	0.217	0.0025			
510	0.5030	0.997	640	0.175	0.0015			

根据 2018 年第 26 届国际计量大会上发光强度坎德拉的新定义,在波长为 $0.555\mu\mathrm{m}$ 的单色辐射时,该方向的光视效能(K_{cd})取其固定数值为 $683\mathrm{cd \cdot sr/W}$,电磁辐通量对人眼刺激时,光谱光通量和光谱辐射通量满足一定的换算关系,其关系式可以表示为

$$\Phi_{v,\lambda} = K_{cd}V(\lambda)\Phi_{e,\lambda} \tag{1-18}$$

式中：$V(\lambda)$——人眼的光谱光视效率；

　　　K_{cd}——人眼明视觉最敏感波长时光度量对辐度量的转换常数,由发光强度的定义可知 $K_{cd} = 683\mathrm{lm/W}$。

对于明视觉,光度量 $X_{v,\lambda}$ 和辐度量 $X_{e,\lambda}$ 的转换关系可以表示为

$$X_{v,\lambda} = K_{cd}V(\lambda)X_{e,\lambda} \tag{1-19}$$

令

$$K(\lambda) = \frac{X_{v,\lambda}}{X_{e,\lambda}} = K_{cd}V(\lambda) \tag{1-20}$$

式中：$K(\lambda)$——人眼明视觉光谱光视效能。

同样，对于暗视觉有

$$K'(\lambda) = \frac{X_{v,\lambda}}{X_{e,\lambda}} = K'_{cd}V'(\lambda) \tag{1-21}$$

式中：$K'_{cd} = 1725 \text{lm/W}$。

在上面的讨论中，假设的都是单色电磁辐射。自然界中的实际辐射体辐射的电磁波都有一定的波长范围，对这类辐射体来讲，求它们的光通量和辐通量之间的关系时，应该对整个波长范围进行积分。这样对于辐射体来讲，其光视效能为

$$K = \frac{\Phi_v}{\Phi_e} = \frac{\int_{0.38}^{0.78} K(\lambda)\Phi_{e,\lambda}\mathrm{d}\lambda}{\int_0^\infty \Phi_{e,\lambda}\mathrm{d}\lambda} \tag{1-22}$$

式中：K——辐射体的光视效能，表示辐射体消耗 1W 功率所发出的流明数，由于 Φ_v 的单位为流明(lm)，Φ_e 的单位为瓦(W)，因此 K 的单位为流明每瓦(lm/W)。

例题 2　某型号半导体激光器输出波长为 650nm，输出功率为 10mW。试计算其发光的光通量为多少流明。

解　由 $\Phi_{v,\lambda} = K_{cd}V(\lambda)\Phi_{e,\lambda}$，有

$$\Phi_{v,\lambda} = 683 \times 0.107 \times 10 \times 10^{-3} = 0.731 \text{lm}$$

例题 3　一个发光功率为 30W，光视效能为 60lm/W 的钠光灯，假设它在各个方向均匀发光，求它的发光强度。

解　由光视效能 $K = \frac{\Phi_v}{\Phi_e}$，有

$$\Phi_v = K\Phi_e = 60 \times 30 = 1800 \text{lm}$$

由发光强度定义有

$$I_v = \frac{\mathrm{d}\Phi_v}{\mathrm{d}\Omega} = \frac{1800}{4\pi} = 143.31 \text{cd}$$

1.4　辐射度学与光度学中的几个基本定律

1.4.1　朗伯余弦定律

对于理想的均匀发光体(如太阳)，发光体在各个方向上的亮度一致，发光面元 $\mathrm{d}S$ 在法线 $\hat{n}$ 方向上的发光强度为 I_{v0}，与法线方向成 α 角的 $\hat{k}$ 方向上的发光强度为 $I_{v\alpha}$，如图 1-10 所示。

根据光亮度公式，有

$$L_v = \frac{I_{v\alpha}}{\mathrm{d}S\cos\alpha} = \frac{I_{v0}}{\mathrm{d}S} \tag{1-23}$$

由上式可得

图 1-10　朗伯余弦定律

$$I_{v\alpha} = I_{v0}\cos\alpha \qquad\qquad (1\text{-}24)$$

式(1-24)称为"朗伯余弦定律(Lambert's Cosine Law)"或发光强度余弦定律。其物理意义是:各个方向上光亮度相等的发光表面,其发光强度按余弦规律变化。

符合朗伯余弦定律的发光体称为"朗伯辐射体"或"余弦辐射体"。朗伯辐射体可以是自发射体,如钨灯、太阳、荧光屏等,也可以是漫辐射体或漫反射体。朗伯余弦定律可用图 1-11 表示。

由图 1-11 可以看到:朗伯辐射体的发光强度 $I_{v\alpha}$ 的端点轨迹是一个和发光体相切的圆,圆的直径为 I_{v0}。由此可以得出结论:朗伯辐射体在各个方向上的光亮度是一个常数,发光强度随 θ 的改变而改变,0°方向上的发光强度最大(为 I_{v0}),90°方向上的发光强度最小(为 0)。

例题 4 如图 1-12 所示,微面元为 dS 的均匀发光面的辐亮度为 L_e,求:(1)半顶角为 φ 的圆锥面内总辐通量;(2)发光体的辐出度。

解:(1)由 $I_e(\theta,\varphi) = \dfrac{\mathrm{d}\Phi_e}{\mathrm{d}\Omega}$,有

$$\Phi_e = \int_\Omega I_e \mathrm{d}\Omega = \int_\Omega L_e \mathrm{d}S\cos\varphi\,\mathrm{d}\Omega \qquad\qquad (1\text{-}25)$$

由图 1-12 可知 $\mathrm{d}\Omega = \sin\varphi\,\mathrm{d}\varphi\,\mathrm{d}\theta$,代入式(1-25),有

$$\Phi_e = \int_0^{2\pi} \mathrm{d}\theta \int_0^\varphi L_e \mathrm{d}S\sin\varphi\cos\varphi\,\mathrm{d}\varphi = \pi L_e \mathrm{d}S\sin^2\varphi$$

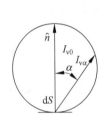

图 1-11 朗伯余弦定律示意图

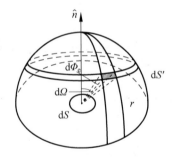

图 1-12 求半顶角圆锥内总辐射通量

(2)根据辐出度定义,有

$$M_e = \frac{\mathrm{d}\Phi_e}{\mathrm{d}S}$$

又由于发光体在整个半球面的辐通量为 $\pi L_e \mathrm{d}S$,有

$$M_e = \frac{\mathrm{d}\Phi_e}{\mathrm{d}S} = \pi L_e$$

朗伯辐射体的辐出度等于它的辐亮度与 π 的乘积。

1.4.2 距离平方反比定律

如图 1-13 所示,假设点光源照射在微面元 dS 上,点光源到被照表面 O 点的距离为 r,点光源在 AO 方向上的发光强度为 I_v,dS 的法线与 AO 之间的夹角为 θ,$\mathrm{d}\Phi_v$ 为射入 dS 内的光通量。由发光强度的定义可得

$$I_v = \frac{\mathrm{d}\Phi_v}{\mathrm{d}\Omega} \qquad (1\text{-}26)$$

由立体角的定义可得

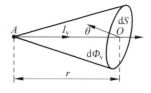

图 1-13 距离点光源 r 处辐照度

$$\mathrm{d}\Omega = \frac{\mathrm{d}S\cos\theta}{r^2}$$

由以上两式可得

$$\mathrm{d}\Phi_v = I_v\mathrm{d}\Omega = I_v\frac{\mathrm{d}S\cos\theta}{r^2} \qquad (1\text{-}27)$$

由光照度的定义可得

$$E_v = \frac{\mathrm{d}\Phi_v}{\mathrm{d}S} = \frac{I_v}{r^2}\cos\theta \qquad (1\text{-}28)$$

当 θ 为 0°时,即点光源垂直照射时,式(1-28)可化简为

$$E_v = \frac{I_v}{r^2} \qquad (1\text{-}29)$$

式(1-29)就称为平方反比定律(Inverse Square Law)。其物理意义是:点光源在距离 r 处所产生的光照度与发光强度成正比,与距离的平方成反比。当 θ 不为 0°时,式(1-28)称为照度的余弦法则。由此可以得出结论:光通量一定时,θ 越大,被照射的面积就越大,光照度就越小,θ 为 90°时光照度为 0,θ 为 0°时光照度为最大。

1.4.3 亮度守恒定律

在光束传输路径上任取两个面元 1 和 2,面积分别为 $\mathrm{d}S_1$ 和 $\mathrm{d}S_2$,如图 1-14 所示。取这两个面元时,使通过面元 1 的光束也都通过面元 2。设它们之间的距离为 r,它们的法线与传输方向的夹角分别为 θ_1 和 θ_2,则

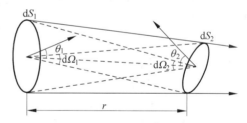

图 1-14 光亮度守恒定律

$$\mathrm{d}\Omega_1 = \frac{\mathrm{d}S_2\cos\theta_2}{r^2}, \quad \mathrm{d}\Omega_2 = \frac{\mathrm{d}S_1\cos\theta_1}{r^2}$$

设面元 1 的光亮度为 L_{v1}。当把面元 1 看作子光源,面元 2 看作接收表面时,根据光亮度定义,面元 1 的光亮度 L_{v1} 为

$$L_{v1} = \frac{\mathrm{d}^2\Phi_{12}}{\mathrm{d}\Omega_1\mathrm{d}S_1\cos\theta_1}$$

则有

$$\mathrm{d}^2\Phi_{12} = L_{v1}\mathrm{d}\Omega_1\mathrm{d}S_1\cos\theta_1 = L_{v1}\frac{\mathrm{d}S_2\cos\theta_2}{r^2}\mathrm{d}S_1\cos\theta_1$$

同样,面元 2 的光亮度 L_{v2} 为

$$L_{v2} = \frac{\mathrm{d}^2\Phi_{21}}{\mathrm{d}\Omega_2\mathrm{d}S_2\cos\theta_2} = \frac{\mathrm{d}^2\Phi_{21}}{\mathrm{d}S_1\cos\theta_1/r^2 \cdot \mathrm{d}S_2\cos\theta_2}$$

如果传输过程中没有能量损耗,则将 $\mathrm{d}^2\Phi_{21} = \mathrm{d}^2\Phi_{12}$ 值代入上式,得

$$L_{v2} = L_{v1} \qquad (1\text{-}30)$$

可见,光辐射能在传输介质中没有损失时,表面 2 的光亮度和表面 1 的光亮度是相等

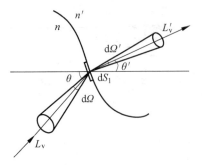

图 1-15　在介质边界上传输的光亮度关系

的,即光亮度是守恒的。

再来讨论面元 1 和面元 2 在不同介质中的情况。如图 1-15 所示,设光通量在介质边界上没有反射、吸收等损失,这样

$$d^2\Phi_{12} = L_v dS d\Omega \cos\theta = L'_v dS d\Omega' \cos\theta'$$

而

$$d\Omega = \sin\theta d\theta d\varphi, \quad d\Omega' = \sin\theta' d\theta' d\varphi$$

再由折射定律 $n\sin\theta = n'\sin\theta'$,则

$$\frac{d\Omega \cos\theta}{d\Omega' \cos\theta'} = \frac{\sin\theta\cos\theta d\theta}{\sin\theta'\cos\theta' d\theta'} = \frac{n'}{n} \cdot \frac{d\sin\theta}{d\sin\theta'} = \left(\frac{n'}{n}\right)^2$$

代入 $L_v d\Omega \cos\theta = L'_v d\Omega' \cos\theta'$,得

$$\frac{L_v}{n^2} = \frac{L'_v}{n'^2} \tag{1-31}$$

若将 L_v/n^2 叫作基本光亮度,那么在不同介质中,传播光束的基本光亮度是守恒的。

此外还可以证明,当有光学系统时,光学系统将改变传输光束的发散或汇聚状态,像面光亮度 L'_v 与物面光亮度 L_v 之间有如下关系:

$$L'_v = \tau \left(\frac{n'}{n}\right)^2 L_v \tag{1-32}$$

式中: n、n'——物空间和像空间的折射率;

τ——光学系统的透射比。

一般成像系统中, $n'=n$, τ 小于 1,因此像的光亮度不可能大于物的光亮度,即光学系统无助于亮度的增加。

1.5　黑体辐射

1900 年,普朗克(Planck)首次提出能量子的概念,解释了黑体辐射(Blackbody Radiation)实验规律。1905 年,爱因斯坦进一步提出了光子假设,成功地解释了光电效应实验规律。

1.5.1　黑体辐射定律

实验和理论表明物体在任何温度下都在向外发射不同波长的电磁波,也在吸收由周围其他物体发射的电磁波,即物体既发射也吸收辐射能。研究表明:一个物体发出的辐射能与波长的分布和物体的温度有密切的关系。这种能量按波长的分布随温度而不同的电磁辐射叫作**热辐射**(**Thermal Radiation**)。

物体在向外发射电磁波的同时,还不断吸收外来的电磁波。一个物体如果在任何温度下都能把投射到它上面的任何波长的电磁波完全吸收,则它看起来就是完全黑的,这样的物体称为黑体(Blackbody)。在自然界中,黑体是不存在的,即使最黑的煤烟也只能吸收 99% 的入射电磁波。如图 1-16 所示,在一个足够大的空腔壁上开一个足够小的孔,这个小孔区域就可以近似看成黑体表面,这就是一个黑体模型。因为入射到小孔的电磁波进入小孔后在腔内多次反射被吸收,几乎没有反射电磁波从小孔出来,它与构成空腔的材料无关。当空腔处于某一温度时,空腔内壁便不断地发射各种电磁波,并充满腔内形成电磁场,部分电磁波将从小孔射出,由小孔射出的电磁波就可以看成黑体辐射。对上述空腔黑体模型的辐射可以采用分光仪进行实验测量出由它发出的电磁波的能量按波长的分布。

图 1-17 所示是通过实验测出的 $M_{B\lambda}(T)\sim\lambda$ 关系曲线,对于这种规律人们试图从经典物理理论给予解释。从实验曲线可以得到关于黑体辐射的两个定律。

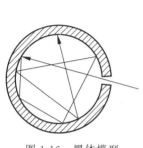

图 1-16　黑体模型

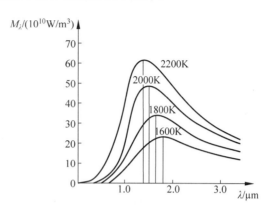

图 1-17　黑体光谱辐出度的实验曲线

每条能谱曲线下的面积等于黑体的辐出度,即

$$M_B(T) = \int_0^\infty M_{B\lambda}(T)\mathrm{d}\lambda$$

实验证明,黑体的辐出度与热力学温度的四次方成正比,可以表示为

$$M_B(T) = \sigma T^4 \tag{1-33}$$

式(1-33)称为斯特藩-玻尔兹曼定律(Stefan-Boltzmann Law)。式中比例系数 $\sigma = 5.67\times10^{-8}\,\mathrm{W/m^2\cdot K^4}$,称为斯特藩-玻尔兹曼常数。

如果测出不同温度下能谱曲线的峰值所对应的波长 λ_m,则 λ_m 与温度 T 的乘积为一常量 b,即

$$\lambda_m T = b \tag{1-34}$$

式(1-34)称为维恩位移定律(Wien's Displacement Law)。式中比例系数 $b=2.897\times 10^{-3}\,\mathrm{m\cdot K}$,称为维恩常数。

黑体辐射的主要性质通过两个定律定量地表示出来,这两个定律在科学技术中有广泛的实用价值。例如,利用两个定律进行高温测量、星球表面温度的估算、遥感测量、红外跟踪等。

例题 5　由测量得到太阳辐射谱的峰值处在 490nm。计算太阳表面的温度和太阳的辐射出射度。

解　将太阳看成黑体,由维恩位移定律有

$$T = b/\lambda_m = 5.9\times10^3\,\mathrm{K}$$

由斯特藩-玻尔兹曼定律有

$$M_B(T) = \sigma T^4 = 5.67\times10^{-8}\times(5.9\times10^3)^4 = 6.9\times10^7\,\mathrm{W/m^2}$$

1.5.2　普朗克能量子假设

19世纪末,黑体辐射的理论研究成了物理学家研究的中心课题之一。许多科学家尝试从理论上推导出黑体辐出度公式。其中,有影响的是维恩、瑞利和金斯的研究工作。

1896年,维恩从经典的热力学和麦克斯韦分布律出发,导出了一个公式

$$M_\nu = \alpha \nu^3 e^{-\frac{\beta}{T}} \qquad (1-35)$$

式中,α 和 β 为常量。该公式给出的结果,在高频范围内和实验结果符合得很好,但在低频范围有较大的偏差。

1900年,瑞利-金斯发表了根据经典电磁学和能量均分定理导出的公式

$$M_\nu = \frac{2\pi\nu^2}{c^2} kT \qquad (1-36)$$

瑞利-金斯推出的公式,在低频范围内还能符合实验结果;在高频范围内和实验值相差甚远。在黑体辐射研究中出现的这一经典物理理论的失效,被当时有的物理学家称为"紫外灾难",维恩导出的公式只适用于高频区,而瑞利-金斯得到的公式只适用于低频区,皆不能对实验给予满意的解释。

为解决经典物理在热辐射中所遇到的困难,1900年,普朗克抛弃了能量连续取值的概念,大胆地提出了能量量子化的假设:

(1)组成黑体腔壁的分子或原子可视为带电的线性谐振子。

(2)这些谐振子和空腔中的辐射场相互作用时吸收和发射的能量是量子化的,只能取一些分立值,如 $\varepsilon,2\varepsilon,\cdots,n\varepsilon$。

频率为 ν 的谐振子,吸收和发射的能量最小值 $\varepsilon = h\nu$ 称为能量子。

基于以上假设运用统计方法,得到关于黑体辐射公式

$$M_{B\lambda}(T) = \frac{2\pi\nu^2}{c^2} \frac{h\nu}{e^{h\nu/kT} - 1} \qquad (1-37)$$

这就是著名的普朗克公式。式中,k 为玻尔兹曼常数;h 为普朗克常数,目前的精确值为 $h = 6.626\,176 \times 10^{-34}$ J·s。

普朗克公式在高频区与维恩公式一致;在低频区又与瑞利-金斯公式一致。由普朗克公式画出的曲线与实验曲线符合得极好。

事实上,由普朗克公式可以得出斯特藩-玻尔兹曼定律和维恩位移定律,在这里就不再做详细讨论了。

黑体辐射的实验事实迫使普朗克做出能量假设,显然,这样的假设与经典物理学的基本概念是格格不入的。从经典物理学来看,能量子假设是荒诞的、不可思议的。正是这个在当时看似荒诞的假设,却是物理学以至于人类认识客观物质世界过程中的新的重大发现,它开创了物理学的新时代,开启了人类认识微观世界的大门,标志着人类对自然规律的认识从宏观领域进入微观领域,使人类从经典物理时代进入量子物理时代,为量子力学的诞生奠定了基础。量子力学已经成为微观领域中研究物质运动及其规律的必不可少的重要基础理论之一。

例题6　假设将人体作为黑体,正常人体体温为 36.5℃。试计算:(1)正常人体所发出的辐出度为多少?(2)正常人体的峰值辐射波长为多少?峰值光谱辐出度为多少?(3)人体

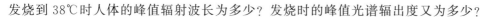

发烧到38℃时人体的峰值辐射波长为多少？发烧时的峰值光谱辐出度又为多少？

解　(1)正常人体体温的热力学温度为 $T=36.5+273.15=309.65\text{K}$,根据斯特藩-玻尔兹曼定律,正常人体所发出的辐出度为

$$M_B(T)=\sigma T^4=5.67\times 10^{-8}\times 309.65^4=521.3\text{W/m}^2$$

(2)由维恩位移定律,正常人体的峰值辐射波长为

$$\lambda_m=b/T=9.36\mu\text{m}$$

峰值光谱辐出度为

$$M_{B\lambda_m}(T)=\frac{2\pi hc^2}{\lambda_m^5}\frac{1}{\text{e}^{hc/\lambda_m kT}-1}=3.72\text{W/cm}^2\cdot\mu\text{m}$$

(3)人体发烧到38℃时人体峰值辐射波长为

$$\lambda_m=b/T=9.32\mu\text{m}$$

发烧时人体峰值光谱辐出度为

$$M_{B\lambda_m}(T)=\frac{2\pi hc^2}{\lambda_m^5}\frac{1}{\text{e}^{hc/\lambda_m kT}-1}=3.81\text{W/cm}^2\cdot\mu\text{m}$$

可见人体温度升高,人体发射的光谱辐射峰值波长变短,峰值光谱辐出度增大。可以根据这些特性,用探测辐射的方式遥测人的身体状态。人们就是采用这种方法在大量人群中快速探测出体温异常者。根据黑体辐射的原理制成的高温辐射计在工业生产的自动控制中有广泛应用。

1.6　常用光辐射源

一切能产生光辐射的辐射源都称为光源。光电探测系统中所用的光源可划分为自然光源和人造光源两类。自然光源是在自然界中存在的,如太阳、恒星、人体等。这些光源的辐射通常很不稳定,且无法控制;人造光源是人为将各种形式的能量(电能、热能、化学能)转换为光辐射能的器件,如白炽灯、汞灯、激光器等。自然光源组成被动式光电探测系统,其信息源直接来自目标自身的辐射,如天文光电探测、微光夜视仪等;人造光源组成主动探测系统,其信息源来自人造光源对目标的反射、透射或散射等光辐射,如激光制导、光电精密微小尺寸测量等。在光电探测系统中,除对自然光源的特性进行直接测量外,很少采用它们作为测试其他物理量的光源。

本章介绍热辐射光源、气体放电光源、激光光源和发光二极管等几种光电探测系统中常用光源的工作原理、主要特性及其应用,为读者在设计光电探测系统时正确选用光源提供依据和参考。

1.6.1　光源的基本特性参数

光源的基本特性主要由辐射效率和发光效率、光谱功率分布、空间光强分布、光源的色温和颜色等几个特性参数来描述。

1. 辐射效率和发光效率

1)辐射效率

在给定波长范围内,辐射体发出的辐通量与产生这些辐通量所需的电功率之比,称为该

1.6.1
微课视频

光源在规定光谱范围内的辐射效率(Radiation Efficiency),即

$$\eta_e = \frac{\Phi_e}{P} = \frac{\int_{\lambda_1}^{\lambda_2} \Phi_{e,\lambda}\,d\lambda}{P} \tag{1-38}$$

2)发光效率

某一光源所发射的光通量与产生这些光通量所需的电功率之比,就是该光源的发光效率(Luminous Efficiency),即

$$\eta_v = \frac{\Phi_v}{P} = \frac{K_{cd}\int_{380}^{780} \Phi_{e,\lambda} V(\lambda)\,d\lambda}{P} \tag{1-39}$$

式中,λ 的单位为 nm,发光效率的单位为 lm/W。

在照明领域或光度测量系统中,一般应尽可能选用辐射效率(发光效率)较高的光源。表 1-7 给出了几种常见光源的发光效率。

表 1-7　常用光源的发光效率

光 源 种 类	发光效率/(lm · W^{-1})	光 源 种 类	发光效率/(lm · W^{-1})
普通钨丝灯	8～18	高压汞灯	30～40
卤钨灯	14～30	高压钠灯	90～100
普通荧光灯	35～60	球形氙灯	30～40
三基色荧光灯	55～90	金属卤化物灯	60～80

2. 光谱功率分布

自然光源和人造光源大都是由单色光组成的复色光。不同光源在不同光谱上辐射出不同的光谱功率,常用光谱功率分布(Spectral Power Distribution)描述。若令其最大值为 1,将光谱功率分布进行归一化,那么经过归一化后的光谱功率分布称为相对光谱功率分布。

光源的光谱功率分布通常可分为四种情况,如图 1-18 所示。图 1-18(a)称为线状光谱(Line Spectrum),由若干条明显分隔的细线组成,低压汞灯就属于这种分布。图 1-18(b)称为带状光谱(Band Spectrum),它由一些分开的谱带组成,每一谱带中又包含许多细谱线,如高压汞、高压钠灯就属于这种分布。图 1-18(c)为连续光谱(Continuous Spectrum),所有热辐射光源的光谱都是连续光谱。图 1-18(d)是混合光谱(Mixed Spectrum),它由连续光谱与线、谱带混合而成,一般荧光灯的光谱就属于这种分布。

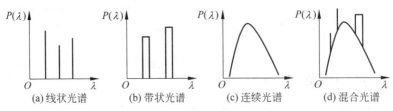

图 1-18　四种典型的光谱功率分布

在选择光源时,光谱功率分布应由测量对象的要求决定。在目视光学系统中,一般采用可见光谱辐射比较丰富的光源。对于彩色摄影用光源,为了获得较好的色彩还原,应采用类似于日光色的光源,如卤钨灯、氙灯等。在紫外分光光度计中,通常使用氘灯、紫外汞灯等紫

外辐射较强的光源。在光纤应用技术中,通常使用发光二极管和半导体激光器等。

3. 空间光强分布

对于各向异性光源,其发光强度在空间各方向上是不相同的。若在空间某一截面上自原点向各径向取矢量的长度与该方向的发光强度成正比,则各矢量的端点连起来,可得到光源在该截面上的发光强度曲线,即配光曲线。图1-19所示是发光二极管的配光曲线。

一般情况下,为了提高光的利用率,通常选择发光强度高的方向作为照明方向。为了进一步利用背面方向的光辐射,还可以在光源的背面安装反光罩,并使反光罩的焦点位于光源的发光中心上。

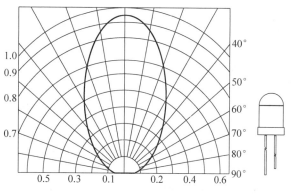

图1-19 发光二极管配光曲线

图1-19
动态效果

4. 光源的色温

黑体的温度决定了它的光辐射特性。对于非黑体辐射,它的某些特性常可用黑体辐射的特性近似地表示。对于一般光源,通常用分布温度、色温或相关色温表示。

1) 分布温度

当辐射源的相对光谱功率分布与黑体在某一温度下辐射的相对光谱功率分布一致,那么黑体的这一温度就称为该辐射源的分布温度(Distribution Temperature)。

2) 色温

辐射源发射光的颜色与黑体在某一温度下辐射光的颜色相同,则黑体的这一温度称为该辐射源的色温(Color Temperature)。由于一种颜色可以由多种光谱分布产生,所以色温相同的光源,它们的相对光谱功率分布不一定相同。

3) 相关色温

对于一般光源,它的颜色与任何温度下的黑体辐射的颜色都不相同,这时光源用相关色温表示。在均匀色度图中,如果光源的色坐标点与某一温度下的黑体辐射的色坐标点最接近,则黑体的这一温度称为该光源的相关色温(Correlated Color Temperature, CCT)。

5. 光源的颜色

光源的颜色包含两方面的含义,即色表(Color Table)和显色性(Color Rendering Properties)。用眼睛直接观察光源时所看到的颜色称为光源的色表。例如,高压钠灯的色表呈黄色,荧光灯的色表呈白色。当用光源照射物体时,物体呈现的颜色与该物体在完全辐射体照射下所呈现的颜色一致性称为该光源的显色性。白炽灯和卤钨灯等几种光源的显色性较好,适用于辨色要求较高的场合,如彩色电影、彩色电视的拍摄和放映,染料,彩色印刷等行业。高压汞灯和高压钠灯等光源的显色性差一些,一般用于道路、隧道和码头等辨色要求较低的场合。

不同光电探测系统对光源的要求也不一样,光电探测系统中对光源选择的基本要求如下:

(1) 对光源发光光谱特性的要求。光源发光的光谱特性必须满足检测系统的要求。按检测任务的不同,要求的光谱范围也有所不同,如可见光区、紫外光区、红外光区等。有些场合要求连续光谱,有些场合又要求特定的谱段。系统对光谱范围的要求都应在选择光源时加以满足。

(2) 对光源发光强度的要求。为确保光电探测系统的正常工作,对系统采用光源的发光强度应有一定要求。光源的强度过低,会导致系统获得信号过小,以致无法正常探测;光源强度过高,又会导致系统工作的非线性,有时可能损坏系统、待测物或光电探测器,而且还会导致不必要的能量消耗造成的浪费。因此,在系统设计时必须对探测器所需获得的最大、最小光通量进行正确估计,并按估计值来选择光源。

(3) 对光源稳定性的要求。不同的光电探测系统对光源的稳定性有着不同的要求。稳定光源发光的方法很多,一般要求时,可采用稳压电源供电;当要求较高时,可采用稳流电源供电,所用的光源应该预先进行老化处理;当有更高要求时,可对发出光进行采样,然后再反馈控制光源的输出。

(4) 对光源其他方面的要求。光电探测中,光源除了以上几条基本要求外,还有一些具体要求。例如,灯丝的结构和形状、发光面积的大小和构成、灯泡玻壳的形状和均匀性、发光效率和空间分布等,这些方面都应该根据测试系统的要求给以满足。

1.6.2 热辐射光源

1.6.2
微课视频

任何物体只要其温度大于绝对零度,就会向外界辐射能量,物体的这种因温度而辐射能量的现象称为热辐射。热辐射光源有三个特点:

(1) 它们的发光特性都可以利用普朗克公式进行精确的估算,即可以精确掌握和控制它们的发光或辐射性质。

(2) 它们发出的光通量构成连续的光谱,且光谱范围很宽,因此使用的适应性强。但在通常情况下,紫外辐射含量很少,这又限制了这类光源的使用范围。

(3) 人造热辐射光源采用适当的稳压或稳流供电时,可使这类光源的光获得很高的稳定度。

本节介绍几种常用的热辐射光源。

1. 太阳

太阳可看成是一个直径为 $1.392 \times 10^9 \mathrm{m}$ 的光球。它到地球的年平均距离是 $1.49 \times 10^{11} \mathrm{m}$。因此从地球上观看太阳时,太阳的张角只有 $0.533°$。

大气层外的太阳光谱能量分布相当于5900K左右的黑体辐射。其平均辐亮度为 $2.01 \times 10^7 \mathrm{W/(m^2 \cdot sr)}$,平均亮度为 $1.95 \times 10^9 \mathrm{cd/m^2}$。

射到地球上的太阳辐射,要斜穿过一层厚厚的大气层,使太阳辐射在光谱和空间分布、能量大小、偏振状态等都发生了变化。大气的吸收光谱比较复杂,其中氧(O_2)、水汽(H_2O)、臭氧(O_3)、二氧化碳(CO_2)、一氧化碳(CO)和其他碳氢化合物(如 CH_4)等,都在不同程度上吸收了太阳辐射,而且它们都是光谱选择性的吸收介质。在标准海平面上太阳的光谱辐照度曲线如图1-20所示,其中的阴影部分表示大气的光谱吸收带。

2. 黑体模拟器

在许多红外光电系统中,需要一种角度特性和光谱特性酷似理想黑体辐射源,这种辐射源常称为黑体模拟器。

图 1-21 所示为一种人造黑体模拟器的结构示意图。它由辐射体、热电偶、数显温控系统、绝热层、测温和控温的传感器组成,从而可保持热平衡和调节温度,可以很好地实现热辐射调控功能。用铜或不锈钢制成的圆筒内有圆锥腔作光源,筒外加石棉和硅酸盐水泥做成绝缘层,筒的外层绕以电阻丝加热。用温度计可测得温度信号,再用自动控温仪控温。由光阑小孔射出的即为黑体辐射。

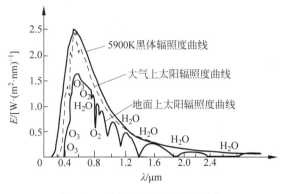

图 1-20 太阳的光谱辐照度曲线

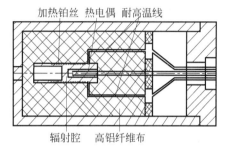

图 1-21 一种人造黑体模拟器结构示意图

在热辐射的定标中,黑体模拟器是红外光谱区($0.75\sim2.5\mu m$ 或 $0.75\sim6\mu m$)的标准光源。一般最高工作温度是 3000K,实际应用大多在 2000K 以下。辐射的峰值波长在红外区。过高的温度不仅要消耗大量的电功率,而且会加剧内腔表面材料的氧化。

3. 白炽灯与卤钨灯

1) 白炽灯

白炽灯(Incandescent Lamp)是照明工程和光电测量中最常用的光源之一。白炽灯的结构主要包括由钨丝做成的灯丝和玻璃泡壳。电流通过钨丝,使钨丝升温而发光。白炽灯发射的是连续光谱,在可见光谱段中部和黑体辐射曲线相差约 0.5%,而在整个光谱段内和黑体辐射曲线平均相差 2%。受灯丝工作温度所限,白炽灯的色温约为 2800K。辐射光谱限于透过玻璃泡的部分,为 $0.4\sim3\mu m$;可见光只占 6%~12%,当加上红外滤光片时,可作为近红外光源。仪器中使用的白炽灯是低电压大电流的,即电压为 6~12V,功率为几瓦到几十瓦,灯丝聚集成点光源状。

白炽灯有真空钨丝白炽灯和充气钨丝白炽灯两种。真空钨丝白炽灯的工作温度为 2300~2800K,发光效率约为 10lm/W。由于钨丝的熔点约为 3680K,进一步增加钨的工作温度会导致钨的蒸发率急剧上升,钨蒸发沉积在泡壳上,使灯泡发黑,亮度降低,寿命剧减。

充气钨丝白炽灯是在灯泡中充入和钨不发生化学反应的氩、氮等气体,使由灯丝蒸发出来的钨原子在和这些气体原子碰撞时,部分钨原子能返回灯丝。这样可有效地抑制钨的蒸发,从而使白炽灯的工作温度提高到 2700~3000K,相应的发光效率提高到 17lm/W。

灯丝是白炽灯的主要部分。灯丝的形状和尺寸对于灯的寿命和发光效率等都有直接的影响。在光学仪器上使用,灯丝的形状大致可分为点光源、线光源和面光源。在要求照明光束为平行光束的仪器中,尽量采用点光源。对光束要求不高的场合,可采用线光源或面光源。

虽然白炽灯发光效率低,但因它结构简单,造价低廉,使用方便,且有连续光谱,所以仍是应用广泛的光源之一。色温为 2856K 的白炽灯,可作为可见光和近红外区光电探测器积分灵敏度测试的标准光源。

2) 卤钨灯

卤钨灯(Halogen Lamp)是利用电能使灯丝发热到白炽状态而发光的电光源。它较好地解决了白炽灯存在的发光效率与寿命之间的矛盾,具有较高的发光效率和较长的寿命,因而得到广泛应用。

卤钨灯是在灯泡中充入卤钨循环剂(如氯化碘、溴化硼等),在一定温度下可以形成卤钨循环,即蒸发的钨和玻璃壳附近的卤素合成卤钨化合物,而该卤钨化合物扩散到温度较高的灯丝周围时,又分解成卤素和钨。这样,钨就重新沉积在灯丝上,而卤素被扩散到温度较低的泡壁区域再继续与钨化合。这一过程称为钨的再生循环。卤钨循环进一步提高了灯的寿命,灯的色温可达到 3200K,发光效率也相应提高到 30lm/W。

卤钨灯的种类较多,按不同情况分类如下:按灯内充入卤素不同可分为碘钨灯和溴钨灯等;按灯壳材料不同可分为石英玻璃卤钨灯和硬质玻璃卤钨灯;按灯丝形状不同可分为点光源、线光源和面光源卤钨灯三类。卤钨灯可用于检测、电影放映及照明等。

3) 卤钨灯和白炽灯的比较

卤钨灯与白炽灯相比,有许多优点:

(1) 体积小。体积是同功率白炽灯体积的 0.5%～3%,因而可使光学系统小型化,降低成本。

(2) 光通量稳定,稳定时的光通量为开始的 95%～98%,而白炽灯只为 60%。

(3) 紫外线较丰富。因卤钨灯的灯丝温度较高,且其泡壳也能通过紫外辐射,所以可作为紫外辐射源用于光谱辐射测量。

(4) 发光效率比白炽灯高 2～3 倍。

(5) 寿命长。

卤钨灯的缺点是价格较高,另外它的管壁温度高,使用时要注意安全,以免烧毁其他物质。

1.6.3 气体放电光源

1.6.3
微课视频

利用气体放电原理制成的光源称为气体放电光源(Gas Discharge Lamp)。气体放电光源在制作时,在灯中充入发光用的气体,如氢、氦、氖、氙、氪等,或金属蒸气,如汞、镉、钠、铟、铊、镝等。气体在电场作用下激励出电子和离子。当离子向阴极、电子向阳极运动时,从电场中得到能量,当它们与气体原子或分子碰撞时会激励出新的电子和离子。由于这一过程中有些内层电子会跃迁到高能级,引起原子的激发,受激原子回到低能级时就会发射出可见辐射或紫外、红外辐射。这样的发光机制就称为气体放电发光。

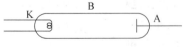

图 1-22 气体放电光源的基本结构
A—阳极;K—阴极;B—泡壳

气体放电光源的基本结构如图 1-22 所示,其主要由阳极、阴极和泡壳构成。

大部分气体放电光源发光的过程有三步:

(1) 阴极发射电子,自由电子被电场加速,使电子获得足够的能量。从阴极逸出的方式主要有加热(热电子发射)、正离子轰击和施加电场等。

（2）被加速的电子与气体原子碰撞，引起气体电离和激发，气体原子吸收了能量，外层电子由基态跃迁到激发态。

（3）处于激发态的原子是不稳定的，将在很短时间内（10^{-9}s）自发返回基态，当受激原子返回基态时，所吸收的能量以辐射发光的形式释放出来。

气体放电光源具有下列共同的特点：

（1）发光效率高。发光效率比同瓦数的白炽灯发光效率高 2～10 倍，因此具有节能的特点。

（2）结构紧凑。由于不靠灯丝本身发光，电极可以做得牢固紧凑、耐震、抗冲击。

（3）寿命长。一般比白炽灯寿命高 2～10 倍。

（4）光色适应性强，可在很大范围内变化。

由于上述特点，气体放电灯具有很强的竞争力，因而发展很快，并在光电测量和照明工程中得到广泛应用。气体放电光源种类较多，本节介绍光学仪器中常用的几种气体放电光源。

1. 汞灯

按玻壳内气压的高低，汞灯通常分为低压汞灯、高压汞灯和球形超高压汞灯。

1）低压汞灯

汞灯在低压放电时主要辐射出 185.0nm 和 253.7nm 紫外特征谱线，如图 1-23（a）所示，可用作紫外杀菌、光化学反应和荧光分析等。

低压汞灯（Low Pressure Mercury Lamp）有冷阴极辉光放电灯和热阴极辉光放电灯两类。冷阴极辉光放电灯灯管细长，玻璃管壳通常用石英玻璃或透紫外玻璃制作，启动电压高，供电电源为漏磁变压器或高频振荡电源。为了使发光面集中，也有将细长灯管绕成紧凑的盘形状或螺旋状。热阴极辉光放电灯的玻璃管壳用普通玻璃制作，其在可见光的特征谱线常用作光谱仪的波长基准。

2）高压汞灯

当汞灯内的蒸气压达到 1～5 个大气压时，汞灯电弧的辐射光谱就会产生明显变化，光谱线加宽，出现弱的连续光谱，紫外辐射明显减弱，而可见辐射增加，其光谱分布如图 1-23（b）所示。高压汞灯（High Pressure Mercury Lamp）除供照明外，在光学仪器、光化学反应、紫外线理疗、荧光分析等方面都有广泛应用。

3）球形超高压汞灯

球形超高压汞灯点燃时，灯内汞蒸气压达到 1～20MPa（约 10～200 个大气压），这样灯

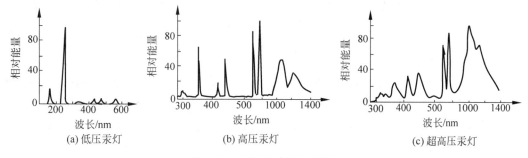

图 1-23　汞灯光谱能量分布图

的辐射光谱与高压汞灯相比有明显的不同：紫外辐射减少，可见辐射光谱线较宽，连续部分增加，并且红外光谱辐射增强，如图 1-23(c)所示。球形超高压汞灯中的电极距离一般为毫米级，放电电弧集中在电极之间，因此电弧的亮度很高，常用于光学仪器、荧光分析和光刻技术等方面。

2. 钠灯

钠灯(Sodium Lamp)的基本结构如图 1-24 所示。当灯泡启动后，电弧管两端电极之间产生电弧，由于电弧的高温作用使管内的钠和汞受热蒸发成为汞蒸气和钠蒸气，阴极发射的

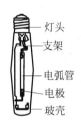

　　灯头
　　支架

　　电弧管
　　电极
　　玻壳

图 1-24　钠灯

电子在向阳极运动过程中，撞击放电物质原子，使其获得能量产生电离激发，然后由激发态回复到稳定态或由电离态变为激发态再回到基态无限循环，多余的能量以光辐射的形式释放，便产生了光。高压钠灯中放电物质蒸气压很高，即钠原子密度高，电子与钠原子之间碰撞次数频繁，使共振辐射谱线加宽，出现其他可见光谱的辐射，因此高压钠灯的光色优于低压钠灯。

钠灯同其他气体放电灯泡一样，工作在弧光放电状态，其伏安特性曲线为负斜率，即灯泡电流上升，而灯泡电压却下降。由于气体放电灯泡的负阻特性，如果把灯泡单独接到电网中去，其工作状态是不稳定的，随着放电过程继续，它必将导致电路中电流无限上升，最后直至灯或电路中的零部件过流烧毁。在恒定电源条件下，为了保证灯泡稳定地工作，电路中必须串联一具有正阻特性的电路元件平衡这种负阻特性，稳定工作电流，该元件称为镇流器或限流器。

3. 氙灯

氙灯(Xenon Lamp)是在椭球形石英泡壳内充有 0.019～0.0266MPa 高压氙气，氙气在两个间距小于 10mm 的钨电极之间产生高温电弧放电，从而发出强光。高压氙灯的辐射光谱是连续的，与日光的光谱能量分布相接近，色温为 6000K 左右，显色指数 90 以上，因此有"小太阳"之称。氙灯可分为长弧氙灯、短弧氙灯和脉冲氙灯三种。

1）长弧氙灯

当氙灯的电极间距为 15～130cm 时称为长弧氙灯(Long-arc Xenon Lamp)，多为细管型。它的工作气压一般为一个大气压，发光效率为 25～30lm/W，常用于大面积照明和材料老化实验等。

2）短弧氙灯

当氙灯的电极间距缩短到毫米量级时称为短弧氙灯(Short-arc Xenon Lamp)。它的工作气压一般约为 10～20 个大气压。一般为直流供电，灯的电弧亮度很高，其阴极点的最大亮度可达到几十万坎德拉每平方厘米，电弧亮度在阴极和阳极距离上很不均匀。短弧氙灯常用于电影放映、荧光分光光度计及模拟日光等场合。

3）脉冲氙灯

脉冲氙灯(Pulse Xenon Lamp)能在很短的时间内发出很强的光。它的结构有管形、螺旋形和 U 形三种。管内气压均在 0.1MPa(约一个大气压)以下，由高压电脉冲激发产生光脉冲。脉冲氙灯广泛用作固体激光器的光泵浦源、照相制版、高速摄影和光信号源等。

4. 空心阴极灯

空心阴极灯(Hollow Cathode Lamp,HCL)属于冷阴极低气压正常辉光放电灯。空心

阴极灯的阴极由金属元素或其他合金制成空心圆柱形,圆环形阳极是用吸气性能很好的锆材料制成的。空心阴极放电的电流密度可以比正常辉光放电高100倍以上,而阴极位降比正常辉光放电时低100V左右。正常辉光放电时因为放电电流小,主要辐射工作气体的原子光谱线;而空心阴极放电时,放电正离子在很高的阴极位降区被加速轰击阴极,使阴极金属被溅射,被溅射出来的阴极金属原子蒸气在空心阴极灯中被激发,辐射出该金属的原子特征谱线。

空心阴极灯也叫作原子光谱灯,阴极材料根据所需的谱线选择相应的金属。窗口有石英玻璃和普通玻璃两种,其根据辐射的原子光谱波长而定。由于这种灯工作时阴极的温度并不高,所辐射出的金属原子谱线很窄,强度很大,稳定性好。因此,空心阴极灯用作对微量金属元素吸收光谱定性或定量分析的光源,以及用于光谱仪器波长定标上。此外,空心阴极灯是原子吸收分光光度计上必不可少的光源。

5. 氘灯

氘灯(Deuterium Lamp)是一种热阴极弧光放电灯,泡壳内充有高纯度的氘气。氘(H_1^2)是氢(H_1^1)的同位素,又称重氢。氘灯的阴极是直热式氧化物阴极,阳极是用0.5mm厚的钽皮做成矩形,阳极矩形中心正对着灯的输出窗口,外壳由紫外透射比较好的石英玻璃制成。工作时先加热灯丝,产生电子发射,当阳极加高压后,氘原子在灯内受高速电子碰撞而激发,从阳极小圆孔中辐射出连续的紫外光谱(185～400nm)。氘灯的紫外辐射强度高、稳定性好、寿命长,因此常用作各种紫外分光光度计的连续紫外光源。

1.6.4 激光器

1.6.4
微课视频

激光技术兴起于20世纪60年代,激光是Light Amplification by Stimulated Emission of Radiation(Laser)的缩写,意思是辐射的受激发射光放大。激光是一类性能十分优越的辐射源,由于它突出的优点而被广泛应用于国防、科研、医疗及工业等许多领域。在光电测试系统中,激光的使用形成了新的光电技术和测量方法,提高了测量的精度。

本节首先简单介绍激光器的基本结构及原理,然后介绍激光的特性,最后介绍激光器的分类。

1. 激光器的工作原理

激光器一般由激光介质、泵浦源和谐振腔三部分组成。常用的泵浦源是辐射源或电源,利用泵浦源能量将激光介质中的粒子从低能态激发到高能态,使处于高能态的粒子数大于低能态的粒子数,形成粒子数反转分布。当高能态的粒子从高能态跃迁到低能态而产生辐射后,它通过受激原子时会感应出同相位同频率的辐射,即产生受激辐射。这些辐射波沿由两平面镜构成的谐振腔来回传播时,沿轴线的来回反射次数最多,它会激发出更多的辐射,从而使辐射能量放大。这样,受激和经过放大的辐射通过部分透射的平面镜输出到腔外,产生激光。

2. 激光的特性

与普通光源相比,激光具有高亮度(High Brightness)、方向性(Directionality)、单色性(Monochromaticity)和相干性(Coherence)好等优点。

1) 激光的单色性

普通光源发射的光,即使是单色光也有一定的波长范围。这个波长范围用谱线宽度来表示,谱线宽度越窄,单色性越好。例如,氦氖激光器发出的波长为 632.8nm 的红光,对应的频率为 4.74×10^{14} Hz,它的谱线宽度只有 9×10^{-2} Hz;而普通的氦氖气体放电管发出同样频率的光,其谱线宽度达 1.52×10^{9} Hz,比氦氖激光器谱线宽度大 10^{10} 倍以上,因此激光的单色性比普通光高 10^{10} 倍。

2) 激光的方向性

普通光源的光是均匀射向四面八方,因此照射的距离和效果都很有限,即使是定向性比较好的探照灯,它的照射距离也只有几千米。直径 1m 左右的光束,不出 10km 就扩大为直径几十米的光斑。而激光器发射的光,可以得到一条细而亮的笔直光束。激光器的方向性一般用光束的发散角表示。氦氖激光器的发散角可达 3×10^{-4} rad,十分接近衍射极限 (2×10^{-4} rad)。

3) 激光的高亮度

激光器由于发光面小,发散角小,因此可获得高的光谱亮度。太阳的亮度值约为 2×10^{3} W/(cm^2·sr),而常用的气体激光器的亮度为 $10^{4}\sim10^{8}$ W/(cm^2·sr),固体激光器可达 $10^{7}\sim10^{11}$ W/(cm^2·sr)。用这样的激光器代替其他光源可解决由于弱光照明带来的低信噪比问题。

4) 激光的相干性

由于激光器的发光过程是受激辐射,单色性好,发射角小,因此有很好的空间和时间相干性。采用稳频技术,氦氖激光器的稳频线宽可压缩到 10kHz,相干长度达 30km。因此激光的出现使相干计量和全息技术发生了革命性变化。

3. 激光器的类型

目前已研制成功的激光器达数百种,输出波长范围从近紫外直到远红外,辐射功率从几毫瓦至上万瓦。按激光工作物质划分,激光器可分为气体激光器、固体激光器、染料激光器和半导体激光器。

1) 气体激光器

气体激光器(Gas Laser)采用的工作物质繁多,激励方式多样,发射波长也很广。这里主要介绍氦氖激光器和二氧化碳激光器。

(1) 氦氖激光器。

氦氖激光器工作物质由氦气和氖气组成,是一种原子气体激光器。在激光器电极上施加几千伏电压使气体放电,在适当条件下氦氖气体称为激活介质。如果在激光管的轴线上安装光学谐振腔,则可获得激光输出。氦氖激光器输出的波长有 632.8nm、1.15μm 和 3.39μm。若反射镜的反射峰值设计在 632.8nm,其输出功率最大。氦氖激光器输出 1~10mW 的连续光,波长稳定度约为 10^{-6},主要用于精密计量、全息术和准直测量等场合。

(2) 二氧化碳激光器。

二氧化碳激光器的工作物质主要是二氧化碳,掺入少量 N$_2$ 和 He 等气体,是典型的分子气体激光器。激光输出谱线波长分布在 $9\sim11\mu$m 的红外区域,典型的波长为 10.6μm。

二氧化碳激光器的激励方式通常有低气压纵向激励和横向激励两种。低气压纵向激励的激光器结构和氦氖激光器类似,但要求放电管外侧通水冷却。输出功率从数十瓦至数千瓦,它是气体激光器中连续输出功率最大和转换效率最高的一种器件。横向激励的激光器可分为大气压横向激励和横流横向激励两种。大气压横向激励激光器是以脉冲放电工作方式工作的,输出能量大,峰值功率可达千兆瓦的数量级,脉冲宽度为 $2 \sim 3\mu s$。横流横向激励激光器可以获得几万瓦的输出功率。二氧化碳激光器广泛应用于金属材料的焊接、切割、热处理、宝石加工和手术治疗等方面。

2) 固体激光器

固体激光器(Solid-state Laser)所使用的工作物质是特殊的高质量光学玻璃或光学晶体,里面掺入具有发射激光能力的金属离子。

固体激光器有红宝石、钕玻璃和钇铝石榴石等激光器。其中红宝石激光器是发现最早、用途最广的晶体激光器。粉红色的红宝石是掺有 0.05% 铬离子(Cr^{3+})的氧化铝(Al_2O_3)单晶体。红宝石被磨成圆柱形的棒,棒的外表面经初磨后,可吸收激励光。棒的两个端面研磨后再抛光,两个端面相互平行并垂直于棒的轴线,再镀以多层介质膜,构成两面反射镜。激光器的激励源是脉冲氙灯。脉冲氙灯的瞬时强烈闪光,借助于聚光镜腔体会聚到红宝石棒上,这样红宝石激光器就输出 694.3nm 的脉冲红光。激光器的工作是单次脉冲式,脉冲宽度为几毫秒量级,输出能量可达 $1 \sim 100J$。

3) 染料激光器

染料激光器(Dye Laser)以染料为激光工作物质。染料溶解于某种有机溶液中,在特定波长光的激发下,能发射一定带宽的荧光。某些染料,在脉冲氙灯或其他激光的强光照射下,可成为具有放大特性的激活介质,用染料激活介质做成的激光器,在其谐振腔内放入色散元件,通过调谐色散元件的色散范围,可获得不同的输出波长,称为可调谐染料激光器。

若采用不同染料溶液和激励光,染料激光器的输出波长范围达 $320 \sim 1000nm$。染料激光器有连续和脉冲两种工作方式。连续方式输出稳定,线宽小,功率大于 1W。脉冲方式的输出功率高,脉冲输出能量可达 120mJ。

4) 半导体激光器

半导体激光器(Semiconductor Laser)是用半导体材料作为工作物质的激光器。它是利用半导体物质(电子)在能带间跃迁发光,用半导体晶体的天然解理面形成两个平行反射镜面作为反射镜,组成谐振腔,使光振荡、反馈、产生光的辐射放大,输出激光。半导体激光器常用工作物质有二元化合物(GaAs)、三元化合物(GaAlAs)和四元化合物(GaInAsP)等。激励方式有电注入、电子束激励、碰撞电离和光泵浦四种形式。半导体激光器件,可分为同质结、单异质结、双异质结等几种。同质结激光器和单异质结激光器室温时多为脉冲器件,而双异质结激光器可实现室温下连续工作。目前,PN 结电注入式半导体激光器是一种技术最为成熟、应用最广泛的器件。

半导体激光器波长范围为 $0.33 \sim 44\mu m$,具有体积小、质量轻、运转可靠、耗电少、效率高、寿命超过 $1.0 \times 10^4 h$ 等优点,因此广泛应用于光通信、光学测量、自动控制和光存储等领域,是最有前途的辐射源之一。

1.6.5　发光二极管

发光二极管(Light Emitting Diode,LED)是一种能发光的半导体电子元件,且具有二极管的电子特性。1907 年首次发现半导体二极管在正向偏置的情况下发光的现象。后来人们专门制造出了用来发光的半导体二极管,并称其为发光二极管。发光二极管具有体积小、功率低、寿命长、高亮度、环保和坚固耐用的特点。近年来,发光二极管的发光效率、发光

1.6.5.1
微课视频

光谱及其功率等参数都有极大提高,用 LED 作为仪器设备的信号与照明光源节约能量,发光效率高,无对人体有害的辐射光谱,因此被誉为 21 世纪最新发展的环保型光源。除此之外,LED 的集成器件发出的光由于具有多点阵列、多方向而使被测对象能够真实成像的特点,在工业检测技术与图形图像测量技术领域发挥着越来越重要的作用。

本节主要介绍发光二极管的基本工作原理与结构、特性参数、几种典型的发光二极管、发光二极管的驱动电路及主要应用等内容。

1. 发光二极管的原理与结构

1) LED 发光原理

LED 是一种注入型电致发光器件,它由 P 型和 N 型半导体组合而成。发光机理可分为同质结注入电致发光与异质结注入电致发光两种类型。

(1) 同质结注入电致发光。

同质结注入电致发光(Injection electro-Luminescence)二极管,一般由直接带隙半导体材料制作而成,如 GaAs,其内部电子-空穴对复合导致光子发射。因此,发射出的光子能量近似等于禁带能量差,即 $h\nu \approx E_g$。在没有外加电压的情况下,处于平衡状态的无偏压 PN 结能带图如图 1-25(a)所示,其 N 区掺杂浓度大于 P 区。此时,PN 结存在一定高度的势垒区,即 $\Delta E = eV_0$,式中 V_0 为内建电压。自由电子从浓度高的 N 区扩散到 P 区。然而,这种扩散被内建电场的势垒所限制。

当在 PN 结的两端加正向偏压时,PN 结区的势垒从 V_0 降低至 $V_0 - V$,导致大量非平衡载流子从扩散区 N 区注入 P 区,其注入发光能带的结构如图 1-25(b)所示。注入电子与 P 区向 N 区扩散的空穴不断地产生复合而发光,由于空穴的扩散速度远小于电子的扩散速度而使发光主要发生在 P 区。复合主要发生在势垒区和沿 P 区电子扩散长度的扩展区域,该复合区域通常称为活性区。这种由于少数载流子注入产生电子-空穴对复合而导致发光的现象称为注入电致发光。由于电子-空穴对复合过程的统计属性,因此发射光子的方向是随机的,与受激发射相比,它们是自发发射过程。LED 的结构必须能防止发射出的光子被半导体材料重新吸收,即要求 P 区需充分窄,或者使用异质结构。

图 1-25
动态效果

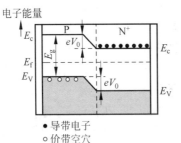

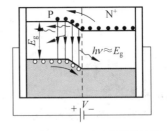

(a) 无外加电压时PN结能带图　　(b) 加正向偏压后注入发光能带的结构图

图 1-25　PN 结注入发光原理示意图

(2) 异质结(Heterojunction)注入电致发光。

同一材料不同掺杂元素构成的 PN 结称为同质结,不同禁带宽度的半导体材料连接成的 PN 结称为异质结。具有不同禁带宽度材料的半导体器件称为异质结器件。半导体材料的折射率取决于其禁带宽度,能带隙越宽,折射率越低。换言之,借助构造异质结构的发光二极管,可以在器件中设计介质导波管引导光子从复合区域中发射出来。

同质结的发光二极管存在两个弊端。P区需充分窄以便防止发射出的光子被半导体材料重新吸收。当P区很窄时,一些P区的注入电子扩散至表面,并通过表面附近的晶体缺陷进行复合。这种非辐射的复合过程减小了光输出。此外,因为电子扩散长度比较大,复合区域比较大,而重新吸收量随材料体积增加而增加,所以发射光子重新吸收的机会较高。

为了提高载流子注入效率,提高发射光强度,可以采用双异质结构。如图 1-26(a) 所示为基于两个具有不同禁带宽度的不同半导体材料连接而成的双异质结构。其中,半导体材料 AlGaAs 的禁带宽度 $E_g \approx 2eV$,GaAs 的禁带宽度 $E_g \approx 1.4eV$。图 1-26(a) 中为 N^+P 双异质结构,即 N^+-AlGaAs 和 P-GaAs 间的异质结,在 P-GaAs 和 P-AlGaAs 间也是异质结。中间 P 型 GaAs 很薄,通常在微米级,并且属于轻掺杂。

在没有外加电压的情况下,结构的简化能带图如图 1-26(b) 所示,整个结构中费米

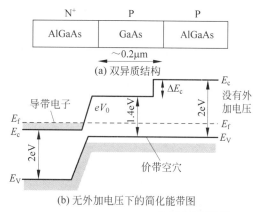

(a) 双异质结构

(b) 无外加电压下的简化能带图

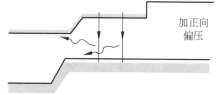

(c) 加正向偏压后的简化能带图

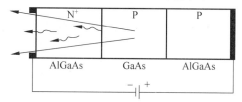

(d) 加正向偏压后的LED发光示意图

图 1-26　异质结注入发光原理示意图

能级是连续的。对于导带电子来说,存在着阻碍其从 N^+-AlGaAs 到 P-GaAs 扩散的势垒。在 P-GaAs 和 P-AlGaAs 的交接处存在带隙的变化,引起了阶跃,即 ΔE,该阶跃构成了有效阻止 P-GaAs 导带的电子运动到 P-AlGaAs 导带区域的势垒。

当加上正向电压时,和普通 PN 结一样,N^+-AlGaAs 和 P-GaAs 之间的大部分电压都下降,势垒也降低。这样,N^+-AlGaAs 导带区的电子通过扩散注入 P-GaAs,如图 1-26(c) 所示。然而,由于在 P-GaAs 和 P-AlGaAs 之间存在势垒 ΔE,电子向 P-AlGaAs 导带的运动受到阻碍。因此,宽禁带 P-AlGaAs 作为封闭层限制注入 P-GaAs 层的电子。P-GaAs 层已经存在的注入电子-空穴对的复合引起自发光子发射。由于 AlGaAs 的禁带宽度比 GaAs 大,发射光子一旦逃离活性区就不会被重吸收,并可以到达器件表面,如图 1-26(d) 所示。因为 P-AlGaAs 层没有吸收光,光反射出去进一步增强了发射光。AlGaAs/GaAs 异质结的另一个优点是,两晶体结构间只有一个小的晶格失配。这样,与传统同质结发光二极管结构在半导体表面由形变诱发的面缺陷(如位错)相比,该结构引起的缺陷可以忽略不计。与同质结构相比,双异质结构的发光二极管更有效。

2) 发光二极管结构

LED 的典型制作方法是:在基底 N^+(如 GaAs 或者 GaP)上外延生长半导体层,如图 1-27(a) 所示。这种类型的平面 PN 结,通过先 N^+ 层后 P 层外延生长而形成。基底本质

上是一个 PN 结器件的机械支持,且可以是不同的材料。P 层是光发射的表面,为了使光子逃脱不被重新吸收,P 层一般很薄(通常只有几微米)。为了确保大多数的复合发生在 P 层,N 层需要重掺杂。向 N 层发射的光子,在基质界面要么被吸收,要么被反射回来,这取决于基底厚度及 LED 的确切结构。如图 1-27(a)所示,应用分段背电极(Segmented Back Electrode)将促使从半导体到空气中界面的反射。也可以在 N$^+$ 基底上外延生长 N$^+$ 层,然后通过掺杂扩散到外延 N$^+$ 层而形成 P 层,从而构成扩散结平面发光二极管,如图 1-27(b)所示。

图 1-27
动态效果

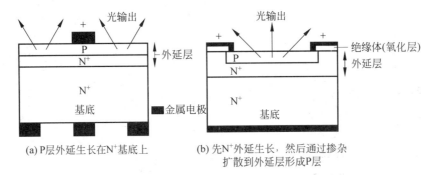

(a) P层外延生长在N$^+$基底上　　　(b) 先N$^+$外延生长,然后通过掺杂
　　　　　　　　　　　　　　　　　　　　扩散到外延层形成P层

图 1-27　典型平面 PN 结型 LED 结构图

　　如果外延层和基底晶体具有不同的晶格参数,那么,两个晶体结构之间则存在晶格失配的现象。这将引起 LED 层的晶格应变进而导致晶体缺陷。晶体缺陷会促进电子空穴对非辐射的复合。也就是说,缺陷作为复合的中心。通过基底晶体与 LED 外延层的晶格匹配可以减少这种缺陷。因此,LED 层与基底晶体的晶格匹配是很重要的。例如,有一种 AlGaAs 合金是带隙在红色发射区域的直接带隙半导体,它与砷化镓基底有良好的晶格匹配,可以制作高效率的 LED 器件。

　　图 1-27 所示是基于平面 PN 结的 LED 结构图。然而,由于内部全反射,并不是所有达到半导体空气界面的光线都可以发射出去。那些入射角大于临界角 θ_c 的光线将反射,如图 1-28(a)所示。例如,对于 GaAs 与空气交接面来说,θ_c 只有 16°,那就意味着很多光线都遭受全反射。为此,半导体表面也可以制成一个圆顶或半球的形状,这样,光线以小于 θ_c 的角度照射到表面就可以避免全反射,如图 1-28(b)所示。然而,这种圆顶的 LED 制造起来比较困难,同时制作过程中也会增加相关的费用。因此,在实际应用中,常用比空气折射率高的透明塑料介质(如环氧树脂)封装半导体结,同时将 PN 结的一侧做成半球形表面,如图 1-28(c)所示。

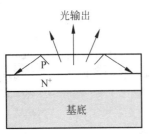
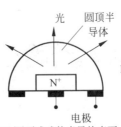
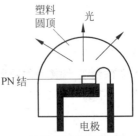

(a) 光因全反射不能发射出去　　(b) 圆顶或球状半导体表面　　(c) 以透明塑料圆顶封装PN结

图 1-28　LED 结构示意图

1.6.5.2
微课视频

2. 发光二极管的基本特性参数

1）发光光谱

LED 的发光光谱指 LED 发出光的相对强度（或能量）随波长（或频率）变化的分布曲线。它直接决定着发光二极管的发光颜色，并影响它的发光效率。发射光谱由材料的种类、性质及发光中心的结构所决定，而与器件的几何形状和封装方式无关。描述光谱分布的两个主要参量是它的峰值波长和发光强度的半宽度（Half Width）。

对于辐射跃迁所发射光子的波长满足如下关系：

$$\Delta E = h\nu = \frac{hc}{\lambda} \tag{1-40}$$

LED 发出的光并非单一波长，无论什么材料制成 LED，LED 光谱分布曲线都有一个相对光强度最强处，与之相对应的波长为峰值波长，用 $\lambda_{\max}$ 表示。峰值两侧光强度为峰值光强度一半的两点间的宽度，称为谱线宽度（Spectrum Linewidth），也称为半功率宽度或一半高宽度，如图 1-29 所示。对于发光二极管，复合跃迁前、后的能量差大体就是材料的禁带宽 E_g。因此，发光二极管的峰值波长由材料的禁带宽度决定。图 1-30 绘出了几种由不同化合物半导体及掺杂制得的 LED 的光谱曲线。其中：曲线 1 是蓝色 InGaN/GaN LED，发光谱峰 $\lambda_p = 460 \sim 465$nm；曲线 2 是绿色 GaPN 的 LED，发光谱峰 $\lambda_p = 550$nm；曲线 3 是红色 InGaPZn-O 的 LED，发光谱峰 $\lambda_p = 680 \sim 700$nm；曲线 4 是使用 GaAs 材料的 LED，发光谱峰 $\lambda_p = 910$nm。

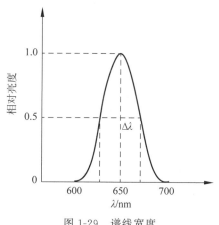

图 1-29 谱线宽度

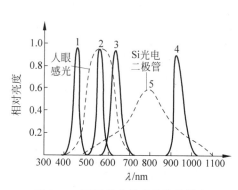

图 1-30 不同化合物半导体及掺杂
制得的 LED 光谱曲线

对大多数半导体材料来讲，由于折射率较大，在发射光溢出半导体之前，可能在样品内已经过了多次反射。因为短波光比长波光更容易被吸收，所以与峰值波长相对应的光子能量比禁带宽度所对应的光子能量小些。例如，GaAsP 发射的峰值波长所对应的光子能量为 1.1eV，比室温下的半导体材料的能量 E_g 小 0.3eV。改变 $GaAs_{1-x}P_x$ 中的 x 值，峰值波长在 $620 \sim 680$nm 变化。谱线半宽度为 $20 \sim 30$nm。由此可知，LED 提供的是半宽度很大的单色光。由于峰值光子的能量随温度的上升而减小，因此它所发射的峰波长随温度的上升而增长，温度系数（Temperature Coefficient，TC）约为 $0.2 \sim 0.3$nm/℃。

例题 7 LED 的发光波长为 870nm，谱线宽度对应的能量差值 $\Delta(h\nu) = 3kT$，求输出光

谱的线宽 $\Delta\lambda$ 为多少?

解 LED 发射波长 λ 与光子能量 E_p 的关系为

$$E_p = h\nu = \frac{hc}{\lambda}, \quad \lambda = \frac{c}{\nu} = \frac{hc}{E_p}$$

两边求导,有

$$d\lambda = -\frac{hc}{E_p^2}dE_p, \quad \frac{d\lambda}{dE_p} = -\frac{hc}{E_p^2}$$

即有

$$\Delta\lambda \approx \frac{hc}{E_p^2}\Delta E_p$$

由于 $\Delta E_p = \Delta(h\nu) = 3kT$,则有

$$\Delta\lambda \approx \lambda^2 \frac{3kT}{hc}$$

因为有

$$\lambda = 870\,\text{nm}$$

所以有

$$\Delta\lambda = 47\,\text{nm}$$

这个线宽为典型值,实际值与 LED 的结构有关。

2) 发光效率

发光效率是发光二极管发射的光通量与输入电功率之比,单位为 lm/W。也有人把发光强度与注入电流之比称为发光效率,单位为 cd/A(坎/安)。

发光效率由内部量子效率和外部量子效率决定。在平衡时,电子-空穴对的激发率等于非平衡载流子的复合率(包括辐射复合和无辐射复合),而复合率又分别决定于载流子寿命 τ_r 和 τ_{nr},其中辐射复合率与 $1/\tau_r$ 成正比,无辐射复合率为 $1/\tau_{nr}$,内部量子效率为

$$\eta_{in} = \frac{n_{eo}}{n_i} = \frac{1}{1 + \tau_r/\tau_{nr}} \tag{1-41}$$

式中:n_{eo}——每秒发射出的光子数;

$\quad\quad n_i$——每秒注入器件的电子数;

$\quad\quad \tau_r$——辐射复合的载流子寿命;

$\quad\quad \tau_{nr}$——无辐射复合的载流子寿命。

由式(1-41)可以看出,只有 $\tau_{nr} > \tau_r$,才能获得有效的光子发射。

对以间接复合为主的半导体材料,一般既存在发光中心,又存在其他复合中心。通过发光中心的复合产生辐射,通过其他复合中心的复合不产生辐射。因此,要使辐射复合占压倒式优势,必须使发光中心浓度远大于其他杂质浓度。

必须指出,辐射复合发光的光子并不是全部都能离开晶体向外发射的。光子通过半导体时一部分被吸收,一部分到达界面后因高折射率(折射系统的折射系数为 3~4)产生全反射而返回晶体内部后被吸收,只有一部分发射出去。因此定义外部量子效率为

$$\eta_{ex} = \frac{n_{ex}}{n_{in}} \tag{1-42}$$

式中:n_{ex}——单位时间发射到外部的光子数;

  n_{in}——单位时间内注入器件的电子空穴对数。

提高外部量子效率的措施有三条：

（1）用比空气折射率高且透明的物质，如环氧树脂（$n_2 = 1.55$）涂敷在发光二极管上。

（2）把晶体表面加工成半球形。

（3）用禁带较宽的晶体作为衬底，以减小晶体对光的吸收。

  若用 n 为 2.4～2.6 的低熔点、热塑性大的玻璃做封帽，可使其效率提高 4～6 倍。

  最早应用半导体 PN 结发光原理制成的 LED 光源问世于 20 世纪 60 年代初。当时所用的材料是 GaAsP，发红光（$\lambda_p = 650\text{nm}$），在驱动电流为 20mA 时，光通量只有千分之几流明，相应的发光效率约为 0.1lm/W。20 世纪 70 年代中期，引入元素 In 和 N，使 LED 产生绿光（$\lambda_p = 555\text{nm}$）、黄光（$\lambda_p = 590\text{nm}$）和橙光（$\lambda_p = 610\text{nm}$），发光效率也提高到 1lm/W。到了 20 世纪 80 年代初，出现的峰值波长对应的光子能量为 1.1eV，比室温下的禁带宽度所对应的光子能量小的 LED 光源，使得红色 LED 的发光效率达到 10lm/W。20 世纪 90 年代初，发红光、黄光的 GaAlInP 和发绿光、蓝光的 GaInN 两种新材料的开发成功，使 LED 的发光效率得到大幅度的提高。在 2000 年，前者做成的 LED 在红、橙区（$\lambda_p = 615\text{nm}$）的发光效率达到 100lm/W，而后者制成的 LED 在绿色区域（$\lambda_p = 530\text{nm}$）的发光效率可以达到 50lm/W。

  3）响应时间

  LED 的响应时间是标志反应速度的一个重要参数，尤其在脉冲驱动或电调制时显得非常重要。响应时间是指 LED 开始发光（上升）的时间和正向电流撤除时熄灭（衰减）的时间。LED 的上升时间随着电流的增大近似呈指数衰减。直接跃迁的材料如 $GaAs_{1-x}P_x$ 的响应时间仅几纳秒，而间接跃迁材料 GaP 的响应时间则是 100ns。如用脉冲电流驱动二极管时，脉冲的间隔和占空比必须在器件响应时间所允许的范围内，否则 LED 发生的光脉冲将与输入脉冲差异很大。

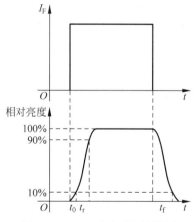

  LED 的响应时间可分为点亮时间和熄灭时间，如图 1-31 中的 t_r 和 t_f。其中的 t_0 值很小，可忽略，其中 I_F 表示正向工作电流。LED 的点亮时间 t_r（上升时间）是指接通电源使发光强度达到正常值的 10% 开始，一直到发光强度达到正常值的 90% 所经历的时间。而 LED 熄灭时间 t_f（下降时间）是指正常发光减弱至原来的 10% 所经历的时间。LED 可利用交流供电或脉冲供电获得调制光或脉冲光，调制频率可达到几十兆赫。采用这种直接调制技术使 LED 在相位测距仪、能见度仪及短距离通信中得到应用。

图 1-31 LED 响应时间特性图

  LED 的响应时间主要取决于载流子寿命、器件的结电容及电路阻抗。不同材料制得的 LED 响应时间各不相同，如 GaAs、GaAsP、GaAlAs 的响应时间小于 10^{-9}s，GaP 的响应时间为 10^{-7}s。

  4）温度特性

  发光二极管的外部发光效率均随温度上升而下降。图 1-32 给出了某型号发光二极管的相对发光强度 I_v 与温度的关系曲线。

  LED 的光学参数与 PN 结结温有很大关系。一般工作在小电流 $I_F < 10\text{mA}$ 或 10～

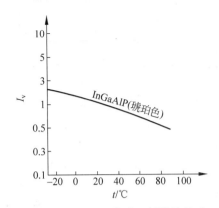

图 1-32　InGaAlP 发光二极管的相对
发光强度与温度的曲线

20mA 长时间连续点亮 LED 时,LED 的温升不明显。若环境温度较高,LED 的峰值波长 λ_p 向长波长漂移,发光亮度也会下降,尤其是点阵、大显示屏的温升对 LED 的可靠性和稳定性有较大的影响。

照明用的灯具光源要求小型化和密集排列以提高单位面积上的光强度。设计时尤其应注意用散热好的灯具外壳或专门通风设备,确保 LED 长期稳定工作。

5) 发光亮度与电流关系

LED 在辐射发光发生在 P 区的情况下,发光亮度 L_v 与电子扩散电流 i_{dn} 之间有如下关系:

$$L_v \propto i_{dn} \frac{\tau}{\exp(\tau_r)} \tag{1-43}$$

式中:τ——载流子辐射复合寿命 τ_r 和非辐射复合寿命 τ_{nr} 的函数。

图 1-33 所示为发光二极管的发光亮度与电流密度的关系曲线。这些 LED 的亮度与电流密度近似呈线性关系,且在很大范围内不易饱和。该特性使得 LED 可以作为亮度可调的光源,且光源在亮度调整过程中发光光谱保持不变。当然,它也很适合于用做脉冲电流驱动,在脉冲工作状态下,LED 工作时间缩短,产生的发热量低,因此在平均电流与直流相等的情况下,可以得到更高的亮度,而且长时间稳定度较高。

在低工作电流下,发光二极管发光效率随电流的增大而明显提高,但电流增大到一定值时,发光效率不但不再提高而且还会随工作电流的继续增大而降低。针对普通小功率 LED (0.04~0.08W)而言,电流多在 20mA 左右,而且 LED 的光衰电流不能大于 $I_F/3$,大约为 15mA 和 18mA。LED 的发光强度仅在一定范围内与 I_F 成正比,当 $I_F > 20$mA 时,亮度的增强已经无法用肉眼分出来。因此 LED 的工作电流一般选在 17~19mA 左右比较合理。随着技术的不断发展,大功率的 LED 也不断出现,如 0.5W LED($I_F = 150$mA)、1W LED ($I_F = 350$mA)、3W LED($I_F = 750$mA)等。

6) 伏安特性

伏安特性是表征 LED PN 结性能的主要参数,LED 的伏安特性具有非线性、单向导电性,即外加正偏压表现为低电阻,反之为高电阻,如图 1-34 所示。

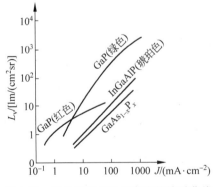

图 1-33　发光亮度与电流密度的关系曲线

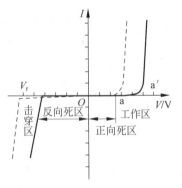

图 1-34　伏安特性曲线

（1）正向死区（图 1-34 中的 Oa 段）。a 点对应的 V_a 为阈值电压，当 $V < V_a$ 时，外加电压尚未克服少数载流子扩散而形成势垒电场，此时电阻 R 很大。阈值电压对于不同 LED 其值不同，GaAs 为 1V，GaAsP 为 1.2V，GaP 为 1.8V，GaN 为 2.5V。

（2）正向工作区。工作电流 I_F 与外加电压呈指数关系，即

$$I_F = I_S(e^{eV_F/kT} - 1) \tag{1-44}$$

式中：I_S——反向饱和电流。

LED 正向工作电压 V 为 1.4～3V。在环境温度升高时，正向工作电压 V 将下降。

在正向电压小于某一值（阈值）时，电流极小，不发光。当电压超过某一值后，正向电流随电压迅速增加而使 LED 发光。

从 LED 的 V-I 曲线看，LED 在正向导通后其正向电压的微小变动将引起 LED 电流的很大变化。此外，环境温度和 LED 老化等因素也将影响 LED 的电气性能。因 LED 的光输出直接与 LED 电流相关，所以在 LED 应用中，应控制驱动电路输入电压、环境温度等因素的变化，否则 LED 的光输出将随输入电压和温度等因素变化而变化。若 LED 电流失控或 LED 长期工作在大电流下将影响 LED 的可靠性和寿命，甚至造成 LED 失效。

（3）反向死区。$V < 0$ 时 PN 结加反偏压，反向漏电流极小。GaP LED 的反向漏电流（$V = -5V$）为 0A，GaN LED 的反向漏电流（$V = -5V$）为 $10\mu A$。

（4）反向击穿区。当反向偏压一直增加使 $V < -V_r$ 时，则反向漏电流突然增加而出现击穿现象。V_r 称为反向击穿电压，V_r 电压对应 I_r 为反向漏电流。由于所用化合物材料种类不同，各种 LED 的反向击穿电压 V_r 也不同。

7）寿命

LED 发光强度随着长时间工作而出现光强或光亮度衰减的现象称为老化，器件老化程度与外加恒流源的大小有关，可表示为

$$L_t = L_0 e^{-t/\tau} \tag{1-45}$$

式中：L_t——t 时间后的亮度；

L_0——初始亮度。

通常把亮度降到 $L_t = L_0/2$ 所经历的时间 t 称为 LED 的寿命。测定 t 要花很长的时间，通常以推算求得寿命。测量方法是用一定的恒流源驱动 LED，点燃 $10^3 \sim 10^4$h 后，先后测得 L_0，L_t，代入 $L_t = L_0 e^{-t/\tau}$ 求出 τ，再根据寿命定义可求出寿命 t。

LED 的寿命一般很长，电流密度 J 小于 $1A/cm^2$ 的情况下，寿命可达 10^6h，即可连续点燃一百多年，这是任何光源均无法与它竞争的。LED 寿命为 10^6h，是指单个 LED 在 $I_F = 20mA$ 下的情况。随着功率型 LED 的开发应用，国外学者认为应该以 LED 的光衰减百分比数值作为其寿命的依据。如 LED 的光衰减为原来 35%，寿命大于 6000h。

8）光强分布

不同型号的 LED 发出的光在半球空间内具有不同的光强分布规律。通常用图 1-35 所示的光强空间分布的形式说明 LED 的光强分布规律。图 1-35（a）所示为 LED 外形图，在 xyz 直角坐标系中，z 为 LED 机械轴的方向，它发出光的主方向可能不与机械轴重合，LED 的发光强度 I_v（或 I_e）是角度变量 θ 的函数。

$$I_v = f(\theta) \tag{1-46}$$

显然，θ 一般取为 LED 器件的"机械角"。机械角的定义为器件几何尺寸的中心线或法线

为其零度角。由于 LED 封装工艺问题使 LED 器件存在发出光强度最强的方向(称为主光线)与机械轴不重合的问题,产生如图 1-35(b)所示的偏差 $\Delta\theta$,称其为偏差角或偏向角。描述 LED 发光的空间特性的另一个主要参数是半发光强度角,常用 $\theta_{1/2}$ 表示,它描述的是 LED 的发光范围。为获得更宽更均匀的面光源,总希望 LED 的 $\theta_{1/2}$ 更大;而要使 LED 能够在更远的地方获得更强的照度,则希望 $\theta_{1/2}$ 要尽量小些,使光的能量在传输过程中损耗更小。手册中常将半发光强度角称为视角。

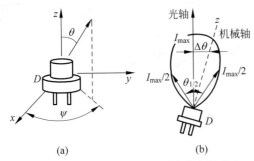

图 1-35　LED 外形图及发光强度的空间分布

3. 几种常用发光二极管

1) 单色光 LED

最早使用 GaAsP 材料应用半导体 PN 结发光原理制成的 LED 光源是 20 世纪 60 年代初。当时只能发红光,到 70 年代中期,LED 发展到绿光、黄光和橙光。80 年代初,发光亮度大大增强。常用发光二极管的半导体材料与发光颜色如表 1-8 所示。

表 1-8　单色发光二极管材料与发光颜色

颜色	波长 λ/nm	正向偏压/V	半　导　体	化　学　式
红外线	>760	<1.9	砷化镓、铝砷化镓	GaAs、AlGaAs
红	$760\sim610$	$1.63\sim2.03$	铝砷化镓、砷化镓磷化物、磷化铟镓铝、磷化镓(掺杂氧化锌)	AlGaAs、GaAsP、AlGaInP、GaP∶ZnO
橙	$610\sim590$	$2.03\sim2.10$	砷化镓磷化物、磷化铟镓铝、磷化镓	GaAsP、AlGaInP、GaP
黄	$590\sim570$	$2.10\sim2.18$	砷化镓磷化物、磷化铟镓铝、磷化镓(掺杂氮)	GaAsP、AlGaInP、GaP∶N
绿	$570\sim500$	$2.18\sim4$	铟氮化镓/氮化镓、磷化镓、磷化铟镓铝、铝磷化镓	InGaN/GaN、GaP、AlGaInP、AlGaP
蓝	$500\sim450$	$2.48\sim3.7$	硒化锌、铟氮化镓、碳化硅、硅	ZnSe、InGaN、SiC、Si
紫	$450\sim380$	$2.76\sim4$	铟氮化镓	InGaN
紫外线	<380	$3.1\sim4.4$	碳(钻石)、氮化铝、铝镓氮化物、氮化铝镓铟	C(diamond)、AlN、AlGaN、AlGaInN

2) 复合光 LED

1996 年白光 LED 出现,1998 年正式推向市场,标志了复合光白光 LED 的运用,也将 LED 照明的发展推到崭新的起点。在工艺结构上,白光 LED 通常采用两种方式:第一种是利用"蓝光技术"与荧光粉配合形成白光;第二种是多种单色光混合方法。

现在所用的照明光源,白炽灯和卤钨灯发光效率为 $12\sim24lm/W$,荧光灯的发光效率为 $50\sim120lm/W$。而白光 LED 的发光效率已达 $254lm/W$。目前,白光 LED 已进入家庭取代现有的照明灯。

3) 超高亮度 LED

随着科学技术的发展及半导体工艺的进步,LED 的发光强度(即亮度)越来越高,过去发光强度到几百毫坎德拉(mcd)已称为超高亮度,后来提高到上千毫坎德拉,如今有些 LED 已经提高到上万毫坎德拉了。各种超高亮度的发光二极管已经出现在市场上,且得到了广泛的应用。

4. 发光二极管驱动电路

发光二极管工作需要加正向偏置电压,以提供驱动电流。典型的驱动电路如图 1-36 所示,将 LED 接到晶体三极管的集电极,通过调节电阻 R_{b2} 的阻值改变三极管的基极偏置电压,使流过电阻 R_e (或 LED)的电流得到调整,从而使 LED 可以发出所期望的辐射光功率。它在光通信和利用 LED 显示信号的强弱应用中非常普遍。实际上电阻 R_{b1} 与 R_{b2} 为 LED 供电电路提供了直流偏置,电阻 R_i 与电容 C_i 为阻容输入电路,信号 U_i 通过阻容输入电路使 LED 在直流偏置的基础上进行调制,即 LED 发出的光功率被电信号 U_i 调制。

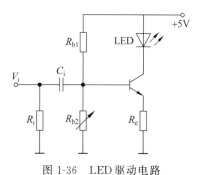

图 1-36　LED 驱动电路

LED 驱动电路很多,目前主要使用专用集成 LED 驱动器,应用非常方便。

5. 发光二极管的应用

(1) 背光源方面的应用。近年来,移动电话、电子手杖、计算机显示屏、电视机使用 LED 作背光。有些产品使用三原色 LED 构成的白色 LED 作背光,有更广的色域,动态控制 LED 的光度大大增加 LCD 显示器的对比度。

(2) 显示方面的应用。LED 所需驱动电压及功率低,能方便地由工作电压低的微处理器控制及在以电池作电源的设备上使用,所以常被用在消费性电子产品上,如手提嵌入式电子设备、家庭电器、玩具、各种仪器等作为工作状态显示灯,在机场、机舱、火车站、巴士站、码头等各种公共交通工具上作为平板显示器以显示如班次、目的地、时间等相关信息以及公路的信息。大型的 LED 显示器已普及于户外户内,异型 LED 显示应用技术近年发展迅速,业内涌现出了"幡态 LED 显示屏""立体 LED 视频柱""LED 彩砖""LED 幕帘显示屏""LED 透光显示屏"等一系列新产品,大大拓展了 LED 显示应用范围,正在为丰富我们的文化娱乐生活、大众传媒和产品宣传服务。

(3) 交通及资料传输方面的应用。LED 常用作汽车转向与刹车灯,因 LED 开关速度极高,亮起时间比白炽灯快 0.5s 之多。LED 可用作紧急服务车辆的闪光警标,因为在车辆行驶环境中震荡、温差变化下,LED 仍然有稳定的亮度及可靠性,且高速闪动的特性简化了以往产生闪动效果的机械结构。LED 可用作交通灯,因其寿命较长,减少了坏灯影响交通的概率。现在有些车辆开始使用白色 LED 用作车头灯,因其光线的方向控制比白炽灯加抛物线反射镜好。此外,LED 可用于资料、信号传送及感知,因开关速度快,有利于资料快速传输及减少延迟,且驱动简单。

(4) 照明方面的应用。因 LED 光源具有发光效率高、耗电量少、使用寿命长、安全可靠性强、光色丰富、便于调节、有利于环保等特性,近几年来在地铁和隧道等特殊照明环境、商业及室内照明以及舞台显示和城市灯光环境中得到了广泛的应用,目前已广泛应用于数码幻彩、护栏照明、广场照明、庭院照明、投光照明、水下照明系统。白色 LED 坚固耐用的特性使其被广泛应用于小型手电筒。后备紧急照明系统采用 LED 可降低耗电量。移动电话采用白光 LED 作为闪光灯、手电筒或棚灯使用。

（5）红外线 LED 方面的应用。因 LED 轻巧、省电、价廉、可靠耐用，广泛应用在电子电器产品的红外线遥控器中。常用作红外线光源，配合 CCD 用作保安用的夜视镜头。另外，在医疗器具、空间光通信、红外照明、固体激光器的泵浦源、高速路的自动刷卡系统、摄像头（视频拍摄）数位摄影、监控、楼寓对讲、防盗报警、红外防水、磁盘驱动器、计算机鼠标和传感器元件等领域也有广泛的应用。

此外，LED 还可用作短距离光纤通信。例如在影音产品的数码音乐光纤传送系统中，LED 用作数码化的音讯发送；用作光电耦合元件光源部分，应用在交换式电源供应器以及医疗仪器上；用作窄波段光学传感器，如最近提出了双向发光二极管阵列，并应用在触控面板上的接触传感。

人 物 介 绍

赤崎勇,1929—2021 年,著名半导体科学家；天野浩,1960—,电子工程学专家；中村修二,1954—,电子工程学家。这三名科学家因发明蓝光 LED,2014 年被授予诺贝尔物理学奖。其发明获誉为"爱迪生之后的第二次照明革命"。蓝光 LED 的发明,使得人类凑齐能发出三原色光的 LED,得以用 LED 凑出足够亮的白光,使人类可以用到更加环保的白色光源,降低全球范围的照明成本。"白炽灯点亮了 20 世纪,21 世纪将由 LED 灯点亮。"新华网的报道如下:"毫不气馁和坚持不懈,吾道一以贯之。即使是失败,也绝对不要放弃。想做一件全新的事情,失败会如影随形。在失败的情况下,不要气馁、不言放弃非常重要。另外,对研究来说,直觉也非常重要,而直觉需要在经历无数次失败的过程中培养。"

赤崎勇　　　　　　　天野浩　　　　　　　中村修二

第 1 章
参考答案

思考题与习题

1.1　辐射度量与光度量的根本区别是什么？

1.2　由图 1-1 中数据分别计算 X 射线和太赫兹波光子能量范围。设想用太赫兹波进行人体透视检查,对人体有什么副作用？为什么？

1.3　试写出 Φ_e、M_e、I_e、L_e 辐射度量之间的关系式,说明它们与辐射源的关系。

1.4　试写出 Φ_v、M_v、I_v、L_v 光度量之间的关系式,说明它们与辐射度量之间如何转换。

1.5　试举例说明辐出度 M_e 与辐照度 E_e 是两个意义不同的物理量。

1.6 某半导体激光器发出波长为 642nm 的激光束,其功率为 100mW,光斑发射角为 0.6mrad,光束直径为 1.22mm。试求:(1)当 $V_{0.6428}=0.160$ 时,求此光束的辐通量、光通量、发光强度、光出度各为多少?(2)若将其投射到 100m 远处的屏幕上,屏幕的光照度为多少?

1.7 波长为 532nm($V_{0.532}=0.88$)的绿光固体激光器输出功率为 15W,均匀地投射到 $0.2cm^2$ 的白色屏幕上。问屏幕上的光照度为多少? 若屏幕的反射系数为 0.9,其光出度为多少?

1.8 一支白炽灯,假设各向发光均匀,悬挂在离地面 2m 的高处,用照度计测得正下方地面上的照度为 30lx,求出该白炽灯的光通量。

1.9 直径为 3m 的圆桌中心上方 2m 处吊一灯泡,其在垂直圆桌面方向的发光强度为 200cd,求圆桌中心与边缘的光照度。

1.10 求辐亮度为 L_e 的各向同性面积元 dS 在张角为 α 的圆锥内所发射的辐通量。

1.11 有一半径为 R 的小圆盘是均匀辐射体其辐亮度为 L_e。求圆盘的辐出度以及距中心垂直距离为 d 处 P 点的辐照度。

1.12 何谓余弦辐射体? 余弦辐射体的主要特性有哪些?

1.13 热核爆炸中火球的瞬时温度达 10^7K,求:(1)辐射最强的波长;(2)这种波长的能量子 $h\nu$。

1.14 在卫星上测得大气层外太阳光谱的最高峰值在 $0.465\mu m$ 处,若把太阳作为黑体,试计算太阳表面的温度及其峰值光谱辐出度 M_{e,λ_m} 为多少?

1.15 普通白炽灯降压使用有什么好处? 灯的功率、光通量、发光效率和色温有何变化?

1.16 如图 1-18 所示,具有线状光谱或带状光谱特征的光源,能否用色温来描述? 为什么?

1.17 试比较卤钨灯、超高压短弧氙灯、氘灯和超高压汞灯的发光性能。在普通紫外-可见光光度计(200~800nm)中,应怎样选择照明光源?

1.18 为什么说发光二极管的发光区在 PN 结的 P 区? 这与电子、空穴的迁移率有关吗?

1.19 发光二极管的发光光谱由哪些因素决定?

1.20 温度为 300K 时,GaAs 发光二极管的带隙为 1.42eV,与温度的关系为 $dE_g/dT=-4.5\times10^{-4}$eVK^{-1}。如果温度改变 10°C,发射波长变化为多少?

1.21 查阅资料简述发光二极管的应用。

1.22 查阅发光二极管专用集成驱动芯片,阅读技术手册写出主要特性参数。

第2章

CHAPTER 2

光电探测器的理论基础

光电探测器大多数都是由半导体材料制成的。本章重点讲解半导体材料的基本物理概念和基础理论知识,如能带理论、平衡载流子与非平衡载流子理论、PN 结理论、光电效应等。此外,本章还讲解与各种光电探测器有关的特性参数和噪声。这些内容都是后续章节的理论基础,对于正确掌握各种光电探测器原理、特性参数和应用都是非常重要的。

2.1 半导体物理基础

半导体材料具有许多独特的物理性质,深入研究半导体材料的这些特性需要丰富的基础知识支撑。本节将学习与半导体光电探测器有关的基本概念和理论。

2.1.1 晶体的能带

1. 电子共有化

2.1.1
微课视频

半导体(Semiconductor)器件所用的材料大多数都是单晶(Single Crystal)。单晶是由靠得很紧密的原子周期性重复排列而成的,相邻原子间距只有几十纳米的数量级。因此,半导体中电子状态和原子中电子状态会有不同之处。但是,单晶又是由分立的原子凝聚而成,两者间电子状态又必定存在某种联系。

为研究简单起见,讨论只有一个价电子的原子,这样的原子可以看成由一个电子和一个正离子组成,电子在离子电场中运动。单个原子的势能(Potential Energy)曲线如图 2-1(a)所示。当两个原子靠得很近时,每个价电子将同时受到两个离子电场的作用,其势能曲线如图 2-1(b)实线所示。当大量原子作规则排列而形成晶体时,晶体内形成了周期性势场,势能曲线如图 2-1(c)所示。实际的晶体都是三维点阵,势场也具有三维周期性。

图 2-1
动态效果

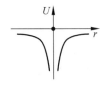

(a) 单个原子的势能曲线

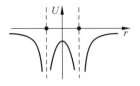

(b) 两个原子的势能曲线

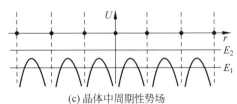

(c) 晶体中周期性势场

图 2-1 原子和晶体的势能曲线

要确定电子在晶体内周期性势场中的运动状态,需要求解薛定谔方程(Schrodinger's Equation),这里不作详细讨论。对于能量为 E_1 的电子来说,势能曲线代表着势垒(Barrier)。

由于 E_1 很小,低于势垒高度,因此,穿透势垒的概率十分微弱,基本上可以认为电子仍然束缚在各自原子核周围。对于能量较大的 E_2 电子,其能量超出了势垒的高度,所以它可以在晶体内自由运动,而不再受特定原子的束缚。还有一些能量略大于 E_1 的电子,虽然不能越过势垒高度,但却可以通过隧道效应(Tunnel Effect)进入相邻原子中。这样在晶体中就出现了一批属于整个晶体原子所共有的自由电子。这种由于晶体中原子的周期性排列而使价电子不再为单个原子所独有的现象,称为电子的共有化运动。但需要注意,因为各原子中相似壳层上的电子才有相同的能量,电子只能在相似壳层间转移。因此,共有化运动的产生是由于不同原子的相似壳层间的交叠,而且由于内外壳层交叠程度很不相同,所以,只有最外层电子的共有化运动才显著。

2. 能带的形成

在量子理论中,按泡利不相容原理,同一原子系统中,不可能有两个或两个以上的电子具有完全相同的一组量子数 (n, l, m_0, m_s),当大量分子、原子紧密结合成晶体时,其中共有化电子是属于整个晶体系统的,因此系统中不可能有量子数完全相同、处于同一能态的两个或两个以上的电子。例如两个氢原子,当相距很远且各自孤立时,它们的核外电子处于基态(1s),可以处于具有相同能量的能级。当两个原子相互靠近形成一个氢分子时,由于电子的共有化,这两个 1s 电子的自旋就只有一个是 $+1/2$,另一个是 $-1/2$,才能结合成能量最小的稳定态。氢原子能量 E 与原子间距 r 的关系,即能级分裂图如图 2-2 所示。两个原子相距很远、各处于 1s 态的氢原子,当它们的间距缩小到 r_0 处时,对应于 r_0 有两个能量值(图中的 A 点和 B 点),此时氢原子中的两个 1s 态电子有了两个能级,这种情况通常叫作能级分裂。以此类推,当 N 个原子相互靠近形成晶体时,它们的外层电子被共有化,使原来处于相同能级上的电子不再具有相同的能量,而处于 N 个相互靠得很近的新能级上。或者说,孤立原子的每一个能级分裂成了 N 个很接近的新能级。由于晶体中原子数目 N 非常大,所形成的 N 个新能级中相邻两能级间的能量差很小,其数量级约为 10^{-23} eV。因此,N 个新能级具有一定的能量范围,通常称为能带(Energy Band),如图 2-3 所示。能带的宽度一是与原子间距有关,间距越小,能带越宽;二是与原子中的内层与外层电子的状态有关。对于内层电子,由于它们距离自身原子很近,受临近原子核的作用较弱,因此内层电子形成的能带宽度较小;而外层价电子由于与自身原子核的距离和相邻原子核的距离同等数量级,受相邻原子的作用强烈,因此价电子能级分裂形成的能带较宽。图 2-3 中也画出了这种差别。

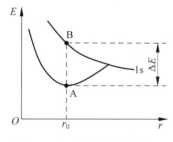

图 2-2　氢原子的能级分裂图

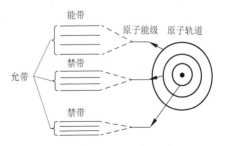

图 2-3　原子能级分裂为能带的示意图

由于原子中的每个能级在晶体中都要分裂成一个能带,所以在两个相邻的能带间可能有一个不被允许的能量间隔,这个能量间隔称为禁带(Forbidden Band)。

　　能带形成后,电子的填充方式与原子的情形相似,仍然服从能量最小原理和泡利不相容原理。正常情况下总是优先填充能量较低的能级。如果一个能带中的各能级都被电子填满,这样的能带称为满带。不论有没有电场的作用,当满带中的电子由它原来的能级向这一能带中其他任何一能级转移时,因受泡利不相容原理的限制,必有电子沿相反方向的转移与之抵消,这时总体上来讲不产生定向电流,所以满带中的电子不参与导电过程,如图 2-4(a)所示,其中"·"表示价带内的电子。由价电子能级分裂而形成的能带称为价带(Valence Band)。如果一个能带中一个电子都没有,则这个能带称为空带。当电子由于某种原因受激发而进入空带,在外电场的作用下,在空带中向较高的空能级转移时,没有反向的电子转移与之抵消,可以形成电流,因此表现出导电性,空带又称为导带,如图 2-4(b)所示。有的能带只有部分能级被电子占据,在外电场的作用下,这种能带中的电子向高一些的能级转移时,也没有反向的电子转移与之抵消,也可以形成电流,表现出导电性,因此未被电子填满的能带也称为导带(Conduction Band),如图 2-4(c)所示。

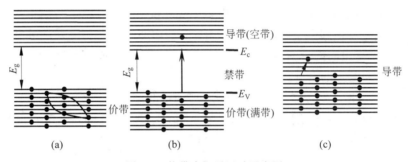

图 2-4　能带中电子运动示意图

3. 绝缘体、半导体和导体

　　通常原子的内层能级都填满电子,所以形成晶体时,相应的能带也填满电子。原子最外层的能级可能原来填满电子,也可能原来未被填满。如果原来填满电子,那么相应的能带中亦填满电子。如果原来没有填满电子,那么相应的能带中也没有填满电子。

　　从能带结构来看,当温度接近热力学温度零度时,半导体和绝缘体(Insulator)都具有填满电子的满带和隔离满带与空带的禁带。半导体的禁带比较窄,禁带宽度 E_g 为 0.1～2.5eV,如图 2-5 所示。其中,E_V 表示价带顶,它是价带电子的最高能量;E_c 称为导带底,它是导带电子的最低能量。因此,用不大的激发能量(热、光和电场)就可以把满带中的电子激发到空带中去参与导电。绝缘体的禁带一般很宽,禁带宽度通常为 2.5～6eV,如图 2-6 所示。

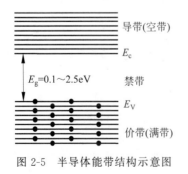

图 2-5　半导体能带结构示意图

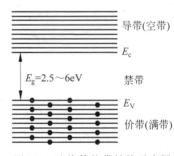

图 2-6　绝缘体能带结构示意图

若用一般的热激发,光照或外加电场不强时,满带中的电子很少能激发到空带中去,所以在外加电场的作用下,一般没有电子参与导电,表现出电阻率很大。

导体的情况就完全不相同了,其能带结构或能带中只填入部分电子而成为导带,或者是满带与另一相邻空带紧密相连或部分重叠,或导带与另一空带重叠,如图 2-7 所示。在有外场作用的情况下,它们的电子很容易从一个能级跃迁到另一个能级,从而形成电流,显示出很强的导电能力。单价金属(如 Li)的能带结构如图 2-7(a)所示。一些二价金属(如 Mg、Zn 等)的能带结构如图 2-7(b)所示。一些金属(如 Cu、Al、Ag 等)的能带结构如图 2-7(c)所示。

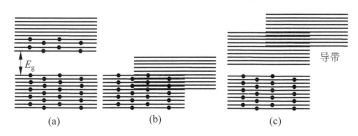

图 2-7　金属导体的能带结构

4. 本征半导体和杂质半导体

1) 本征半导体

本征半导体(Intrinsic Semiconductor)是一种完全纯净的、结构完整的半导体晶体。在绝对零度且没有外界激发时,本征半导体的价带被价电子填满,导带是空的。在一定温度下,价带顶部附近有少量电子被激发到导带底部附近而在价带中留下空位,该空位通常称为空穴。在外电场作用下,导带中电子参与导电,称为电子导电。同时,价带中缺少了一些电子后也呈现出不满状态,其他电子在电场作用下填充空穴,并且它们留下新的空穴,因而引起空穴的定向运动,效果就像一个带正电的粒子在外电场作用下定向运动一样,这种由于价带中存在空穴所产生的导电性能称为空穴导电。半导体中除了导带上电子导电外,价带中还有空穴参与导电。对于本征半导体,导带中出现多少电子,价带中相应地就出现多少空穴,导带上电子参与导电,价带上的空穴也参与导电,这就是本征半导体的导电机理。这也是半导体导电和金属导电的最大区别,金属中只有一种载流子,而半导体中有电子和空穴两种载流子。本征半导体中电子跃迁如图 2-8 所示。

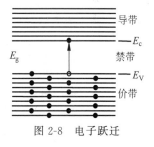

图 2-8　电子跃迁

图 2-8
动态效果

2) N 型半导体

在四价元素硅或锗半导体晶体中,掺入 V 族元素磷或砷等杂质,可以形成 N 型半导体。在硅中掺入五价元素杂质磷后,这些杂质原子在晶体中替代一些硅原子。由于磷有五个价电子,其中四个价电子与周围四个硅原子形成共价键,还剩下一个价电子。同时磷原子所在处也多了一个正电荷,称这个正电荷为正电中心磷离子。多余的价电子就束缚在正电中心周围。但是这种束缚作用比共价键的束缚作用弱得多,只要很少的能量就可以使它挣脱束缚,成为导电电子在晶格中自由运动,这时磷原子就成为少了一个价电子的磷离子,它是一个不能移动的正电中心。电子脱离杂质原子的束缚成为导电电子的过程称为杂质电离。使这个多余的价电子挣脱束缚成为导电电子所需要的能量称为杂质电离能(Impurity

Ionization Energy),用 ΔE_D 表示。实验测量表明,Ⅴ族杂质元素磷或砷在硅、锗中的电离能很小,在硅中为 0.04~0.05eV,在锗中约为 0.01eV。

Ⅴ族杂质元素磷或砷在硅、锗中电离时,能够释放电子而产生导电电子并形成正电中心,称它们为施主杂质。施主杂质的电离过程可以用能带图表示,如图 2-9 所示。将被施主杂质束缚的电子的能量状态称为施主能级,记为 E_D。

在纯净半导体中掺入施主杂质,杂质电离以后,导带中的导电电子增多,增强了半导体的导电能力。通常将主要依靠导电电子导电的半导体称为电子型或 N 型半导体。

3) P 型半导体

在四价元素硅或锗半导体晶体中,掺入Ⅲ族元素硼等杂质,可以形成 P 型半导体。在硅中掺入三价元素的杂质硼后,这些杂质原子在晶体中替代一些硅原子。由于硼有三个价电子,其中三个价电子与周围四个硅原子形成共价键,还缺少一个价电子,必须从别处的硅原子中夺取一个价电子,于是在硅晶体的共价键中产生了一个空穴。同时硼原子接受一个电子后,成为带负电的硼离子,称为负电中心。带负电的硼离子和带正电的空穴间有静电引力作用,这个空穴受到硼离子的束缚,在硼离子附近运动。不过这种束缚作用比起共价键的束缚作用弱得多,只要很少的能量就可以使它挣脱束缚,成为在晶格中自由运动的导电空穴。这时硼原子就成为多了一个价电子的硼离子,它是一个不能移动的负电中心。空穴挣脱杂质束缚的过程也称为杂质电离。空穴挣脱束缚成为导电空穴所需要的能量称为杂质电离能,用 ΔE_A 表示。实验测量表明,Ⅲ族杂质元素硼在硅、锗中的电离能很小,在硅中为 0.045~0.065eV,在锗中约为 0.01eV。

Ⅲ族杂质元素硼在硅、锗中电离时,能够接受价电子而产生导电空穴并形成负电中心,称它们为受主杂质。受主杂质的电离过程可以用能带图表示,如图 2-10 所示。将被受主杂质所束缚的空穴的能量状态称为受主能级,记为 E_A。在纯净半导体中掺入受主杂质,杂质电离以后,使价带中的导电空穴增多,增强了半导体的导电能力。通常将主要依靠导电空穴导电的半导体称为空穴型或 P 型半导体。

图 2-9
动态效果

图 2-10
动态效果

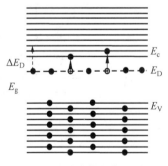

图 2-9　N 型施主能级与电子跃迁

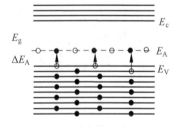

图 2-10　P 型受主能级与电子跃迁

2.1.2　热平衡下载流子的浓度

2.1.2
微课视频

在一定温度下,如果没有其他外界作用,半导体中的导电电子和空穴是依靠电子的热激发作用而产生的,电子从不断热振动的晶格中获得一定能量,可以从低能量的量子态(Quantum States)跃迁到高能量的量子态,如电子从价带跃迁到导带,形成导带电子和价带空穴。同时,还存在着相反运动过程,即电子也可以从高能量的量子态跃迁到低能量的量子态,并向晶格放出一定能量,从而使导带中的电子和价带中的空穴不断减少,这一过程称为载流子的复合。在一定温度下,这两个相反的过程之间将建立起动态平衡,称为热平衡状态(Thermal Equilibrium State)。此时,半导体中的导电电子浓度和空穴浓度都保持一个稳定的数值,这种处于热平衡状态下的导电电子和空穴称为热平衡载流子。当温度改变时,破坏了原来的平衡状态,又重新建立起新的平衡状态,热平衡载流子浓度也将随之发生变化,达到另一稳定数值。由固体理论可知:热平衡时半导体中自由载流子浓度与两个参数有关,一是在能带中能级的分布,二是在这些能级中每个能级可能被电子占据的概率。

1. 状态密度

在半导体的导带和价带中有很多能级存在。但相邻能级间隔很小,约为 $10^{-22}\,\mathrm{eV}$ 数量级,可以近似认为能级是连续的。假定在能带中能量 $E \sim E + \mathrm{d}E$ 无限小的能量间隔内有 $\mathrm{d}Z$ 个量子态,则状态密度(Density of State)为

$$g(E) = \frac{\mathrm{d}Z}{\mathrm{d}E} \tag{2-1}$$

也就是说,状态密度就是在能带中能量 E 附近每单位能量间隔内的量子态数。

由固体物理知识可以得出,在导带底能量 E 附近单位能量间隔的量子态数,即导带底附近状态密度为

$$g_c(E) = 4\pi V \frac{(2m_e^*)^{3/2}}{h^3}(E - E_c)^{1/2} \tag{2-2}$$

价带顶附近状态密度为

$$g_V(E) = 4\pi V \frac{(2m_p^*)^{3/2}}{h^3}(E_V - E)^{1/2} \tag{2-3}$$

式中:m_e^*——自由电子的有效质量(Effective Mass);

m_p^*——自由空穴的有效质量;

V——体积;

h——普朗克常数。

2. 费米能级和载流子的统计分布

半导体中电子的数目非常多,如硅晶体每立方厘米约有 5×10^{22} 个硅原子,仅仅价电子数每立方厘米中就约有 2×10^{23} 个。在一定温度下,半导体中的大量电子不停地做无规则热运动,电子通过晶格热振动获得能量后,既可以从低能量的量子态跃迁到高能量的量子态,也可以从高能量的量子态跃迁到低能量的量子态释放多余的能量。因此,从一个电子来看,它所具有的能量时大时小,经常变化。但是从大量电子的整体来看,在热平衡状态下,电子按能量大小具有一定的统计分布规律,即电子在不同能量的量子态上统计分布概率是一定的。根据量子统计理论,服从泡利不相容原理的电子遵循费米统计律。能量为 E 的一个量子态被一个电子占据的概率为

$$f(E) = \frac{1}{1 + \exp\left(\dfrac{E - E_f}{kT}\right)} \tag{2-4}$$

式中：$f(E)$——电子的费米分布函数,它是描述热平衡状态下电子在允许的量子态上如何分布的一个统计分布函数;

　　　　k——玻尔兹曼常数;

　　　　T——热力学温度;

　　　　E_f——费米能级(Fermi Level)或费米能量,它和温度、半导体材料的导电类型、杂质的含量以及能量零点的选取有关;

　　　　E——一个重要的物理参数,只要知道了 E 的数值,在一定温度下,电子在各量子态上的统计分布就完全确定。

由式(2-4)可知：

(1) 当 $T=0K$ 时,若 $E<E_f$,则 $f(E)=1$;若 $E>E_f$,则 $f(E)=0$。可见在热力学温度零度时,能量比 E_f 小的量子态被电子占据的概率为 100%,因而这些量子态上都是有电子的;而能量比 E_f 大的量子态被电子占据的概率为 0,因而这些量子态上都没有电子,是空的。

(2) 当 $T>0K$ 时,若 $E<E_f$,则 $f(E)>1/2$,比费米能级低的量子态被电子占据的概率大于 50%;若 $E=E_f$,则 $f(E)=1/2$,量子态能量等于费米能级时,量子态被占据的概率为 50%;若 $E>E_f$,则 $f(E)<1/2$,比费米能级高的量子态被电子占据的概率小于 50%。

当温度不是很高时,能量大于费米能级的量子态基本上没有被电子占据,而能量小于费米能级的量子态基本上为电子所占据,而电子占据费米能级的概率在各种温度下总是 $1/2$,所以费米能级的位置比较直观地标识了电子占据量子态的情况,通常就说费米能级标识了电子填充能级的水平。费米能级位置较高,说明有较多的能量较高的量子态上有电子。

3. 热平衡状态下导带中的电子浓度和价带中的空穴浓度

导带中大多数电子是在导带底附近,而价带中大多数空穴则在价带顶附近。导带中能量为 $E\sim E+dE$ 的电子数为

$$dN = f(E) \cdot g_c(E)dE \tag{2-5}$$

这样能量为 $E\sim E+dE$ 的单位体积内的电子数为

$$dn = \frac{dN}{V} = 4\pi \frac{(2m_e^*)^{3/2}}{h^3\left(1+\exp\left(\dfrac{E-E_f}{kT}\right)\right)}(E-E_c)^{1/2}dE \tag{2-6}$$

积分可以得到导带中电子的浓度为

$$n_0 = N_c\exp\left(-\frac{E_c-E_f}{kT}\right) \tag{2-7}$$

式中：N_c——导带的有效状态密度,有

$$N_c = 2\frac{(2\pi m_e^* kT)^{3/2}}{h^3}$$

同理可以得到价带中空穴的浓度为

$$p_0 = N_V\exp\left(\frac{E_V-E_f}{kT}\right) \tag{2-8}$$

式中：N_V——价带的有效状态密度,有

$$N_V = 2\frac{(2\pi m_p^* kT)^{3/2}}{h^3}$$

将式(2-7)和式(2-8)相乘得到

$$n_0 p_0 = N_c N_V \exp\left(-\frac{E_g}{kT}\right) \tag{2-9}$$

可见电子和空穴的浓度乘积和费米能级无关。换言之，当半导体处于热平衡状态时，载流子浓度(Carrier Concentration)的乘积保持恒定，如果电子浓度增大，空穴浓度就要减小；反之亦然。

4. 本征半导体的载流子浓度

本征半导体就是一块没有杂质和有缺陷的半导体，其能带如图 2-11(a)所示。在热力学温度为零度时，价带中的全部量子态都被电子占据，而导带中的量子态都是空的，也就是说半导体中共价键是饱和的、完整的。当半导体温度 $T > 0K$ 时，就有电子从价带激发到导带去，同时价带中产生了空穴，即出现本征激发。由于电子和空穴成对产生，导带中的电子浓度等于价带中空穴浓度，即有

$$n_0 = N_c \exp\left(-\frac{E_c - E_f}{kT}\right) = p_0 = N_V \exp\left(\frac{E_V - E_f}{kT}\right) \tag{2-10}$$

于是得到本征半导体的费米能级，用 E_i 表示，可以表示为

$$E_i = E_f = \frac{E_c + E_V}{2} + \frac{3kT}{4}\ln\frac{m_p^*}{m_e^*} \tag{2-11}$$

这样本征半导体载流子浓度 n_i 为

$$n_i = n_0 = p_0 = (N_c N_V)^{1/2} \exp\left(-\frac{E_g}{2kT}\right) \tag{2-12}$$

由式(2-9)和式(2-12)有

$$n_i^2 = n_0 p_0$$

图 2-11(b)、(c)、(d)分别给出了本征半导体状态密度 $g(E)$、费米分布函数 $f(E)$ 和载流子浓度分布。表 2-1 给出了几种材料的本征载流子浓度。

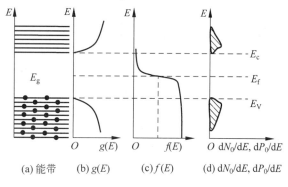

(a) 能带　(b) g(E)　(c) f(E)　(d) dN₀/dE, dP₀/dE

图 2-11　本征半导体

表 2-1　300K 下锗、硅、砷化镓的本征载流子浓度

各项参数	E_g/eV	m_n^* (m_{dn})	m_p^* (m_{dp})	N_c/cm^{-3}	N_V/cm^{-3}	n_i/cm^{-3}	
						计算值	测量值
Ge	0.67	$0.56m_0$	$0.37m_0$	1.05×10^{19}	5.7×10^{18}	2.0×10^{13}	2.4×10^{13}
Si	1.12	$1.08m_0$	$0.59m_0$	2.08×10^{19}	1.1×10^{19}	7.8×10^{9}	1.5×10^{10}
GaAs	1.428	$0.068m_0$	$0.47m_0$	4.5×10^{17}	8.1×10^{18}	2.3×10^{6}	1.1×10^{7}

5. 掺杂半导体载流子浓度

N 型半导体中，施主原子的多余价电子易跃迁进入导带，使导带中的自由电子浓度高于本征半导体的电子浓度。设掺入的施主原子的浓度为 N_d，导带中的电子浓度可以表示为

$$n = N_d + p_0 \approx N_d \tag{2-13}$$

本征激发时，$n_i = n_0 = p_0$，$E_f = E_i$，则有

$$n_0 = n_i \exp\left(-\frac{E_i - E_f}{kT}\right); \quad p_0 = n_i \exp\left(\frac{E_i - E_f}{kT}\right)$$

可以得到 N 型半导体费米能级为

$$E_f = E_i + kT \ln\left(\frac{N_d}{n_i}\right) \tag{2-14}$$

由式(2-14)可见：N 型半导体中的费米能级位于禁带中央以上；掺杂浓度越高，费米能级离禁带中央越远，越靠近导带底。

同样，对于 P 型半导体，受主原子易从价带中获得电子。价带中的自由空穴浓度将高于本征半导体中的自由空穴浓度。设掺入的受主原子的浓度为 N_a，那么室温下价带中的空穴浓度 p 和电子浓度分别为

$$p = N_a + n \approx N_a \tag{2-15}$$

$$n = \frac{n_i^2}{N_a} \tag{2-16}$$

P 型半导体的费米能级为

$$E_f = E_i - kT \ln\left(\frac{N_a}{n_i}\right) \tag{2-17}$$

由式(2-17)可见：P 型半导体中的费米能级位于禁带中央以下；掺杂浓度越高，费米能级离禁带中央越远，越靠近价带顶。

图 2-12 和图 2-13 分别给出了 N 型半导体和 P 型半导体能带、状态密度、费米分布函数和载流子浓度分布。图 2-14 分别给出了本征和掺杂半导体(N 型半导体、P 型半导体)的费米能级。

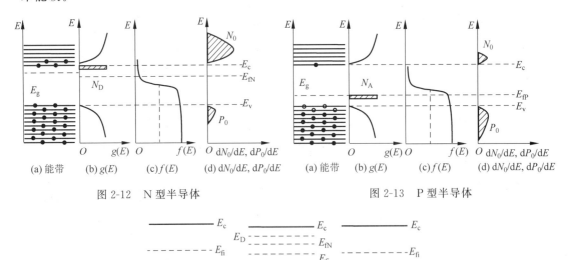

图 2-12　N 型半导体　　　　　　　　图 2-13　P 型半导体

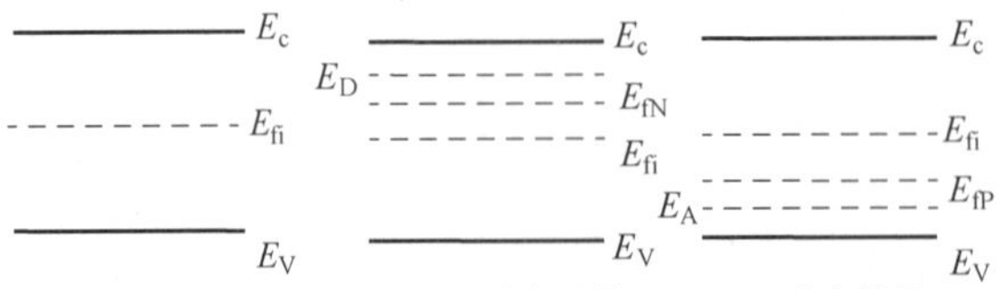

图 2-14　本征和掺杂半导体的费米能级

例题 1　温度为 300K 时，本征硅半导体中均匀地掺杂了 $10^{16}\,\mathrm{cm}^{-3}$ 砷原子，计算掺杂硅片费米能级与本征硅片的费米能级之差。在此硅片中继续掺杂 $2 \times 10^{17}\,\mathrm{cm}^{-3}$ 硼原子，计算

此时硅片的费米能级与本征硅片的费米能级之差。

解 由题中条件可知 $N_d = 10^{16}\,\text{cm}^{-3}$，由于 $N_d \gg n_i (n_i = 1.45 \times 10^{10}\,\text{cm}^{-3})$，有 $n = N_d = 10^{16}\,\text{cm}^{-3}$。

对于本征硅载流子浓度，$n_i = N_c \exp[-(E_c - E_{fi})/k_B T]$，$E_{fi}$ 表示本征硅的费米能级。

对于掺杂硅载流子浓度，$n = N_c \exp[-(E_c - E_{fn})/k_B T] = N_d$，$E_{fn}$ 表示掺杂硅的费米能级。

以上两个表达式相除得

$$n/n_i = \exp[(E_{fn} - E_{fi})/k_B T]$$

所以有

$$E_{fn} - E_{fi} = k_B T \ln(n/n_i) = (0.0259\text{eV})\ln(10^{16}/1.5 \times 10^{10}) = 0.347\text{eV}$$

在此硅片中继续掺杂 $2 \times 10^{17}\,\text{cm}^{-3}$ 硼原子时，$N_a > N_d$。因此，硅半导体转换成了 P 型半导体，其载流子浓度为

$$p = N_a - N_d = 1.9 \times 10^{17}\,\text{cm}^{-3}$$

对于本征硅载流子浓度，$p = n_i = N_v \exp[-(E_{fi} - E_V)/k_B T]$，$E_{fi}$ 表示本征硅的费米能级。

对于掺杂了硼的硅载流子浓度，$p = N_v \exp[-(E_{fp} - E_V)/k_B T] = N_a - N_d$，$E_{fp}$ 表示硅掺硼的费米能级。

由以上两式得

$$p/n_i = \exp[-(E_{fp} - E_{fi})/k_B T]$$

所以有

$$E_{fp} - E_{fi} = -k_B T \ln(p/n_i) = -(0.0259\text{eV})\ln(1.9 \times 10^{17}/1.5 \times 10^{10}) = -0.424\text{eV}$$

2.1.3 半导体材料的光吸收效应

1. 光的吸收定律

1729 年人们根据实验得出了一个光吸收定律，1760 年朗伯(Lambert)又作了理论上的证明。如图 2-15 所示，入射辐通量为 Φ_{e0} 的光入射到物质中。设入射到物质内部元层 dx 上的辐通量为 Φ_e，经过 dx 后的辐通量为 $\Phi_e + d\Phi_e$，这一元层所吸收的辐通量应与 $\Phi_e dx$ 成正比，即

$$d\Phi_e = -\alpha \Phi_e dx \qquad (2\text{-}18)$$

式中，α 为物质的吸收率(Absorptivity)，表明光在物质中传播 $1/\alpha$ 距离时能量减小到原来能量的 $1/e$。式中负号表明通过吸收层后，Φ_e 是减弱的。利用初始条件 $x=0$ 时 $\Phi_e = \Phi_{e0}$ 解微分方程可得 x 处的辐通量为

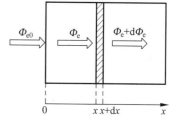

图 2-15 光在物质中的吸收

$$\Phi_e = \Phi_{e0} e^{-\alpha x} \qquad (2\text{-}19)$$

如果不考虑界面反射，则光辐射通过物质 x 后吸收的辐通量为

$$\Phi_e' = \Phi_{e0}(1 - e^{-\alpha x}) \qquad (2\text{-}20)$$

2. 本征吸收

理想半导体在绝对零度时，价带中是完全被电子占满的，因此价带中的电子不可能被激发到更高能级。当有光入射到半导体中时，价带电子吸收光子能量使电子激发，越过禁带跃

2.1.3 微课视频

图 2-15 动态效果

迁到导带,成为可以在导带中自由运动的导电电子。同时,在价带中留下一个自由空穴,产生电子-空穴对。半导体中价带电子吸收光子能量跃迁到导带,产生电子-空穴对的现象称为本征吸收。显然,要发生本征吸收,光子能量必须大于或等于半导体禁带宽度,即

$$h\nu \geqslant E_g = h\nu_0 \tag{2-21}$$

式中:$h\nu_0$——能够引起本征吸收的最低限度光子能量。

对应于本征吸收光谱,在低频方面必然存在一个频率界限 ν_0。当频率低于 ν_0 或波长大于 λ_0 时,不可能产生本征吸收(Intrinsic Absorption)。这个特定波长 λ_0 或特定频率 ν_0 称为半导体的本征吸收限。其值为 $\lambda_0 = \dfrac{1.24}{E_g}\mu m$。

3. 杂质吸收

束缚在杂质能级上没有被激发的电子或空穴也可以发生光的吸收。电子可以吸收光子能量跃迁到导带能级;空穴也可以吸收光子能量而跃迁到价带,这种吸收称为杂质吸收(Impurity Absorption)。

对于 N 型半导体,若 $h\nu \geqslant \Delta E_D$,施主能级上电子吸收光子能量进入导带而成为自由导电电子。

对于 P 型半导体,若 $h\nu \geqslant \Delta E_A$,价带中的电子吸收光子能量后跃迁到受主能级上,价带中留下空穴。相当于受主能级上的空穴吸收光子能量而跃迁到价带。

两种吸收的长波限分别为

$$\lambda_0 = \frac{1.24}{\Delta E_D}\mu m, \quad \lambda_0 = \frac{1.24}{\Delta E_A}\mu m \tag{2-22}$$

4. 激子吸收

入射到本征半导体上光子能量 $h\nu$ 小于 E_g 时,价带电子受激发后虽然跃出了价带,但不能进入导带而成为自由电子,仍然受到空穴的库仑场作用。实际上受激电子和空穴相互束缚而结合在一起成为一个新的系统,这种系统称为激子,这样的光吸收称为激子吸收(Exciton Absorption)。激子在晶体中某一部位产生后,并不停留在该处,可以在整个晶体中运动,但由于它作为一个整体是电中性,因此不形成电流。激子在运动过程中可以通过两种途径消失:一种是通过热激发或其他能量的激发使激子分离成为自由电子或空穴;另一种是激子中的电子和空穴通过复合,使激子消失而同时释放出能量。激子不改变半导体的导电性能。

5. 自由载流子吸收

当光入射到半导体材料中,光子能量不能够引起价带中的电子跃迁到导带或形成激子时,同样存在光子的吸收,而且其强度随波长增大而增强。这是由于自由载流子在同一能带内的跃迁所引起的,称为自由载流子吸收(Free Carrier Absorption)。在自由载流子吸收中,电子从低能态到较高能态的跃迁是在同一能带内发生的,但这种跃迁过程必须满足能量守恒和动量守恒关系。电子的跃迁必须伴随着吸收或发射一个声子。

6. 晶格振动吸收

晶体吸收光谱的远红外区,有时还发现一定的吸收带,这是晶格振动吸收形成的。在这种吸收中,光子能量直接转换为晶格振动动能。对于离子晶体或离子性较强的化合物,存在较强的晶格振动吸收带。这种吸收在宏观上表现为物体温度升高,引起物质的热敏效应。

2.1.4 半导体中的非平衡载流子

1. 非平衡载流子产生与复合

处于热平衡状态下的半导体,在一定温度下,热平衡载流子浓度是一定的。但半导体的热平衡状态是相对的、有条件的。如果对半导体施加外界作用,破坏了热平衡的条件,就会迫使半导体处于与热平衡状态相偏离的状态,称为非平衡状态。非平衡状态的半导体,其载流子浓度也发生了变化,比平衡载流子多出一部分。这部分多出的载流子称为非平衡载流子。

对于 N 型半导体,在一定温度下,当没有光照射时,半导体中电子和空穴浓度分别为 n_0、p_0,其中 $n_0 \gg p_0$。当用适当波长的光照射该半导体时,只要光子的能量大于该半导体的禁带宽度,那么光子就能把价带电子激发到导带上去,产生电子-空穴对,使导带比平衡时多出一部分电子 Δn,价带比平衡时多出一部分空穴 Δp。Δn 和 Δp 就是非平衡载流子浓度。这时把非平衡电子称为非平衡多数载流子,而把非平衡空穴称为非平衡少数载流子。对 P 型半导体正好相反。如果产生非平衡载流子的外部作用消失,由于半导体内部作用,使它由非平衡态恢复到平衡态,过剩载流子逐渐消失。这一过程称为非平衡载流子的复合。

半导体中的载流子,任何时候电子和空穴总是不断地产生(Generation)和复合(Recombination),在热平衡状态,产生和复合处于相对的平衡,每秒钟产生的电子和空穴数目与复合掉的数目相等,从而保持载流子浓度稳定不变。当用光照射半导体时,打破了产生与复合的相对平衡,产生超过了复合,在半导体中产生了非平衡载流子,半导体处于非平衡状态。

非平衡载流子的复合过程主要有直接复合和间接复合。直接复合是指晶格中运动的自由电子直接由导带回到价带与空穴复合,释放出多余的能量,电子-空穴对消失。间接复合是自由电子和空穴通过晶体中的杂质、缺陷在禁带中形成的局域复合中心能级进行复合。

2. 非平衡载流子的寿命

实验表明,当光照停止后非平衡载流子不是立刻全部消失,而是有一个过程,它们在导带和价带中有一定的生存时间,有的长些,有的短些。非平衡载流子的平均生存时间称为非平衡载流子的寿命,用 τ 表示。由于相对于非平衡多数载流子,非平衡少数载流子的影响处于主导的、决定的地位,因而非平衡载流子的寿命常称为少数载流子寿命。显然,$1/\tau$ 表示单位时间内非平衡载流子的复合概率。通常将单位时间单位体积内净复合消失的电子-空穴对数称为非平衡载流子的复合率,用 R 表示。因此,$\Delta p/\tau$ 就代表复合率,单位时间内非平衡载流子浓度的减少为 $-\dfrac{\mathrm{d}\Delta p(t)}{\mathrm{d}t}$,即有

$$\frac{\mathrm{d}\Delta p(t)}{\mathrm{d}t} = -\frac{\Delta p(t)}{\tau}$$

假设热平衡时,半导体中电子和空穴载流子浓度分别为 n_0 和 p_0,光照后其浓度分别为 n 和 p。单位体积、单位时间内每一个电子都有一定的概率和空穴相遇而复合,这个概率显然和空穴浓度成正比,复合率可以表示为

$$R = \beta n p \tag{2-23}$$

式中,比例系数 β 为电子-空穴复合概率。

假设电子-空穴对的产生率为 G,热平衡时,产生率和复合率相等。此时 $n=n_0,p=p_0$,由式(2-23)可以得到 G 和 β 的关系为

$$G=\beta n_0 p_0=\beta n_i^2 \tag{2-24}$$

复合率减去产生率等于非平衡载流子的净复合率。非平衡载流子的直接净复合率为

$$R_{net}=R-G=\beta(np-n_i^2) \tag{2-25}$$

将 $n=n_0+\Delta n,p=p_0+\Delta p$ 以及 $\Delta n=\Delta p$ 代入式(2-25),得到

$$R_{net}=\beta(np-n_i^2)=\beta(n_0+p_0)\Delta p+\beta(\Delta p)^2 \tag{2-26}$$

由此得到非平衡载流子的寿命为

$$\tau=\frac{\Delta p}{R_{net}}=\frac{1}{\beta(n_0+p_0+\Delta p)} \tag{2-27}$$

由式(2-27)可以知道,β 越大,净复合率越大,τ 越小。寿命 τ 不仅仅与平衡载流子浓度有关,而且还和非平衡载流子浓度有关。

在弱光辐射情况下有 $\Delta p\ll n_0+p_0$,式(2-27)可以近似为

$$\tau=\frac{1}{\beta(n_0+p_0)} \tag{2-28}$$

对于 N 型半导体,$n_0\gg p_0$,式(2-28)变为 $\tau=\dfrac{1}{\beta n_0}$。式(2-28)说明在弱光情况下,当温度和掺杂一定时,寿命是一个常数。寿命与多数载流子浓度成反比,或者说半导体电导率越高,寿命越短。

强光辐射情况下,$\Delta p\gg n_0+p_0$,式(2-27)近似为 $\tau=\dfrac{1}{\beta\Delta p}$。寿命随非平衡载流子浓度而改变,因而在复合过程中,寿命不再是常数。

2.1.5 半导体中载流子的扩散与漂移

1. 扩散

当半导体材料受光面受到光照后,由于半导体材料吸收光子能量产生光电子-空穴对,这样在局部位置的载流子浓度比其他地方载流子浓度要高。这时,载流子因浓度不均匀而发生的定向运动而使载流子在晶体中重新分布的现象称为扩散(Diffusion)。由于扩散作用,流过单位面积的电流称为扩散电流密度,它们正比于光生载流子的浓度梯度,即

$$\boldsymbol{J}_{nD}=eD_n\nabla n \tag{2-29}$$

$$\boldsymbol{J}_{pD}=-eD_p\nabla p \tag{2-30}$$

式中:e——电子电量;

$\boldsymbol{J}_{nD}$、$\boldsymbol{J}_{pD}$——电子扩散电流密度矢量和空穴扩散电流密度矢量;

D_n、D_p——电子的扩散系数和空穴的扩散系数;

∇n、∇p——电子浓度梯度和空穴浓度梯度。

由于载流子扩散方向与载流子浓度增加方向相反,空穴电流是负的。因电子的电荷是负值,扩散方向的负号与电荷的负号相乘,电子电流为正值。

如图 2-16 所示,光生空穴产生在 $x=0$ 处,它沿 x 方向扩散。利用边界条件解微分方程可以得到

$$\Delta p(x) = \Delta p(0) \exp\left(-\frac{x}{L_\text{p}}\right) \tag{2-31}$$

式中：L_p——空穴扩散长度，$L_\text{p} = \sqrt{D_\text{p}\tau_\text{c}}$；

　　　　τ——载流子寿命。

式(2-31)表明非平衡载流子的剩余浓度随距离指数规律下降。

2. 漂移

载流子在电场作用下所发生的运动称为漂移(Drifting)。在电场中，电子的漂移方向与电场方向相反，空穴的漂移方向与电场方向相同。

载流子在弱电场中的漂移运动服从欧姆定律，在强电场作用下漂移运动因有饱和和雪崩等现象则不服从欧姆定律。欧姆定律的微分形式为 $J = \sigma E$。根据电流密度矢量的定义，它应与载流子浓度和载流子沿电场的漂移速度成正比。对于 N 型半导体有 $J = nev$。迁移率(Mobility)定义为单位电场作用下载流子所获得的速度大小，即 $\mu = v/E$。这样电子和空穴的迁移率分别表示为 μ_n 和 μ_p。可以得到电子的电导率为

$$\sigma_\text{n} = ne\mu_\text{n} \tag{2-32}$$

对于空穴的电导率可以表示为

$$\sigma_\text{p} = pe\mu_\text{p} \tag{2-33}$$

这样在电场中，载流子漂移所引起的电子电流密度矢量和空穴电流密度矢量分别为

$$\bm{J}_\text{n} = ne\mu_\text{n}E \tag{2-34}$$

$$\bm{J}_\text{p} = pe\mu_\text{p}E \tag{2-35}$$

如果半导体中非平衡载流子浓度不均匀，同时又有外加电场的作用，那么除了非平衡载流子的扩散运动外，载流子还要做漂移运动。这时扩散电流和漂移电流叠加在一起构成半导体的总电流。如图 2-17 所示，N 型半导体沿 x 方向有一均匀电场强度 E，同时表面有光注入非平衡载流子，则少数载流子空穴的电流密度为

$$\bm{J}_\text{p} = \bm{J}_\text{p漂} + \bm{J}_\text{p扩} = q(p_0 + \Delta p)\mu_\text{p}E - qD_\text{p}\frac{\text{d}\Delta p}{\text{d}x} \tag{2-36}$$

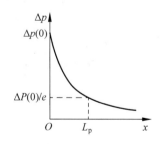

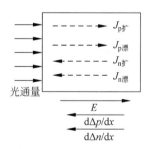

图 2-16　非平衡载流子随时间变化关系曲线　　　图 2-17　非平衡载流子扩散与漂移电流

电子的电流密度为

$$\bm{J}_\text{n} = \bm{J}_\text{n漂} + \bm{J}_\text{n扩} = q(n_0 + \Delta n)\mu_\text{n}E + eD_\text{n}\frac{\text{d}\Delta n}{\text{d}x} \tag{2-37}$$

总电流密度为

$$\bm{J} = \bm{J}_\text{n} + \bm{J}_\text{p} \tag{2-38}$$

例题 2 如果电子的漂移迁移率大约为 $1.35 \times 10^3 \, \text{cm}^2 \text{V}^{-1} \text{s}^{-1}$，求均匀掺杂了 $10^{16} \, \text{cm}^{-3}$ 磷原子的 N 型硅晶片的电导率。

解 由于 $N_d (= 10^{16} \, \text{cm}^{-3}) \gg n_i (= 1.5 \times 10^{10} \, \text{cm}^{-3})$，所以 $n = N_d = 10^{16} \, \text{cm}^{-3}$。

可以忽略空穴浓度 $p = n_i^2 / N_d \ll n$。

因此有

$$\sigma = e n \mu_e = (1.6 \times 10^{-19} \, \text{C})(1 \times 10^{16} \, \text{cm}^{-3})(1.35 \times 10^3 \, \text{cm}^2 \text{V}^{-1} \text{s}^{-1}) = 2.16 \, \Omega^{-1} \text{cm}^{-1}$$

2.2　光电效应

入射光辐射与光电材料中的电子互相作用，改变电子的能量状态，从而引起各种电学参量变化，这种现象统称为光电效应（Photoelectric Effect）。光电效应包括光电导效应（Photoconductive Effect）、光伏效应（Photovoltaic Effect）、光电子发射效应（Photoemissive Effect）、光子牵引效应和光电磁效应等。本节重点讲解光电技术中最常用的光电导效应、光伏效应和光电子发射效应的基本规律。

2.2.1　光电导效应

2.2.1
微课视频

当半导体材料受光照时，由于对光子的吸收引起载流子浓度的变化，导致材料电导率的变化，这种现象称为光电导效应。当光子能量大于材料禁带宽度时，将价带中的电子激发到导带，在价带中留下自由空穴，从而引起材料电导率的变化，称为本征光电导效应；杂质半导体中，被束缚在杂质能级上未被激发的载流子吸收光子能量后，使电子从施主能级跃迁到导带或从价带跃迁到受主能级，产生光生自由电子或空穴，从而引起材料电导率的变化，则称为杂质光电导效应。

由于杂质原子数比晶体本身的原子数小很多个数量级，和本征光电导相比，杂质光电导是很微弱的。尽管如此，杂质半导体作为远红外波段的探测器具有重要的作用。

1. 附加光电导率

无光照时，材料中电子、空穴浓度分别为 n_0、p_0，迁移率分别为 μ_n 和 μ_p。其暗电导率为

$$\sigma_d = e(n_0 \mu_n + p_0 \mu_p) \tag{2-39}$$

当入射光子能量大于材料禁带宽度时，样品中发生本征光电导效应，产生光生电子-空穴对。设光生非平衡载流子浓度分别为 Δn 和 Δp，则光照稳定情况下的半导体总电导率为

$$\sigma = e[(n_0 + \Delta n)\mu_n + (p_0 + \Delta p)\mu_p] \tag{2-40}$$

由式(2-39)和式(2-40)可得附加光电导率（简称为光电导）为

$$\Delta \sigma = \sigma - \sigma_d = e(\Delta n \mu_n + \Delta p \mu_p) \tag{2-41}$$

可见，本征光电导效应中，导带中的光生电子和价带中的光生空穴对光电导率都有贡献。若入射光子能量大于杂质电离能，但不足以使价带中的电子跃迁到导带时，样品中发生杂质光电导效应，只产生一种光生载流子，即光生自由电子（N 型半导体）或光生空穴（P 型半导体）。同理，得到光电导率为

$$\Delta \sigma_n = \sigma - \sigma_d = e(\Delta n \mu_n) \quad (\text{N 型}) \tag{2-42}$$

$$\Delta \sigma_p = \sigma - \sigma_d = e(\Delta p \mu_p) \quad (\text{P 型}) \tag{2-43}$$

可见，非本征光电导效应中，对于 N 型半导体来说，只有导带中的光生电子对光电导有

贡献；对于 P 型半导体来说，只有价带中的光生空穴对光电导有贡献。

由式(2-39)和式(2-41)可得到光电导率的相对值为

$$\frac{\Delta \sigma}{\sigma_{\mathrm{d}}} = \frac{\Delta n \mu_{\mathrm{n}} + \Delta p \mu_{\mathrm{p}}}{n_0 \mu_{\mathrm{n}} + p_0 \mu_{\mathrm{p}}}$$

对于本征光电导，$\Delta n = \Delta p$。引入 $b = \mu_{\mathrm{n}} / \mu_{\mathrm{p}}$，得

$$\frac{\Delta \sigma}{\sigma_{\mathrm{d}}} = \frac{(1+b) \Delta n}{b n_0 + p_0} \tag{2-44}$$

由式(2-44)可知，要制成相对光电导高的器件，应该使 n_0 和 p_0 有较小数值。因此，光电导器件一般是由高阻材料制成或者在低温下使用。

2. 定态光电导、弛豫过程及定态光电流

定态光电导(Steady State Photoconductive)是指在恒定光照下产生的光电导。由式(2-41)可以知道，$\Delta \sigma$ 的变化反映了光生载流子 Δn 和 Δp 的变化。

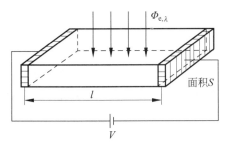

图 2-18　光电导效应

如图 2-18 所示，频率为 ν，光谱辐通量为 $\Phi_{\mathrm{e}, \lambda}$ 的光均匀照射到长为 l，横截面积为 S 的半导体上，假若半导体的量子效率为 η，这样单位时间、单位体积中产生的电子-空穴对数为

$$G = \eta \frac{\Phi_{\mathrm{e}, \lambda}}{h \nu} \frac{1}{Sl} \tag{2-45}$$

经过 t 秒后，光生载流子浓度为

$$\Delta p = \Delta n = \eta \frac{\Phi_{\mathrm{e}, \lambda}}{h \nu} \frac{1}{Sl} t \tag{2-46}$$

由上式可知：如果光照保持不变，光生载流子浓度将随 t 线性增大，如图 2-19 所示的虚线。但事实上，有电子-空穴对产生时，还存在复合过程。因此光生载流子浓度变化如图 2-19 中实线所示。Δn 最后达到一稳定值 Δn_s，附加光电导率 $\Delta \sigma$ 也达到稳定值 $\Delta \sigma_s$，这就是定态光电导。达到定态光电导时，电子-空穴的复合率等于产生率，即 $R = G$。

设光生电子和空穴的寿命分别为 τ_{n} 和 τ_{p}，令 $N_0 = \dfrac{\Phi_{\mathrm{e}, \lambda}}{h \nu} \dfrac{1}{Sl}$，这样定态光生载流子浓度为

$$\Delta n_{\mathrm{s}} = \eta N_0 \tau_{\mathrm{n}}, \quad \Delta p_{\mathrm{s}} = \eta N_0 \tau_{\mathrm{p}} \tag{2-47}$$

由式(2-41)可得定态光电导率为

$$\Delta \sigma_{\mathrm{s}} = e \eta N_0 (\mu_{\mathrm{n}} \tau_{\mathrm{n}} + \mu_{\mathrm{p}} \tau_{\mathrm{p}}) \tag{2-48}$$

当光照停止后，光生载流子也逐渐消失，如图 2-20 所示。这种在光照下光电导率逐渐上升和光照停止后光电导率逐渐下降的现象，称为光电导的弛豫现象(Relaxation Phenomena)。

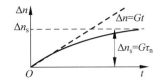

图 2-19　光生载流子浓度随时间变化

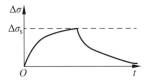

图 2-20　光电导的弛豫过程

1) 弱光照射下的光电导和输出光电流

在图 2-18 中,设样品为 N 型材料(P 型材料的分析完全相同),V 为外加偏置电压,长为 l,横截面积为 S,光谱辐通量 $\Phi_{e,\lambda}$ 沿垂直入射到半导体上。

设 $t=0$ 时开始光照,入射辐通量为 $\Phi_{e,\lambda}$,光生载流子寿命为 τ,复合率 $R=\Delta n/\tau$,在光照过程中,Δn 的增加率为

$$\frac{\mathrm{d}\Delta n}{\mathrm{d}t} = G - R = \eta N_0 - \frac{\Delta n}{\tau} \tag{2-49}$$

分离变量积分,利用初始条件: $t=0$ 时,$\Delta n=0$,方程(2-49)的解为

$$\Delta n = \eta N_0 \tau (1 - e^{-t/\tau}) \tag{2-50}$$

弱光照射下,光生载流子浓度按指数规律上升,即图 2-20 所示的上升部分。

光照停止后,即 $G=0$,光生载流子下降的方程应为

$$\frac{\mathrm{d}\Delta n}{\mathrm{d}t} = -\frac{\Delta n}{\tau} \tag{2-51}$$

利用初始条件解方程得

$$\Delta n = \Delta n_s e^{-t/\tau} \tag{2-52}$$

这样在弱光照射情况下,光电导上升和下降函数为

$$\Delta\sigma = \Delta\sigma_s (1 - e^{-t/\tau}) \, (上升) \tag{2-53}$$

$$\Delta\sigma = \Delta\sigma_s e^{-t/\tau} \, (下降) \tag{2-54}$$

在弱光照射下,只有非平衡电子时,$\Delta p=0$,稳态光电导为

$$\Delta\sigma = \Delta\sigma_s = e\eta N_0 \mu_n \tau_n = e\eta \frac{\Phi_{e,\lambda}}{h\nu} \frac{1}{Sl} \mu_n \tau_n \tag{2-55}$$

于是,在弱光作用下的漂移电流密度大小($\mathrm{A/m^2}$)为

$$J = e\eta \frac{\Phi_{e,\lambda}}{h\nu} \frac{1}{Sl} \mu_n \tau_n E \tag{2-56}$$

光电导探测器输出的平均光电流为

$$I_p = JS = e\eta\mu_n\tau_n \frac{\Phi_{e,\lambda}}{h\nu} \frac{E}{l} \tag{2-57}$$

假设加在半导体两端的电压为 V,则电场强度 $E=V/l$,则有平均光电流可以表示为

$$I_p = e\eta\mu_n\tau_n \frac{\Phi_{e,\lambda}}{h\nu} \frac{V}{l^2} \tag{2-58}$$

由式(2-58)可见,在电压一定的条件下,光电导探测器为受控恒流源,电流大小由辐射通量决定。

2) 强光照射下的光电导和输出光电流

在强光照射下,$\Delta n \gg n_0$ 的情况下,载流子寿命不再是定值。可以推导出浓度为

$$\Delta n = \left(\frac{\eta N_0}{r}\right)^{1/2} \tanh\left[(\eta N_0 r)^{1/2}\right] \quad (上升) \tag{2-59}$$

$$\Delta n = \frac{1}{\left(\frac{r}{\eta N_0}\right)^{1/2} + rt} \quad (下降) \tag{2-60}$$

2.2.2　光伏效应

光照使不均匀半导体或均匀半导体中产生电子和空穴在空间分开而产生电势差的现象称为光伏效果(光生伏特效应)。

1. PN 结形成

PN 结按制作工艺可以分为合金结(Metallurgical Junction)和扩散结,按结区性质可以分为突变结(Abrupt Junction)和缓变结。如图 2-21 所示合金结,P 型区域中受主杂质浓度为 N_A,N 型区域施主浓度为 N_D,都是均匀分布。在交界处,杂质浓度由 N_A 突变为 N_D,具有这种杂质分布的 PN 结也称为突变结。实际情况的突变结,两边的杂质浓度相差很多。例如,P 区的受主杂质浓度为 $10^{19}\,\mathrm{cm}^{-3}$,N 区的施主杂质浓度为 $10^{16}\,\mathrm{cm}^{-3}$,这种结为单边突变结 $\mathrm{P^+N}$。

两块半导体单晶,P 型半导体中,多子是空穴,少子是电子;而 N 型半导体中,电子很多而空穴很少。单独的 N 型半导体和 P 型半导体都是电中性的。当 P 型、N 型半导体结合在一起形成 PN 结时,由于存在载流子的浓度梯度引起扩散运动。P 区的空穴向 N 区扩散,剩下带负电的受主离子;N 区的电子向 P 区扩散,剩下带正电的施主离子。从而在 PN 结附近 P 区一侧出现一个负电荷区,在 N 区一侧出现一个正电荷区。通常将 PN 结附近的这些电离施主和电离受主所带电荷称为空间电荷(Space Charge)。将这个区域称为空间电荷区域(Space Charge Region,SCR),也称耗尽区(Depletion Region),如图 2-22 所示。空间电荷区里载流子很少,是高阻区,电场的方向由 N 区指向 P 区,称为内建电场(结电场)(Built-in Field)。在内建电场的作用下,载流子将产生漂移运动,漂移运动的方向与扩散运动的方向相反。漂移运动与扩散运动将会达到动态平衡状态,结区内建立了相对稳定的内建电场。这就是 PN 结的形成过程。

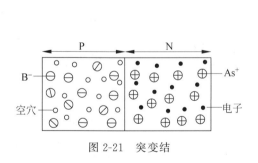

图 2-21　突变结

图 2-22　PN 空间电荷区域与内建

图 2-21
动态效果

当 PN 结达到动态平衡后,P 区的空间总净电荷(Net Charge)与 N 区的总净电荷相等,即

$$N_A W_p = N_D W_n \tag{2-61}$$

图 2-22 中假设施主浓度(N_D)小于受主浓度(N_A)。由式(2-61)有 $W_n > W_p$,也就是说掺杂少的 N 区要比掺杂多的 P 区的耗尽层宽。事实上,如果 $N_D \ll N_A$,则耗尽层几乎都是在 N 区。通常用 $\mathrm{P^+}$ 来表示受主杂质重掺杂区域。

2. PN 结能带与势垒

图 2-23 给出了 P 型和 N 型半导体的能带图。费米能级受各自掺杂的影响,E_f 在能带

图中高低位置不一致。当 P 型和 N 型半导体结合成为 PN 结时,按费米能级的意义,电子将从费米能级高的 N 区流向费米能级低的 P 区,空穴则从 P 区流向 N 区,因而 E_{fN} 不断下移,且 E_{fP} 不断上移,直至 $E_{fN} = E_{fP}$ 为止。这时 PN 结中有统一的费米能级 E_f,PN 结处于平衡状态,但处于 PN 结区外的 P 区与 N 区中的费米能级 E_{fP} 和 E_{fN},相对于价带和导带的位置保持不变,这就导致 PN 结能带发生弯曲,如图 2-24 所示。能带弯曲实际上是 PN 结区内建电场作用的结果,也就是说,电子从 N 区到 P 区要克服电场力做功,越过一个"能量高坡",这个势能"高坡"eV_D 通常称为 PN 结势垒(Barrier),V_D 为平衡 PN 结的空间电荷两端的电势差,称为接触电势差或内建电势差(Built-in Potential)。势垒高度正好补偿了 N 区和 P 区费米能级之差,使平衡 PN 结的费米能级处处相等,因此有

$$eV_D = E_{fN} - E_{fP} \tag{2-62}$$

利用载流子浓度与费米能级关系可以解得

$$V_D = \frac{1}{e}(E_{fN} - E_{fP}) = \frac{kT}{e}\left(\ln\frac{N_D N_A}{n_i^2}\right) \tag{2-63}$$

上式表明,V_D 和 PN 结两边的掺杂浓度、温度、材料的禁带宽度有关。在一定的温度下,突变结两边杂质浓度越高,接触电势差越大;禁带宽度越大,n_i 越小,接触电势差也越大。

图 2-23
动态效果

图 2-23 N、P 型半导体能带图

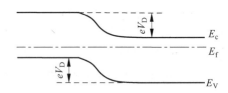

图 2-24 平衡 PN 能带图

3. PN 结中的电荷、电场、电势和电势能分布

在突变 PN 结势垒区中,杂质完全电离的情况下,空间电荷由电离施主和电离受主组成。势垒区靠近 N 区一侧的电荷密度完全由施主浓度所决定,靠近 P 区一侧的电荷密度完全由受主浓度所决定。

势垒区的电荷密度为

$$\begin{cases} \rho(x) = eN_A & (-W_p < x < 0) \\ \rho(x) = -eN_D & (0 < x < W_n) \end{cases} \tag{2-64}$$

由于整个半导体是呈电中性,势垒区内正负电荷总量相等,因此

$$Q = eN_A W_p = eN_D W_n \tag{2-65}$$

突变结势垒区的泊松方程为

$$\begin{cases} \dfrac{d^2 V_1(x)}{dx^2} = -\dfrac{eN_A}{\varepsilon} & (-W_p < x < 0) \\ \dfrac{d^2 V_2(x)}{dx^2} = \dfrac{eN_D}{\varepsilon} & (0 < x < W_n) \end{cases} \tag{2-66}$$

利用边界条件解方程(2-66)可以得到空间电场强度为

$$\begin{cases} E_1(x) = \dfrac{eN_A(x + W_p)}{\varepsilon} & (-W_p < x < 0) \\[3mm] E_2(x) = -\dfrac{eN_D(x - W_n)}{\varepsilon} & (0 < x < W_n) \end{cases}$$ (2-67)

由式(2-67)可以看出,在平衡突变结势垒区中,电场强度是位置 x 的线性函数,如图 2-25 所示。

对式(2-67)积分,得到势垒区中各点的电势为

$$\begin{cases} V_1(x) = \dfrac{eN_A(x^2 + W_p^2)}{2\varepsilon} + \dfrac{eN_A x W_p}{\varepsilon} & (-W_p < x < 0) \\[3mm] V_2(x) = V_D - \dfrac{eN_D(x^2 + W_n^2)}{2\varepsilon} + \dfrac{eN_D x W_n}{\varepsilon} & (0 < x < W_n) \end{cases}$$ (2-68)

由式(2-68)可看出,在平衡 PN 结的势垒区中,电势分布是抛物线形式,如图 2-25 所示。

4. PN 结电流方程

热平衡下,PN 结中的漂移运动等于扩散运动,结界面的区域存在一定宽度的耗尽区,净电流为零,如图 2-26(a)所示。但是,有外加电压时,结内的平衡即被破坏,耗尽区宽度会发生变化;依照外加电压的大小和方向,可形成流过 PN 结的正向电流或反向电流。

若 P 区接正端、N 区接负端,称为正向偏置,如图 2-26(b)所示。因势垒区载流子浓度很小,电阻很大,势垒区外的 P 区和 N 区中载流子浓度很大,电阻很小,所以外加正向偏压基本降落在势垒区。正向偏压在势垒区中产生了与内建电场方向相反的电场,因而减弱了势垒区中的电场强度,这表明空间电荷相应减少。势垒区的宽度也减小,同时势垒高度从 eV_D 下降为 $e(V_D - V)$,如图 2-27(a)所示。势垒区电场的减弱,破坏了载流子的扩散运动和漂移运动之间原有的平衡,削弱了漂移运动,使扩散流大于漂移流。在正

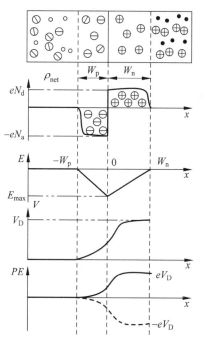

图 2-25 PN 结的电势和电势能分布

向偏压的作用下,P 区的多子空穴和 N 区的多子自由电子向结区运动。结区靠 P 区一侧的部分负离子获得空穴,而靠 N 区一侧的部分正离子获得电子,二者都还原为中性的原子,从而耗尽区宽度(结势垒)减小,并且随着正向偏压增大耗尽区宽度越来越小。当正向偏压等于 PN 结的接触电势差 V_D 时,耗尽区宽度为零。这时,如果正向偏压继续增大,P 区的空穴和 N 区的自由电子就会越过 PN 结,形成正向电流,方向由 P 区指向 N 区。这种由于外加正向偏压的作用使非平衡载流子进入半导体的过程称为非平衡载流子的电注入。

若 N 区接正端、P 区接负端,则称为反向偏置,如图 2-26(c)所示。当 PN 结加反向偏压 V 时,反向偏压在势垒区产生的电场与内建电场方向一致,势垒区的电场增强,势垒区也变宽,势垒高度从 eV_D 增加到 $e(V_D + V)$,如图 2-27(b)所示。P 区的少子-自由电子漂移到 N 区,N 区的少子-空穴漂移到 P 区,从而形成反向电流,方向由 N 区指向 P 区。

图 2-25 动态效果

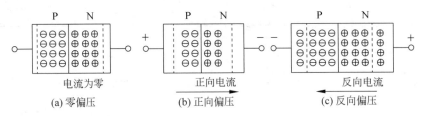

图 2-26　PN 结耗尽区宽度与偏压的关系

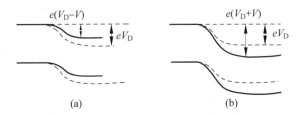

图 2-27　正向、反向偏压下 PN 结能带图

对于理想的 PN 结,可以证明,在外加电压 V 作用下,流过 PN 结的电流密度矢量大小为

$$\boldsymbol{J} = J_s(e^{eV/kT} - 1) = J_s(e^{V/V_T} - 1) \tag{2-69}$$

也可以写成

$$\boldsymbol{I} = I_s(e^{eV/kT} - 1) = I_s(e^{V/V_T} - 1) \tag{2-70}$$

式(2-70)称为肖克莱方程(Shockley Equation)。式(2-70)中,I 为流过 PN 结的电流;式(2-69)中 J_s 为反向饱和电流密度,$J_s = \dfrac{eD_n n_0}{W_n} + \dfrac{eD_p p_0}{W_p}$;$V$ 为外加电压;$V_T = kT/e$ 为温度的电压当量,其中 $k = 1.38 \times 10^{-23} J/K$,$e = 1.6 \times 10^{-19} C$。在常温(300K)下,求得 $V_T = 26 mV$。

5. PN 结耗尽区宽度

应用电场基本理论知识可以得到耗尽区宽度 W。

(1) PN 结无偏压时:

$$W = \sqrt{V_D \frac{2\varepsilon}{e}\left(\frac{N_A + N_D}{N_A N_D}\right)} \tag{2-71}$$

对于 P^+N 结,由于 $N_A \gg N_D$,$W_n \gg W_p$,则有 $W \approx W_n$,则有 $V_D = eN_D W_n^2/2\varepsilon$,即

$$W = \sqrt{\frac{2\varepsilon V_D}{e N_D}} \tag{2-72}$$

对于 N^+P 结,由于 $N_D \gg N_A$,$W_p \gg W_n$,则有 $W \approx W_p$,则有 $V_D = eN_A W_p^2/2\varepsilon$,即

$$W = \sqrt{\frac{2\varepsilon V_D}{e N_A}} \tag{2-73}$$

(2) PN 结正向偏压时:

$$W = \sqrt{(V_D - V)\frac{2\varepsilon(N_A + N_D)}{e N_A N_D}} \tag{2-74}$$

(3) PN 结反向偏压时:

$$W = \sqrt{(V_D + V)\frac{2\varepsilon(N_A + N_D)}{e N_A N_D}} \tag{2-75}$$

式中：V_D——接触电势差；

　　ε——材料的介电常数；

　　N_A、N_D——P型半导体和N型半导体掺杂浓度。

这就是说，外加偏置电压V对耗尽区W有影响。V为正时，W变窄；V为负时，W变宽。

6. PN结电容

PN结电容包括势垒电容（Barrier Capacitance）和扩散电容（Diffusion Capacitance）两部分。

当PN结加正向偏压时，势垒区的电场随正向偏压的增加而减弱，势垒区宽度变窄，空间电荷数量减少。由于空间电荷是由不能移动的杂质离子组成的，所以空间电荷的减少是由于N区的电子和P区的空穴过来中和了势垒区中一部分电离施主和电离受主。也就是说外加正向偏压增加时，将有一部分电子和空穴存入势垒区。反之，当正向偏压减小时，势垒区的电场增强，势垒区宽度增加，空间电荷数量增多，也就是说有一部分电子和空穴从势垒区中取出。这种PN结电容效应称为势垒电容，以C_T表示。同时，当外加电压变化时，N区扩散区内积累的非平衡空穴也增加，与它保持电中性的电子也相应增加。同样，P区扩散区内积累的非平衡电子与它保持电中性的空穴也要增加。这种由于扩散区的电荷数量随外加电压的变化所产生的电容效应，称为PN结的扩散电容，用C_D表示。

实验发现，PN结的势垒电容和扩散电容都随外加电压而变化，表明它们是可变电容。定义微分电容来表示PN结的电容，即

$$C = \frac{dQ}{dV} \tag{2-76}$$

根据式(2-76)，可以得到突变PN结势垒电容为

$$C_T = \frac{dQ}{dV} = A\left[\frac{\varepsilon e N_A N_D}{2(N_A + N_D)(V_D - V)}\right]^{1/2} \tag{2-77}$$

式(2-77)表明，外加正向偏置电压，结电容变大；外加反向偏置电压，结电容变小。这个结论对于如何减小结电容提高光伏探测器的响应速度有着重要的意义。

同样，根据式(2-76)，可以得到线性缓变PN结势垒电容为

$$C_T = \frac{dQ}{dV} = A\left[\frac{\varepsilon^2 e \alpha_j}{12(V_D - V)}\right]^{3/2} \tag{2-78}$$

式(2-78)表明，线性缓变结的势垒电容和结面积及杂质浓度梯度的立方根成正比，因此减小结面积和降低杂质浓度梯度α_j有利于减小势垒电容。

7. PN结光电效应

设入射光照射在PN结的光敏面P区。当入射光子能量大于材料禁带宽度时，P区的表面附近将产生电子-空穴对。二者均向PN结区方向扩散。光敏面一般做得很薄，其厚度小于载流子的平均扩散长度（L_P，L_N），以使电子和空穴能够扩散到PN结区附近。由于结区内建电场的作用，空穴只能留在PN结区的P区一侧，而电子则被拉向PN结区的N区一侧。这样就实现了电子-空穴对的分离，如图2-28所示。结果是，耗尽区宽度变窄，接触电势差减小。这时的接触电势差和热平衡时相比，其减小量即是光生电势差，入射的光能就转变成了电能。当外接电路时，就有电流流过PN结。这个电流称为光电流I_p，其方向是从N

图 2-28
动态效果

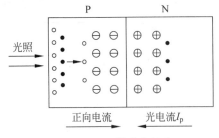

图 2-28　PN 结光电效应

端经过 PN 结指向 P 端。对比图 2-28,光电流 I_p 的方向与 PN 结的正向电流方向相反。结合式(2-70),可得到光照下 PN 结的电流方程为

$$I = I_s(e^{eV/kT} - 1) - I_p \qquad (2-79)$$

由此可见,光伏效应是基于两种材料相接触形成的内建势垒,光子激发的光生载流子(电子、空穴)被内建电场拉向势垒两边,从而形成了光生电动势。因为所用材料不同,这个内建势垒可以是半导体 PN 结、PIN 结、金属和半导体接触形成的肖特基势垒以及异质结势垒等,它们的光电效应也略有差异,但基本原理都是相同的。

2.2.3　光电子发射效应

当光照射某种物质时,若入射的光子能量足够大,则它与物质的电子相互作用致使电子逸出物质表面,这种现象称为光电子发射效应,又称外光电效应。

1. 爱因斯坦定律

从材料表面逸出的光电子最大动能 E_{max} 与入射光的频率 ν 成正比,而与入射光的强度无关。

$$E_{max} = h\nu - W \qquad (2-80)$$

式中:E_{max}——光电子的最大动能;

W——逸出功;

h——普朗克常数。

人 物 介 绍

阿尔伯特·爱因斯坦,1879—1955 年,德国现代物理学家,1921 年获得诺贝尔物理学奖。1905 年,爱因斯坦获苏黎世大学物理学博士学位,并提出光子假设,成功解释了光电效应;同年创立狭义相对论,1915 年创立广义相对论。爱因斯坦的理论为核能的开发奠定了理论基础,为帮助对抗纳粹,他曾在利奥·西拉德等人的协助下致信美国总统富兰克林·罗斯福,直接促成了曼哈顿计划的启动,而二战后他积极倡导和平、反对使用核武器,并签署了《罗素-爱因斯坦宣言》。爱因斯坦开创了现代科学技术新纪元,被公认为是继伽利略、牛顿之后最伟大的物理学家,被称为 20 世纪的"世纪伟人"。

爱因斯坦

光电子最大动能随光子能量增加而线性增加,但入射光频率低于 ν_0 时,不论光照强度如何、照射时间多长,都不会有光电子产生。光频率 ν_0 对应的波长为 λ_0,称为长波阈值或红阈波长。当入射光波长 λ 大于 λ_0 时,不论光照强度如何、照射时间多长,都不会有光电子产生。λ_0 由下式确定:

$$\lambda_0 = \frac{hc}{W} = \frac{1.24}{W}\mu m \tag{2-81}$$

2. 斯托列托夫定律

当入射光的频率不变时,饱和光电流(单位时间内发射的光电子数目)与入射光的强度成正比。

$$I_p = e\eta \frac{\Phi_{e,\lambda}}{h\nu} = e\eta \frac{\Phi_{e,\lambda}\lambda}{hc} \tag{2-82}$$

式中:I_p——饱和光电流;

$\quad\quad e$——电子电量;

$\quad\quad \eta$——光激发出电子的量子效率;

$\quad\quad \Phi_{e,\lambda}$——光谱辐通量。

3. 半导体光电发射过程

半导体光电发射的物理过程如下:①半导体中的电子吸收入射光子的能量而从价带跃迁到导带上;②跃迁到导带中的电子在向表面运动的过程中受到散射而损失掉一部分能量;③到达表面的电子克服表面电子势而逸出。

1) 半导体对光子的吸收

半导体中价带上的电子、杂质能级上的电子、自由电子都可以吸收入射光子能量而跃迁到导带上去。相应光电子发射体可以称为本征发射体、杂质发射体、自由载流子发射体。本征发射体的吸收系数很高,线吸收系数达 $10^5/cm$,本征发射的量子效率也很高,达 $10\%\sim30\%$。锑铯阴极、锑钾钠铯阴极、负电子亲和势光电阴极都属于本征发射体。而杂质发射,因其杂质浓度一般不超过 1%,所以量子效率较低,约为 1%。关于自由电子发射,因其在半导体中的浓度很低,对光电发射的贡献与前两种相比是微不足道的。

2) 光电子向表面运动的过程

被激发光电子在向表面运动的过程中,因散射要损失掉一部分能量。对于一个光电发射体,这种能量损失当然是越小越好。金属因其自由电子浓度大,光电子受到很强的电子散射,在运动很短的距离内就达到热平衡,这样只有靠近表面的光电子才能逸出表面,即逸出深度很浅,因此金属不是良好的光电发射体。

对于半导体,它的自由电子很少,光电子受到的电子散射可以忽略不计,而造成光电子能量损失的主要原因是晶格散射、光电子与价键中电子的碰撞,这种碰撞电离产生了二次电子-空穴对。

半导体的本征吸收系数很大($3\times10^5\sim10^6 cm^{-1}$),光电子只能在距表面 $10\sim30$nm 的深度内产生,而这个深度在半导体的光电子逸出深度之内。在这个距离内随吸收系数增大,光电子数增加,发射效率提高。实验证明,半导体吸收系数大于 $10^6 cm^{-1}$ 时,所产生的光电子几乎全部都能以足够的能量到达表面。当光电子与价带上的电子发生碰撞电离时,便产生二次电子-空穴对,它将损耗较多的能量。引起碰撞电离所需的能量一般为禁带 E_g 的 $2\sim3$ 倍,因此作为一个良好的光电发射体,应适当选择 E_g 以避免二次电子-空穴对的产生。

3) 克服表面势垒而逸出

到达表面的光电子能否逸出还取决于它的能量是大于表面势垒还是小于表面势垒。对于大多数半导体而言,吸收光子的电子主要是在价带顶附近。如图 2-29 所示为三种半导体的能带图。其中,E_0 为真空中静止电子能量,称为真空能级。E_A 为电子亲和势(Electron Affinity),等于真空能级 E_0 减去导带底能级 E_c,即

$$E_A = E_0 - E_c \tag{2-83}$$

半导体价带电子吸收光子后能量转换公式为

$$h\nu = \frac{1}{2}mv^2 + E_A + E_g \tag{2-84}$$

$$\frac{1}{2}mv^2 = h\nu - (E_A + E_g) \tag{2-85}$$

如果 $h\nu < E_g$,则电子不能从价带跃迁到导带。

如果 $E_g \leqslant h\nu < E_A + E_g$,则电子吸收光子能量后只能克服禁带能级跃入导带,而没有足够能量克服电子亲和势逸入真空。

只有当 $h\nu > E_A + E_g$ 时,电子吸收光子能量后才能克服禁带跃入导带并逸出。所以 $E_A + E_g$ 称为半导体光电发射的阈能量,$E_{th} = E_A + E_g$。光子的最小能量必须大于光电发射阈值,这个最小能量对应的波长称为阈值(或称为长波限)λ_{th},只有波长 $\lambda \leqslant \lambda_{th}$ 的光才能产生光电子发射。

$$h\nu = \frac{hc}{\lambda} \geqslant E_{th} = E_A + E_g \tag{2-86}$$

$$\lambda_{th} = \frac{1.24}{E_{th}(\text{eV})}\mu\text{m} \tag{2-87}$$

实际的半导体表面在一定深度内,其能带是可以弯曲的,这种弯曲影响了体内导带中的电子逸出表面所需的能量,也改变了它的逸出功。半导体光电逸出功随表面能带弯曲的不同而有所增减,并不是由于表面电子亲和势 E_A 有什么变化,而是由于体内导带底 E_c 与真空能级 E_0 之间的能量差发生了变化,即 $E_A + \Delta E$ 或 $E_A - \Delta E$。把电子从体内导带底逸出真空能级所需的最低能量称为有效电子亲和势 E_{Aeff},以区别于表面电子亲和势 E_A,如图 2-30 所示,ΔE 为能带弯曲量。作为一个良好的光电发射体,需要的当然是能带向下弯,为此应该选择 P 型半导体表面上吸收 N 型半导体材料,这样不仅可以得到向下弯曲的表面能带以减少逸出功,而且由于 P 型半导体的费米能级处于较低的价带附近,所以其热发射也比较小。通过改变表面的状态,可获得有效电子亲和势为负值的光电材料,这就是通常所讲的负电子亲和势(Negative Electron Affinity,NEA)光电材料。

图 2-30
动态效果

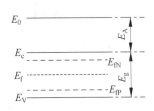
图 2-29 三种半导体的综合能带结构

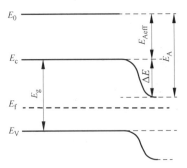
图 2-30 表面能带弯曲的能级图

2.3　光电探测器的噪声

2.3
微课视频

　　光电系统是光信号的变换、传输及处理的系统,包含光学系统、光电探测器、电子信息系统。系统在工作时,总会受到一些无用信号的干扰。例如,光电变换中光电子随机起伏的干扰;光在传输过程受到背景光的干扰;放大器引入的干扰等。这些非信号的成分统称为噪声。对于光电系统,影响其工作的噪声主要有光子噪声、光电探测器噪声和信号放大及处理电路噪声,如图 2-31 所示。

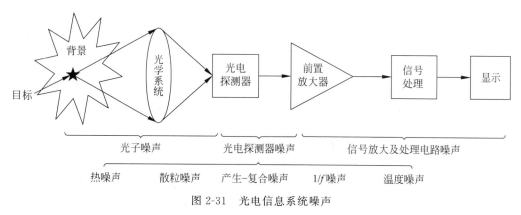

图 2-31
动态效果

图 2-31　光电信息系统噪声

　　噪声是随机的、瞬间的、幅度不能预知的起伏,如图 2-32 所示,其平均值可以表示为

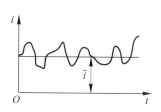

$$\bar{i} = \frac{1}{T}\int_0^T i(t)\,\mathrm{d}t \tag{2-88}$$

　　由于噪声是在平均值附近的随机起伏,其长时间的平均值为零,所以一般用均方噪声表示噪声的大小。其表达式为

图 2-32　电信号的随机起伏

$$\overline{i_n^2} = \frac{1}{T}\int_0^T [i(t)-\bar{i}]^2\,\mathrm{d}t \tag{2-89}$$

　　当光电探测器中存在多个噪声源时,只要这些噪声是独立的、互不相关的,其总噪声就可以进行相加,有

$$\overline{i_{n总}^2} = \overline{i_1^2} + \overline{i_2^2} + \cdots + \overline{i_n^2} \tag{2-90}$$

　　通常把噪声这个随机的时间函数进行傅里叶频谱分析,得到噪声功率随频率变化的关系,即噪声的功率谱密度 $S_n(f)$,其定义为

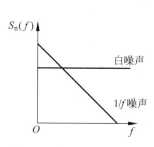

$$S_n(f) = \lim_{\Delta f \to 0} \frac{\overline{i_n^2}}{\Delta f} \tag{2-91}$$

　　常见有两种典型的情况:一种是功率谱大小与频率无关的噪声,称为白噪声;另一种是功率谱大小与频率有关的噪声,如 $1/f$ 噪声,如图 2-33 所示。

　　光电探测器主要的噪声包括热噪声、散粒噪声、产生-复合噪声、$1/f$ 噪声和温度噪声等。本节仅简要地介绍它们的产生机理、特点和表达式。关于噪声表达式的推导过程可参阅文献。

图 2-33　白噪声和 $1/f$ 噪声

1. 热噪声

热噪声(Thermal Noise 或称 Johnson Noise)是由于载流子的热运动而引起电流或电压的随机起伏。它的均方噪声电流 $\overline{i_{\mathrm{nj}}^2}$ 和均方噪声电压 $\overline{v_{\mathrm{nj}}^2}$ 由下式决定:

$$\overline{i_{\mathrm{nj}}^2} = \frac{4kT\Delta f}{R}, \quad \overline{v_{\mathrm{nj}}^2} = 4kT\Delta fR \tag{2-92}$$

式中: k——玻尔兹曼常量;

T——热力学温度(K);

R——器件电阻值;

Δf——测量的频带宽度。

热噪声存在于任何导体与半导体中,它属于白噪声。降低温度和压缩频带宽度,可减少噪声功率。

例如,对于一个 $R=1\mathrm{k}\Omega$ 的电阻,在室温下,工作带宽为 $1\mathrm{Hz}$ 时,热噪声均方根电压值约为 $4\mathrm{nV}$;而工作带宽增加到 $500\mathrm{Hz}$ 时,对应的热噪声均方根电压值增加到了 $89\mathrm{nV}$。由此可见,检测电路通频带宽对白噪声输出电压有很强的抑制作用。在微弱光信号探测中,如何减小热噪声的影响是光电技术中的一个重要问题。

2. 散粒噪声

光电探测器的散粒噪声(Shot Noise)是由于光电探测器在光辐射作用或热激发下,光电子或载流子随机产生所造成的。由于随机起伏是由一个一个的带电粒子或电子引起的,称为散粒噪声。散粒噪声的噪声电流表达式为

$$\overline{i_{\mathrm{ns}}^2} = 2eI\Delta f \tag{2-93}$$

式中: e——电子电荷;

I——器件输出平均电流;

Δf——测量的频带宽度。

散粒噪声存在于所有真空光电器件和半导体器件中,在低频下属于白噪声,高频时,散粒噪声变得与频率有关。

3. 产生-复合噪声

产生-复合噪声(Generation Recombination Noise),又称为 g-r 噪声,是由于半导体中载流子产生与复合的随机性而引起的载流子浓度的起伏。这种噪声与散粒噪声本质是相同的,都是由于载流子随机起伏所致,所以有时也将这种噪声归并为散粒噪声。产生-复合噪声的噪声电流表达式为

$$\overline{i_{\mathrm{ngr}}^2} = \frac{4eMI\Delta f}{1 + \omega^2 \tau_{\mathrm{c}}^2} \tag{2-94}$$

式中: I——平均电流;

M——光电导增益(见第 3 章);

Δf——测量的频带宽度;

$\omega = 2\pi f$, f 为测量系统的工作频率;

τ_{c}——载流子平均寿命。

式(2-94)表明,产生-复合噪声不再是白噪声。这是它与一般散粒噪声不同的地方。

当 $\omega\tau_{\mathrm{c}} \ll 1$ 时,式(2-94)简化为

$$\overline{i_{ngr}^2} = 4eMI\Delta f \tag{2-95}$$

产生-复合噪声是光电探测器的主要噪声源。

4. $1/f$ 噪声

$1/f$ 噪声通常又称为电流噪声(有时也称为闪烁噪声或过剩噪声)。它是一种低频噪声,几乎所有探测器中都存在这种噪声。实验发现,探测器表面的工艺状态(缺陷或不均匀)对这种噪声的影响很大。这种噪声的功率谱近似与频率成反比,故称为 $1/f$ 噪声。其噪声电流的均方值可近似表示为

$$\overline{i_{nf}^2} = \frac{cI^\alpha}{f^\beta}\Delta f \tag{2-96}$$

式中：I——器件输出平均电流；

　　　f——器件工作频率；

　　　α 接近于 2,β 取 $0.8\sim1.5$,c 是比例常数。

$1/f$ 噪声主要出现在 $1\mathrm{kHz}$ 以下的低频区,当工作频率大于 $1\mathrm{kHz}$ 时,它与其他噪声相比可忽略不计。在实际使用中,常用较高的调制频率可避免或大大减小 $1/f$ 噪声的影响。

5. 温度噪声

温度噪声(Temperature Noise)是热探测器本身吸收和传导等热交换引起的温度起伏。它的均方值为

$$\overline{\Delta T_n^2} = \frac{4kT^2\Delta f}{G[1+(2\pi f\tau_T)^2]} \tag{2-97}$$

式中：k——玻尔兹曼常量；

　　　T——热力学温度(K)；

　　　G——器件的热传导系数；

　　　f——器件工作频率；

　　　τ_T——器件的热时间常量,有

$$\tau_T = C/G$$

　　　C——器件的热容。

在低频时,$(2\pi f\tau_T)^2 \ll 1$,式(2-97)可简化为

$$\overline{\Delta T_n^2} = \frac{4kT^2\Delta f}{G} \tag{2-98}$$

因此,温度噪声功率为

$$\overline{\Delta W_T^2} = G^2\overline{\Delta T_n^2} = 4GkT^2\Delta f \tag{2-99}$$

若综合上述各种噪声源,其功率谱分布可用图 2-34 表示。从中可见,在频率很低时,$1/f$ 噪声起主导作用；当频率达到中间频率范围时,产生-复合噪声比较显著；当频率较高时,只有白噪声占主导地位,其他噪声影响很小。

至此,已经讨论了光电探测器的主要噪声源。此外,还有一些与具体器件有关的噪声源。例如,光电倍增管的倍增噪声、雪崩光电二极管雪崩噪

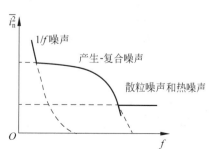

图 2-34　光电探测器噪声功率谱综合示意图

声等,这些噪声将在讨论有关器件时介绍。

2.4
微课视频

2.4　光电探测器的特性参数

光电探测器的种类很多,功能各异,在不同的光电系统中要选择不同的光电探测器,掌握不同光电探测器的特性参数是在实际应用中正确选择器件的关键。下面介绍光电探测器的主要特性参数。

1. 灵敏度

灵敏度(Sensitivity)也常称为响应度(Responsivity),是表征探测器输出信号与输入辐通量之间关系的参数,用 S 或 R 表示。定义为光电探测器的输出信号电压 V_s 或电流 I_s 与入射到光电探测器上的辐通量之比,即

$$S_v = V_s/\Phi_e, \quad S_i = I_s/\Phi_e \tag{2-100}$$

式中:S_v——光电探测器的电压灵敏度,单位为 V/W;

S_i——光电探测器的电流灵敏度,单位为 A/W。

测量灵敏度时采用不同的辐射源,其发射的光谱功率分布是不相同的,因此测得的灵敏度的值也不一样。通常,在光电探测器中,辐射源一般采用国际照明委员会(CIE)规定的色温为 2856K 的标准照明体。在热探测器中通常采用色温为 500K 的黑体。

若入射到光电探测器上的是光通量或光照度,则对应的就是光照灵敏度。S_v 称为光电探测器的光照电压灵敏度,单位为 V/lm 或 V/lx;S_i 称为光电探测器的光照电流灵敏度,单位为 A/lm 或 A/lx。

如果入射辐射使用的是波长为 λ 的单色辐射源,则称为光谱灵敏度(Spectral Sensitivity),用 S_λ 或 R_λ 表示。光谱灵敏度又称光谱响应度,是光电探测器的输出电压或输出电流与入射到探测器上单色辐通量之比,即

$$S_{v,\lambda} = \frac{V_s}{\Phi_{e,\lambda}}, \quad S_{i,\lambda} = \frac{I_s}{\Phi_{e,\lambda}} \tag{2-101}$$

式中:$\Phi_{e,\lambda}$——入射的单色辐通量。

如果 S_λ 为常数,则对应的探测器为无选择性探测器(如光热探测器)。为了便于比较,对其归一化,通常引入相对光谱灵敏度,定义为

$$S_{相\lambda} = \frac{S_\lambda}{S_{\lambda max}} \tag{2-102}$$

式中:$S_{\lambda max}$——最大灵敏度,相应波长为峰值波长。

2. 量子效率

量子效率(Quantum Efficiency)是某一特定波长的光照射到光电探测器上每秒钟内产生的光电子数 $N_{e,\lambda}$ 与入射光子数 $N_{p,\lambda}$ 之比,用 η_λ 或 Q_λ 表示,即

$$\eta_\lambda = \frac{N_{e,\lambda}}{N_{p,\lambda}} \tag{2-103}$$

波长 λ 的光子能量为 $h\nu = hc/\lambda$,单位波长的辐通量为 $\Phi_{e,\lambda}$,则单位时间、单位波长间隔内的光子数为

$$N_{p,\lambda} = \frac{\Phi_{e,\lambda}}{h\nu} = \frac{\lambda\Phi_{e,\lambda}}{hc} \tag{2-104}$$

如果波长间隔为 $\mathrm{d}\lambda$，则单位时间内光子数为 $\mathrm{d}N_\mathrm{p}=N_{\mathrm{p},\lambda}\mathrm{d}\lambda$，$\mathrm{d}N_\mathrm{p}$ 通常称为量子流速率，即为每秒入射的光量子数。这样波长在 $\lambda_1\sim\lambda_2$ 的量子流速度为

$$N_\mathrm{p}=\int_{\lambda_1}^{\lambda_2}\frac{\Phi_{\mathrm{e},\lambda}}{h\nu}\mathrm{d}\lambda=\int_{\lambda_1}^{\lambda_2}\frac{\lambda}{hc}\Phi_{\mathrm{e},\lambda}\mathrm{d}\lambda \tag{2-105}$$

单位时间、单位波长间隔内的光电子数为

$$N_{\mathrm{e},\lambda}=\frac{I_\mathrm{s}}{e}=\frac{S_\lambda\Phi_{\mathrm{e},\lambda}}{e} \tag{2-106}$$

式中：I_s——信号电流；

　　e——电子电荷量。

由式(2-104)和式(2-106)得量子效率 η_λ 为

$$\eta_\lambda=\frac{N_{\mathrm{e},\lambda}}{N_{\mathrm{p},\lambda}}=\frac{S_\lambda hc}{e\lambda}=\frac{1.24S_\lambda}{\lambda} \tag{2-107}$$

式中，λ 单位为 $\mu\mathrm{m}$；S_λ 单位为 $\mathrm{A/W}$。

若 $\eta_\lambda=1$，则入射一个光量子就能发射一个电子或产生一对电子-空穴对。实际上，$\eta_\lambda<1$。一般 η_λ 反映的是入射辐射与最初的光敏元的相互作用。

3. 响应时间

响应时间(Response Time)是描述光电探测器对入射辐射响应快慢的一个参数。当入射到光电探测器上的辐射为阶跃辐射时，探测器的瞬间输出信号不能完全跟随输入的变化。同样，辐射停止时也是如此。探测器的响应如图 2-35 所示。通常将光电探测器的输出上升到稳定值或下降到照射前的值所需时间称为响应时间。

当用一个辐射脉冲照射光电探测器时，如果这个脉冲的上升和下降时间很短，如方波，则光电探测器的输出由于器件的惰性而有延迟，将输出信号从 10% 上升到 90% 峰值处所需的时间称为探测器的上升响应时间，用 t_r 表示；而将输出信号从峰值的 90% 下降到 10% 处所需的时间称为下降响应时间，用 t_f 表示。一般光电探测器 $t_\mathrm{r}=t_\mathrm{f}$。

4. 频率响应

由于光电探测器信号的产生和消失存在着一个滞后过程，所以入射光辐射的频率对光电探测器的响应将

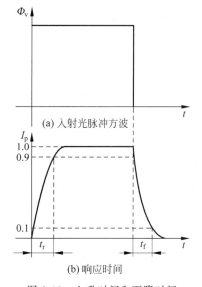

图 2-35　上升时间和下降时间

会有较大的影响。光电探测器的灵敏度随入射辐射调制频率变化的特性称为频率响应(Frequency Response)。利用时间常数可得到光电探测器灵敏度与入射辐射调制频率的关系，其表达式为

$$S(f)=\frac{S_0}{[1+(2\pi f\tau)^2]^{1/2}} \tag{2-108}$$

式中：$S(f)$——频率是 f 时的灵敏度；

　　S_0——频率是零时的灵敏度；

τ——时间常数(等于 RC)。

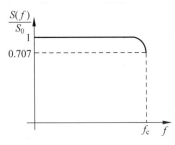

图 2-36 光电探测器的频率响应

当 $S(f)/S_0 = 1/\sqrt{2} = 0.707$ 时,可得光电探测器的上限截止频率如图 2-36 所示。

$$f_c = \frac{1}{2\pi\tau} = \frac{1}{2\pi RC} \tag{2-109}$$

显然,时间常数决定了光电探测器频率响应的带宽。

5. 信噪比

信噪比(Signal to Noise Ratio)是判定噪声大小通常使用的参数之一,定义为在负载电阻 R_L 上产生的信号功率与噪声功率之比,即

$$\frac{S}{N} = \frac{P_S}{P_N} = \frac{i_s^2 R_L}{\overline{i_n^2} R_L} = \frac{i_s^2}{\overline{i_n^2}} \tag{2-110}$$

若用分贝(dB)表示,则为

$$\left(\frac{S}{N}\right)_{dB} = 10\lg\frac{i_s^2}{\overline{i_n^2}} \tag{2-111}$$

利用 S/N 评价两种光电探测器性能时,必须在信号辐射功率相同的情况下才能比较。但对单个光电探测器,其 S/N 的大小与入射信号辐射功率及接收面积有关。如果入射辐射强,接收面积大,S/N 就大,但性能不一定就好。因此用 S/N 评价器件有一定的局限性。

6. 等效噪声输入

等效噪声输入(Equivalent Noise Input,ENI)定义为一定条件下光电探测器在特定带宽内(1Hz)产生的均方根信号电流恰好等于均方根噪声电流值时的输入辐通量。这个参数是在确定光电探测器的探测极限(以输入辐通量为瓦或流明表示)时使用。

7. 噪声等效功率或称最小可探测功率 Φ_{min}

噪声等效功率(Noise Equivalent Power,NEP)定义为探测器输出的信号功率等于探测器本身的噪声功率时,即信号功率与噪声功率之比为 1($S/N = 1$)时,入射到探测器上的辐通量,即

$$NEP = \Phi_{min}\big|_{S/N=1} \tag{2-112}$$

NEP 的单位为 W 或 lm。

当信噪比为 1 时,$S/N = i_s^2 R_L / \overline{i_n^2} R_L = i_s^2 / \overline{i_n^2} = 1$,$u_s^2 / \overline{v_n^2} = 1$,或者表示为 $i_s = \sqrt{\overline{i_n^2}}$,$v_s = \sqrt{\overline{v_n^2}}$,由 $S_i = i_s/\Phi$ 和式(2-112)有

$$NEP = \frac{\Phi_{min}}{i_s/\sqrt{\overline{i_n^2}}} = \frac{\sqrt{\overline{i_n^2}}}{i_s/\Phi_{min}} = \frac{\sqrt{\overline{i_n^2}}}{S_i} \quad \text{或} \quad NEP = \frac{\sqrt{\overline{v_n^2}}}{S_u} \tag{2-113}$$

$\sqrt{\overline{i_n^2}} = \sqrt{\dfrac{4KT\Delta f}{R}}$ 与测量系统带宽的平方根成正比,当测量带宽归一化时,NEP 的单位为 $W/Hz^{\frac{1}{2}}$ 或 $lm/Hz^{\frac{1}{2}}$。显然,NEP 越小,噪声越小,灵敏度越高,器件的探测能力越强。

8. 探测率 D 与比探测率 D^*

NEP 参数不适于作为探测器探测能力的一个指标,它与人们的习惯不一致。为此,引

入两个新的性能参数——探测率(Detectivity)D 与比探测率 D^*。

探测率 D 定义为 NEP 的倒数,即

$$D = \frac{1}{\text{NEP}} = \frac{S_i}{\sqrt{i_n^2}} \tag{2-114}$$

D 的单位为 1/W 或 1/lm。显然,D 越大,光电探测器的性能就越好。探测率 D 所提供的信息与 NEP 一样,也是一项特征参数。不过它所描述的特性是:光电探测器在它的噪声之上产生一个可观测的电信号的本领,即光电探测器能响应的入射光功率越小,则其探测率越高。但是仅根据探测率 D 还不能比较不同的光电探测器的优劣,这是因为如果两只由相同材料制成的光电探测器,尽管内部结构完全相同,但光敏面 A_d 不同,测量带宽不同,则 D 值也不相同。为了能方便地对不同来源的光电探测器进行比较,需要把探测率 D 标准化(归一化)到测量带宽为 1Hz、光电探测器光敏面积为 1cm^2。这样就能方便地比较不同测量带宽、对不同光敏面积的光电探测器测量得到的探测率。

实验测量和理论分析表明,对于许多类型的光电探测器来说,NEP 通常与探测器面积和测量系统带宽 Δf 乘积的平方根成正比,即 NEP $\propto \sqrt{A_d \Delta f}$。因探测器的面积 A_d 大,测量带宽宽,其接收到的背景噪声功率也大。为了比较各种探测器的性能,需除去 A_d 和 Δf 的差别所带来的影响,通常归一化到测量带宽为 1Hz、光探测器光敏面积为 1cm^2。归一化探测率一般称为比探测率,用 D^* 表示,即归一化等效噪声功率为

$$\text{NEP}^* = \frac{\text{NEP}}{\sqrt{A_d \Delta f}} = \frac{\sqrt{i_n^2}}{\sqrt{A_d \Delta f}\, S_i} \tag{2-115}$$

$$D^* = \frac{1}{\text{NEP}^*} = \frac{S_i}{\sqrt{i_n^2}} \sqrt{A_d \Delta f} = D \sqrt{A_d \Delta f} \tag{2-116}$$

式中,A_d 单位为 cm^2,Δf 单位为 Hz,S_i 单位为 A/W,$\sqrt{i_n^2}$ 单位为 A,D^* 单位为 cm · Hz$^{1/2}$ · W^{-1}。

D^* 与灵敏度 S_v 的关系可以表示为

$$D^* = \frac{S_v}{\sqrt{v_n^2}} \sqrt{A_d \Delta f} \tag{2-117}$$

思考题与习题

第 2 章
参考答案

2.1　温度为 300K 的本征硅半导体载流子浓度为 $n_i = 1.45 \times 10^{10}$ cm^{-3},禁带宽度为 1.12eV,计算掺入 10^{15} cm^{-3} 硼原子后硅中电子和空穴的浓度以及费米能级。

2.2　温度为 300K 的本征硅半导体掺入 2×10^{16} cm^{-3} 的砷原子,计算掺杂后硅半导体电子和空穴的浓度以及费米能级。

2.3　某半导体光电器件的长波限为 13μm,试求其杂质电离能 ΔE_i。

2.4　已知本征硅材料的禁带宽度 $E_g = 1.02$eV,求该半导体材料的本征吸收长波限。

2.5　GaAs 在 E_c 边缘的有效状态密度 $N_c = 4.7 \times 10^{17}$ cm^{-3},在 E_v 边缘的有效状态密度 $N_v = 7 \times 10^{18}$ cm^{-3},带隙 $E_g = 1.42$eV,计算在 300K 时的本征浓度与固有电阻率,同时确

定费米能级的位置。假设 N_c 和 N_V 与 $T^{3/2}$ 成正比,求在100℃时本征浓度是多少?如果 GaAs 晶体均匀掺杂 $10^{18} cm^{-3}$ 的锑原子,请确定此时晶体费米能级的位置以及此时晶体的电阻率。GaAs 的漂移迁移率如表 2-2 所示。

表 2-2 掺杂浓度与漂移迁移率的关系(μ_e 表示电子,μ_h 表示空穴)

掺杂浓度/cm^{-3}	$\mu_e/(cm^2 \cdot V^{-1} \cdot s^{-1})$	$\mu_h/(cm^2 \cdot V^{-1} \cdot s^{-1})$
0	8500	400
10^{15}	8000	380
10^{16}	7000	310
10^{17}	4000	220
10^{18}	2400	160

2.6 在微弱辐射作用下光电导材料的光电导灵敏度有什么特点?为什么要把光敏电阻的形状制造成蛇形?

2.7 光生伏特效应的主要特点是什么?

2.8 光电发射材料 K_2CsSb 的光电发射长波限为 680nm,试求该光电发射材料的光电发射阈值。

2.9 已知某种光电器件的本征吸收长波限为 $1.4\mu m$,试计算该材料的禁带宽度。

2.10 何为"白噪声"?何为"$1/f$"?采用什么措施可以降低电阻的热噪声和 $1/f$ 噪声?

2.11 试求温度为 300K 时 $1k\Omega$ 的电阻工作在 100Hz 带宽内产生的均方噪声电压和均方噪声电流。

2.12 探测器的 $D^* = 10^{11} cm \cdot Hz^{1/2}/W$,探测器光敏面积的直径为 0.5cm,用于 $\Delta f = 5 \times 10^3 Hz$ 的光电仪器中,它能探测的最小辐射功率为多少?

2.13 某型号硅 APD 光敏面直径为 0.5mm,等效噪声功率为 $3fW/\sqrt{Hz}$,电流灵敏度为 77A/W,求该光电探测器的比探测率。

2.14 某一金属光电发射体有 2.5eV 的逸出功,并且导带底在真空能级下为 7.5eV。试计算:(1)产生光电效应的长波限;(2)产生费米能级相对于导带底的能级。

2.15 试求一束功率为 30mW,波长为 $0.6328\mu m$ 的激光束的光子流速率 N。

第3章

CHAPTER 3

光电导探测器

某些物质吸收光子的能量产生本征吸收或杂质吸收,从而改变物质电导率的现象,称为物质的光电导效应。利用半导体光电导效应制成的器件称为光电导探测器(Photoconductive,简称 PC 探测器),通常又称为光敏电阻(Photoresistance)。

光敏电阻种类繁多,因为所使用的材料不同,对光的敏感度也不同,有对紫外光敏感的、也有对红外敏感的和可见光敏感的。目前广泛使用的光敏电阻有硫化镉(CdS)、硒化镉(CdSe)、硫化铅(PbS)、硒化铅(PbSe)、硅(Si)、锗(Ge)、锑化铟(InSb)、碲镉铅(HgCdTe)等。光敏电阻的主要优点有:

(1) 光谱响应范围宽。

(2) 工作电流大,可达数毫安。

(3) 所测光强范围宽,既可测弱光,也可测强光。

(4) 灵敏度高,通过对材料、工艺和电极结构的适当选择和设计,光电导增益可大于1。

(5) 无极性之分,使用方便。

由于光敏电阻在强光作用下线性较差,弛豫时间长,频率特性较差,其应用领域受到一定限制。光敏电阻常被应用于手机、照相机、光度计、光电自动控制、辐射测量、红外搜索与跟踪、红外成像和红外通信等领域。

本章主要介绍光电导探测器的原理与结构、基本特性参数、几种典型的光电导探测器及光电导探测器的偏置电路与应用。

3.1 光敏电阻的原理与结构

3.1.1 光敏电阻的原理

3.1
微课视频

在黑暗环境里,光敏电阻的电阻值很高,当本征半导体受到光照时,只要光子能量大于半导体材料的禁带宽度,则价带中的电子吸收一个光子的能量后可跃迁到导带,并在价带中产生一个带正电的空穴。由于光照产生的电子-空穴对增加了半导体材料中载流子的数目,使其电阻率变小,从而造成光敏电阻阻值下降。光照越强,阻值越低。入射光消失后,由光子激发产生的电子-空穴对将逐渐复合,光敏电阻的阻值也就逐渐恢复原值。

图 3-1 所示是光敏电阻的原理图与电路符号。光敏电阻两电极加上一定电压,回路中便有了电流即亮电流 I。对于本征半导体,当入射光波的能量大于半导体禁带宽度时,价带

电子吸收光子能量从而产生光电子-空穴对,电子-空穴对在外电场作用下就会产生光电流 I_p,回路亮电流就会随光强的增加而变大,从而达到光电转换的目的。

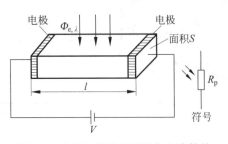

图 3-1　光敏电阻的原理图与电路符号

光敏电阻没有极性,使用时既可以加直流电压,也可以加交流电压。对于光敏电阻来讲,电流分为暗电流 I_d、光电流 I_p 和亮电流 I。电导分为暗电导 G_d、光电导 G_p 和亮电导 G,其关系为 $I = I_d + I_p$ 和 $G = G_d + G_p$。由于无光照时电导率很小,暗电流几乎为零,通常有亮电流近似等于光电流。

3.1.2　光电导增益

光电导增益(Photoconductive Gain)描述在外界光作用下回路中电流的增强能力。定义为光电导材料中每产生一个光生载流子而在回路中所产生的载流子数,也即单位时间内流过回路横截面的载流子数与光生载流子数之比称为光电导增益,用 M 表示。假设辐通量 $\Phi_{e,\lambda}$ 入射到 N 型半导体上,入射光频率为 ν,量子效率为 η,有

$$M = \frac{I_p/e}{\eta \Phi_{e,\lambda}/h\nu} \tag{3-1}$$

将式(2-58)代入式(3-1)有

$$M = \mu_n \tau_n \frac{V}{l^2} \tag{3-2}$$

由此可见,光电导增益与光电导材料上所加电压成正比,与材料长度平方成反比,减小材料长度可以提高增益。

光电导增益也可以表示为光生载流子平均寿命 τ_n 与载流子渡越时间 τ_t 之比,即

$$M = \frac{\tau_n}{\tau_t} \tag{3-3}$$

图 3-1 所示载流子渡越时间为

$$\tau_t = \frac{l}{\mu_n(V/l)} = \frac{l^2}{\mu_n V} \tag{3-4}$$

则有光电导增益与式(3-2)相同。

同理可得 P 型半导体和本征半导体的增益表达式为

$$M = \mu_p \tau_p \frac{V}{l^2} (\text{P 型})$$

$$M = (\mu_n \tau_n + \mu_p \tau_p) \frac{V}{l^2} (\text{本征})$$

当 $M = 1$ 时,光生载流子平均寿命刚好等于它在电极间的渡越时间,每产生一个光电子对外回路电流正好提供一个电子的电荷。当 $M < 1$ 时,载流子的平均寿命小于渡越时间,显然每个光电子对外回路电流的贡献将小于一个电子的电荷 e。当 $M > 1$ 时,光电子渡越完毕,但平均寿命还未中止。这种现象可以解释为:光生电子向正极运动,空穴向负极移动,空穴在移动过程中很容易被半导体内晶体缺陷和杂质形成的陷阱所俘获。因此当光电子在

阳极消失时,空穴仍留在体内,它将负极的电子感应到半导体中来,感应到体内的电子又在电场中运动到正极,如此循环,直到正电中心(俘获的空穴)消失。显然,这种效应相当于一个光子激发,可以有多个电子相继通过电极,因而在外回路对总的光电流贡献多于一个电子,相当于光电流被放大。M 与器件的材料、结构尺寸及外加偏流有关。光电导探测器在正常工作电压范围内,通过适当地设计,一般可使其光电导增益 $M>1$,甚至远大于1。对于光生载流子平均寿命长、迁移率大的光电导材料,极间距离小的光电导探测器,M 可达几千。目前,已研制出一种夹层型光敏电阻,它的电极间距只有 $15\mu m$,在电场强度为 $900V/cm$ 和 $1lx$ 照度下其增益可达 10^8。但是,如果极间距离变小而使受光面太小,对光探测也是不利的。

3.1.3 光敏电阻的结构

光照射下光电流 I_p 与极间长度 l 的平方成反比,为了提高光敏电阻的光电导灵敏度,要尽可能地缩短光敏电阻两极间的距离。因此,将光电导探测器光敏面做成蛇形,电极做成梳状。这样的结构设计既可以保证有较大的受光表面,也可以减小电极间的距离 l,从而可减小极间电子渡越时间,有利于提高灵敏度。光敏电阻结构示意图如图 3-2 所示。

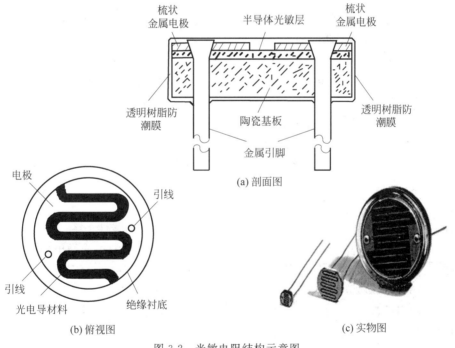

图 3-2
动态效果

图 3-2 光敏电阻结构示意图

图 3-2(a)所示为光敏电阻的剖面图,在顶部有两片呈梳状的金属电极,且两片金属电极的梳齿间隙里露出半导体光敏层(实际上是通过涂抹、喷涂及烧结等方式,在陶瓷基板上形成的一层很薄的半导体光敏层),下面是陶瓷基板,两侧是两只金属引脚。在整个结构的外部由一层透明树脂防潮膜包裹着,起到透光、防潮及加固的作用。图 3-2(b)所示是光敏电阻的俯视图,可以看到光敏面被做成了蛇形,两端接有电极引线。光敏电阻的实物图如图 3-2(c)所示。

3.2
微课视频

3.2　光敏电阻的基本特性参数

光敏电阻的基本特性参数包含光电特性、响应时间、光谱特性、伏安特性与噪声特性等。

3.2.1　光电特性

在黑暗的室温条件下,由于热激发产生的载流子使光敏电阻具有一定的电导,该电导称为暗电导(Dark Conduction),其倒数为暗电阻,一般的暗电导值都很小(或暗电阻值都很大),例如硫化镉材料的 GM20539 型光敏电阻暗电阻大于 $8M\Omega$。当有光照射在光敏电阻上时,它的电导将变大,这时的电导称为光电导(Photoconduction)。一般的光电导值很大(或光电阻值都很小),例如 GM20539 型光敏电阻在 $10lx$ 光照下的光电阻为 $50k\Omega$。光敏电阻电导随着光照量变化而变化的特性称为光敏电阻的光电特性。显然,光敏电阻的暗电阻值越大越好,而光电阻越小越好,也就是说暗电流要小,光电流要大,这样光敏电阻的灵敏度就高。

强光照射时,光电导探测器的光电特性可以表示为

$$I_p = S_g V^a E^\gamma \tag{3-5}$$

式中: S_g——光电导灵敏度(Photoconductive Sensitivity),与光电导探测器材料有关;

$\quad V$——光电导探测器两端的电压;

$\quad E$——光照度;

$\quad I_p$——光电流,即光敏电阻两端加上一定电压后,亮电流 I 与暗电流 I_d 之差;

$\quad a$——电压指数,它与光电导材料和电极材料之间的接触有关,欧姆接触时,$a=1$,非欧姆接触时,$a=1.1\sim1.2$;

$\quad \gamma$——光照指数(Light Index),它与材料和入射光照强弱有关,在弱光照($10^{-1}\sim10^1 lx$)时,$\gamma=1$,称为线性光电导,在强光照时,$\gamma=0.5$,则为非线性光导。

在欧姆接触、弱光照射的情况下,式(3-5)可表示为

$$I_p = S_g V E \tag{3-6}$$

从式(3-6)得出,弱光照射下,光电流 I_p 与光照度 E 具有良好的线性关系。

如图 3-3 所示的典型 CdS 光敏电阻的光电特性曲线反映了流过光敏电阻的电流 I_p 与入射光照度 E 间的变化关系。由图可见,它是由线性渐变到非线性的。因此,不适宜做检测元件,这是光敏电阻的缺点之一,在自动控制中它用作开关式光电传感器。

在实际使用时,常常将光敏电阻的光电特性曲线改用如图 3-4 所示的两种坐标的光电特性曲线。其中,图 3-4(a)所示为线性直角坐标系中光敏电阻的阻值 R 与入射光照度 E 的关系曲线,而图 3-4(b)所示为对数直角坐标系下的阻值 R 与入射光照度 E 的关系曲线。从图 3-4(a)可见,随着光照的增加,阻值迅速下降,然后逐渐趋向饱和。但在对数坐标中的某一段照度范围内,电阻与照度特性曲线基本上是直线,即 γ 值保持不变,因此 γ 值也可说成是对数坐标中电阻与照度特性曲线的斜率,即

$$\gamma = \frac{\lg R_A - \lg R_B}{\lg E_B - \lg E_A} \tag{3-7}$$

式中: R_A、R_B——E_A 和 E_B 所对应的光敏电阻阻值。

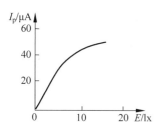

图 3-3　CdS 光敏电阻的光电特性曲线

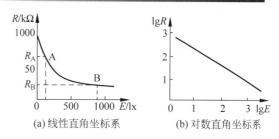

图 3-4　光敏电阻的光电特性曲线

一般来说,对于同一光敏电阻,γ 值保持不变;γ 值大的光敏电阻,其暗电阻也高。如果同一光敏电阻在某一照度范围内通过几个照度测量点所计算出的几个 γ 值相同,就说明该光敏电阻线性较好(完全线性是不可能的)。显然,光敏电阻的 γ 值反映了在光照度范围变化不大或照度的绝对值较大甚至光敏电阻接近饱和情况下的阻值与光照度的关系。因此,定义光敏电阻 γ 值时必须说明其照度范围,否则 γ 值没有任何意义。例如,GM20539 型光敏电阻在 $10\sim100\text{lx}$ 时 $\gamma=0.8$。

3.2.2　光电导灵敏度

通常情况下,光敏电阻工作在弱光条件下,可以取电压指数 $a=1$ 和照度指数 $\gamma=1$。式(3-6)改写为

$$I_{p}=S_{g}VE=G_{p}V \tag{3-8}$$

式中,$G_{p}=S_{g}E$ 称为光电导,单位为 S(西门子)。按灵敏度定义有

$$S_{g}=\frac{G_{p}}{E} \quad \text{或} \quad S_{g}=\frac{G_{p}}{\Phi} \tag{3-9}$$

式中,S_{g} 称为光电导灵敏度。用光度量单位时,其单位为 S/lx 或 S/lm;用辐射度量单位时,其单位为 $\text{S/}(\mu\text{W/cm}^{2})$ 或 $\text{S/}\mu\text{W}$。

3.2.3　温度特性

光敏电阻为多数载流子导电的光电器件,具有复杂的温度特性。光敏电阻的温度特性与光电导材料有着密切的关系,不同材料的光敏电阻有着不同的温度特性。光敏电阻的温度特性很复杂,在一定的照度下,亮电阻的温度系数 α 有正有负,表示为

$$\alpha=\frac{R_{2}-R_{1}}{R_{1}(T_{2}-T_{1})} \tag{3-10}$$

式中:R_{1}、R_{2}——与温度 T_{1}、T_{2} 相对应的亮电阻。

一般来说,材料的禁带宽度越窄则对长波越敏感,但禁带很窄时,半导体中热激发也会使自由载流子浓度增加,复合运动加快,灵敏度降低。因此,可采取冷却灵敏面的办法来提高灵敏度。

图 3-5 所示为典型 CdS(虚线)与 CdSe(实线)光敏电阻在不同照度下的温度特性曲线。以

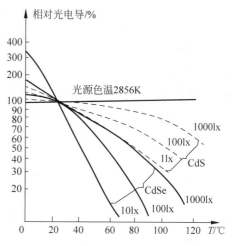

图 3-5　光敏电阻在不同照度下的温度特性曲线

室温(25℃)的相对光电导率为100%,观测光敏电阻的相对光电导率随温度的变化关系,可以看出光敏电阻的相对光电导率随温度的升高而下降,且随温度的变化率较大。因此,在温度变化大的情况下,应采取制冷措施。降低或控制光敏电阻的工作温度是提高光敏电阻工作稳定性的有效方法。

3.2.4　响应时间

在忽略外电路时间常量的影响时,光敏电阻的响应时间等于光生载流子的平均寿命。大多数常用的光敏电阻,其响应时间都比较大。例如,CdS光敏电阻的响应时间为几十毫秒到几秒;CdSe的响应时间为几毫秒到几十毫秒;PbS的响应时间为几百微秒。因此,它们基本不适于窄脉冲光信号的检测。但近年来发展的采用平面结构和同轴结构的快速光电导器件,其上升时间也可达到几十皮秒量级。而且,光敏电阻总的响应时间由探测器本身响应时间决定,与外接负载电阻大小无关。CdSe在照度小于10^3lx,CdSe光敏电阻的响应时间平均值为5.4ms,与外接负载电阻的阻值无关。线性光敏电阻的响应时间由半导体材料内部的微观结构决定;探测器可等效为恒流源和光电阻的并联;外接输出电路时,其总的响应时间与探测器的响应时间和光电检测电路的时间常数两个参数有关,一般应用中可近似取为探测器的响应时间。

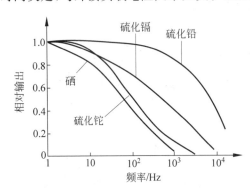

图 3-6　几种光电导探测器的频率响应曲线

当光敏电阻接收交变调制光时,随着调制光频率的增加,其输出会减小。图 3-6 表示出了几种光敏电阻的频率响应曲线。可见,光敏电阻的频率特性差,不适于接收高频光信号。

3.2.5　光谱特性

对于不同波长的入射光,光敏电阻的光谱特性是不相同的。光敏电阻的光谱响应主要与光敏材料禁带宽度、杂质电离能、材料掺杂比和掺杂浓度等因素有关。光谱特性多用相对灵敏度与波长的关系曲线表示。从这种曲线中可以直接看出灵敏范围、峰值波长位置和各波长下灵敏度的相对关系。每一种材料都有特定的光谱响应波段并且可以运用到不同领域。图 3-7 和图 3-8 分别给出了可见光区和红外区灵敏度的几种光敏电阻的光谱特性曲线。从图中看出,硫化镉的光谱响应很接近人眼的视觉响应,峰值在可见光区域,峰值波长为 515～600nm,接近 555nm,可用于与人眼有关的仪器,如照相机、照度计、光度计等,加滤光片进行修正;而硫化铅的光谱响应范围为 0.4～2.8μm,峰值在红外区域,常用于火点探测与火灾预警系统。因此,在选用光敏电阻时应当把元件和光源的种类结合起来考虑,才能获得满意的结果。目前研制的一种 GaN 紫外光电导探测器,其光谱响应范围为 200～365nm,覆盖了地球上大气臭氧层吸收光谱区(230～280nm),非常适合于作为太阳盲区紫外光探测器,如火焰燃烧监视器、火箭羽烟探测器等。

常用的光敏电阻组合起来后可以覆盖从紫外、可见光、近红外、中红外延伸至极远红外波段的光谱响应范围。

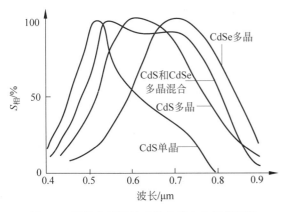

图 3-7 可见光区灵敏度的几种光电导探测器
的光谱特性曲线

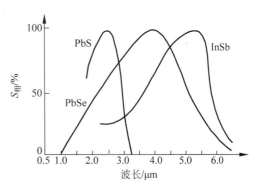

图 3-8 红外区灵敏的几种光电导探测器的
光谱特性曲线

3.2.6 伏安特性

光敏电阻的本质是电阻,符合欧姆定律,因此它具有与普通电阻相似的伏安特性(Voltage-Current Characteristic),但是它的电阻值是随入射光照度而变化的。把不同光照下,加在光敏电阻两端的电压 V 与流过它的电流 I_p 的关系曲线,称为光敏电阻的伏安特性。如图 3-9 所示为典型 CdS 光敏电阻的伏安特性曲线。图中的虚线为允许功耗线或额定功耗线。使用光敏电阻时,应不使电阻的实际功耗超过额定值。在设计光敏电阻变换电路时,应使光敏电阻的工作电压或电流控制在额定功耗线内。从图上来说,就是不

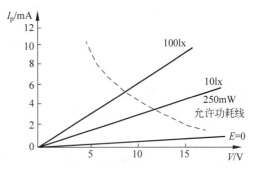

图 3-9 典型 CdS 光敏电阻的伏安特性曲线

能使静态工作点居于虚线以内的区域。按这一要求在设计负载电阻时,应不使负载线与额定功耗线相交。

3.2.7 噪声特性

光敏电阻的主要噪声有热噪声、产生-复合噪声和低频噪声(或称 $1/f$ 噪声)。总的均方噪声电流或噪声功率为

$$\overline{i_n^2} = \overline{i_{nj}^2} + \overline{i_{ngr}^2} + \overline{i_{nf}^2} = \frac{4kT\Delta f}{R} + 4eMI\Delta f + \frac{cI^a\Delta f}{f^\beta} \tag{3-11}$$

式中,I 为暗电流 I_d、信号光电流 I_p 和背景光电流 I_b 之和;对于工作于低温的光电导探测器,式中的 I 为信号光电流 I_p 和背景光电流 I_b 之和。

对于不同的器件,三种噪声的影响不同:在几百赫兹以内以电流噪声为主;随着频率的升高,产生-复合噪声变得显著;频率很高时,以热噪声为主。光敏电阻的噪声与调制频率的关系如图 3-10 所示。

在红外探测中,为了减小噪声,一般采用光调制技术且将频率取得高一些,一般在 $800\sim1000\,\mathrm{Hz}$ 时可以消除 $1/f$ 噪声和产生-复合噪声的影响。还可采用制冷装置降低器件的温度,这不仅减小热噪声,而且也可降低产生-复合噪声,提高比探测率。此外,还可设计合理的偏置电路,选择最佳偏置电流,使探测器运用在最佳状态。

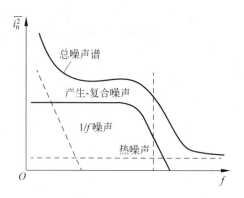

图 3-10   光电导探测器合成噪声频谱图

3.3
微课视频

3.3   典型光敏电阻

光敏电阻有多种类型,其性能和要求的工作环境有很大差异,主要是因所用的材料不同造成的。常用的光电导材料的特性参数如表 3-1 所示。

表 3-1   常用光电导材料的特性参数

光电导器件材料	禁带宽度/eV	光谱响应范围/nm	峰值波长/nm	光电导器件材料	禁带宽度/eV	光谱响应范围/nm	峰值波长/nm
硫化镉(CdS)	2.45	400～800	515～550	硅(Si)	1.12	450～1100	850
硒化镉(CdSe)	1.74	680～750	720～730	锗(Ge)	0.66	550～1800	1540
硫化铅(PbS)	0.4	500～3000	2000	锑化铟(InSb)	0.16	600～7000	5500
碲化铅(PbTe)	0.31	600～4500	2200	砷化铟(InAs)	0.33	1000～4000	3500
硒化铅(PbSe)	0.25	700～5800	4000				

光敏电阻的型号命名分为三个部分,第一部分用字母表示主称,第二部分用数字表示用途或特征,第三部分用数字表示产品序号。各部分的含义如表 3-2 所示。

表 3-2   光敏电阻型号的含义

第一部分:主称		第二部分:用途或特征		第三部分:序号	例 子
字母	含义	含义	数字		GM5516(可见光敏电阻器)
GM	光敏电阻	特殊	0	用数字表示序号,以区别该电阻器的外形尺寸及性能指标	其中,M 表示敏感电阻器;G 表示光敏电阻器;5 表示可见光;516 表示序号
		紫外光	1 2 3		
		可见光	4 5 6		
		红外光	7 8 9		

3.3.1   本征光敏电阻

按照工作机理分类,光敏电阻可以分为本征型和杂质型(非本征型)两种类型。通常,属于本征型的有硫化镉(CdS)、碲镉汞($\mathrm{Hg}_{1-x}\mathrm{Cd}_x\mathrm{Te}$)、锑化铟(InSb)和硫化铅(PbS)光电导探测器等。

本征型光敏电阻入射光子的能量大于或等于半导体的禁带宽度时能激发电子-空穴对,它的截止波长为

$$\lambda_0 = \frac{hc}{E_g} = \frac{1.24}{E_g} \mu m \qquad (3\text{-}12)$$

目前,本征光敏电阻的长波限可达 $10\sim14\mu m$。本征光敏电阻一般在室温下工作,适用于可见光和近红外辐射探测。

1. 硫化镉(CdS)光敏电阻

CdS 光敏电阻是最常见的光敏电阻,它体积小,可靠性好,而且它的光谱响应特性最接近人眼光谱光视效率,它在可见光波段范围内的灵敏度最高,因此,被广泛地应用于光电和光线控制,以及照相机的自动测光、光控音乐、工业控制和电子玩具等。CdS 光敏电阻常采用蒸发、烧结或黏结的方法制备,在制备过程中把 CdS 和 CdSe 按一定的比例制配成 Cd(S,Se)光敏电阻材料;或者在 CdS 中掺入微量杂质铜(Cu)和氯(Cl),使它既具有本征光电导器件的响应特性,又具有杂质光电导器件的响应特性,可使 CdS 光敏电阻的光谱响应向红外谱区延长,峰值响应波长也变长。

CdS 光敏电阻的峰值响应波长为 $0.52\mu m$,CdSe 光敏电阻的为 $0.72\mu m$,一般调整 S 和 Se 的比例,可使 Cd(S,Se)光敏电阻的峰值响应波长大致控制在 $0.52\sim0.72\mu m$。

目前,光敏电阻分为环氧树脂封装和金属封装两款,同属于导线型(DIP 型),环氧树脂封装按陶瓷基板直径分为 $\phi3mm$、$\phi4mm$、$\phi5mm$、$\phi7mm$、$\phi11mm$、$\phi12mm$、$\phi20mm$、$\phi25mm$。表 3-3 所示为 $\phi5$ 系列 CdS 光敏电阻的特性参数。

表 3-3 CdS 光敏电阻 $\phi5$ 系列的特性参数

型 号	光谱响应范围 /μm	峰值波长 /μm	允许功耗 /mW	最高工作电压 /V	响应时间		光电特性	
					t_r/ms	t_f/ms	暗电阻值 /MΩ	亮电阻值 /kΩ
GM5516	0.4~0.8	0.54	90	150	30	30	0.5	5~10
GM5528	0.4~0.8	0.54	100	150	20	30	0.6	10~20
GM5537-1	0.4~0.8	0.54	100	150	20	30	0.6	20~30
GM5537-2	0.4~0.8	0.54	100	150	20	30	0.7	30~50
GM5539	0.4~0.8	0.54	100	150	20	30	0.8	50~100
GM5549	0.4~0.8	0.54	100	150	20	30	0.9	100~200

CdS 的禁带宽度高达 $2.4eV$,故可以在 $-20℃\sim70℃$ 工作,当温度上升,光灵敏度减少,在低照度时特别明显。

以前大多使用 CdS 光敏电阻,由于有害物质 Cd(镉)严重超标,使得出口产品因镉超标不断被出口国通报或召回,且由于 CdS 的一致性较差,给生产和使用带来不便。环保光敏电阻应运而生,环保光敏电阻又叫作环境光探测器,是适用于欧盟 RoHS[①] 指令的光敏电阻。它可以在不改变原电路的情况下,直接替代 CdS 光敏电阻,同时具有很好的抗红外功能,可适用于太阳能灯、小夜灯等节能设备。

---

① RoHS:RoHS 是 Restriction of Hazardous Substances 的英文缩写,是一种标准,全称为"关于限制在电子电器设备中使用某些有害成分的指令"。RoHS 一共列出 6 种有害物质,包括铅 Pb、镉 Cd、汞 Hg、六价铬 Cr^{6+}、多溴二苯醚 PBDE、多溴联苯 PBB。

2. 硫化铅(PbS)光敏电阻

PbS 光敏电阻是近红外波段最灵敏的光电导器件。PbS 光敏电阻常用真空蒸发或化学沉积的方法制备,光电导材料是厚度为微米数量级的多晶薄膜或单晶硅薄膜。由于 PbS 光敏电阻在 $2\mu m$ 附近的红外辐射的探测灵敏度很高,因此,常用于红外测温、红外跟踪、红外制导、红外预警、红外天文观察等领域。

PbS 光敏电阻的光谱响应和比探测率等特性与工作温度有关,随着工作温度的降低其峰值响应波长和长波长将向长波方向延伸,同时比探测率 D^* 增加。例如,室温下的 PbS 光敏电阻光谱响应范围为 $1\sim3.5\mu m$,峰值波长 $2.4\mu m$,峰值比探测率 D^* 高达 $1\times10^{11}\,cm\cdot Hz^{1/2}\cdot W^{-1}$。当温度降低到 195K 时,光谱响应范围为 $1\sim4\mu m$,峰值响应波长移到 $2.8\mu m$,峰值波长的比探测率 D^* 也增加到 $2\times10^{11}\,cm\cdot Hz^{1/2}\cdot W^{-1}$。表 3-4 所示是 Judson 公司的 J13 系列的部分 PbS 光敏电阻的特性参数。

表 3-4 J13 系列的部分 PbS 光敏电阻的特性参数

类型	序号	工作面积 $/mm^2$	峰值波长 $\lambda_p/\mu m$	$D^*(\lambda_p,750,1)$ $/(cm\cdot Hz^{1/2}\cdot W^{-1})$	黑体 D^* $(500K,750,1)$ $(min)/(cm\cdot Hz^{1/2}\cdot W^{-1})$	灵敏度@ $\lambda_p(min)$ $/(V\cdot W^{-1})$	电阻 $/M\Omega$	时间常数 $/\mu s$	工作温度 $/K$
PS3-0-01	1100012	1×1				3×10^5			
PS3-0-02	1100020	2×2	2.5	7.7×10^{10}	7.7×10^8	1.5×10^5	$0.5\sim2.5$	$150\sim350$	298
PS3-0-03	1100025	3×3				1×10^5			

J13 系列 PbS 光敏电阻的光谱响应范围为 $1\sim3.5\mu m$,峰值响应波长取决于操作温度。

3. 锑化铟(InSb)光敏电阻

InSb 光敏电阻是 $3\sim5\mu m$ 光谱范围内的主要探测器件之一。InSb 光敏电阻由单晶材料制备,制造工艺比较成熟,经过切片、磨片、抛光后的单晶材料,再采用腐蚀的方法减薄到所需要的厚度,便于制成单晶 InSb 光敏电阻。光敏面的尺寸为 $0.5mm\times0.5mm\sim8mm\times8mm$。大光敏面的器件由于不能做得很薄,其探测率较低。InSb 材料不仅适用于制造单元探测器件,也适宜制造阵列红外探测器件。

InSb 光敏电阻在室温下的长波长可达 $7.5\mu m$,峰值波长在 $6\mu m$ 附近,比探测率 D^* 约为 $1\times10^{11}\,cm\cdot Hz^{1/2}\cdot W^{-1}$。当温度降低到 77K(液氮)时,其长波长由 $7.5\mu m$ 缩短到 $5.5\mu m$,峰值波长也将移至 $5\mu m$,恰为大气的窗口范围,峰值比探测率 D^* 升高到 $2\times10^{11}\,cm\cdot Hz^{1/2}\cdot W^{-1}$。表 3-5 所示是 InSb 在不同温度下的性能。

表 3-5 InSb 在不同温度下的性能

参数 温度/K	光谱范围 $/\mu m$	峰值波长 $/\mu m$	响应时间 $/\mu s$	灵敏度 $/(V\cdot W^{-1})$	比探测率 $D^*/(cm\cdot Hz^{1/2}\cdot W^{-1})$	暗阻 $/(\Omega\cdot方^{-1})$[①]
300	$1\sim7.5$	6	$10\sim15$	10000	$1\times10^{10}\sim1\times10^{11}$	5000
77	$1\sim5.6$	5.3	0.04	1	$2\times10^8\sim1\times10^9$	$30\sim130$

---

① 面电阻的单位,即 $\Omega\cdot m^{-2}$;面电阻表示单位膜面积的电阻。

4. 碲镉汞(HgCdTe)光敏电阻

$Hg_{1-x}Cd_xTe$ 系列光敏电阻件是目前所有红外探测器中性能最优良最有前途的探测器件,尤其是对于 $4\sim8\mu m$ 大气窗口波段辐射的探测更为重要。常用于激光雷达、激光测距、光电制导和光通信等领域。

$Hg_{1-x}Cd_xTe$ 系列光敏电阻是由 HgTe 和 CdTe 两种材料的晶体混合制造的,其中 x 表示 Cd 元素含量的组分。在制造混合晶体时选用不同 Cd 的组分 x,可以得到不同的禁带宽度 E_g,便可以制造出不同波长响应范围的 $Hg_{1-x}Cd_xTe$ 探测器件。

一般 x 是 Cd 含量组分,变化范围为 $0.18\sim0.4$,长波限为 $3\sim30\mu m$。其中当 $x=0.2$ 时,光谱响应的范围为 $8\sim14\mu m$;当 $x=0.28$ 时,光谱响应的范围为 $3\sim5\mu m$;当 $x=0.39$ 时,光谱响应的范围为 $1\sim3\mu m$。表 3-6 所示是碲镉汞探测器的主要参数。

表 3-6　碲镉汞探测器的主要参数

波段	类型	比探测率 /$(cm \cdot Hz^{1/2} \cdot W^{-1})$	响应时间	暗电阻	灵敏度 /$(V \cdot W^{-1})$	量子效率 /%	工作温度/K
$3\sim5(\mu m)$ $x=0.25\sim0.4$	PC	$D^*_{\lambda p}=1\times10^9$ $\lambda_p=5\mu m,300K$	400ns	$<10\Omega$	30	>40	77、200、300
$8\sim14(\mu m)$ $x=0.2$	PC	$D^*_{\lambda p}=2\times10^{10}$ $\lambda_p=10\mu m$	$1\mu s$	$20\sim400\Omega/$方	10 000	>70	77

Judson 公司的 J15 系列探测器是 HgCdTe 光敏电阻。例如,J15D 系列探测器是工作波长限为 $2\sim26\mu m$ 的 HgCdTe 光敏电阻,峰值波长取决于合金的比例。所有的 J15D 系列探测器适用于低温操作,工作温度为 77K。J15TE 系列短波探测器主要用于工业和军事应用,当无液态氮冷却时,在 $2\sim5\mu m$ 波长段敏感性好。J15TE 系列长波探测器主要针对 $10.6\mu m$ 的 CO_2 激光探测器和红外光谱。

人物介绍

褚君浩(1945 年 3 月 20 日—),红外物理学家,中国科学院院士。长期从事红外光电子材料和器件的研究,开展了用于红外探测器的窄禁带半导体碲镉汞(HgCdTe)和铁电薄膜的材料物理和器件研究,提出了 HgCdTe 的禁带宽度关系式,国际上称为 CXT 公式,被认为与实验结果最符合。他发现 HgCdTe 的基本光电跃迁特性,确定了材料器件的光电判别依据,开展铁电薄膜材料物理和非制冷红外探测器研究,研制成功 PZT 和 BST 铁电薄膜非制冷红外探测器并实现了热成像。

褚君浩

---

5. 碲锡铅(PbSnTe)光敏电阻

$Pb_{1-x}Sn_xTe$ 系列光敏电阻是由 PbTe 和 SnTe 两种材料的混合晶体制备的,其中 x 是 Sn 的组分含量。同样,光敏电阻中的 Sn 的组分含量不同,它的禁带宽度也不同,随着组分的改变,它的峰值波长及长波限也随之改变,但它的禁带宽度变化范围不大,因此只能制造出波长限大于 $2.5\mu m$ 的探测器。这类探测器目前能工作在 $8\sim10\mu m$ 波段,由于探测率较低,应用不广泛。

$Pb_{1-x}Sn_xTe$ 系列器件中最常用的是 $Pb_{0.83}Sn_{0.17}Te$ 探测器,它在 77K 条件下工作时峰值波长与 CO_2 激光波长 $10.6\mu m$ 非常吻合,长波限为 $11\mu m$,D^* 约为 $6.6\times10^8 cm \cdot Hz^{1/2} \cdot W^{-1}$,响应时间约为 $10^{-8}s$;当冷却到 4.2K 时,D^* 值可提高两个数量级约为 $1.7\times10^{10} cm \cdot Hz^{1/2} \cdot W^{-1}$,长波限延伸至 $15\mu m$。

3.3.2 杂质型光敏电阻

通常属于杂质型的有锗掺汞(Ge:Hg)、锗掺铜(Ge:Cu)、锗掺锌(Ge:Zn)和硅掺砷(Si:As)光敏电阻等。杂质型光敏电阻入射光子的能量大于或等于杂质电离能时就能激发电子-空穴对,它的截止波长为

$$\lambda_0 = \frac{hc}{\Delta E} = \frac{1.24}{\Delta E}\mu m \tag{3-13}$$

式中,ΔE 为 ΔE_d(对于 N 型半导体)或 ΔE_a(对于 P 型半导体)。

同种半导体材料的杂质电离能 ΔE_d 或 ΔE_a 比本征半导体的电离能 E_g 小得多,所以它的长波限比本征光敏电阻的长波限长得多。目前,杂质光敏电阻的长波限可达 $130\mu m$。测量长波长光时都采用非本征光敏电阻。但在非本征探测器中,杂质原子的浓度远比基质原子的浓度低得多。在常温下杂质原子束缚的电子或空穴已被热激发成自由态作为暗电导率的贡献量。这时,长波光照在它上面已无束缚电子或束缚空穴供光激发用,即光电导 $\Delta\sigma$ 为零或很微弱。为使杂质光敏电阻正常工作,必须降低它的使用温度,使热激发载流子浓度减小,这样才能增加光激发载流子浓度,以提高相对电导率 $\Delta\sigma/\sigma_d$。例如,Ge:Hg 杂质光敏电阻工作时必须采用装有液氮的杜瓦瓶将其冷却到 77K 以下,而 Ge:Cu 光敏电阻则需冷却到液氦温度 4.2K 左右。这给使用带来极大的不便,也是远红外波段探测的困难所在。

杂质光敏电阻通常必须在低温下工作,常用于中远红外辐射探测。表 3-7 所示为锗掺杂探测器的特性。

表 3-7 锗掺杂光敏电阻特性

材料	典型工作温度/K	响应光谱范围/μm	峰值波长/μm	吸收系数/cm	量子效率	时间常数/s	典型暗电阻/Ω	低频时的探测率/W⁻¹
Ge:Au	77	3~9	6	≈2	0.2~0.3	3×10^{-3}	4×10^5	$3\times10^9 \sim 10^9$
Ge:Au(Sb)	77	3~9	6			1.6×10^{-9}	10^5	6×10^9
Ge:Hg	77	6~14	10.5	≈4	0.62	10^{-7}	1.2×10^5	5×10^5
Ge:Hg(Sb)	4.2	6~14	11			$2\times10^{-9} \sim$ 3×10^{-10}	5×10^5	1.8×10^5
Ge:Cd	4.2	11~20	16			10^{-7}	10^5	4×10^{10}
Si:Sb	4.2	11~23	21			10^{-7}	7×10^5	2×10^{10}
Ge:Cu	4.2	12~27	23	≈4	0.2~0.6	$10^{-8} \sim$ 2×10^{-9}	2×10^4	$(2\sim4)\times10^{10}$
Ge:Cu(Se)	4.2	12~27	23		0.56	$<2.2\times10^{-9}$	2×10^5	2×10^{10}
Ge:Zn	4.2	20~40	35			2×10^{-8}	2.5×10^5	5×10^{10}
Ge:B	2	70~130	104			$10^{-7} \sim 10^{-8}$		7×10^{10}

3.4 光敏电阻的偏置电路

光敏电阻的阻值或电导随入射辐射量的变化而改变,因此,可以用光敏电阻将光学信息变为电学信息。但是,电阻(或电导)值的变化信息不能直接被人们所接受,需将电阻(或电导)值的变化转变为电流或电压信号输出,完成这个转换工作的电路称为光敏电阻的偏置电路或变换电路。

3.4.1 光敏电阻的微变等效电路

图 3-11 所示为光敏电阻基本偏置电路。其微变等效电路(Micro-variation Equivalent Circuit)如图 3-12 所示。R_P、C_P 分别为光敏电阻的等效内阻和等效电容。光敏电阻受光照射时亮电阻比无光照射时的暗电阻小得多,R_P 实际就是亮电阻值。

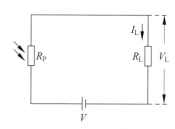

图 3-11 基本偏置电路

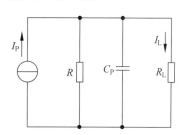

图 3-12 光敏电阻微变等效电路

3.4.2 基本偏置电路

如图 3-11 所示的基本偏置电路中,设在某照度 E_V 下,光敏电阻的阻值为 R,电导为 g,则流过偏置电阻 R_L 的电流为

$$I_L = \frac{V}{R + R_L} \tag{3-14}$$

用微变量表示,上式变为

$$dI_L = -\frac{V}{(R + R_L)^2} dR$$

而 $dR = d(1/g) = (-1/g^2) dg$,$dg = S_g dE_V$,因此偏置电阻 R_L 两端的电流变化量为

$$dI_L = \frac{VR^2 S_g}{(R + R_L)^2} dE_V \tag{3-15}$$

偏置电阻 R_L 两端的输出电压的变化量为

$$dV_L = dI_L \cdot R_L = \frac{VR^2 R_L S_g}{(R + R_L)^2} dE_V \tag{3-16}$$

可以看出,当电路参数确定后,输出电压信号的变化量与弱辐射入射照度 dE_V 呈线性关系。

3.4.3 恒流偏置电路

通常,当 $R_L \gg R$ 时,流过光敏电阻的电流基本不变,此时的偏置电路称为恒流电路。然

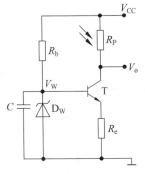

图 3-13　恒流偏置电路

而,光敏电阻自身的阻值已经很高,在满足恒流偏置的条件下,就难以满足电路输出阻抗的要求,为此,可引入图 3-13 所示的晶体管恒流偏置电路。该电路负载电流与光敏电阻无关,近似保持常数。而且该电路的输出信号电流取决于光敏电阻和负载电阻的比值,与偏置电压成正比;电压信噪比较高,适用于微弱光信号的探测。

稳压管 D_W 用于稳定晶体三极管的基本电压,即 $V_b = V_W$,流过晶体三极管发射极的电流 I_e 为

$$I_e = \frac{V_W - V_{be}}{R_e} \tag{3-17}$$

式中: V_W——稳压二极管的稳压值;

　　　V_{be}——三极管发射结电压,在三极管处于放大状态时基本为恒定值;

　　　R_e——发射极固定电阻。

因此,发射极的电流 I_e 为恒定电流。三极管在放大状态下集电极电流与发射集电流近似相等,所以流过光敏电阻的电流为恒流。

在晶体管恒流偏置电路中,输出电压为

$$V_o = V_{CC} - I_c R \tag{3-18}$$

对上式求微分有

$$dV_o = -I_c dR \tag{3-19}$$

将 $dR = -S_g R^2 dE_V$ 代入上式,可以得到

$$dV_o = \frac{V_W - V_{be}}{R_e} R^2 S_g dE_V \tag{3-20}$$

或

$$u_o \approx \frac{V_W}{R_e} R^2 S_g e_V \tag{3-21}$$

显然,恒流偏置电路中光敏电阻的电压灵敏度 S_V 为

$$S_V = \frac{dV_o}{dE_V} = \frac{V_W}{R_e} R^2 S_g \tag{3-22}$$

3.4.4　恒压偏置电路

恒压偏置电路是指当 $R_L \ll R$ 时,加在光敏电阻上的电压近似不变,不随入射光通量变化的恒定电压的偏置电路。利用晶体三极管很容易构成光敏电阻的恒压偏置电路。如图 3-14 所示为典型的光敏电阻恒压偏置电路。

光敏电阻在恒压偏置电路的情况下输出的电流 I_p 与处于放大状态的三极管发射极电流 I_e 近似相等。因此,恒压偏置电路的输出电压为

$$V_o = V - I_c R_c \tag{3-23}$$

取微分,则得到输出电压的变化量为

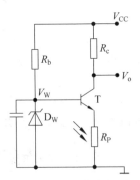

图 3-14　恒压偏置电路

$$dV_o = -dI_c R_c \approx -R_c dI_e \approx R_c S_g V_w dE_V \tag{3-24}$$

上式说明恒压偏置电路的输出信号电压与光敏电阻的阻值 R 无关,仅取决于电导的相对变化。这一特性在采用光敏电阻的测量仪器中特别重要,在更换光敏电阻时只要使光敏电阻的光电导灵敏度 S_g 保持不变,即可以保持输出信号电压不变。

3.4.5　恒功率偏置电路

在基本偏置电路中,若负载电阻和光敏电阻值相等,则光敏电阻消耗的功率为

$$P = I^2 R = \left(\frac{V^2}{R_L + R}\right)^2 R = \frac{V^2}{4R_L} \tag{3-25}$$

式中,P 为恒定值,故称为恒功率偏置电路。这种电路的特点是负载可获得最大的功率输出。但是,当入射光通量 Φ_1 和 Φ_2 相差几个数量级时,相应的 R_{P1} 和 R_{P2} 亦相差很大,如仍要保持阻抗匹配是困难的。经分析,在 $R_L = (R_{P1} R_{P2})^{1/2}$ 时可以得到最大的 ΔV_L。

例题 1　在图 3-13 所示的恒流偏置电路中,已知电源电压为 12V,R_b 为 820Ω,R_e 为 3.3kΩ,三极管的放大倍率不小于 80,稳压二极管的输出电压为 4V,光照度为 20lx 时输出电压为 5V,80lx 时为 9V。(设光敏电阻在 20～100lx 的 γ 值不变)。

试求:输出电压为 7V 的照度为多少?

解　根据已知条件,流过稳压管 D_w 的电流为

$$I_w = \frac{V_{CC} - V_w}{R_b} = \frac{8V}{820\Omega} \approx 9.8\text{mA}$$

满足稳压二极管的工作条件。

当 $V_w = 4V$ 时,流过三极管发射极电阻的电流为

$$I_e = \frac{V_w - V_{be}}{R_e} = 1\text{mA}$$

以上所得为恒流偏置电路的基本工作情况。

根据题目给的条件,可得到不同光照下光敏电阻的阻值

$$R_{P1} = \frac{V_{CC} - 5V}{I_e} = 7\text{k}\Omega, \quad R_{P2} = \frac{V_{CC} - 9V}{I_e} = 3\text{k}\Omega$$

将 R_{P1} 与 R_{P2} 值代入 γ 值计算公式,得到光照度在 20～80lx 的 γ 值为

$$\gamma = \frac{\lg 7 - \lg 3}{\lg 80 - \lg 20} = 0.61$$

输出为 7V 时光敏电阻的阻值应为

$$R_{P3} = \frac{V_{CC} - 7V}{I_e} = 5\text{k}\Omega$$

此时的光照度可由 γ 值计算公式获得,即

$$\gamma = \frac{\lg 7 - \lg 5}{\lg E_3 - \lg 20} = 0.61$$

$$\lg E_3 = \frac{\lg 7 - \lg 5}{0.61} + \lg 20 = 1.54$$

可得

$$E_3 = 34.67\text{lx}$$

例题 2　在图 3-14 所示的恒压偏置电路中,已知 D_w 为 2CW12 型稳压二极管,其稳定

电压值为 6V,设 $R_b=1k\Omega$,$R_c=510\Omega$,三极管的电流放大倍率不小于 80,电源电压 $V_{cc}=$ 12V,当 CdS 光敏电阻光敏面上的照度为 196lx 时恒压偏置电路的输出电压为 9V,照度为 300lx 时输出电压为 8V,试计算输出电压为 10V 时的照度(设光敏电阻在 100～500lx 的 γ 值不变)为多少? 照度到 500lx 时的输出电压为多少?

解 分析电路可知,流过稳压二极管的电流满足 2CW12 的稳定工作条件,三极管的基极被稳定在 6V。

设光照度为 196lx 时的输出电流为 I_1,光敏电阻的阻值为 R_1,则

$$I_1=\frac{V_{cc}-9}{R_c}=5.88\text{mA},\quad R_1=\frac{V_w-0.7}{I_1}=0.9k\Omega$$

同样,照度为 300lx 时流过光敏电阻的电流 I_2 与电阻 R_2 为

$$I_2=\frac{V_{cc}-8}{R_c}=7.8\text{mA}\quad R_2=\frac{V_w-0.7}{I_2}=0.68k\Omega$$

由于光敏电阻在 100～500lx 间的 γ 值不变,因此该光敏电阻的 γ 值应为

$$\gamma=\frac{\lg R_1-\lg R_2}{\lg E_2-\lg E_1}=0.66$$

当输出电压为 10V 时,设流过光敏电阻的电流为 I_3,阻值为 R_3,则

$$I_3=\frac{V_{cc}-10}{R_c}=3.92\text{mA},\quad R_3=\frac{V_w-0.7}{I_3}=1.352k\Omega$$

代入 γ 值的计算公式便可以计算出输出电压为 10V 时的入射照度 E_3,即

$$\gamma=\frac{\lg R_3-\lg R_2}{\lg E_2-\lg E_3}=0.66,\quad \lg E_3=\lg E_2-\frac{\lg R_3-\lg R_2}{0.66}=2.025,\quad E_3=106\text{lx}$$

当然,由 γ 值的计算公式可以得到照度为 500lx 时,有

$$\lg R_4=\lg R_1-(\lg E_4-\lg E_1)\times 0.66=2.6858,\quad R_4=485\Omega$$

$$I_4=\frac{V_w-0.7}{R_4}=10.9\text{mA},\quad V_4=V_{cc}-I_4R_c=6.4\text{V}$$

即在 500lx 的照度下恒压偏置电路的输出电压为 6.4V。

3.5
微课视频

3.5 光电导探测器的应用

光敏电阻可以用在各种自动控制装置和光检测设备中,如生产线上的自动送料、自动门装置、航标灯、路灯、应急自动照明、自动给水停水装置、生产安全装置、烟雾火灾报警装置、照相机的自动调节、电子计算机的输入设备,以及医疗光电脉搏计、心电图等方面。此外,它还广泛应用于电子乐器及家用电器中。

3.5.1 声光自动控制电路

图 3-15 所示为光敏电阻的声光自动控制电路。该电路能够实现在光线较弱有声音时 LED 灯自动亮的功能。白天或光线较强时,光敏电阻阻值较小,两端分压较小,则与非门的 2 脚为低电平。无论有无声音,3 脚始终输出高电平。对于 555 构成的单稳态触发器来说,输入端 2 脚 V_{TRIG} 为高电平,无触发信号,输出端 3 脚 V_{OUT} 保持低电平。此时,三极管 T_2 截止,LED 灯不亮。

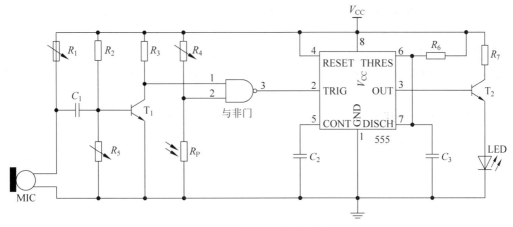

图 3-15 动态效果

图 3-15 声光自动控制电路

晚上或光线较弱时,光敏电阻阻值较大,两端分压较大,则与非门的 2 脚为高电平。此时若有声音信号,MIC 的阻值随着声波的振动而改变。经过 R_1 分压后转变为带有直流分量的交流信号。交流信号经 C_1 耦合后去除直流成分,交流负信号成分使三极管开关电路截止,集电极输出高电平,则与非门的 1 脚为高电平。由与非逻辑可知,3 脚输出由高电平向低电平跳变,产生的下降沿触发后续的单稳态触发器,电路进入暂稳态。555 构成的单稳态触发器 2 脚 V_{TRIG} 接收到下降沿后,3 脚 V_{OUT} 输出固定脉宽的方波,高电平使三极管 T_2 导通,LED 灯发光。发光时间由方波脉宽控制,$\tau = 1.1(C_3 R_6)$。此后一段时间若无声音被 MIC 接收,与非门的 3 脚恢复为高电平,则触发器 3 脚 V_{OUT} 输出低电平,三极管 T_2 截止,LED 灯熄灭。下次再有声音触发时如此循环往复。

3.5.2 照明灯自动控制电路

图 3-16 所示是利用光敏电阻控制的照明灯自动控制电路。该电路由两部分组成:电阻 R、电容 C 和二极管 D 组成半波整流电路;CdS 光敏电阻和限流电阻 R 以及继电器绕组构成的测光与控制电路。照明灯接在继电器常闭触点上,由光控继电器控制灯的点燃和熄

灭。晚上光线很暗,CdS 光敏电阻阻值很大,流过继电器的电流很小,使继电器不动作,照明灯接通电源点亮。早上,天渐渐变亮,即照度逐渐增大,CdS 光敏电阻受光照后,阻值变小,流过继电器的电流逐渐增大,当照度达到一定值时,流过继电器的电流足以使继电器动作,使其闭合,常闭触点断开,照明灯熄灭。

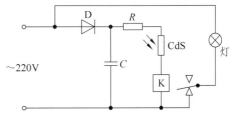

图 3-16 照明灯自动控制电路

3.5.3 火焰报警电路

图 3-17 所示为采用光敏电阻为探测元件的火焰探测报警器电路图。PbS 光敏电阻的暗电阻的阻值为 1MΩ,亮电阻的阻值为 0.2MΩ(辐照度 $1mW/cm^2$ 下测试),峰值响应波长为 $2.2\mu m$,恰为火焰的峰值辐射光谱。由 V、电阻 R_1 和 R_2、稳压二极管 D_W 和 T_1 构成对光敏电阻 R_3 的恒压偏置电路。恒压偏置电路具有更换光敏电阻方便的特点,只要保证光电

导灵敏度 S_g 不变,输出电路的电压灵敏度就不会因为更换光敏电阻的阻值而改变,从而使前置放大器的输出信号稳定。当被探测物体的温度高于燃点或被点燃发生火灾时,物体的火焰将发出波长接近于 $2.2\mu m$ 的红外辐射,该红外辐射光将被 PbS 光敏电阻 R_3 接收,使 T_1 前置放大器的输出 A 点信号发生变化,并经电容 C_2 耦合,发送给由 T_2、T_3 组成的高输入阻抗放大器放大。火焰引起的变化信号被放大后发送给中心站放大器,并由中心站放大器发出火灾报警信号或执行灭火动作(如喷淋出水或灭火泡沫)。

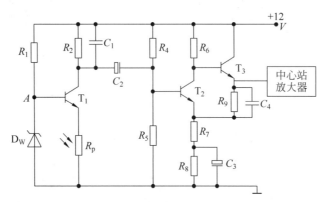

图 3-17　火焰探测报警器电路图

3.5.4　照相机自动曝光控制电路

图 3-18 所示为利用光敏电阻构成的照相机自动曝光控制与光路控制电路,其中照相机自动曝光控制电路也称为照相机电子快门。电子快门的测光器件常采用与人眼光谱响应接近的硫化镉(CdS)光敏电阻。照相机曝光控制电路是由充电电路(光敏电阻 R、开关和电容 C 构成)、时间检出电路(电压比较器)、驱动放大电路(三极管 T 构成)和电磁铁 M 带动的开门叶片(执行单元)等组成。景物经光学镜头成像,经过后帘、前帘后到图像传感器 CCD/CMOS 采集,其中电磁铁吸引后帘向左运动,快门开关控制前帘向右运动。

图 3-18
动态效果

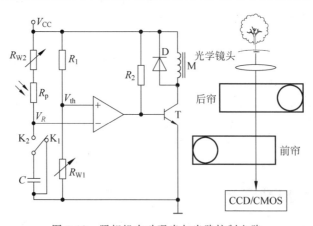

图 3-18　照相机自动曝光与光路控制电路

在初始状态,开关 K 处于图 3-18 所示的位置,即 K_1 闭合,K_2 断开,电压比较器的正输入端的电位为 $V_{th}=V_{CC}R_{w1}/(R_{w1}+R_1)$,而电压比较器的负输入端的电位 V_R 近似为电源

电位 V_{CC}，显然电压比较器负输入端的电位高于正输入端的电位，比较器输出为低电平，三极管截止，电磁铁不吸合，开门叶片闭合。前帘被快门挂钩钩住，通光孔偏离光轴。电磁铁未通电，无磁性，后帘通光孔偏离光轴，光线无法进入相机。

当按动快门的按钮时，即 K_2 闭合，K_1 断开，前帘脱钩，并被弹簧拉到右边，通光口位于光轴上。开关与光敏电阻 R 及 R_{w2} 构成的测光与充电电路接通，这时，电容 C 两端的电压 V_C 为 0，由于电压比较器的负输入端的电位低于正输入端而使其输出为高电平，使三极管 T 导通，电磁铁通电，后帘在电磁铁吸引下往左移动，通光孔位于光轴上，图像进入相机，照相机开始曝光。快门打开的同时，电源 V_{bb} 通过电位器 R_{w2} 与光敏电阻 R 向电容 C 充电，且充电的速度取决于景物图像的光照度，景物照度越高，光敏电阻 R 的阻值越低，充电速度越快。V_R 的变化规律可由电容 C 的充电规律得到，即

$$V_R = V_{CC}[1 - \exp(-t/\tau)] \tag{3-26}$$

式中：τ——电路的时间常数，$\tau = (R_{w2} + R)C$。

光敏电阻的阻值 R 为

$$R = \frac{1}{g} = \frac{1}{S_g E^\gamma} \tag{3-27}$$

当电容 C 两端的电压 V_C 充电到电位 $V_R \geqslant V_{th}$ 时，电压比较器的输出电压将从高变低，三极管 T 截止而使电磁铁断电，无磁性，后帘回到初态，通光孔偏离光轴，光线无法进入相机，曝光结束。前帘在联动装置作用下回到左边，重新被快门挂钩钩住。快门的开启时间 t 可由下式推出

$$t = (R_{w2} + R)C \cdot \ln\left(\frac{V_{CC}}{V_{CC} - V_{th}}\right) = (R_{w2} + R)C \cdot \ln\left(1 + \frac{R_{w1}}{R_1}\right) \tag{3-28}$$

显然，快门开启的时间 t 取决于景物的照度，景物照度越低，快门开启时间越长；反之，快门开启的时间变短，从而实现照相机曝光时间的自动控制。当然，调节电位器 R_{w1} 可以调节阈值电压 V_{th}，调节电位器 R_{w2}，可以适当地修正电容的充电速度，都可以达到适当地调整照相机曝光时间的目的，使照相机曝光时间的控制适应 CCD/CMOS 感光度的要求。

思考题与习题

3.1 光电导内增益与哪些量有关？

3.2 光电导探测器灵敏度与工作偏置电压是否有关？它在实际应用中的重要意义是什么？

3.3 对于同一种型号的光敏电阻来讲，在不同光照度和不同环境温度下，其光电导灵敏度与时间常数是否相同？为什么？当照度相同而温度不同时情况又会如何？

3.4 试说明为什么杂质型光敏电阻需要低温使用。

3.5 总结选用光电导探测器的一般原则。

3.6 设某只 CdS 光敏电阻的最大功耗为 30mW，光电导灵敏度 $S_g = 2 \times 10^{-6}$ S/lx，暗电导为零。试求当 CdS 光敏电阻上的偏置电压为 20V 时的极限照度。

3.7 设光敏电阻 GM20539 在 10lx 的光照下的阻值为 50KΩ，且已知它在 10～100lx 时的 $\gamma = 0.8$。试求该光敏电阻在 90lx 光照下的阻值。

第 3 章
参考答案

3.8 如图 3-19 所示,设光敏电阻的光电导灵敏度为 $S_g = 2 \times 10^{-5} S/lx$,$R_L = 2k\Omega$,$V_{CC} = 30V$。若光敏电阻所受的光照度 $e = 15 + 2\sin\omega t(lx)$,求负载电阻 R_L 输出的交流电压有效值 V_L。

3.9 在如图 3-20 所示的电路中,已知 $R_b = 820\Omega$,$R_e = 3.3k\Omega$,$V_w = 4V$,$V_{CC} = 12V$,光敏电阻为 R_p,当光照度为 40lx 时输出电压为 6V,80lx 时为 9V。设该光敏电阻为 30~100lx 的 γ 值不变。试求:

(1) 输出电压为 8V 时的照度。

(2) 若 R_e 增加到 $6k\Omega$,输出电压仍然为 8V,求此时的照度。

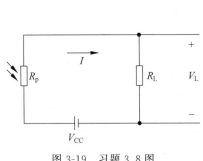

图 3-19 习题 3.8 图

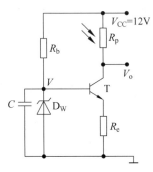

图 3-20 习题 3.9 图

(3) 若光敏面上的照度为 70lx,求 $R_e = 3.3k\Omega$ 与 $R_e = 6k\Omega$ 时输出的电压。

3.10 如图 3-21 所示的电路,耦合电容 C 足够大,在交流回路中其容抗可以忽略不计。光敏电阻 R_p 的参数为 $S_g = 2 \times 10^{-5} S/lx$,$\tau = 10^{-3}s$,$R_1 = 4k\Omega$,$R_2 = 2k\Omega$,$V_{CC} = 50V$,暗电阻 $R_d = 1M\Omega$,若光敏电阻所受的光照度为 $e = 16 + 4\sin\omega t(lx)$。

(1) 画出等效电路图。

(2) 求通过 R_2 电流的有效值。

(3) 求输出电压 V_{out} 的有效值。

(4) 求上限截止频率 f_{HC}。

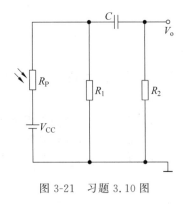

图 3-21 习题 3.10 图

3.11 上网查找光敏电阻的应用实例,并说明原理。

光伏探测器

利用半导体光伏效应制作的器件称为光伏(Photovoltaic,PV)探测器,由于光伏探测器是由对光敏感的结构成的,因此也称结型光电器件。根据所用结的种类不同,可以分 PN 结型、PIN 结型、异质结型和肖特基势垒型等。常用的光伏探测器件有光电池、光敏二极管、光敏晶体管、PIN 光敏二极管、色敏探测器、雪崩光敏二极管、位置敏感传感器、象限探测器等。光伏探测器与光电导探测器相比较,主要区别在于:①产生光电变换的位置不同;②光电导探测器没有极性,工作时必须有外加电压,而光伏器件有确定的极性,不需要外加电压也可以把光信号转换为电信号;③光电导探测器为均质型探测器,均质型探测器的载流子弛豫时间比较长、响应速度慢、频率特性差,而结型探测器响应速度快、频率响应特性好。

光伏探测器广泛应用于光度测量、光电开关预警、光电检测、图像获取、光通信和自动控制等方面。本章主要讲解光伏探测器的工作原理、性能特点、偏置电路及典型应用等。

4.1 光电池

光电池(Photoelectric Cell)是一种不需加偏置电压就能把光能直接转换成电能的结型光电器件。

光电池按功用可将其分为两大类:太阳能光电池和测量光电池。构成光电池的材料种类繁多,主要有锗、硅(单晶硅、多晶硅和非晶硅)、碲化镉(CdTe)、硒化镉、Ⅲ-Ⅴ族和Ⅱ-Ⅵ族的元素等。光电池制造上可以分为基板式(Substrate Type)和薄膜式(Thin-film Type)等。薄膜式和物体有较好的结合性,它具有曲度,有可挠、可折叠等特性。

光电池的发展经历了四个阶段。第一阶段为基板硅晶,种类可分为单晶硅(Monocrystalline Silicon)、多晶硅(Polycrystalline Silicon)、非晶硅(Amorphous Silicon)。第二阶段为薄膜光电池,种类可分为碲化镉、铜铟硒化物、铜铟镓硒化物、砷化镓等。第三阶段是制造过程中导入有机物和纳米颗粒,种类有光化学太阳能电池(Photochemical Solar Cells)、染料光敏化太阳能电池(Dye Sensitized Solar Cells,DSSCs)、钙钛矿太阳能电池(Perovskite Solar Cell,PSC)、高分子太阳能电池、纳米结晶太阳能电池。第四阶段是复合多层薄膜材料,便于对光的吸收。

太阳能光电池主要用作向负载提供电源,对它的要求主要是光电转换效率高、成本低。由于它具有结构简单、体积小、质量轻、可靠性高、寿命长、可在空间直接将太阳能转换成电能等特点,因此,成为航天工业中的重要电源,而且还被广泛地应用于供电困难的场所和一些日用便携电器中。

测量光电池的主要功能是光电探测,即在不加偏置的情况下将光信号转换成电信号,此时对它的要求是线性范围宽、灵敏度高、光谱响应合适、稳定性高、寿命长等。它常被应用在光度、色度、光学精密计量和测试设备中。本节以硅光电池为例讲解光电池工作原理与基本结构、特性参数、典型光电池、偏置电路和应用。

4.1.1 硅光电池的工作原理与基本结构

1. 硅光电池的工作原理

硅光电池的工作原理如图 4-1 所示。当光作用于硅光电池时,受光面 N 区通常很薄,厚度约为微米量级。如果入射光子能量大于硅半导体材料的禁带宽度,光子就会在 PN 结中不同区域被吸收而产生电子-空穴对。如果入射光为短波长,光子主要会在表面 N 型区域被吸收从而产生光电子-空穴对,在 N 区,空穴是少子,光生空穴会使该区域空穴浓度大量增加,从而发生由于浓度不均匀引起的扩散运动,当空穴扩散到耗尽层后,在内建电场的作用下到达 P 区;如果入射光为中波长,光子主要会在耗尽层被吸收从而产生光电子-空穴对,光电子-空穴对会在内建电场的作用下向相反

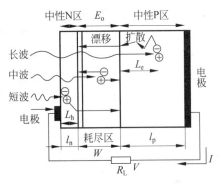

图 4-1 硅光电池的工作原理

的方向运动,空穴到达 P 区,电子到达 N 区;如果入射光为长波长,光子主要会在较深的 P 型区域被吸收从而产生光电子-空穴对,在 P 区,电子是少子,光生电子会使该区域电子浓度大量增加,从而发生电子扩散运动,当电子扩散到耗尽层后,在内建电场的作用下到达 N 区。这样在 N 区域边界就积累了负电荷,P 型区域边界积累正电荷,外接负载电阻 R_L 后,在闭合的电路中将产生如图 4-1 所示的输出电流 I,且在负载电阻 R_L 产生的电压降为 V。

2. 硅光电池的结构和符号

硅光电池按衬底材料(Substrate Material)的不同可分为 2DR 型和 2CR 型。图 4-2(a)所示为 2DR 型硅光电池的结构,它是以 P 型硅为衬底,然后在衬底上扩散磷而形成 N 型层并将其作为受光面。2CR 型硅光电池则是以 N 型硅作为衬底,然后在衬底上扩散硼而形成 P 型层,并将其作为受光面,构成 PN 结,再经过各种工艺处理,分别在衬底和光敏面上制作输出电极,涂上二氧化硅作为保护膜,即成硅光电池。

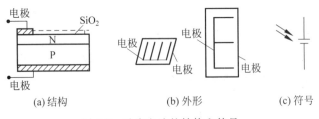

(a)结构   (b)外形   (c)符号

图 4-2 硅光电池的结构和符号

硅光电池受光敏面的输出电极多做成如图 4-2(b)所示的梳齿状或 E 形电极,目的是减小硅光电池的内电阻。另外,在光敏面上涂一层极薄的二氧化硅透明膜,它既可以起到防潮、防尘等保护作用,又可以减小硅光电池的表面对入射光的反射,增加对入射光的吸收。图 4-2(c)所示为光电池的电路符号。

3. 硅光电池的等效电路、短路电流与开路电压

图 4-1 的等效电路(Equivalent Circuit)如图 4-3(a)所示,硅光电池等效于一个电流源和一个普通二极管的并联。普通二极管包括结电流 I_d(扩散电流与漂移电流之差)、结电阻 R_{sh}(也称漏电阻)、结电容 C_j 及串联电阻 R_s。R_{sh} 的阻值很大,约 1MΩ,故流过的电流很小,往往可以忽略。R_s 为引线电阻、接触电阻等之和,为几欧姆,可以忽略。如果作为光能用,结电容可以忽略。这样等效电路就可以简化为图 4-3(b)所示的电路。

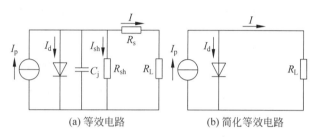

图 4-3
动态效果

(a) 等效电路　　　　　　　　(b) 简化等效电路

图 4-3　硅光电池等效电路

图 4-4 所示为硅光电池接负载电阻 R_L 后的电路图。图 4-4(a)规定逆时针方向为电路的电流正方向,图 4-4(b)表示硅光电池短路时电流,图 4-4(c)表示硅光电池接负载时的回路电流。

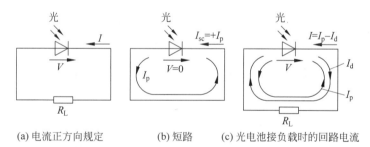

(a) 电流正方向规定　　　(b) 短路　　　(c) 光电池接负载时的回路电流

图 4-4　硅光电池接负载时的电流与电压

回路电流方程可以表示为

$$I = I_p - I_d - I_{sh} = I_p - I_s(e^{\frac{eV}{kT}} - 1) - I_{sh} \tag{4-1}$$

式中: I_p——光电流,可以表示为 $I_p = e\eta\Phi_{e,\lambda}/h\nu$ 或 $I_p = S \cdot E$;

I_d——二极管加电压 V 后的正向导通电流;

I_{sh}——流过漏电阻 R_{sh} 的电流。

通常情况下 $I_{sh} \approx 0$,则回路电流方程可以简化为

$$I = \frac{e\eta\Phi_{e,\lambda}}{h\nu} - I_s(e^{\frac{eV}{kT}} - 1) \tag{4-2}$$

开路时,回路电流为 $I = 0$,由式(4-2)得到开路电压(Open-circuit Voltage)为

$$V_{oc} = \frac{kT}{e}\ln\left(\frac{I_p}{I_s} + 1\right) \tag{4-3}$$

短路时,外电路电压 $V=0$,由式(4-2)得到短路电流(Short-circuit Current)为

$$I_{sc} = I_p = \frac{e\eta\Phi_{e,\lambda}}{h\nu} \tag{4-4}$$

4. 硅光电池的输出功率与转换效率

由欧姆定律可得,PN 结两端的偏置电压为

$$V = IR_L \tag{4-5}$$

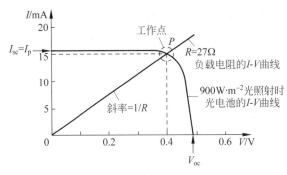

图 4-5 硅光电池的 I-V 特性曲线

当以 I 的方向为电流和电压的正方向时,可以得到如图 4-5 所示的伏安特性曲线。从该曲线可以看出,负载电阻 R_L 所获得的功率为

$$P_L = IV \tag{4-6}$$

将式(4-5)代入式(4-6),得到负载所获得的功率为

$$P_L = I^2 R_L \tag{4-7}$$

由上式可知,功率 P_L 与负载电阻的阻值有关,当 $R_L = 0$(电路为短路)时,$V=0$,输出功率 $P_L=0$;当 $R_L = \infty$(电路为开路)时,$I=0$,输出功率 $P_L=0$;当 $0 < R_L < \infty$ 时,输出功率 $P_L > 0$。显然,存在着最佳负载电阻 R_{Lopt},在最佳负载电阻情况下负载可以获得最大输出功率 P_{max}。通过对式(4-7)求关于 R_L 的一阶导数,令其等于零,可求得最佳负载电阻 R_{Lopt} 的阻值。

当负载电阻为 R_{Lopt},对应的电流为 I_m,电压为 V_m,则最大输出功率(Output Power)为

$$P_m = I_m \cdot V_m \tag{4-8}$$

光电池的转换效率(Transfer Efficiency)为光电池输出的最大功率与入射光功率之比,即

$$\eta = \frac{P_m}{\Phi} \tag{4-9}$$

例题 假设光电池驱动一个 27Ω 的负载电阻。用光照度为 $900\text{W}/\text{m}^2$ 的光照射直径为 5mm 的光电池。图 4-5 给出了光电池的 I-V 特性曲线。求:(1)回路中的电流和电压;(2)输出给负载的功率;(3)光电池的效率。

解 (1)图中直线的斜率为 $1/27$,由图可知,$I'=15\text{mA}$,$V'=0.4\text{V}$。

(2)输出给负载的功率为

$$P_{out} = I'V' = 15 \times 10^{-3} \times 0.4 = 0.006\text{W}$$

(3)输入的太阳光功率为

$$P_{in} = EA = 900\text{W} \cdot \text{m}^{-2} \times (0.005/2\text{m})^2 \times \pi = 0.070\,65\text{W}$$

效率为

$$\eta = \frac{P_{out}}{P_{in}} = \frac{0.006}{0.070\,65} = 8.49\%$$

4.1.2 硅光电池的基本特性参数

1. 光电特性

光电池的光电特性（Optical and Electrical Properties）主要有照度-电流电压特性和照度-负载电阻特性。光电池的照度-电流电压特性是指光电池的短路光电流 I_{sc} 和开路电压 V_{oc} 与入射光照度之间的关系。光电池的短路电流 I_{sc} 与入射光照度成正比，而开路电压 V_{oc} 与入射光照度的对数成正比。如图 4-6 所示为光电池的照度-电流电压特性曲线。对于硅光电池，V_{oc} 一般为 $0.45\sim0.6V$，最大不超过 $0.756V$。实际使用中，常标明特定测试条件下硅光电池的开路电压 V_{oc} 与短路光电流 I_{sc} 参数。光电池的照度-负载电阻特性是指光电池在不同外接负载电阻条件下光电池短路电流与入射光照度之间的关系。在外接负载电阻相对于光电池内阻很小的情况下，可认为光电池是被短路的。而光电池在不同照度下的内阻是不同的，所以，在不同照度时可用不同大小的负载近似满足短路条件。图 4-7 给出了光电池的照度-负载电阻的特性关系：负载电阻越小，光电流和照度的线性关系越好，而且线性范围也越宽。此外，在一定负载电阻的条件下，光照越弱，其线性关系越好。

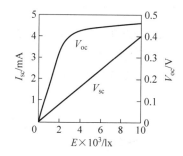

图 4-6 硅光电池的照度-电流电压特性曲线

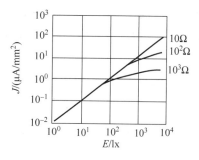

图 4-7 光电池的照度-负载电阻特性关系

2. 光谱特性

光电池对不同波长光的灵敏度是不同的。光电池的光谱响应特性表示在入射光能量保持一定的条件下，光电池所产生的短路电流与入射光波长之间的关系，一般用相对光电灵敏度表示。图 4-8 给出了常见的几种硅光电池的光谱特性（Spectral Properties）曲线。其中，普通 2CR 型硅光电池光谱响应范围为 $0.4\sim1.1\mu m$，峰值波长为 $0.8\sim0.9\mu m$。已研制的 2CR1133-01 型和 2CR1133 型蓝硅光电池光谱响应特性在 $0.48\mu m$ 处的相对灵敏度仍大于 50%，可应用在视见函数或色敏探测器件中。

3. 伏安特性

硅光电池伏安特性（Voltage-Current Characteristic）表示在一定的光照下，硅光电池在连接不同负载电阻时，所输出的电流和电压的关系。伏安特性曲线如图 4-9 所示。

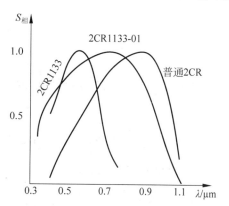

图 4-8 常见的几种硅光电池的
光谱特性曲线

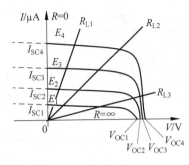

图 4-9　硅光电池的伏安特性曲线

4. 频率特性

　　光电池的响应频率一般不太高。硅光电池的最高截止频率仅为数十千赫兹。其频率响应不高的主要原因是光敏面一般较大,故其极间电容较大,使电路时间常量较大;另外,光电池内阻随着光功率的变化而变化,当功率较小时,相应的内阻较大,频率特性(Frequency Characteristic)较差。此外光电池的工作频率还受负载电阻 R_L 的限制,如图 4-10 所示,当 R_L 较大时,输出电压较大,但响应时间却增大,使频率特性变差。所以在实际使用时,特别是当光电池在入射功率很小的条件下工作时,需折中考虑。

　　为了提高频率响应,光电池可在光电导模式下使用。例如,只要加 $1\sim2\text{V}$ 的反向偏置电压,响应时间就可以从微秒下降到几百纳秒。

5. 温度特性

　　光电池的参数都是在室温($25\sim30℃$)下测得的,参数值随工作环境温度改变而变化。光电池的温度特性(Temperature Property)曲线主要指光照射光电池时开路电压 V_{oc} 与短路电流 I_{sc} 随温度变化的关系,如图 4-11 所示。由图可以看出,开路电压 V_{oc} 具有负温度系数,即随着温度的升高 V_{oc} 值反而减小,其值为 $2\sim3\text{mV}/℃$;短路电流 I_{sc} 具有正温度系数,即随着温度的升高,I_{sc} 值增大,但增大比例很小,为 $10^{-5}\sim10^{-3}\text{mA}/℃$ 数量级。

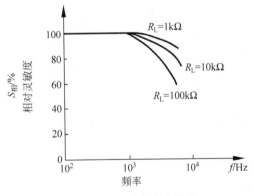

图 4-10　光电池的频率特性

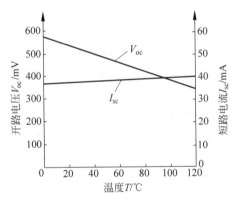

图 4-11　光电池的温度特性曲线

　　因此,光电池作为探测器件时,测量仪器应考虑温度的漂移从而对其进行补偿,以保证测量精度。

4.1.3　几种常用的光电池

1. 砷化镓太阳能电池

　　在化合物半导体中,对砷化镓的研究比较多,工艺比较成熟。由于砷化镓的 E_g 值比硅大,从光谱响应角度来说,更适合做太阳能电池,工作温度也可以比硅的高,在聚光高温条件下工作,具有独特的优点。图 4-12 显示了典型的 GaAs/AlGaAs 太阳能电池结构。这种太阳能电池具有高效、长寿命的特点,主要用于太空。目前实验室最高效率已达到 50%,产业生产转化率可达 30% 以上,抗辐照性能优良(10 年后功率输出降至原来的 83%)。

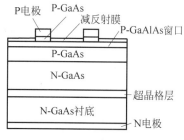

图 4-12　GaAs/AlGaAs 太阳能电池的结构

2. Ⅱ-Ⅵ族化合物太阳能电池

在 Ⅱ-Ⅵ族半导体化合物太阳能电池中,目前转换效率最高的是 N 型硫化镉(CdS)和 P 型碲化镉(CdTe)组成的太阳能电池。这种电池的优点是,从 PN 结到电极全部可以用丝网印刷和烧结制成,制造方法简单,制造成本控制得很低,转换效率可达 13% 左右,但同其他化合物太阳能电池一样,有由镉(Cd)引起的公害问题,所以至今不能普及。

3. 铜铟硒太阳能电池

铜铟硒是以铜(Cu)、铟(In)、硒(Se)三元化合物半导体为基本材料制成的太阳能电池,因此简称 CIS 太阳能电池。CIS 材料的理论研究始于 20 世纪 80 年代中期。研究者从价带理论角度对三元黄铜矿化合物的能带和晶格结构进行分析,对 CIS 材料内部各种缺陷(点缺陷、第二相等)的生长与材料组分的关系进行了深入研究。CIS 体材料造价昂贵,不适于大规模生产。

太阳能电池的转换效率受反射损失、光损失、能量损失和复合所造成的损失等因素影响。其中复合所造成的损失由光伏材料的性能决定。研究表明,延长少数载流子的寿命可以增大 CIS 太阳能电池的开路电压和 CIS 材料的性能。本征缺陷、杂质、错配及第二相等材料少数载流子寿命等因素都将对 CIS 太阳能电池的转换效率产生影响。

CIS 光伏材料优异的性能吸引世界众多专家,但直到 2000 年才初步产业化,其主要原因在于工艺的重复性差,高效电池成品率低。CIS 薄膜是多元化合物半导体,原子配比及晶格匹配性往往依赖于制作过程中对主要半导体工艺参数的精密控制。目前,CIS 薄膜的基本特性及晶化状况还没有完全弄清楚,无法预测 CIS 材料性能和器件性能的关系。CIS 膜与 Mo 衬底间较差的附着性也是成品率低的重要因素。同时,在如何降低成本方面还有很大的提升空间。以上这些都是世界各国研究 CIS 光伏材料的发展方向。

表 4-1 所示为典型硅光电池的基本特性参数。

表 4-1　典型硅光电池的基本特性参数

型号	开路电压 V_{oc}/mV	光敏面积 S/mm²	短路电流 I_{sc}/mA	输出电流 I_s/mA	时间响应(τ_r) $R_L=500\Omega$	时间响应(τ_r) $R_L=1\text{k}\Omega$	时间响应(τ_f) $R_L=500\Omega$	时间响应(τ_f) $R_L=1\text{k}\Omega$	转换效率 /%
2CR11	450～600	2.5×5	2～4		15	20	15	20	≥6
2CR21	450～600	5×5	4～8		20	25	20	25	≥6
2CR31	550～600	5×10	9～15	6.5～8.5	30	35	35	35	6～8
2CR32	550～600	5×10	9～15	8.5～18.3	30	35	35	35	8～10
2CR41	150～600	10×10	18～30	17.6～22.5	35	40	40	70	6～8
2CR44	550～600	10×10	27～30	27～35	35	40	40	70	≥12
2CR51	450～600	10×20	36～60	35～45	60	150	80	150	6～8
2CR54	550～600	10×20	54～60	54～60	60	150	80	150	≥12
2CR61	450～600	φ17	45～65	30～40	70	100	90	150	6～8

续表

型号	开路电压 V_{oc}/mV	光敏面积 S/mm²	短路电流 I_{sc}/mA	输出电流 I_s/mA	时间响应(τ_r) $R_L=500\Omega$	时间响应(τ_r) $R_L=1k\Omega$	时间响应(τ_f) $R_L=500\Omega$	时间响应(τ_f) $R_L=1k\Omega$	转换效率 /%
2CR64	550~600	φ17	61~65	61~65	70	100	90	150	≥12
2CR71	450~600	20×20	72~120	72~120	100	120	120	150	≥6
2CR81	450~600	φ25	88~140	88~140	150	200	170	250	6~8
2CR84	500~600	φ25	132~140	132~140	150	200	170	250	≥12
2CR91	450~600	5×20	18~30	18~30	30	35	35	35	≥6

4.1.4
微课视频

4.1.4 光电池的偏置电路

光电池按功用可分为两大类:太阳能光电池和测量光电池。作为能源用时,其偏置电路主要是自偏置电路(Self-bias Circuit)。作检测用时主要是零伏偏置电路(Zero Bias Circuit)。

光电池工作时无须外加偏压,直接与负载电阻连接,其输出电流 I 通过外电路负载电阻产生的压降 IR_L 就是它自身的正向偏压,故称为自偏压,其电路称为自偏置电路,如图 4-13 所示。光电池回路方程为

$$V(I)=IR_L \tag{4-10}$$

由于无外加偏压,其伏安特性实际上表示的是它在某一光照度下输出电流和电压随负载电阻变化的关系。由于电流的实际方向和二极管正向电流方向相反,为了分析和讨论的方便,将其伏安特性曲线旋转到第一象限,如图 4-14 所示。根据式(4-10),在图 4-14 中作出不同负载电阻 R_{L1}、R_{L2} 和 R_{Lopt} 的直流负载线。在图 4-14 中,这些负载线将光电池的工作状态分为Ⅰ、Ⅱ、Ⅲ三个区域。下面讨论光电池实用的几个工作区域。

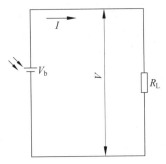
图 4-13 光电池自偏置电路

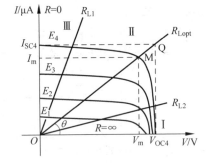
图 4-14 光电池直流负载线

1. 线性电流放大区

光电池工作在Ⅲ区域时,负载电阻较小,其输出电流与光照有较好的线性关系,该区域称为短路或线性电流放大区(Current Amplification Region)。负载电阻越小,电流的线性越好,这与图 4-7 中光电池的照—负载电阻特性是一致的。当负载短路($R_{L0}=0$)时,由式(4-4)得到光电池输出短路电流 I_{sc}。

图 4-15 给出了一种光电池的线性电流放大电路。光电池与运算放大器相连,运算放大器输入端的输入阻抗 Z_{in} 就是光电池的负载电阻,其输入阻抗为

$$Z_{in} = \frac{R_f}{1+A} \qquad (4\text{-}11)$$

式中：R_f——反馈电阻；

A——放大器开环增益。

因 $A = 10^4$，$R_f < 100\text{k}\Omega$，所以 $Z_{in} = 0 \sim 10\Omega$。Z_{in} 相当于光电池的负载 R_L，可以认为光电池是处于短路工作状态。处于电流放大状态的运算放大器，其输出电压与输入光电流成比例，即

$$V_o = I_{sc}R_f = R_f SE \qquad (4\text{-}12)$$

这种电路不仅线性好，输出光电流大，而且暗电流近似为零，信噪比好，适合于弱光信号的检测。

2. 电压放大区

光电池工作在区域Ⅰ时，负载电阻很大，近似于开路（$R_L \to \infty$），光电池输出电流 $I = 0$，该区域称为空载电压输出区。由式(4-3)可知，当入射光信号从"无"到"有"做跳跃式变化时，硅光电池输出电压从 0 跳跃到 $0.45 \sim 0.6\text{V}$。在不要求电压随光通量线性变化的情况下，光电池开路输出具有很高的光电转换灵敏度，而且不需要增加任何偏置电源，适合于开关电路或继电器控制电路。这种使用方式的不足之处是，频率特性不好，受温度影响也较大。

图 4-16 给出了一种光电池空载电压放大电路（Voltage Amplifier Circuit）。光电池的正端接在运算放大器的同向端。运算放大器的漏电流比光电流小得多，具有很高的输入阻抗。当负载电阻 R_L 取 $1\text{M}\Omega$ 以上时，光电池处于接近开路的状态。可以得到与开路电压成正比的输出信号，即

$$V_o = A V_{oc} = A\frac{kT}{e}\ln\left(\frac{SE}{I_s}+1\right) \qquad (4\text{-}13)$$

式中，$A = (R_1 + R_2)/R_1$ 是该电路的电压放大倍数。

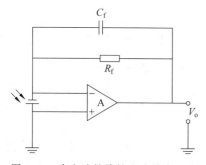

图 4-15　光电池的线性电流放大电路

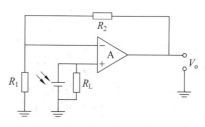

图 4-16　光电池空载电压放大电路

3. 功率放大区

光电池工作在Ⅱ区域时，负载电阻线与光电池伏安特性曲线交点所围成的矩形面积就是该负载线下光电池的输出功率。负载电阻变化时，相应的矩形面积随之变化。过点 $(V_{oc4}, 0)$ 和点 $(0, I_{sc4})$ 作伏安特性曲线的切线，两切线相交于 Q 点，连接 OQ 与伏安特性曲线相交 M 点，则有

$$\tan\theta = \frac{I_m}{V_m} = \frac{1}{R_{Lopt}} \tag{4-14}$$

$$R_{Lopt} = \frac{1}{\tan\theta} \tag{4-15}$$

此时,相应的矩形面积最大,当入射光功率增大时,由于 V_{oc} 增加缓慢,而 I_{oc} 明显增加,伏安特性曲线向电流轴方向延伸,因此,R_{Lopt} 随照射光功率增大而减小。当负载电阻取阻值 R_{Lopt} 时,可使光电池具有最大的输出功率,该区域称为功率放大区(Power Amplification Region)。光电池工作在这个区域时,能将光能有效地转换成电能给负载供电。这一区域的特性体现了太阳能光电池的特点。

总之,光电池输出电流大,无须加任何偏置电源,可工作在Ⅱ区域,具有太阳能光电池的功能;也可工作在Ⅰ和Ⅲ区域,具有光电探测的功能。但光电池作为线性测量使用时,只有Ⅲ区域才是最佳的工作状态。

4.1.5 光电池的应用

1. 太阳能光电源装置

光电池要将太阳能直接转变成电能供给负载。单片光电池的电压很低,输出电流很小,因此不能直接用作电源。一般要把很多片光电池组装成光电池组作为电源使用。

通常在用单片光电池组装成电池组时,可以采用增加串联片数的方法来提高输出电压,

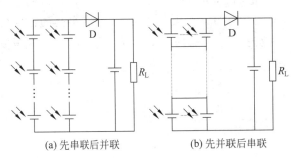

(a) 先串联后并联   (b) 先并联后串联

图 4-17   光电池的连接方式

用增加并联片数的方法来增大输出电流。为了在无光照时仍能正常供电,往往把光电池组合蓄电池装在一起使用,通常,把这种组合装置称为太阳能电源。

这种装置有两种连接方式,如图 4-17 所示。

R_L 是负载电阻,D 是防逆流二极管。因为辐照度减弱会造成光电池组输出电压降低,加了防逆流二极管可以阻止蓄电池对光电池放电。

太阳能光电池材料有单晶硅、多晶硅、非晶硅、CdS、GaAlAs/GaAs 等,现在单晶硅太阳能电池的效率达 $10\%\sim22\%$,聚光后,效率可达 $26\%\sim28\%$,已得到了广泛的应用。

2. 检测用光电池的几种基本应用电路

光电池作为光电探测使用时,由于光电池工作时不需要外加偏压,而且光电转换效率高,光谱范围宽,频率特性好,噪声低,它已广泛地用于光电读出、光电耦合、光栅测距、激光准直、电影还音、紫外光监视器和燃气轮机的熄火装置等方面。

在实际应用中,主要利用光电池的光照特性、光谱特性、频率特性和温度特性等,通过基本电路与其他电子电路的组合可实现检测或自动控制的目的。

图 4-18 所示为光电池构成的光电跟踪电路。用两只性能相似的同类型光电池作为光电接收器件,当入射光能量相同时,执行机构按预定的方式工作或进行跟踪。当系统略有偏差时,电路输出差动信号 V_o 执行纠正,以此达到跟踪的目的。

图 4-19 所示电路为光电开关,多用于自动控制系统中。当无光照射时,系统处于某一工作状态,例如,接通状态或断开状态;当光电池受光照射时,产生较高的电动势,只要光强大于某一设定的阈值,继电器 J 动作,系统就改变工作状态,达到开关目的。

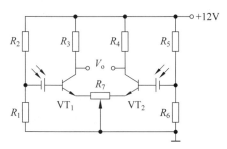

图 4-18　光电池构成的光电跟踪电路

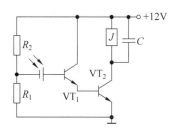

图 4-19　光电开关

图 4-20 所示为光电池触发电路。当光电池受光照射时,使单稳态或双稳态电路的状态翻转(电路输出信号 V_o 由低电平转为高电平),改变其工作状态或触发器件(如可控硅)导通。

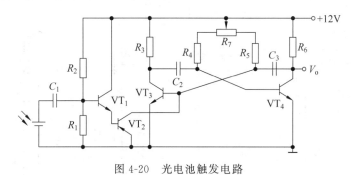

图 4-20　光电池触发电路

4.2　光敏二极管

光敏二极管(Photodiode)是将光信号变成电信号的半导体器件,是一种重要的光电探测器。它的核心部分是一个 PN 结。和普通二极管相比,在结构上为了便于接收入射光照,PN 结面积尽量做的大一些,电极面积尽量小些,而且 PN 结的结深很浅,一般小于 $1\mu m$。它与光电池的光电转换有许多相似之处,而主要区别如下:①结面积大小不同,光敏二极管的结面积远小于光电池;②PN 结工作状态不同,光电池 PN 结工作在零偏置状态下,而二极管工作于反偏工作状态下,需要外加电压。因此光敏二极管的内建电场强,结区较宽,结电容很小,频率特性比较好。PN 型硅光敏二极管是最基本和应用最广的光敏二极管。

4.2.1　硅光敏二极管的工作原理与基本结构

1. 硅光敏二极管的工作原理

图 4-21 所示为平面扩散型硅光敏二极管的工作原理图。如果入射光子能量大于 Si 半导体材料的禁带宽度,就会在 PN 结中不同区域产生光电子-空穴对。当短波长光入射时,光子会在表面附近 P^+ 型区域被吸收从而产生光电子-空穴对,在 P^+ 型区域光生电子会使该

4.2.1
微课视频

区域电子浓度大量增加,电子因浓度不均匀产生扩散运动,当电子扩散到耗尽层后,在内建电场的作用下到达 N 区;当长波长光入射时,光子会在 PN 结比较深的 N 型区域被吸收从而产生光电子-空穴对,在 N 区,空穴是少子,光生空穴会使该区域空穴浓度大量增加,从而发生扩散运动,当空穴扩散到耗尽层后,在内建电场的作用下到达 P^+ 区。这样在 N 区域边界就积累了负电荷,P 型区域边界积累正电荷。如果外接负载电阻 R_L,回路中就会产生反向电流,即光电流。

2. 硅光敏二极管的分类、结构和符号

光敏二极管种类很多,按制造工艺可以分为平面型、生长型、合金型和台面型;按特性可以分为 PN 结、PIN 结型、异质结型、肖特基势垒型等;按对光的响应可以分为紫外、可见光和红外;按工作基础可以分为耗尽型和雪崩型。

光敏二极管可分为以 P 型硅为衬底的 2DU 型与以 N 型硅为衬底的 2CU 型两种结构形式。图 4-22 所示为 2CU 型光敏二极管的结构图与电路符号。利用 N 型硅材料作为衬底,在高阻轻掺杂 N 型硅片上通过扩散或注入的方式生成很浅(约为 $1\,\mu\mathrm{m}$)的 P^+ 型层,形成 PN 结。为保护光敏面,在 P^+ 型硅的上面氧化生成极薄的 SiO_2 保护膜,它既可保护光敏面,又可增加器件对光的吸收。衬底镀镍蒸铝之后引出电极。

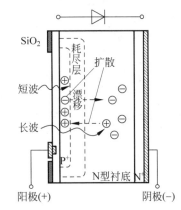

图 4-21 硅光敏二极管的工作原理图

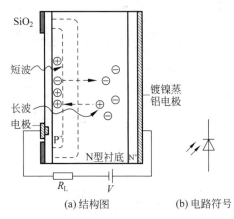

(a) 结构图　(b) 电路符号

图 4-22 2CU 型光敏二极管的结构图与电路符号

3. 硅光敏二极管的等效电路与光照伏安特性

硅光敏二极管的等效电路图与光电池一样,如图 4-23 所示,等效于一个电流源和一个普通二极管的并联。硅光敏二极管简化等效电路如图 4-24 所示。

在无光辐射作用的情况下(暗室中),PN 结硅光敏二极管的伏安特性曲线与普通 PN 结二极管的伏安特性曲线一样,如图 4-25 所示。其电流方程为

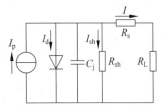

图 4-23 硅光敏二极管等效电路

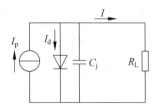

图 4-24 硅光敏二极管简化等效电路

$$I_d = I_s (e^{\frac{eV}{kT}} - 1) \qquad (4\text{-}16)$$

式中：V——加在光敏二极管两端的电压；

　　　T——器件的工作温度；

　　　k——玻尔兹曼常数；

　　　e——电子电荷量；

　　　I_s——二极管反向饱和电流，反向偏置时 I_s 和 V 均为负值，且有 $|V| \gg kT/e$（室温下

　　　　　$kT/e \approx 26\text{mV}$）；

　　　I_d——二极管正向导通电流或暗电流。

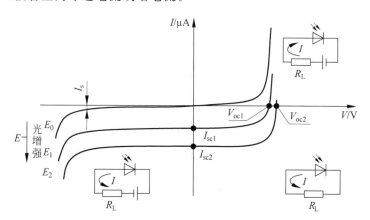

图 4-25　光敏二极管光照伏安特性曲线

当光辐射作用到如图 4-22 所示的光敏二极管上时，光生电流可以表示为

$$I_p = S \cdot E \qquad (4\text{-}17)$$

式中：S——光电灵敏度；

　　　E——光照度。

光电流方向为逆时针，选逆时针为正。

这样，光敏二极管的全电流方程为

$$I = S \cdot E - I_s (e^{\frac{eV}{kT}} - 1) \qquad (4\text{-}18)$$

由式(4-18)可以画出光敏二极管在不同照度下的伏安特性曲线。

无光照时，即图 4-25 中 E_0 曲线，它与普通二极管的伏安特性曲线相同；有光入射到受光面后，曲线沿纵轴向下平移，平移的幅度与光照的变化成正比，即 $\Delta I_p = S \Delta E$。

图 4-25 中，第一象限 PN 结外加正向偏压。正向导通电流随外加电压增大而成指数急剧增大，远大于光电流。光敏二极管和普通二极管一样呈现单向导电性，光电效应不明显。光敏二极管工作在这个区域是没有意义的。

第三象限 PN 结外加反向偏压。正向导通电流随反偏电压的增加有所增大，最后等于反向饱和电流，其值远小于光电流。而光电流几乎与反向电压的高低无关。所以回路反向导通电流与光照的变化成正比。

第四象限 PN 结无外加偏压。流过光敏二极管的电流仍为反向电流，随光照变化，其电流与电压出现明显的非线性。

4.2.2 硅光敏二极管的基本特性

1. 光电特性

光电特性指外加偏置电压一定时,光敏二极管输出电流和光照度的关系。光敏二极管光电特性的线性通常较好。如图 4-26 所示是某种型号的光敏二极管的光电特性。

2. 光谱特性

以等功率的不同单色辐射波长的光作用于光敏二极管时,其响应程度或电流灵敏度与波长的关系称为光敏二极管的光谱响应。图 4-27 所示为几种典型材料的光敏二极管光谱响应曲线。由光谱响应曲线可以看出,典型硅光敏二极管光谱响应长波限约为 $1.1\mu m$,短波限接近 $0.4\mu m$,峰值响应波长约为 $0.9\mu m$。硅光敏二极管光谱响应长波限受硅材料的禁带宽度 E_g 的限制,短波限受材料 PN 结厚度的影响,减薄 PN 结的厚度可提高短波限的光谱响应。GaAs 材料的光谱响应范围小于硅材料的光谱响应,锗(Ge)的光谱响应范围较宽。

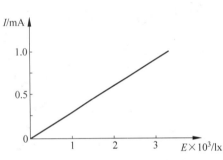

图 4-26　光敏二极管的光电特性曲线

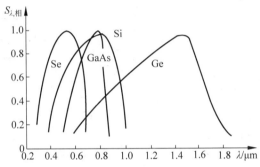

图 4-27　典型材料的光敏二极管的光谱特性曲线

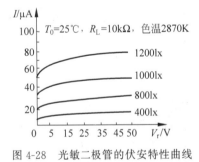

图 4-28　光敏二极管的伏安特性曲线

3. 伏安特性

光电流是指光敏二极管在受到一定光照时,在最高反向工作电压下产生的电流。图 4-28 所示为硅光敏二极管在不同照度下的伏安特性曲线。由图中可以看出光敏二极管在反向偏压下的伏安特性。当反向偏压较低时,光电流随电压变化比较敏感,这是由于反向偏压加大了耗尽层的宽度和电场强度。当反向偏压加大到一定程度时,光敏二极管对载流子的收集达到极限,光电流趋于饱和,这时光电流与所加偏压几乎无关,只取决于光照强度。

另外,从中还可以看出,在无偏压时,光敏二极管仍有光电流输出,这是由光敏二极管的光电效应性质所决定的。

4. 频率特性

频率 f 调制的辐射作用于 PN 结硅光敏二极管光敏面时,PN 结硅光敏二极管电流的产生要经过三个过程:

(1) 在 PN 结区内产生的光生载流子渡越结区的时间 τ_{dr},称为漂移时间(Drift Time)。

(2) 在 PN 结区外产生的光生载流子扩散到 PN 结区内所需要的时间 τ_p,称为扩散时间(Diffusion Time)。

（3）由 PN 结电容 C_j、管芯电阻 R_i 及负载电阻 R_L 构成的 RC 延迟时间(Delay Time)τ_{RC}。

设载流子在结区内的漂移速度为 v_d，PN 结区的宽度为 W，载流子在结区内的最长漂移时间为

$$\tau_{dr} = W/v_d \tag{4-19}$$

一般的 PN 结硅光敏二极管，内电场强度 E_i 都在 $10^5\,\mathrm{V/cm}$ 以上，载流子的平均漂移速度要高于 $10^7\,\mathrm{cm/s}$，PN 结区的宽度一般约为 $100\mu m$。由式(4-19)可知，漂移时间 $\tau_{dr} = 10^{-9}\,\mathrm{s}$，为 ns 量级。

对于 PN 结硅光敏二极管，入射辐射在 PN 结势垒区以外激发的光生载流子经过扩散运动到势垒区内，受到内建电场的作用，分别被拉向 P 区和 N 区。载流子的扩散运动往往很慢，因此扩散时间 τ_p 很长，约为 100ns，它是限制 PN 结硅光敏二极管时间响应的主要因素。

另一个因素是 PN 结电容 C_j 和管芯电阻 R_i 及负载电阻 R_L 构成的时间常数 τ_{RC}，有

$$\tau_{RC} = C_j(R_i + R_L) \tag{4-20}$$

普通 PN 结硅光敏二极管的管芯内阻 R_i 约为 250Ω，PN 结电容 C_j 常为几皮法，在负载电阻 R_L 低于 500Ω 时，时间常数 τ_{RC} 也在 ns 量级。但是，当负载电阻 R_L 很大时，时间常数 τ_{RC} 将成为影响硅光敏二极管时间响应的一个重要因素，应用时必须注意。

由以上分析可见，影响 PN 结硅光敏二极管时间响应的主要因素是 PN 结区外载流子的扩散时间 τ_p，如何扩展 PN 结区是提高硅光敏二极管时间响应的重要措施。增大反向偏置电压会提高内建电场的强度，扩展 PN 结的耗尽区。同时，从 PN 结的结构设计方面考虑如何在不使偏压增大的情况下使耗尽区扩展到整个 PN 结器件，才能消除扩散时间。

5. 温度特性

光敏二极管的温度特性曲线反映的是光敏二极管的暗电流及光电流与温度的关系。图 4-29 给出了硅光敏二极管的电流—温度特性曲线。暗电流是指光敏二极管在无光照及最高反向工作电压条件下的漏电流。暗电流越小，光敏二极管的性能越稳定，检测弱光的能力越强。

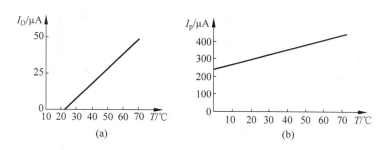

图 4-29 光敏二极管的温度特性曲线

从中可以看出，暗电流随温度升高而增加，主要原因是热激发造成的。光敏二极管的暗电流在电路中是一种噪声电流。在高照度下工作时，由于光电流比暗电流大得多，温度的影响比较小。但在低照度下工作时，因为光电流比较小，暗电流的影响就不能不考虑。因此在使用时，交流放大器之前要增加隔直电容，这样可以最大限度地避免温度升高以致暗电流增

加引起的对输出特性的影响,省去了温度补偿措施。

6. 噪声

光敏二极管的噪声包含低频噪声 i_{nf}、散粒噪声 i_{ns} 和热噪声 i_{nj} 三种噪声。其中,散粒噪声是光敏二极管的主要噪声。散粒噪声是由于电流在半导体内的散粒效应引起的,它与电流的关系为

$$\overline{i_{ns}^2} = 2qI\Delta f \tag{4-21}$$

光敏二极管的电流包括暗电流 I_D、信号电流 I_s 和背景辐射引起的背景光电流 I_b,因此散粒噪声应为

$$\overline{i_{ns}^2} = 2q(I_D + I_s + I_b)\Delta f \tag{4-22}$$

根据电流方程,将式(4-18)代入式(4-22)得到反向偏置的光敏二极管电流与入射辐射的关系,即

$$\overline{i_{ns}^2} = \frac{2q^2\eta\lambda(\Phi_s + \Phi_b)}{hc}\Delta f + 2qI_D\Delta f \tag{4-23}$$

另外,当考虑负载电阻 R_L 的热噪声时,光敏二极管的噪声应为

$$\overline{i_n^2} = \frac{2q^2\eta\lambda(\Phi_s + \Phi_b)}{hc}\Delta f + 2qI_D\Delta f + \frac{4kT\Delta f}{R_L} \tag{4-24}$$

7. 入射特性

由于光敏二极管入射窗口的不同封装而造成的灵敏度随入射角的不同而变化。入射窗由玻璃或塑料制成,一般有聚光透镜和平面玻璃。聚光透镜入射窗的优点是能够把入射光会聚于面积很小的光敏面上,以提高灵敏度。由于聚光位置与入射光位置有关,仅当入射光与透镜光轴重合时($\theta = 0°$)灵敏度最大。如果入射光偏离光轴,灵敏度就会下降,这给使用带来了麻烦,在做检测控制时,发光源要放在合适的位置,否则就会使灵敏度下降,甚至检测不到信号,如图 4-30 所示。

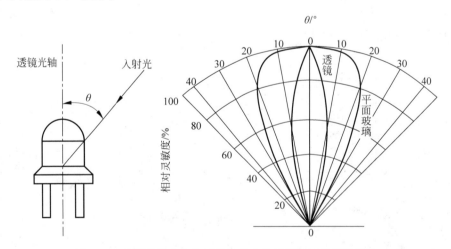

图 4-30 入射光方向与透镜光轴线夹角对相对灵敏度的影响

平面玻璃入射窗使用比较简单,但易受到杂散光的干扰,聚光作用差,光易受到反射,极值灵敏度下降。

4.2.3　常用光敏二极管

1. InSb 光敏二极管

J10 系列探测器是高品质 InSb 光敏二极管,有效波段为 $1\sim5.5\mu m$。主要应用在热成像、热寻制导、辐射计、光谱测定、FTIR 中。该系列光敏二极管温度特性比较稳定,大于 120℃性能开始出现下滑。

2. Ge 光敏二极管

J16 系列探测器是高品质 Ge 光敏二极管,有效波段为 $800\sim1800nm$。该系列主要应用在光功率计、光纤测试、激光二极管控制、温度传感器等方面。

温度改变在峰值下波长对 Ge 光敏二极管响应率的影响很小,但是在长波长时却显得很重要。

3. InAs 光敏二极管

J12 系列探测器是高品质 InAs 光敏二极管,有效波段为 $1\sim3.8\mu m$。主要应用在激光告警接收、过程控制监视、温度传感器、脉冲激光监视、功率计等方面。

表 4-2 所示为几种不同材料光敏二极管的基本特性参数,供实际应用时选用。

表 4-2　几种不同材料光敏二极管的基本特性参数

型号	材料	光敏面积 S/mm^2	光谱响应 $\Delta\lambda/nm$	峰值波长 λ_m/nm	时间响应 τ/ns	暗电流 I_d/nA	光电流 $I_p/\mu A$	反向偏压 V_R/V
2AU1A~D	Ge	0.08	0.86~1.8	1.5	≤100	1000	30	50
2CU1A~D	Si	$\phi 8$	0.4~1.1	0.9	≤100	200	0.8	10~50
2CU2	Si	0.49	0.5~1.1	0.88	≤100	100	15	30
2CU5A	Si	$\phi 2$	0.4~1.1	0.9	≤50	100	0.1	10
2CU5B	Si	$\phi 2$	0.4~1.1	0.9	≤50	100	0.1	20
2CU5C	Si	$\phi 2$	0.4~1.1	0.9	≤50	100	0.1	30
2DU1B	Si	$\phi 7$	0.4~1.1	0.9	≤100	≤100	≥20	50
2DU2B	Si	$\phi 7$	0.4~1.1	0.9	≤100	100~300	≥20	50
2CU101B	Si	0.2	0.5~1.1	0.9	≤5	≤10	≥10	15
2CU201B	Si	0.78	0.5~1.1	0.9	≤5	≤50	≥10	50
2DU3B	Si	$\phi 7$	0.4~1.1	0.9	≤100	300~1000	≥20	50

4.2.4　光敏二极管的偏置电路

1. 反向偏置电路

光敏二极管在外加偏压时,若 N 区接正端,P 区接负端,偏置电压与内建电场的方向相同则称光敏二极管处于反向偏置状态,对应的电路称为反向偏置电路,如图 4-31 所示。光敏二极管反向偏置时,PN 结势垒区加宽,内建电场增强,从而减小了载流子的渡越时间,降低了结电容,进而得到较高的灵敏度、较大的频带宽度和较大的光电变化线性范围。光敏二极管工作时通常都采用反向偏置电路。

1)基本反向偏置电路

图 4-31 所示为光敏二极管的基本反向偏置电路。其中,设 V_b 为偏置电压,R_L 为偏置电

4.2.4
微课视频

阻(负载电阻),I 为光敏二极管的输出电流。由此,可得到反偏光敏二极管的回路电流方程为

$$I = I_p - I_s(e^{\frac{eV}{kT}} - 1) \tag{4-25}$$

由于反向偏压,常温下 $V \gg \dfrac{kT}{e}$,则式(4-25)可以表示为

$$I = I_p + I_s \tag{4-26}$$

回路电压方程可以表示为

$$V(I) = V_b - IR_L \tag{4-27}$$

式中:$V(I)$——光敏二极管的端电压。

当入射到光敏二极管光通量 Φ 变化时,会引起回路中电流和电压的变化,由式(4-25)有电流与光通量的变化关系为

$$I = I_p + I_s \approx I_p = \frac{e\eta}{h\nu}\Phi \tag{4-28}$$

由式(4-27),反向偏置电路的输出电压与入射光通量的关系为

$$V(I) = V_b - R_L \frac{e\eta}{h\nu}\Phi \tag{4-29}$$

当入射光通量变化时,输出信号电压的变化为

$$\Delta V = -R_L \frac{e\eta}{h\nu}\Delta\Phi \tag{4-30}$$

2) 反向偏置光敏二极管的阻抗变换电路

图 4-32 所示是反向偏置光敏二极管的阻抗变换放大电路。反偏光敏二极管具有恒流源性质,内阻很大,且饱和光电流与入射光照度成正比,在很高负载电阻的情况下可以得到较大的信号电压。但如果将处于反向偏压状态下的光敏二极管直接接到实际的负载电阻上,则会因阻抗的失配而削弱信号的幅度。因此需要有阻抗变换器将高阻抗的电流源变换成为低阻抗的电压源,然后再与负载相连。图 4-32 中所示的以场效应管为前级的运算放大器就是这样的阻抗变换器。场效应管有很高的输入阻抗,光电流是通过反馈电阻形成压降的。放大器的输入阻抗 $r_i = 0 \sim 10\Omega$,输出电压为

$$V_o = IR_f = I_p R_f = R_f S\Phi \tag{4-31}$$

式中:I_p——光敏二极管的输出电流;

R_f——放大器的反馈电阻,即输出电压与输入光通量成正比。

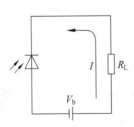

图 4-31 基本反向偏置电路

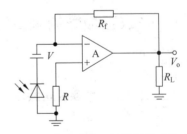

图 4-32 反向偏置光敏二极管阻抗变换电路图

该电路与基本反向偏置电路相比,它具有极小的负载电阻(r_i),不易出现信号失真,同时由于运放的放大作用,又能输出较大的电压信号;与零伏偏置电路相比,它具有较高的反

向工作偏压(V_{CC}),光敏二极管结电容较小,响应速度快,又有较大线性响应动态范围。

2. 零伏偏置电路

光敏二极管零伏偏置电路的伏安特性曲线对应于图 4-25 中第三象限和第四象限的交界处,$V = 0$,即纵轴。光伏探测器采用零伏偏置电路时,它的 $1/f$ 噪声最小,暗电流为零,可以获得较高的信噪比。因此,即使质量较好(反向饱和电流小,正、反向特性好)的光敏二极管也常采用零偏置电路,可避免偏置电路引入的噪声。

另外,光谱响应在中远红外波段的光伏探测器,例如,工作于 $3 \sim 5.5\mu m$ 波段的 PV-InSb(77K)和 $8 \sim 14\mu m$ 波段的 PV-HgCdTe(77K)等,由窄禁带(E_g 很小)半导体材料制成。其性能受热激发的影响较大,能承受的反向偏压不大(一般为几百毫伏至一点几伏),常工作在零伏偏置或接近于零伏偏置的状态。

图 4-33 给出了一种由运算放大器实现的零伏偏置电路,它与图 4-15 所示光电池的线性电流放大电路完全相同。

图 4-34 所示是 PV-InSb(77K)光伏探测器的零偏置电路。静态时,由探测器的反向漏电流在负载上产生的压降给探测器附加一个正向偏置电压,为了获得零偏的状态,需要外加反向偏压来抵消反向漏电流的影响。

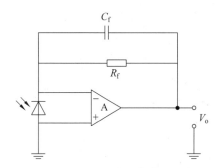
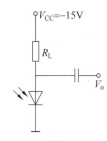

图 4-33　光敏二极管零伏偏置电路图　　图 4-34　PV-InSb 光伏探测器的零偏置电路

设探测器的静态工作电流为 I_D,静态工作电压为 V_D,则直流负载线方程为

$$V_D = V_{CC} - I_D R_L \tag{4-32}$$

这里,要使探测器处于零偏置状态,则取 $V_D = 0$,$I_D = I_s$,I_s 为探测器的反向漏电流。已知探测器的 $I_s = 50\mu A$,若取 $V_{CC} = -15V$,根据直流负载线方程就可以求得负载电阻 $R_L = 300k\Omega$。

除了上式的零伏偏置电路外,还可以利用变压器的阻抗变换功能构成零伏偏置电路。将光伏探测器接到变压器的低阻抗端(线圈匝数少),形成直流零伏偏置,而光的波动产生的交变信号经变压器输出;另外,还可以利用电桥的平衡原理设置直流或缓变信号的零伏偏置电路。

值得指出的是,这些零伏偏置电路都属于近似的零伏偏置电路,它们都具有一定大小的等效偏置电阻,当信号电流较强或辐射强度较高时,将使其偏离零伏偏置。故零伏偏置电路只适合对微弱辐射信号的检测,不适合较强辐射的探测领域。若要获得大范围的线性光电信息变换,应该尽量采用光伏探测器的反向偏置电路。

4.2.5　光敏二极管的应用

光敏二极管的作用是进行光电转换,在光控、红外遥控、光探测、光通信、光电耦合等方面有广泛的应用。

（1）光敏二极管可以用作光控开关。电路图如图 4-35 所示,无光照时,光敏二极管 VD_1 因接反向电压而截止,晶体管 VT_1、VT_2 因无基极电流也截止,继电器处于释放状态。当有光线照射到光敏二极管 VD_1 时,VD_1 从截止转变为导通,使 VT_1、VT_2 相继导通,继电器 K 吸合,从而接通被控电路。

（2）光敏二极管可以用作光信号接收。图 4-36 所示为光信号放大电路,光信号由光敏二极管 VD 接收并转换为电信号,经 VT 放大后通过耦合电容 C 输出。

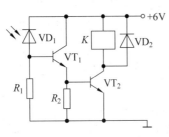

图 4-35 光控开光电路

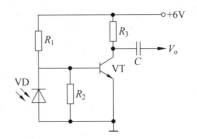

图 4-36 光信号放大电路

（3）光敏二极管可以用作红外光到可见光的转换。电路如图 4-37 所示,红外光信号由光敏二极管 VD_1 接收,经晶体管 VT_1、VT_2 放大后,驱动发光二极管 VD_2 发出可见光。

（4）光敏二极管可以用作光强测量。电路如图 4-38 所示,由稳压管、光敏二极管和电桥组成。无光照时,V_A 很大,VT 导通,调整 R_W 使电桥平衡,即指针为 0;有光照时,V_A 下降,R_2 上电流下降,V_B 减小。光照不同,V_A 不同,R_2 上压降不同,光强可以通过电流计读数显示出来。

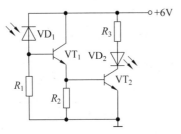

图 4-37 红外光到可见光的转换电路

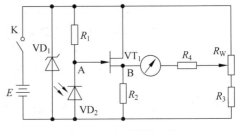

图 4-38 光强测量电路

4.3 微课视频

4.3 光敏晶体管

光敏晶体管(Phototriode)又称为光电晶体管(Phototransistor,PT),是一种具有电流内增益的光伏探测器。它的制作材料一般为半导体硅。

4.3.1 硅光敏晶体管的工作原理与基本结构

1. 硅光敏晶体管的工作原理

光敏晶体管的工作原理分为两个过程:一是光电转换;二是光电流放大。下面以 NPN 型硅光敏晶体管为例讨论其基本工作原理。

当光敏晶体管不受光照射时,相当于一般三极管基极开路状态,这时集电结处于反向偏压状态,因此集电极电流较小,这时的集电极电流称为光敏晶体管的暗电流。

当光照射到集电极上时就会产生电子-空穴对。由于集电结处于反向偏置状态,在结内有很强的内建电场。光激发产生的电子-空穴对在反向偏置的 PN 结内电场的作用下,电子漂移到集电区被集电极所收集,而空穴流向基区与正向偏置的发射结发射的电子流复合,形成基极电流 I_p。基区内电荷的变化改变了发射结电位,造成电子由发射区向基区注入,由于发射区电子是多数载流子,发射区正偏,因此扩散作用大于漂移运动,大量电子越过发射结到达基区,在基区扩散受到内建电场作用到达集电极,如果基极没有引线,集电极电流等于发射极电流。基极电流将被集电极放大 β 倍,这与一般半导体三极管的放大原理相同。不同的是一般三极管是由基极向发射结注入空穴载流子,控制发射极的扩散电流,而光敏晶体管是由注入发射结的光生电流控制的。集电极输出的电流为

$$I_c \approx I_e = (1+\beta)I_p \tag{4-33}$$

可以看出,光敏晶体管的电流灵敏度是光敏二极管的 β 倍。相当于将光敏二极管与三极管接成如图 4-39(c)所示的电路形式,光敏二极管的电流 I_p 被三极管放大 β 倍。在实际的生产工艺中也常采用这种形式,以便获得更好的线性和更大的线性范围。3CU 型光敏晶体管在原理上和 3DU 型相同,只是它以 P 型硅为衬底材料构成 PNP 的结构形式,其工作时的电压极性与之相反,集电极的电位为负。

2. 硅光敏晶体管的结构和符号

光敏晶体管与普通半导体三极管一样有两种基本结构,即 NPN 结构和 PNP 结构。用 N 型硅材料为衬底制作的光敏晶体管为 NPN 结构,称为 3DU 型;用 P 型硅材料为衬底制作的光敏晶体管为 PNP 结构,称为 3CU 型。图 4-39(a)所示为 3DU 型 NPN 光敏晶体管的原理结构,图 4-39(b)所示为光敏晶体管的电路符号。从图中可以看出,它们虽然只有两个电极(集电极和发射极),常不把基极引出来,但仍然称为光敏晶体管,因为它们具有半导体三极管的两个 PN 结的结构和电流的放大功能。

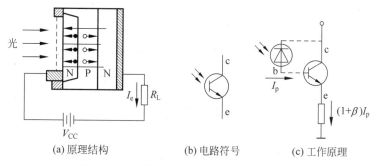

(a) 原理结构　　　　(b) 电路符号　　　　(c) 工作原理

图 4-39　3DU 型光敏晶体管的结构及符号

为了提高光敏晶体管的频率响应、增益,减小光电器件体积,常将光敏二极管、光敏晶体管或三极管制作在一个硅片上构成集成光电器件。如图 4-40(a)所示为光敏二极管与三极管集成而构成的集成光电器件,它比图 4-39(c)所示的光敏晶体管具有更大的动态范围,因为光敏二极管的反向偏置电压不受三极管集电结电压的控制。图 4-40(b)所示的电路为由图 4-39(c)所示的光敏晶体管与三极管集成构成的集成光电器件,它具有更高的电流增益(灵敏度更高)。图 4-40(c)所示的电路为由图 4-39(b)所示的光敏晶体管与三极管集成构

成的集成光电器件,也称为达林顿光敏晶体管。达林顿光敏晶体管中可以用更多的三极管集成而成为电流增益更高的集成光电器件。

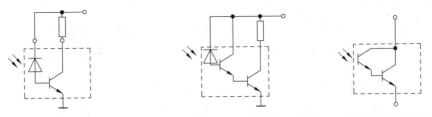

(a) 光敏二极管—三极管集成光电器件　(b) 光敏晶体管—三极管集成光电器件　(c) 达林顿光敏晶体管

图 4-40　集成光电器件

3. 硅光敏晶体管的等效电路

图 4-41(a)所示为光敏晶体管的输出电路,图 4-41(b)所示为其微变等效电路。分析等效电路图,不难看出,由电流源 I_p、基-射结电阻 r_{be}、电容 C_{be} 和基-集结电容 C_{bc} 构成的部分等效电路为光敏二极管的等效电路。表明光敏晶体管的等效电路是在光敏二极管的等效电路基础上增加了电流源 I_c、集-射结电阻 R_{ce}、电容 C_{ce} 和输出负载电阻 R_L。

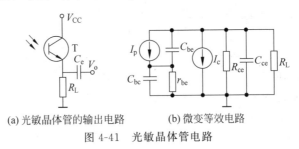

(a) 光敏晶体管的输出电路　　(b) 微变等效电路

图 4-41　光敏晶体管电路

4.3.2　硅光敏晶体管的基本特性

1. 光电特性

硅光敏晶体管的输出电流和光照度的关系曲线如图 4-42 所示。硅光敏晶体管的光电

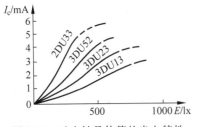

图 4-42　硅光敏晶体管的光电特性

流在弱光照时有弯曲,强光照时又趋向于饱和,只有在某一段光照范围内线性较好,这是由于硅光敏晶体管的电流放大倍数在小电流或大电流时都要下降造成的。

2. 光谱特性

光敏晶体管存在一个最佳灵敏度的峰值波长。当入射光的波长增加时,相对灵敏度要下降。因为光子能量太小,不足以激发电子-空穴对,导致相对灵敏度下降。当入射光的波长缩短时,相对灵敏度也下降,这是由于光子在半导体表面附近就被吸收,并且在表面激发的电子-空穴对不能到达 PN 结,因而使相对灵敏度下降。

如图 4-43 所为光敏晶体管的光谱特性曲线,硅的峰值波长为 900nm,锗的峰值波长为 1500nm。由于锗管的暗电流比硅管大,因此锗管的性能较差。故在可见光或探测炽热状态物体时,一般选用硅管;但对红外线进行探测时,则采用锗管较合适。

3. 伏安特性

图 4-44 所示为硅光敏晶体管在不同光照下的伏安特性曲线。从特性曲线可以看出,光敏晶体管在偏置电压为零时,无论光照有多强,集电极电流都为零,这说明光敏晶体管必须在一定的偏置电压下才能工作。偏置电压要保证光敏晶体管的发射结处于正向偏置,而集电结处于反向偏置状态。随着偏置电压的增大,伏安特性曲线趋于平坦。但是,与光敏二极管的伏安特性曲线不同,光敏晶体管的伏安特性曲线向上倾斜,间距增大。这是因为光敏晶体管除具有光电灵敏度外,还具有电流增益 β,并且 β 值随光电流的增大而增大。

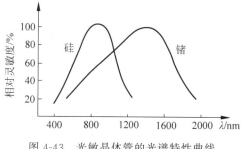

图 4-43 光敏晶体管的光谱特性曲线

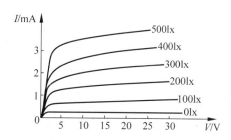

图 4-44 硅光敏晶体管在不同光照下的伏安特性曲线

特性曲线的弯曲部分为饱和区,在饱和区光敏晶体管的偏置电压提供给集电结的反偏电压太低,集电极的收集能力低,造成三极管饱和。因此,应使光敏晶体管工作在偏置电压大于 5V 的线性区域。

4. 频率特性

光敏晶体管的时间响应常与 PN 结的结构及偏置电路等参数有关。光敏晶体管输出电路的微变等效电路如图 4-41(b)所示。选择适当的负载电阻,使其满足 $R_L < R_{ce}$,这时可以导出光敏晶体管电路的输出电压为

$$V_o = \frac{\beta R_L I_p}{(1 + \omega^2 r_{be}^2 C_{be}^2)^{1/2}(1 + \omega^2 R_L^2 C_{ce}^2)^{1/2}} \tag{4-34}$$

可见,光敏晶体管的时间响应由以下四部分组成:①光生载流子对发射结电容 C_{be} 和集电结电容 C_{bc} 的充放电时间;②光生载流子渡越基区所需要的时间;③光生载流子被收集到集电结的时间;④输出电路的等效负载电阻 R_L 与等效电容 C_{ce} 所构成的 RC 时间。总时间常数为上述四项之和,因此它比光敏二极管的响应时间要长得多。

光敏晶体管常用于各种光电控制系统,其输入的信号多为光脉冲信号,属于大信号或开关信号,因而光敏晶体管的时间响应是非常重要的参数,直接影响光敏晶体管的质量。

为了提高光敏晶体管的时间响应,应尽可能地减小发射结阻容时间常数 $r_{be} C_{be}$ 和时间常数 $R_L C_{ce}$。也就是一方面在工艺上设法减小结电容 C_{be}、C_{ce};另一方面要合理选择负载电阻 R_L,尤其在高频应用的情况下应尽量降低负载电阻 R_L。

5. 温度特性

硅光敏二极管和硅光敏晶体管的暗电流 I_D 和亮电流 I_L 均随温度变化而变化。由于硅光敏晶体管具有电流放大功能,所以其暗电流 I_D 和亮电流 I_L 受温度的影响要比硅光敏二极管大得多。图 4-45(a)所示为光敏二极管与光敏晶体管暗电流 I_D 的温度特性曲线,随着温度的升高,暗电流增长很快。图 4-45(b)所示为光敏二极管与光敏晶体管亮电流 I_L 的温

度特性曲线,光敏晶体管亮电流 I_L 随温度的变化要比光敏二极管快。由于暗电流的增加,使输出的信噪比变差,不利于弱光信号的检测。在进行弱光信号的检测时应考虑温度对光电器件输出的影响,必要时应采取恒温或温度补偿的措施。

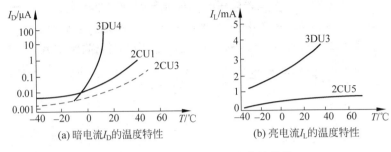

(a) 暗电流 I_D 的温度特性   (b) 亮电流 I_L 的温度特性

图 4-45   光敏晶体管的温度特性曲线

6. 噪声

光敏晶体管的噪声主要有器件中光电流的散粒噪声、暗电流的散粒噪声和器件的热噪声。在反偏压工作时,内阻很大,器件本身的热噪声可以忽略不计。

7. 入射特性

光敏晶体管与光敏二极管具有相同的入射特性。由光敏晶体管入射窗口的不同封装而造成灵敏度随入射角而变化。入射窗由玻璃或塑料制成,一般有聚光透镜和平面玻璃。聚光透镜入射窗的优点是能够把入射光会聚于面积很小的光敏面上,以提高灵敏度。平面玻璃入射窗使用比较简单,但易受到杂散光的干扰,聚光作用差,光易受到反射,极值灵敏度下降。

4.3.3　常用光敏晶体管

国产光敏晶体管的型号是 3DU×× 系列和 3CU×× 系列。表 4-3 所示为常用光敏晶体管的特性参数。在应用时要注意它的极限参数 V_{CEM} 和 V_{CE},不能使工作电压超过 V_{CEM},否则,将损坏光敏晶体管。

表 4-3   常用光敏晶体管的特性参数

型号	反向击穿电压 V_{CEM}/V	最高工作电压 V_{CE}/V	暗电流 $I_D/\mu A$	亮电流 I_L/mA	时间响应 $\tau/\mu s$	峰值波长 λ_m/nm	最大功耗 P_M/mW
3DU111	≥15	≥10					30
3DU112	≥45	≥30		0.5～1.0			50
3DU113	≥75	≥50					100
3DU121	≥15	≥10	≤0.3		≤6	880	30
3DU123	≥75	≥50		1.0～2.0			100
3DU131	≥15	≥10		≥2.0			30
3DU133	≥75	≥50					100
3DU4A	≥30	≥20	1	5	5	880	120
3DU4B	≥30	≥20	1	10	5	880	120
3DU5	≥30	≥20	1	3	5	880	100

4.3.4 光敏晶体管的应用

1. 脉冲编码器

脉冲编码器(Pulse Encoder)的电路原理如图 4-46 所示。V_i 是电源电压,V_o 是输出电压,A 和 B 是发光二极管和光敏晶体管。转轴以转速 n 转动时,辐条数为 N 的光栅转盘也转动,输出电信号为频率 $f=nN$ 的脉冲。

2. 光电数字转速传感器

光电数字转速传感器的电路原理如图 4-47 所示。接收光信号的是光敏二极管或三极管。由脉冲编码器原理,$n=f/N$,用频率计测出 f,就可得到转速 n。

(a) 电路原理图　(b) 光栅转盘结构图　　　　(a) 透光式　(b) 反光式

图 4-46　脉冲编码器电路原理　　　　图 4-47　光电数字转速传感器电路原理

3. 电子蜡烛

电子蜡烛的电路原理如图 4-48 所示。接通电源后,当光敏晶体管 3DU 无光照时晶闸管 VS 触发端 G 因无触发电流而关断,灯 ZD 不亮。当点燃火柴并靠近 3DU 时,其 c、e 极间电阻迅速降低,VS 导通,灯亮。当火柴熄灭后,由于 VS 有自锁功能,灯一直亮着。若对着气动开关 SA1 吹气,SA1 的动片被吹离触点,切断了灯和 VS 的电源,灯灭。由于 VS 有自锁功能,SA1 复原接通电源,灯也不会亮,只有再点燃火柴用光照光敏晶体管才行。可见,灯就像电子蜡烛一样。

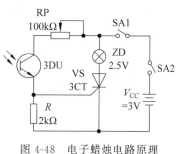

图 4-48　电子蜡烛电路原理

4.4 PIN 光敏二极管

普通的 PN 结光敏二极管在光电检测中有两个主要缺点。第一,RC 时间常数的限制。由于 PN 结耗尽层的电容不是足够小,使得 PN 结光敏二极管无法对高频调制信号进行光电检测。第二,PN 结耗尽层宽度至多几微米。入射的长波长光子穿透深度远大于耗尽层的宽度,大多数光子被耗尽层外的中性区域吸收而产生光电子-空穴对。这些电子-空穴对仅有扩散运动而不能在内建电场作用下发生漂移运动。因而对长波长光子入射到 PN 结光敏二极管而言,其量子效率低,响应速度慢。光子入射硅材料,穿透深度 h 与入射光子波长 λ 关系如图 4-49 所示。PIN 光敏二极管通过适当选择耗尽层的厚度可以获得较大的输出电流、较高的灵敏度和较好的频率特性,频率带宽可达 10GHz,适用于高频调制光信号探测场合。

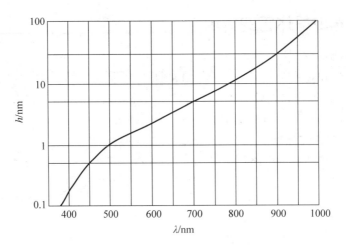

图 4-49　穿透深度 h 与入射光子波长 λ 关系曲线图

4.4.1　PIN 光敏二极管的结构与工作原理

　　如图 4-50(a)所示,理想 PIN 光敏二极管的结构是 $P^+ IN^+$(P^+-Intrinsic-N^+)。其中,P^+ 代表重掺杂空穴型半导体材料区,I 表示本征半导体材料区,N^+ 代表重掺杂电子半导体材料区。本征半导体 I 层掺杂的浓度比 P^+ 层和 N^+ 层要少很多,宽度比 P^+ 层和 N^+ 层要宽,一般为 5～50μm,视具体情况会有所不同。

　　理想的 PIN 光敏二极管中,I 层看作高阻本征半导体。无光照射到 PIN 光敏二极管受光面时,P^+ 层多子空穴扩散到 I 层,N^+ 层多子电子扩散到 I 层,在 I 层它们相互抵消。这样在 P^+ 层与 I 交界面显露出很薄的一负电荷层,在 N^+ 层与 I 交界面显露出很薄的一正电荷层,如图 4-50(b)所示,空间电荷分布两边的电荷层被厚度为 W 的 I 层分开。如图 4-50(c)所示,在本征 I 层,宽度为 W 的区域内形成从正离子层到负离子层的内建均匀电场 E_0。这与普通 PN 结光敏二极管非均匀的内建电场不一样。在没有外加偏置电压的条件下,内部电场 E_0 阻止多数载流子进一步扩散到 I 层,从而保持电荷平衡。

　　PIN 中很薄的正电荷和负电荷层被分开一段固定的距离,即 I 层的宽度 W,类似于平行板电容器。PIN 光敏二极管的结或耗尽层的电容大小为

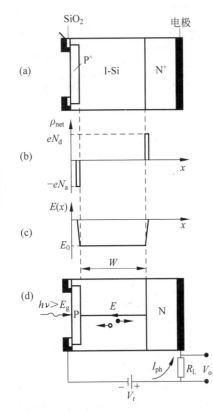

图 4-50　PIN 光敏二极管结构原理、空间电荷分布、内建电场分布与反向偏置的 PIN 光敏二极管

$$C = \frac{\varepsilon_r \varepsilon_0 A}{W} \qquad (4-35)$$

式中：A——光敏二极管的横截面积；
　　　$\varepsilon_r \varepsilon_0$——硅的介电常数。

I 层的宽度 W 由结构决定,所以结电容大小并不随着加在 PN 结两端的电压而改变。在快速 PIN 光敏二极管中,C 通常只有一个 pF。所以负载电阻 50Ω 的情况下,RC 时间常数大约为 50ps。

当 PIN 结构外加反偏电压 V_r 时,电压几乎完全加在本征 I 层上。而受主 P^+ 层和施主 N^+ 层中耗尽层厚度与本征 I 层厚度 W 相比可忽略不计。如图 4-50(d)所示,反偏电压使内部电压从 V_0 增加到 V_0+V_r。I 层中的电场 E 仍然和原方向一致,大小为

$$E = E_0 + \frac{V_r}{W} \approx \frac{V_r}{W} \quad (V_r \gg V_0) \tag{4-36}$$

PIN 结构设计是为了使入射光子主要在 I 层吸收产生电子-空穴对。I 层中的光生电子-空穴对被电场 E 分开并各自漂移向 P^+ 层和 N^+ 层,如图 4-50(d)所示。当 PIN 外接负载电阻形成回路时,就会在回路产生电流,其电流的大小近似等于光电流。PIN 光敏二极管的响应时间主要由光生载流子穿过宽度为 W 的 I 层所消耗的漂移时间决定。增加 W 可以使更多的光子被吸收,这样增加了量子效率,但是降低了响应速度,因为载流子漂移时间增加了。PIN 光敏二极管的响应速率总是受光生载流子穿过 I 层的渡越时间的影响。

当然,图 4-50(a)所示的 PIN 光敏二极管的结构图是理想化的。实际上,I 层会掺有一些杂质。例如,如果中间层有少量 N 型杂质,通常标记为 V 层,那么这个结构就是 PVN 结构。中间的 V 层变成一个耗尽层,集中了少量正电荷施主离子。这样通过二极管的场强就不是完全的一致。在 PV 结的位置场强最大,从 V 层到 N 层逐渐减小。近似来看,仍然可以认为 V 层就是 I 层。

图 4-50(b)所示为二极管的空间电荷分布,图 4-50(c)所示为光敏二极管内建电场分布,图 4-50(d)所示为反向偏置的 PIN 光敏二极管。

4.4.2　PIN 光敏二极管的主要特性参数

PIN 光敏二极管主要包括以下特性参数。

1. 量子效率和光谱特性

光电转换效率用量子效率 η 表示。量子效率 η 的定义为光辐射时产生的光生电子-空穴对和入射光子数的比值,即

$$\eta = \frac{\text{光生电子 - 空穴对}}{\text{入射光子数}} = \frac{I_p/e}{\Phi_{e,\lambda}/h\nu} = S\frac{1.24}{\lambda} \tag{4-37}$$

式中:S——光电灵敏度。

λ 的单位为 μm。量子效率和灵敏度取决于材料的特性和器件的结构。假设器件表面反射率为零,P^+ 层和 N^+ 层对量子效率的贡献可以忽略,在反向工作电压下,I 层全部耗尽,那么 PIN 光敏二极管的量子效率可以近似表示为

$$\eta = 1 - \exp[-\alpha(\lambda)W] \tag{4-38}$$

式中:$\alpha(\lambda)$、W——分别为 I 层的吸收系数和厚度。

由式(4-38)可以看到,当 $\alpha(\lambda)W \gg 1$ 时,$\eta \to 1$,所以为提高量子效率 η,I 层的厚度 W 要足够大。

量子效率的光谱特性取决于半导体材料的吸收光谱 $\alpha(\lambda)$,对长波长的限制由 $\lambda_c = hc/E_g$ 确定。图 4-51 示出量子效率 η 和灵敏度 S 的光谱特性。由图可见,Si 适用于 $0.8\sim$

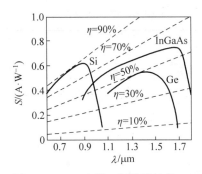

图 4-51　PIN 光敏二极管灵敏度 S、
量子效率 η 与波长 λ 的关系

0.9μm 波段,Ge 和 InGaAs 适用于 1.3～1.6μm 波段。PIN 光电灵敏度一般为 0.5～0.6A/W。

2. 响应时间和频率特性

光敏二极管的响应时间用累积电荷变为外部电流所需要的时间衡量,通常表示为上升时间或截止频率。对于数字脉冲调制信号,把光生电流脉冲前沿由最大幅度的 10% 上升到 90%,或后沿由 90% 下降到 10% 的时间,分别定义为脉冲上升时间 t_r 和脉冲下降时间 t_f。PIN 光敏二极管响应时间或频率特性主要由光敏二极管 RC 时间常数 t_1、扩散时间 t_2、光生载流子在 I 层的漂移时间 t_3 三个因素决定。

(1) 电容 C_t 和负载电阻 R_L 的时间常数。时间常数 t_1 由光敏二极管的终端电容 C_t 和负载电阻 R_L 决定。C_t 是二极管结电容和封装寄生电容的总和,t_1 可表示为

$$t_1 = 2\pi \times C_t \times R_L \tag{4-39}$$

为了缩短 t_1,设计时必须减小 C_t 或 R_L。C_t 和光照有效面积 A 成比例,和耗尽层宽度 W 成反比,耗尽层的宽度与材料的电阻率 ρ 和反向电压 V_r 成正比,即

$$C_t \approx \frac{\varepsilon_r \varepsilon_0 A}{\{(V_r + 0.5) \times \rho\}^{2 \sim 3}} \tag{4-40}$$

(2) 光生载流子的扩散时间 t_2。当光照射到 PN 结上被二极管芯片的有效面积吸收,会在耗尽层外产生光电子-空穴对。这些载流子扩散到 I 层内所需的时间为扩散时间,这些载流子扩散的时间有时会大于几微秒。

(3) 载流子在 I 层的漂移时间 t_3。载流子在耗尽层的漂移速度 v_d 用迁移率 μ 和耗尽层电场强度 E 表示,$v_d = \mu E$,假设耗尽层宽度为 W,外加电压为 V_r,那么平均电场强度 $E = V_r/W$,则 t_3 表示为

$$t_3 = W/v_d = W^2/(\mu V_r) \tag{4-41}$$

以上的三个因素决定二极管的上升时间 t_r,t_r 可表示为

$$t_r = \sqrt{t_1^2 + t_2^2 + t_3^2} \tag{4-42}$$

为了缩短 t_1,二极管应该减小 A,增大反向偏置电压。然而,增大反向偏置电压会增大暗电流,所以在微光检测时应谨慎考虑。另外,在结构上采用同轴封装和微带结构可以减小管壳电容,从而减小 t_1。t_2 可通过减少零场区来减小。减小耗尽层宽度 W,可以减小渡越时间 t_3,从而提高截止频率 f_c,但是同时要降低量子效率 η。所以,为减小上升时间 t_r,各影响因素之间应适当取舍。

对于幅度一定,频率为 $\omega = 2\pi f$ 的正弦调制信号,用 PIN 光敏二极管光电流下降 3dB 的频率定义为截止频率 f_c。其截止频率 f_c 与上升时间 t_r 的关系为

$$f_c = \frac{0.35}{t_r} \tag{4-43}$$

由电路 RC 时间常数限制的截止频率

$$f_c = \frac{1}{2\pi R_t C_t} \tag{4-44}$$

式中：R_t——光敏二极管的串联电阻和负载电阻的总和；

　　C_t——结电容和管壳分布电容的总和。

3. 噪声

噪声是反映 PIN 光敏二极管特性的一个重要参数，它直接影响器件的光电灵敏度。PIN 光敏二极管的噪声主要包括由信号电流和暗电流产生的散粒噪声和由负载电阻和后继放大器输入电阻产生的热噪声。

1）散粒噪声

$$\overline{i_{ns}^2} = 2e(I_p + I_d)\Delta f \tag{4-45}$$

式中：e——电子电荷；

　　Δf——测量频带宽度；

　　I_p、I_d——分别为信号电流和暗电流。

第一项 $2eI_p\Delta f$ 称为量子噪声，是由于入射光子和所形成的电子-空穴对都具有离散性和随机性而产生的。只要有光信号输入就有量子噪声。这是一种不可克服的本征噪声，它决定光电探测器件灵敏度的极限。第二项 $2eI_d\Delta f$ 是暗电流产生的噪声。暗电流是器件在反偏压条件下，没有入射光时产生的反向直流电流，它包括晶体材料表面缺陷形成的泄漏电流和载流子热扩散形成的本征暗电流。暗电流与光敏二极管的材料和结构有关。

2）热噪声

$$\overline{i_{nj}^2} = \frac{4kT\Delta f}{R} \tag{4-46}$$

式中：k——玻尔兹曼常数；

　　T——热力学温度；

　　R——器件等效电阻，热噪声的产生是负载电阻和放大器输入电阻并联的结果。

因此，PIN 光敏二极管的总均方噪声电流为

$$\overline{i_n^2} = 2e(I_p + I_d)\Delta f + \frac{4kT\Delta f}{R} \tag{4-47}$$

4.4.3　典型的 PIN 光敏二极管及其应用

根据材料的不同和加工工艺的不同，可以做出在不同波长、速度、容量等参数下适合应用需求的最优产品。表 4-4 列出了不同类型的典型的 PIN 光敏二极管的特性。

表 4-4　典型 PIN 光敏二极管的特性

型号	光敏面直径 /mm	峰值波长 /nm	灵敏度 /(A·W⁻¹)	电容 /pF	暗电流 /nA	噪声等效功率 /(W·Hz^{-½})	最大反偏电压 /V	上升时间 /ns	工作温度 /℃
PIN-HR005	0.127	800	0.5	0.8	0.03	5.0e-15	15	0.60	−25～+85
PIN-HR008	0.203	800	0.5	0.8	0.03	5.0e-15	15	0.60	−25～+85
PIN-HR020	0.508	800	0.5	1.8	0.06	7.1e-15	15	0.80	−25～+85
PIN-HR026	0.660	800	0.5	2.6	0.1	1.0e-14	15	0.90	−25～+85
PIN-HR040	0.991	800	0.5	4.9	0.3	1.9e-14	15	1.0	−25～+85

注：测试条件 $T=23℃$，反偏电压 5V，测试波长 830nm。

PIN 硅光敏二极管是一种将可见光和近红外信号转变为电信号的器件,主要应用于光纤通信、激光技术、可见和近红外接收、测距、测温、微光功率和微电流测量等方面。下面给出两个 PIN 光敏二极管的应用实例。

1. 光纤通信中的光接收机

光电检测器是光纤通信系统的一个核心器件。借助光电检测器可以完成光信号到电信号的变换。为了实现光的解调或光电变换,在实际系统中还要将光电检测器、放大电路、均衡滤波电路、自动增益控制电路及其他电路构成一体,形成所谓的光接收机,如图 4-52 所示。

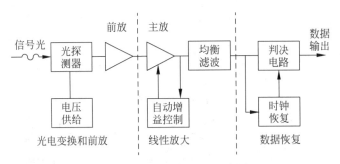

图 4-52　光接收机原理组成图

因此,光接收机在整个光纤通信系统中具有相当重要的作用,它的好坏将直接决定着系统性能的优劣。光电检测器是光接收机的关键器件,它的功能是把光信号转换为电信号,PIN 光敏二极管是目前常用的光检测器。图 4-53(a)所示为武汉光迅科技生产的用于光接收机上的专用 PIN 光敏二极管。图 4-53(b)所示为华为 SFD-GE-LX-SM1310 千兆单模光接收模块图。

(a) 光接收机专用PIN光敏二极管　　　　　(b) 光接收模块图

图 4-53　专用 PIN 光敏二极管与光接收模块图

人物介绍

高锟,1933—2018 年,生于江苏省金山县(今上海市金山区),华裔物理学家、中国科学院外籍院士、2009 年获得诺贝尔物理学奖。1957 年高锟开始从事光导纤维在通信领域运用的研究。1964 年,他提出在电话网络中以光代替电流,以玻璃纤维代替导线。1965 年,高锟与霍克汉姆共同得出结论,玻璃光衰减的基本限制在 20dB/km。1966 年,高锟发表了一篇题为《光频率介质纤维表面波导》的论文,开创性地提出光导纤维在通信上应用的基本原理,描述了长程及高信息量光通信所需绝缘性纤维的结构和材料特性。高锟被誉为"光纤之父""光纤通信之父"和"宽带教父"。

高锟

2. 脉冲式激光峰值功率计

脉冲式激光峰值功率计的原理如图 4-54 所示。它是测量脉冲式激光器峰值功率值的仪器。基本原理与一般功率计相同,但测量对象是脉冲光。激光脉冲信号的特点主要是脉冲信号宽度很窄,在 ns 量级,且存在单脉冲或低重复率脉冲以及高重复率信号等多种形式,因此,激光信号远视场情况下的综合测试,主要解决对脉冲激光的响应灵敏度、响应速度、高速宽带信号的采集处理,以及重复频率、峰值功率标定的问题。在保证光电探测器工作在线性范围的条件下,选用响应速度极快且使用方便的 PIN 光敏二极管作为探测器,以保证其高的响应速度和可靠性,同时选用高速宽带运算放大器,以保证其信号完整真实地输出。

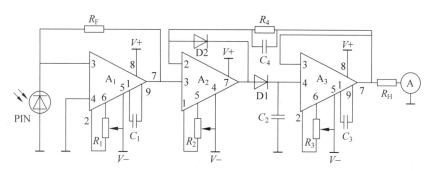

图 4-54　脉冲式激光峰值功率计原理图

4.5　雪崩光敏二极管

雪崩光敏二极管(Avalanche Photodiode,APD)是一种具有高灵敏度、高响应度的光伏探测器。通常硅和锗雪崩光敏二极管的电流增益可达 $10^2 \sim 10^4$,且响应速度极快,带宽可达 100GHz。由于其具有探测灵敏度高、带宽高、低噪声等特点,被广泛运用于微弱光信号检测、激光测距、长距离光纤通信及光纤传感等领域中,是一种非常理想的光电探测器件。

4.5.1　雪崩光敏二极管的原理

在光敏二极管的 PN 结上加一个高的反向偏压(100~300V),PN 结区会产生很强的电场。当光生载流子进入结区后,会在强电场(约为 3×10^5 V/cm)的作用下加速从而获得很大的能量。定向运动的高能量载流子与晶格原子发生碰撞,使晶格原子发生电离,产生新的电子-空穴对;新的电子-空穴对在强电场的作用下获得足够的能量,再次与晶格原子发生碰撞,又产生新的电子-空穴对。这个过程不断重复,使 PN 结内电流急剧倍增放大,这种现象称为雪崩倍增效应,如图 4-55 所示。雪崩光敏二极管能够获得内部增益是基于碰撞电离效应,这种效应产生了光电流放大。

4.5.1
微课视频

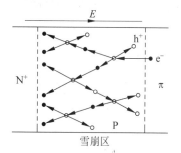

图 4-55
动态效果

图 4-55　雪崩光敏二极管工作原理

4.5.2 达通型雪崩光敏二极管的结构、电场、电荷分布

图 4-56(a)所示为达通型雪崩光敏二极管(Reach-through APD,RAPD)结构示意图。

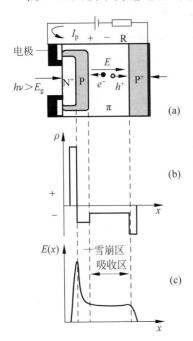

图 4-56 雪崩光敏二极管结构、
电场、电荷分布

光通过入射窗口照射到薄的 N⁺ 层上。靠近 N⁺ 层是三种不同掺杂浓度的 P 型层,用于适当调节二极管中的电场分布。第一层是薄的 P 型层,第二层是很厚、轻掺杂的 π 层(几乎是本征半导体),第三层是高掺杂的 P⁺ 层。当二极管接反向偏压时,耗尽层的电场加强。在已知掺杂离子的情况下二极管中空间净电荷的分布如图 4-56(b)所示。当反向偏压为零的时候,P 区域的耗尽层一般并不穿透 P 型层向 π 层扩散。当足够高的反向电压加到二极管的两侧时,在 P 型层区域的耗尽层逐渐拓宽直至进入 π 层。电场从在 N⁺ 层里的薄的耗尽层里的带正电荷的施体开始一直"达通"到 P⁺ 层里薄的耗尽层里的带负电受体处结束。

在图 4-56(a)中的两端电极间加上电压 V_r,两电极间的空间净电荷密度 ρ 就会产生电场强度 E。在两电极间的电场强度变化情况如图 4-56(c)所示。存在于 P、π、P⁺ 层中的电场线开始于正离子,结束于负离子。在整个电场空间中,N⁺P 结处电场强度最大,在 P 型层逐渐减小。在穿透 π 型层时,由于 π 型层中空间净电荷密度很小,电场几乎为匀强电场。电场强度消失在 P⁺ 层里的狭窄的耗尽层。

由于 π 型层比较厚,因此在这个厚的区域中利于光子吸收而产生电子-空穴对。产生的电子-空穴对在均匀电场的作用下,分别朝相反的方向以较大的速度朝着 N⁺ 层和 P⁺ 层运动。当漂移电子以大的速度到达 P 层时会继续获得能量,获得高动能的光生电子和空穴(比 E_g 要大)与硅晶格原子碰撞,使硅的共价键电离而又释放电子-空穴对。二次电子-空穴对在这个区域高电场的作用下获得足够大的动能,又与硅晶格原子碰撞电离释放出更多的电子-空穴对,这样就形成了一个碰撞电离的"雪崩"的过程。如此,一个电子进入 P 层,导致大量的电子-空穴对形成,从而产生能够测量的光生电流。由于一个光敏二极管吸收一个单独的电子就能够产生大量的电子-空穴对,这就是内部增益机理。

4.5.3 雪崩光敏二极管的主要特性参数

1. 雪崩倍增系数 M

雪崩区域的载流子的倍增程度取决于碰撞电离,而碰撞电离很大程度上取决于这个区域的电场强度,进而取决于反向电压 V_r。雪崩光敏二极管的雪崩倍增系数 M(Avalanche MultiPlication Factor)定义为

$$M = \frac{I_p}{I_{p0}} \tag{4-48}$$

APD 的光电流是指 APD 在反向偏置工作条件下,由于入射光产生光生载流子在强电

场内的定向运动产生的雪崩效应而产生的电流。光电流的大小与 APD 的偏置电压、入射光波长、环境温度等有关。光电流与偏置电压的关系曲线如图 4-57(c)所示。

I_p 是雪崩光敏二极管倍增时的输出电流，I_{p0} 是无倍增时的输出电流。雪崩倍增系数 M 是与反向偏置电压和温度有关的函数。实验发现，倍增系数 M 可以表示为

$$M = \frac{1}{1 - \left(\dfrac{V_r}{V_{br}}\right)^n} \tag{4-49}$$

式中：V_{br}——雪崩击穿电压；

V_r——外加反向偏压。

n 是取决于半导体材料、掺杂分布及辐射波长，通常硅材料的 $n = 1.5 \sim 4$；锗材料的 $n = 2.5 \sim 8$。V_{br} 和 n 都和温度有密切的关系，当温度升高时，非离化散射增大，使得碰撞电离系数降低，增益降低，击穿电压会增加，因此为了得到同样的倍增因子，不同的温度就要加不同的反向偏压，如图 4-57(a)所示。

由式(4-49)可知，当外加电压 V_r 增加到接近 V_{br} 时，M 趋于无限大，此时 PN 结将发生击穿。图 4-57(a)所示为 AD500-8 型雪崩光敏二极管的倍增因子和偏置电压的关系曲线。由图 4-57(a)可知，在偏置电压较小情况下，基本没有雪崩效应，随电压增加，将引起雪崩效应，使光电流有较大的增益。

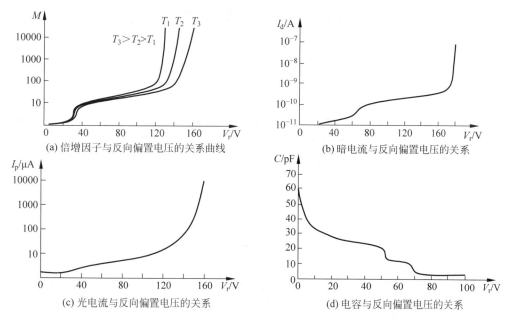

图 4-57　APD 特性参数与偏置电压的关系曲线

2. 雪崩光敏二极管暗电流

APD 的暗电流有无雪崩暗电流和倍增后的暗电流之分，它随倍增因子的增加而增加，如图 4-57(b)所示。此外，还有漏电流，漏电流没有经过倍增。

3. 雪崩光敏二极管噪声

雪崩光敏二极管中除了普通光敏二极管散粒噪声外，由于其载流子是碰撞电离产生的，因此碰撞的随机性和不规则性会导致附加的噪声。对于雪崩光敏二极管，当雪崩倍增 M 倍

以后,雪崩光敏二极管噪声电流可近似地表示为

$$\overline{i_n^2} = 2eI(I_p + I_d)M^n \Delta f + \frac{4kT \Delta f}{R_L} \tag{4-50}$$

式中,指数 n 是与 APD 光敏面的材料有关的系数,对于硅管通常为 $2.3 \sim 2.5$;对于锗管通常为 3。

雪崩光敏二极管输出信噪比为

$$S/N = \frac{I_p^2 M^2}{2e(I_p + I_d)M^n \Delta f + \frac{4kT \Delta f}{R_L}} \tag{4-51}$$

上式表明,雪崩光敏二极管的信噪比随倍增因子变化而变化。随反向偏压的增加,M 增大,信号功率增加,散粒噪声也增加,但热噪声不变,总的信噪比会增加。当反向偏压进一步增加后,散粒噪声增加很多,而信号功率的增加减缓,总的信噪比又会下降。

4. APD 时间响应特性

响应时间用来表示脉冲激光入射到探测器上所引起的响应快慢。由于脉冲激光的脉宽通常很窄,为了能够探测到脉冲激光的大小及其变化,探测器的响应时间必须短于脉冲激光的变化时间。在 APD 的极间存在等效电容,影响着 APD 的时间响应特性。随着反向偏置电压的增大,电容值逐渐减小,APD 的响应时间加快,如图 4-57(d)所示。

4.5.4 典型的雪崩光敏二极管及其应用

不同型号的雪崩光敏二极管对光谱范围灵敏度不一样,响应速度不一样,应用场合也不一样。表 4-5 列出了不同类型的典型雪崩光敏二极管的相关特性参数。

表 4-5 典型 APD 光敏二极管的特性

型号	光敏面直径/mm	峰值波长/nm	灵敏度/(A·W⁻¹)	电容/pF	暗电流/nA	反偏电压范围/V	上升时间/ns	工作温度/℃
APD-300	0.3	820	42	1.5	1.0	130~280	0.4	−40~+70
APD-500	0.5	820	42	2.5	1.8	130~280	0.5	−40~+70
APD-900	0.9	820	42	7	2.5	130~280	1.0	−40~+70
APD-1500	1.5	820	42	12	7.0	130~280	2.0	−40~+70
APD-3000	3.0	820	42	40	15	130~280	5.0	−40~+70

注:测试条件 $T = 23$℃,测试波长 850nm,增益 100。

雪崩光敏二极管通常应用在微弱光信号处理中,也用在高调制频率的应用中。典型的包括光通信和弱信号条件下的测距。

1. 雪崩光敏二极管在模拟光接收机中的应用

在目前的光纤通信接收机中,光电检测器通常使用 PIN 光敏二极管和 APD 雪崩光敏二极管。当入射功率较小时,PIN 管产生的信号电流非常微弱,经过信号放大和处理,引入的放大器噪声将严重地降低光接收机的灵敏度。为了克服这个缺点,有必要设法在放大器之前加大光电检测器的输出信号电流。也就是说,需要在光电检测器中提供信号增益,APD 管就是基于这个目的而设计的一种光电检测器。APD 管的使用有效地减少了放大器噪声的影响,提高了光接收机的灵敏度。但 APD 管的成本比 PIN 管高,电路也复杂,所以

在实际应用中考虑应用需求和使用范围来合理选取。图 4-58 所示为 APD 光接收机原理方框图。

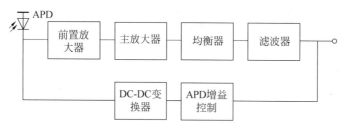

图 4-58 APD 光接收机原理方框图

使用 APD 管的光接收机,它除了前置放大器、主放大器、均衡器和滤波器等 PIN 管接收机也有的部分外,还加有 DC-DC 变换器、雪崩增益控制电路等。所以它的电路较 PIN 管接收机复杂,成本也比它高。

2. 雪崩光敏二极管恒虚警率控制在激光成像系统中的应用

雪崩光敏二极管以其接收灵敏度高、响应速度快等优点,常用于扫描式激光成像系统中。由于雪崩光敏二极管的工作电压随背景和温度的变化而变化,因此正确设置其工作偏压,对充分发挥接收系统的探测灵敏度是非常重要的。采用恒虚警方法控制 APD 接收机输出的噪声,使其工作在最佳倍增因子状态。恒虚警控制电路的原理:一方面调整雪崩光敏二极管的偏压,使其随环境、温度等的变化而变化,信号检测时保持虚警率恒定;另一方面,对较小但快速变化的环境参数,则采用自动调整门限电压 V_{ref} 来控制虚警率恒定。在激光成像的应用中,主要的快速变化环境参数来自背景光强弱的变化。

恒虚警控制电路结构如图 4-59 所示。系统主要利用恒虚警控制接收系统的噪声,通过控制高压调整器,使 APD 的倍增因子变化,改变光接收系统的噪声大小从而形成反馈形式。当输入噪声电平较大时(即背景噪声大或温度低时),视频放大器输出电平送到比较器 2,经过门限控制处理器 V_3 输出相应较多的噪声脉冲信号,单位时间内传送给 CPU 的噪声脉冲信号也较多,由 CPU 处理后通过 D/A 转换器转换为电压 V_H 去控制高压调整器,使

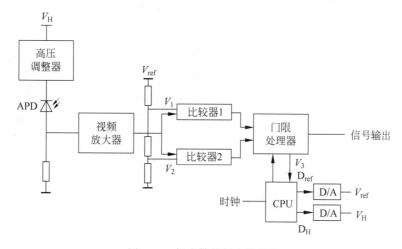

图 4-59 恒虚警控制电路结构

APD 的偏压下降,减少 APD 的倍增因子,从而降低光电接收系统的输出噪声。反之,当输入噪声电平较小时(即背景噪声小或温度高时),经过门限控制处理器输出相应较少的噪声脉冲信号,单位时间内传送给 CPU 的噪声脉冲信号也相应较少,经 CPU 处理后通过 D/A 转换器转换为电压 V_H 去控制高压调整器,使 APD 的偏压上升,增加 APD 的倍增因子,从而增加光电接收系统的输出噪声,这种综合控制使接收系统的输出噪声相对恒定。由于 V_H 的调整涉及数百伏的高压,因此这种调整过程需要一定的过渡时间,且由于采用反馈控制方法,实际上一个调整周期中需要多次调整 V_H 才能达到稳定值,因此这种处理是慢恒虚警处理。对于较小但有快速响应要求的环境,采用自动调整门限电压 V_{ref} 来实现反馈控制,即通过对 V_3(门限处理器输出的噪声脉冲信号)在单位时间计数的数目,由 CPU 来判断 V_{ref} 值的增加或减小。当噪声脉冲信号多时,V_{ref} 值增大,当噪声脉冲信号少时,V_{ref} 值减小,使比较器的门限电压跟随输入噪声的起伏而自动变化,由此在小范围内快速控制光电接收系统的虚警率恒定。为了有效抑制杂波、毛刺、减小虚警率,增加抗噪声干扰的能力,比较器 1 的比较电平 V_1 应略高于比较器 2 的比较电平 V_2,并始终保持一个压差。恒虚警控制电路在激光成像系统中成功运用并取得了较好的效果。

4.6　色敏探测器

自然界中有各种各样的颜色,物体对光的选择吸收是产生颜色的主要原因。随着现代工业生产向高速化、自动化方向的发展,颜色识别得到了越来越广泛的应用。而生产过程中长期以来由人眼起主导作用的颜色识别工作将越来越多地被相应的颜色传感器所替代。色敏探测器可以应用于印染、油漆、汽车等行业,也可以装在自动生产线上对产品的颜色进行监测。

4.6.1　色敏探测器的结构与工作原理

1. 双结色敏探测器原理

色敏探测器(Color Sensor)是半导体光伏效应器件的一种,是基于内光电效应将光信号转换为电信号的光辐射探测器件。可直接测量从可见光到近红外波段内单色辐射的波长。双结色敏探测器(Color Sensor with Double PN Junction)由同一硅片上两个深浅不同的 PN 结构成,PD_1 结为浅结,PD_2 结为深结。其工作原理图和等效电路图如图 4-60 所示。在光照射时,P^+、N 和 P 三个区域及其耗尽层区均有光子吸收,但是由于入射光子波长不同从而导致不同深度的吸收效率不同。短波长的光吸收系数大,穿透很短距离就被吸收完毕,因此浅结对短波长光灵敏度较高。而长波长光吸收系数小,入射光子主要在深结处被吸收,因此,深结对长波长

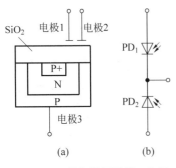

图 4-60　双结色敏探测器工作原理图与等效电路图

灵敏度较高。即导体中不同的区域对不同的波长具有不同的灵敏度,光谱响应曲线如图 4-61 所示。这就使其具有识别颜色的功能。

当入射光强度保持一定时,器件中两只光敏二极管短路电流比值 I_{sc2}/I_{sc1} 与入射单色

光波长存在一一对应关系,根据标定的曲线及对应关系,即可唯一确定该单色光的波长,如图 4-62 所示。虽然对于固定波长的入射光由于外界环境的影响,在不同时刻同一结输出的电流有起伏,但同一时刻两个结的对数电流比为一定值。

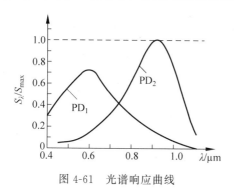

图 4-61　光谱响应曲线

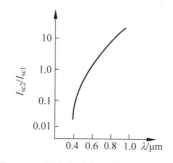

图 4-62　短路电流与入射波长的关系

这种探测器的突出优点是:短路电流比与光强无关,几乎只与入射光波长相关。但色敏器件的输出电流很小,很容易受外界的干扰,因此需要对放大电路进行屏蔽。上述双结光敏二极管只能用于测定单色光的波长,不能用于测量多种波长组成的混合色光,即便已知混合色光的光谱特性,也很难对光的颜色进行精确检测。

2. 全色色敏探测器原理

全色色敏探测器(Panchromatic Color Sensor)是在同一块玻璃衬底基片上集成三个光敏二极管,并同时涂盖一层红、绿、蓝三基色滤色片而成。全色色敏探测器结构示意图如图 4-63 所示。当物体或发光体反射来的光入射到红、绿、蓝三基色滤色片的检测部分上时,光谱响应曲线如图 4-64 所示。该曲线近似于国际照明委员会制定的 CIE1931-RGB 标准色度系统光谱三刺激值曲线,通过对 R、G、B 输出电流的比较,即可识别物体的颜色。

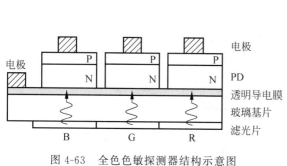

图 4-63　全色色敏探测器结构示意图

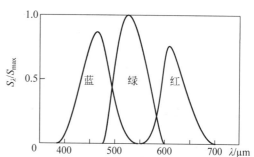

图 4-64　全色色敏探测器光谱响应曲线

图 4-63
动态效果

4.6.2　色敏探测器的检测电路

1. 双结硅色敏探测器的检测电路

根据双结光敏二极管等效电路,可以设计出如图 4-65 所示的信号处理电路。其中 PD_1 和 PD_2 为两个深浅不同的硅 PN 结,它们的输出分别连接到运算放大器 A_1 和 A_2 的输入

4.6.2
微课视频

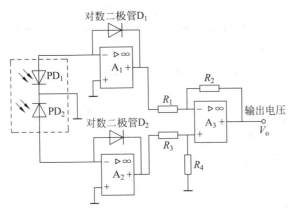

图 4-65　双结色敏探测器的信号处理电路

端，D_1、D_2 作为对数变换元件，A_3（差动放大器）对 A_1 和 A_2 的输出电压作减法运算，最后得到对应于不同颜色波长的输出电压值，即

$$V_O = V_T(\lg I_{sc1} - \lg I_{sc2})\frac{R_2}{R_1}$$

$$(4\text{-}52)$$

式中，$V_T = kT/e$，室温条件下，$V_T \approx 26\text{mV}$；I_{sc1}、I_{sc2} 分别为 PD_1、PD_2 的短路电流；$R_2/R_1 = R_4/R_3$ 为差动放大器 A_3 的电压放大倍数。

由于入射光波与 I_{sc1}/I_{sc2} 之间有一一对应关系，根据式(4-52)就可以得到输出电压 V_O 与入射波长之间的关系。因此，只要测出上面信号处理电路的输出电压，就能确定被测光的波长以达到识别颜色的目的。

2. 全色色敏探测器的检测电路

利用全色色敏器件及相关分析手段可以较精确地测定颜色，典型的硅集成三色色敏器件的颜色识别的信号处理电路如图 4-66 所示。从标准光源发出的光，经被测物反射，投射到色敏器件后，R、G、B 三个光敏二极管输出不同的光电流，经运算放大器放大、A/D 转换，将变换后的数字信号输入微处理器中。微处理器在软件的支持下，在显示器上显示出被测物的颜色。

图 4-66
动态效果

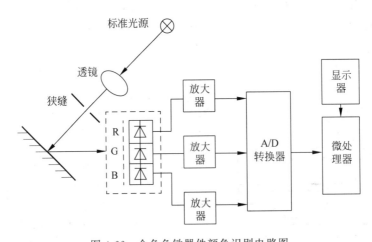

图 4-66　全色色敏器件颜色识别电路图

测量前应对放大器进行调整，使标准光源发出的光经标准白板反射后，照到色敏器件上时应满足 $R = G = B = 33\%$。

4.6.3　色敏探测器的短路电流比-波长特性

色敏探测器属于特殊的光伏探测器，它的基本特性参数与一般光伏特性器件相同，如时间响应、温度响应等。作为色敏探测器件,不同的特性参数为短路电流比与波长的关系。

短路电流比-波长特性是表征半导体色敏器件对波长的识别能力,是赖以确定被测波长的基本特性。图4-67表示上述PD150型半导体色敏器件的短路电流比-波长特性曲线。

4.6.4 两种色敏探测器

1. 色差探测器(Colorimeter)

在一些实际应用中(如分拣、质量监控等行业),并不需要确切了解被测物的具体颜色,而只

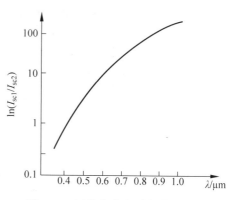

图 4-67 短路电流比-波长特性曲线

需要对两个物体的色差进行识别与判断,区别出从一种颜色到另一种颜色的变化。例如,对家用电器、汽车外壳的色彩管理,对纸浆、油漆、彩色钢板等色彩进行读取和控制,只要检测出两种颜色存在一定的色差,就能将它们区分开来。由于其价格便宜,动态响应效果好,能实现在线实时测量,所以除染色等特殊行业外,工业上一般都采用色差探测器。

这种色差探测器不能同时测量颜色的RGB值,但通过电流比可以探测单色光,也可以区分两个不同光谱组成的复色光,即色差辨别。Sharp 公司的 PD150 和 PD151 是这种传感器。表 4-6 所示为 PD150、PD151 双结型色敏探测器的特性。

表 4-6 双结型色敏探测器的特性($T_A = 25℃$)

型号	最大暗电流/nA ($V_r = 1V$)	极间电容 C_{t1}/pF ($V_r = 0V$ $f = 1MHz$)	极间电容 C_{t2}/pF ($V_r = 0V$ $f = 1MHz$)	短路电流 I_{sc1}/μA ($\lambda = 600nm$ $E_e = 50μW/cm^2$)	短路电流 I_{sc2}/μA ($\lambda = 600nm$ $E_e = 50μW/cm^2$)	短路电流比 I_{sc1}/I_{sc2} ($\lambda = 600nm$)	短路电流比 I_{sc1}/I_{sc2} ($\lambda = 900nm$)	转换电压/V	工作温度/℃
PD150	10	200	100	0.75	0.19	4	0.22	5	0~+70
PD151	10	200	100	0.65	0.16	4	0.22	5	0~+70

2. 全色色敏探测器

全色色敏探测器对相似颜色和色调的检测可靠性较高。全色检测法是通过测量构成物体颜色的三基色实现颜色检测的,所以精密度极高,能准确区别极其相似的颜色,甚至相同颜色的不同色调。RGB 颜色传感器有两种测量模式:一种是分析红、绿、蓝光的比例。因为检测距离无论怎样变化,只能引起光强的变化,而三种颜色光的比例不会变,因此,即使在目标有机械振动的场合也可以检测。第二种模式是利用红绿蓝三基色的反射光强度实现检测的,利用这种模式可实现微小颜色判别的检测,但传感器会受目标机械位置的影响。无论应用哪种模式,大多数 RGB 颜色传感器都有导向功能,使其非常容易设置,这类传感器大多数都有内建的某种形式的图表和阈值,利用它可确定操作特性。表 4-7 所示为 BRIGHT 公司 RGB230 的特性参数,表 4-8 所示为 TAOS 公司 TCS3200 的特性参数。

表 4-7　全色色敏探测器 RGB230 特性参数($T=25℃$)

颜色类型	暗电流/nA ($V_R=10V$)	正向电压/V ($I_F=10mA$)		击穿电压/V ($I_R=100\mu A$)	光电流/μA ($E_V=100lx, V_R=5V$)		
	max	max	min	min	$\lambda_p=630nm$	$\lambda_p=560nm$	$\lambda_p=560nm$
R	10	1.3	0.5	35	0.35	—	—
G	10	1.3	0.5	35	—	0.05	—
B	10	1.3	0.5	35	—	—	0.30

表 4-8　TCS3200,TCS3210 特性参数

型号	颜色类型	输出频率/kHz									辐射灵敏度/[Hz/(μW/cm²)]								
		$\lambda_p=470nm$, $E_e=47.2\mu W/cm^2$			$\lambda_p=524nm$, $E_e=40.4\mu W/cm^2$			$\lambda_p=640nm$, $E_e=34.6\mu W/cm^2$			$\lambda_p=470nm$			$\lambda_p=524nm$			$\lambda_p=640nm$		
		min	type	max	min	type	max	min	type	max	min	type	max	min	type	max	min	type	max
TCS 3200	B	61%		84%	8%		28%	5%		21%	61%		84%	8%		28%	5%		21%
	G	22%		43%	57%		80%	0%		12%	22%		43%	57%		80%	0%		12%
	R	0%		6%	9%		27%	84%		105%	0%		6%	9%		27%	84%		105%
	clear	12.5	15.6	18.7	12.5	15.6	18.7	13.1	16.4	19.7		331			386			474	

为了便于色彩识别及自动控制,MAZET 公司最新推出的色敏探感器 MTCSiCS,不仅能够实现对颜色的识别与检测;同时,它也是测量光源系统的出色解决方案。其控制系统可以捕捉到目前的颜色状况,然后根据图像信号反馈的信息控制并得到相应的三刺激值。MTCSiCS 的输出信号是数字量,可以驱动标准的 TTL 或 CMOS 逻辑输入,因此可直接与微处理器或其他逻辑电路相连接。由于输出的是数字量,并且能够实现每个彩色信道 10 位以上的转换精度,因而不再需要 A/D 转换电路,使电路变得更简单。

4.6.5　色敏探测器的应用

1. 测量、控制光源的色温度

图 4-68 所示是一个测量、控制光源的色温度的典型电路。光源的发光受灯电压控制电路控制,将光源的一部分光输入给半导体色敏传感器,经图 4-68 所示电路进行信号处理后得到输出电压,再将该输出电压反馈给灯电压控制电路。采用这种方式,可通过把半导体色敏传感器的输出电压保持在一个给定值上,使光源色温度的规定值维持不变。

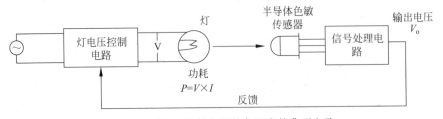

图 4-68　测量、控制光源的色温度的典型电路

2. 识别彩色纸的颜色

先把光源照射到纸上,再将其反射光入射到半导体色敏传感器上,就能够识别出纸的颜

色。图 4-69 就是这种测量方法的典型例子。

此时,半导体色敏传感器上的入射光是随着光源固有频谱和被测物体(纸)的各种固有波长的反射系数而定。因此需要注意,半导体色敏传感器的输出电压是依光源的种类、纸(颜色)的种类而变化的。

3. 在工业控制方面的应用

图 4-70 所示是瓷砖色彩区分装置。工控机控制色敏探测器对经过色敏探测器下方的瓷砖的表面颜色信号进行接收,且将接收到的表面颜色信号发送给工控机;随后工控机将从色彩传感器接收到的表面颜色信号与预定的颜色数值进行比较,从而识别瓷砖的颜色。

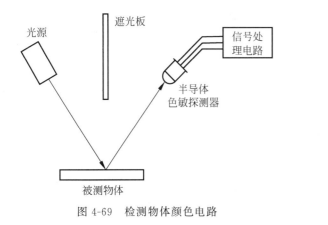

图 4-69　检测物体颜色电路　　　　　　图 4-70　瓷砖色彩区分装置

4.7　位置敏感探测器

位置敏感探测器(Position Sensitive Detector,PSD)是一种基于横向光电效应而制造的器件,对入射到光敏面上的光斑能量中心位置敏感的光电器件,它可以利用较少的光电输出信号的相对程度来计算位置信息。相对于其他类型的光电传感器,PSD 的主要优点在于它是无盲区的连续性器件,并且在无须额外器件的情况下就可以做成大面积的测量系统。目前,高性能的 PSD 已经被普遍应用,不仅光谱范围宽,并且位置分辨率可达 $0.1\mu m$,响应速度也提高至 $0.5\mu s$ 以下。如今,PSD 已被广泛应用于低成本需求或高速位置检测的商业和工业应用中,如非接触式距离测量、激光光束准直和物体的光电跟踪等场合,也应用于精密光学准直、生物医疗应用、机器人、过程控制和位置信息系统等。

4.7.1　位置敏感探测器的工作原理

1. 一维 PSD 器件(One-dimensional PSD Device)

位置敏感探测器是一个利用嵌入式电阻层来生成位置灵敏信号电流的单一光敏二极管,其工作机理是半导体的横向光电效应。横向光电效应是指当 PN 结一面被非均匀辐照时,平行于结的平面上出现电势差,形成光生伏特电压或者光生电流的现象。

PSD 由单一的大面积 PN 结和高阻半导体材料制成的面电阻组成,其工作原理如图 4-71所示,等效电路图如图 4-72 所示。当 PSD 未受光照时,沿着结平面电势均匀,横向无电势差。当一束光照在受光面某个区域时,光子主要在 I 层被吸收产生电子-空穴对,电子-空穴

4.7.1
微课视频

对在内建电场的作用下,电子向 N 型层运动,空穴向 P 型层运动。如果 N 型层高浓度掺杂,电导率很大,为等电势层,那么经漂移运动来的电子属于多数载流子,将快速离开照射区在整个 N 型层均匀分布。P 型层由于电阻率很大而出现光生空穴的堆积,结果出现横向电势差,在横向电场作用下光生空穴离开照射区向两边电极运动形成横向电流。同时,由于运动的空穴将抵消部分空间电荷,使空穴向 N 型层,电子向 P 型层回注,形成纵向回注漏电流。另外,由于薄层分流电阻是一个分布电阻,器件工作时还会存在呈面分布的 PN 结反向结电流,又由于 PN 结具有电容,还会伴随电容效应。

图 4-71
动态效果

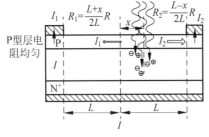

图 4-71 一维 PSD 工作原理图

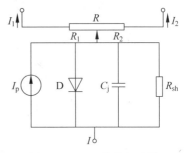

图 4-72 PSD 等效电路图

若使 PSD 工作在反向偏置状态,光生电流远远大于反向饱和电流和漏电流,假设 P 型层电阻率均匀分布,那么考虑稳态时,可以认为光生电流在 P 型层按电阻面长度分流。若以 PSD 器件的几何中心点为坐标原点,设光斑中心距原点的距离为 x,流过 N 型层上电极的电流为 I,流过两电极的电流分别为 I_1 和 I_2,PSD 光敏面长度为 $2L$,则有如下关系:

$$I = I_1 + I_2 \tag{4-53}$$

$$I_1 = \frac{L-x}{2L}I, \quad I_2 = \frac{L+x}{2L}I \tag{4-54}$$

$$x = L\left(\frac{I_2 - I_1}{I_1 + I_2}\right) \tag{4-55}$$

由以上关系可知,电极 1、2 的输出电流经过适当的信号放大以及运算处理可以得到反映光斑位置的信号输出,即可测出光斑能量中心对于器件中心的位置 x,它只与电流 I_1 和 I_2 的和、差及其比值有关,而与总电流无关。流经电极 3 的电流即总电流 I,它与入射强度成正比,所以 PSD 器件不仅能检测光斑中心的位置,而且能检测光斑的强度。

2. 二维 PSD 器件(Two-dimensional PSD Device)

二维 PSD 器件可用来测量光斑在平面上的二维位置(即 x、y 坐标值),它的光敏面常为正方形,比一维 PSD 器件多一对电极,它的结构可以分为图 4-73(a)所示的四边形 PSD 和图 4-73(b)所示的双面形 PSD。四边形的 PSD,其背光面是重掺杂层,因而 Si 片中的晶体缺陷和重金属杂质可以在工艺过程中由于吸除作用而被分凝到背面的磷沉积压,提高了有源压的洁净度,减少器件的暗电流,提高 PN 结的击穿电压,对器件可以加反偏电压。四边形 PSD 具有很小的暗电流和较高的反向击穿电压,但其位置线性度比较差。双面形 PSD,由于电阻层也必须在背面形成,这样吸除工艺就变得比较困难。由于 Si 片从一开始就必须两面抛光,并且离子注入,电极形成都比四边形 PSD 工艺复杂,双面形 PSD 暗电流比四边形 PSD 高出一个数量级。四边形 PSD 有一个公共的电极可以用来加上足够的反偏,而双面形 PSD 没有一个公共的电极，其反向偏压是通过信号极加上去的，因而必须把信号电流从反偏电压中分离出来，这样就增加了信号处理电路的复杂性。四边形 PSD 和双面形 PSD 的等效电路图如图 4-73 所示。

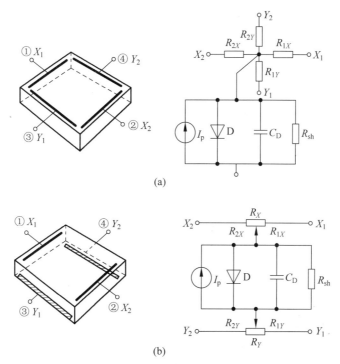

图 4-73　四边形 PSD 与双面形 PSD 的等效电路图

当光斑落到二维 PSD 器件上时，光斑中心位置的坐标值可分别表示为

$$x = \frac{I_{X2} - I_{X1}}{I_{X2} + I_{X1}}L, \quad y = \frac{I_{Y2} - I_{Y1}}{I_{Y2} + I_{Y1}}L \tag{4-56}$$

上式对靠近器件中心点的光斑位置测量误差很小，随着距中心点距离的增大，测量误差也会增大。为了减小测量误差，常将二维 PSD 器件的光敏面进行改进。改进后的 PSD 器件的四个引出线分别从四个对角线端引出，光敏面的形状好似正方形产生了枕形畸变。这种结构的优点是光斑在边缘的测量误差大大减小。

4.7.2　位置敏感探测器的检测电路

1. 一维 PSD 检测电路

图 4-74 所示为一维 PSD 信号处理电路框图。光源发射的激光照射在 PSD 的光敏面上，PSD 输出两路光电流信号，前置放大电路将其转换为电压信号并放大，经加法电路和减法电路得到两路信号的和与差，其中加法电路输出电压的极性为正，而减法电路输出电压的极性不确定，所以需要对减法电路的输出进行电平抬升和相位调整，以方便后续电路处理和数据采集。由于 PSD 的光谱范围比较宽，所以其输出信号不仅包括光源照射所产生的有用光电信号，还包括由背景光和暗电流的存在而产生的噪声源。考虑该影响在整个光敏面是均匀的，对两路输出电流的影响相等，所以可以认为减法结果不受影响，只需对加法结果进行补偿调零。

4.7.2
微课视频

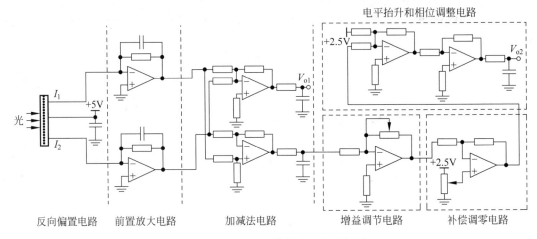

图 4-74　一维 PSD 信号处理电路框图

1）PSD 反向偏置电路

一维位置敏感探测器的信号处理电路工作在反向偏置状态，因此需要设计反偏电路。为了增强系统的抗干扰能力，在 PSD 电源输入端并接电源去耦电容，使其工作稳定可靠，提高系统性能。

2）前置放大电路

PSD 的输出信号为电流型，要对其进行运算和采集需转换为电压信号。最常见的实时电流型接口电路是由运算放大器和电阻构成的电阻反馈跨导式放大电路。运算放大器被配置成可以实时记录输入电流并将其转换成电压输出的电路，反馈阻抗为 R_f，输入电流为 I_i，则可求出其输出电压为

$$V_o = -I_i \cdot R_f \tag{4-57}$$

为防止由输入寄生电容使相位滞后而引起的振荡，该电路中采用反馈电阻与一小电容并联的方式来进行相位补偿，电容值通常取 10pF 以下。

3）加减法电路

两路信号的加减法实现电路，上半部分电路两个输入信号均作用于运放的同一个输入端，实现了加法运算，下半部分电路一部分输入信号作用于运放的同相输入端，另一部分输入信号作用于反相输入端，实现了减法运算。考虑在该实验仪中光源的驱动方式为直流驱动，所以由 PSD 产生的光电流信号也为直流信号，电路中采用由电阻和电容产生的低通滤波电路可以滤掉高频噪声。

4）增益调节电路

该电路为反相比例运算电路，输入电压通过电阻作用在运放的反相端，反馈电阻跨接在运放的输出端和反相输入端，构成了电压并联负反馈。通过调节反馈电阻的阻值，可以实现对输入电压的放大增益的调节。

5）补偿调零电路

该电路实际是由运放与反馈网络构成的减法运算电路，通过调节同向端的输入电压使其与反向输入端电压相等，可以实现输出为零。

6）电平抬升和相位调整电路

该电路首先将输入信号与+2.5V 电压反相求和，再进行反相，最后通过低通滤波器滤掉高频噪声。

2. 二维 PSD 检测电路

根据式(4-56)可以设计出二维 PSD 的光点位置检测电路。图 4-75 所示为基于改进后二维 PSD 的光点位置检测电路原理图。电路利用了加法器、减法器和除法器进行各分支电流的加、减和除的运算，以便计算出光点在 PSD 中的位置坐标。目前，市场上已有适用于各类型号的 PSD 器件的转换电路板，可以根据需要选用。

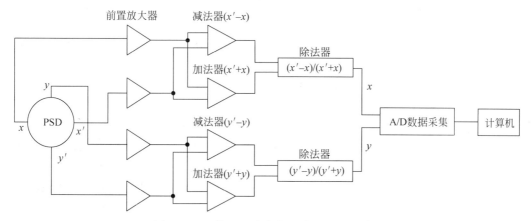

图 4-75　二维 PSD 光点位置检测电路原理图

在图 4-75 所示电路中加入 A/D 数据采集系统，将 PSD 检测电路所测得的 x 与 y 的位置信息送入计算机，可使 PSD 位置检测电路得到更加广泛的应用。当然，上述电路也可以进一步简化，在各个前置放大器的后面都加上 A/D 数据采集电路，并将采集到的数据送入计算机，在计算机软件的支持下完成光点位置的检测工作。

4.7.3　位置敏感探测器的主要特性参数

PSD 器件属于特种光生伏特器件，它的基本特性与一般硅光生伏特器件基本相同。例如，光谱响应、时间响应和温度响应等与前面讲述的 PN 结光生伏特器件相同。作为位置传感器，PSD 又有其独特特性，即位置检测特性。其主要有以下几个性能指标。

1）位置线性度

位置线性度是指入射光斑沿直线移动时 PSD 的位置输出偏离该直线的程度。PSD 的位置检测特性近似于线性，但由于器件的固有特性决定其存在非线性，而且越接近于边缘位置，误差越大。其线性度主要取决于制造过程中表面扩散层和底层材料电阻率的均匀性，以及有效感光面积等因素，且没有定量的公式作为依据。由于 PSD N 型层材料的不均匀性和电极形状等因素而造成 P 型层电阻率不为恒量，最终导致 PSD 呈非线性。通常，距离器件中心 2/3 的范围内线性度较好，越靠近边缘线性度越差。因此，实际应用中需要尽量选用线性度较好的区域，使系统误差限制在最小。

2）位置分辨率

位置分辨率是指 PSD 最小可探测的光斑移动距离，主要受器件尺寸、信噪比等因素的影

响。通常尺寸越大,器件分辨率越低,而提高信噪比可以提高位置分辨率。利用式(4-54),可做如下推导:

$$I_1 + \Delta I = \frac{L - x + \Delta x}{2L} \cdot I \tag{4-58}$$

式中: Δx——微小位移;

ΔI—— Δx 所对应的输出电流的变化。

那么, Δx 可由下式表达:

$$\Delta x = 2L \cdot \frac{\Delta I}{I} \tag{4-59}$$

假设对微小位移 Δx 取无穷小值,那么很明显,位置分辨率取决于此时输出电流所包含的噪声成分。因此,如果 PSD 的噪声电流为 I_n,则可以通过下式求得位置分辨率 ΔR 为

$$\Delta R = 2L \cdot \frac{I_n}{I} \tag{4-60}$$

3) 位置检测特性

PSD 的位置检测特性近似于线性。图 4-76 所示为典型一维 PSD(S1544)位置检测误差特性曲线。由曲线可知,越接近中心位置的测量误差越小。因此,利用 PSD 来检测光斑位置时,应尽量使光点靠近器件中心。

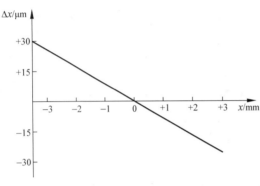

图 4-76 一维 PSD 位置检测误差特性曲线

4.7.4 几种常用位置敏感探测器

一维 PSD 以型号为 OD-3.5-6-SO8 为例,图 4-77 所示为其实物图。基本参数为:有效光敏面 3.5mm×1mm;位置检测误差±0.2%(测试条件: $\lambda = 632$nm; $P = 0.5\mu$W;光斑直径 0.5mm);光谱响应范围为 400~1100nm;暗电流 6.5nA(测试条件:反向偏置电压 $v_R = 10$V);灵敏度 0.59A/W($v_R = 0$V, $\lambda = 850$nm);工作温度 −25~85℃。光谱响应特性曲线如图 4-78 所示。

图 4-77 一维 PSD 实物图

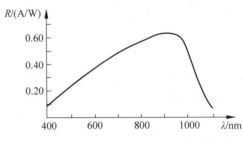

图 4-78 光谱响应特性曲线

二维 PSD 以型号为 DL-100-7-Cer 为例,图 4-79 所示为其实物图。基本参数为:有效光敏面 10mm×10mm;位置检测误差±0.1%(测试条件: $\lambda = 632$nm; $P = 0.5\mu$W,光斑直径 0.5mm);光谱响应范围为 400~1100nm;暗电流 80nA(测试条件:反向偏置电压 $v_R = 10$V);灵

敏度 $0.4\mathrm{A/W}(\lambda=633\mathrm{nm})$、$0.62\mathrm{A/W}(\lambda=850\mathrm{nm})$；工作温度$-20\sim80℃$。图 4-80 所示为其光谱响应特性曲线。

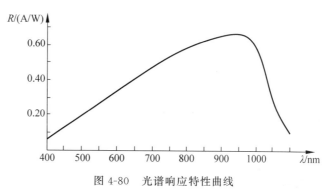

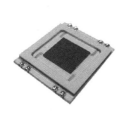

图 4-79　二维 PSD 实物图

图 4-80　光谱响应特性曲线

表 4-9 和表 4-10 所示分别为几种典型一维和二维 PSD 器件的基本特性参数，供应用时参考。

表 4-9　典型一维 PSD 特性参数

型号	位置感应区/mm	灵敏度/(A·W^{-1})		位置检测误差/μm	暗电流/nA		电容/pF		上升时间/μs	位置检测漂移(μm·℃$^{-1}$)	电极间阻值/kΩ	
		min	type	type	type	max	type	max	type	type	min	max
SL3-2	3×1	0.3	0.4	3	5	50	3	7	0.04	0.06	15	80
SL5-2	5×1	0.3	0.4	5	10	100	5	9	0.10	0.10	20	100
SL10-1	10×2	0.3	0.4	10	200	500	20	30	0.40	0.10	40	250
SL15	15×1	0.3	0.4	15	150	300	15	25	0.60	0.1	60	300
SL30	30×4	0.3	0.4	30	150	1000	125	150	1.0	0.6	40	80
SL76-1	762×5	0.3	0.4	76	100	1000	190	250	14.0	1.4	120	600

注：测试条件 $T=25℃$，$v_{\mathrm{BIAS}}=-15\mathrm{V}$，波长 670nm，误差在长度 64%～80%的感应区测量。

表 4-10　典型二维 PSD 特性参数

型号	位置感应区/mm²	灵敏度/(A·W^{-1})		位置检测误差/μm	暗电流/nA		电容/pF		上升时间/μs	位置检测漂移(μm·℃$^{-1}$)	电极间阻值/kΩ	
		min	type	type	type	max	type	max	type	type	min	max
DL-2	2	0.3	0.4	30	30	600	10	30	0.025	0.20	5	25
DLS-2	2	0.3	0.4	30	10	175	8	14	0.025	0.40	5	25
DL-4	4	0.3	0.4	50	50	1000	35	60	0.08	0.25	5	25
DLS-4	4	0.3	0.4	50	25	300	30	40	0.08	0.30	5	25
DL-10	10	0.3	0.4	100	500	5000	175	375	0.20	0.60	5	25
DL-20	20	0.3	0.4	200	2000	12 000	600	1500	1.00	1.0	5	25

4.7.5　位置敏感探测器的应用

PSD 不像传统的硅光电探测器只能应用于光电转换、光电耦合、光接收和光强测量等方面,而能用来直接测量位置、距离、高度、角度和运动轨迹等。不像固态图像传感器的测量表面由于敏感单元有一定的大小而存在死区,PSD 光敏面内无盲区。PSD 日益引起人们的重视,在位置、位移、距离、角度及其相关的检测中获得原来越广泛的应用。下面介绍几种 PSD 的典型应用。

1. PSD 微小厚度变化量测量

这里介绍一下三角测量法结合 PSD 实现微小厚度变化量测量的原理。三角测量法可分为斜射法和直射法。斜射法是入射光束与被测表面法线成一锐角,而直射法是入射光束垂直于被测表面。两种方法各有优缺点:斜射法的测量准确度高于直射法,因而在要求较高准确度的测量时应首先予以考虑。直射法光斑较小,光强集中,不会因被侧面不垂直而扩大光照面上的光斑,因而对于表面较粗糙、处于震动中的被测对象,干扰误差小。

斜射三角法的测量原理如图 4-81 所示,激光器发出的激光束,经会聚镜后,入射到被测物体表面。由于反射一般为漫反射,经被测表面后的散射光呈一小光斑,该光斑经成像镜后成像在 PSD 的光敏面上,再经过光电转换得到电信号,由透镜成像公式可以推算出成像光点的位置与厚度的变化关系式,通过对电信号的分析、计算,最终实现厚度变化量的测量。

激光以入射角 α 入射到被测物体表面点 A,由成像透镜把点成像在 PSD 上 O 处,若物体厚度变化为 δ,则入射光射到表面点 A',并成像于 PSD 上的 O' 点,O' 点偏离 O 点的位移为 X,则由相似三角形的关系可以推出 $\triangle AA'B \cong \triangle OO'B$,所以

$$\delta = X \frac{AB}{OB} \cos\alpha$$

系统固定后 α、AB/OB 均为确定值,位移量 δ 可通过 PSD 测出 X 后由上式计算得到。

2. 精密定位系统

利用一维 PSD 构成的精密定位系统如图 4-82 所示。在需定位的移动部件的适当位置上装一光源(通常为 LED),将一维 PSD 固定在移动部件下方的基座上。当移动部件上的光

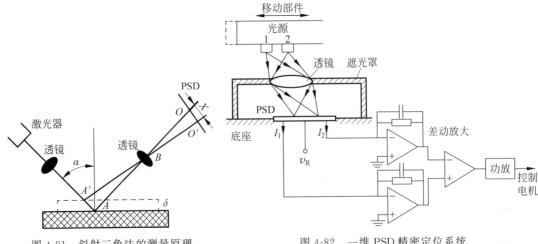

图 4-81　斜射三角法的测量原理　　　　　图 4-82　一维 PSD 精密定位系统

源偏离 PSD 中心位置时,如图中虚线所示,由透镜成像在 PSD 上的光点将偏离其中心,两电极输出由差动放大输出作为误差信号去控制电机传动机构,使部件水平移动,直到光源位置对准 PSD 中心为止。PSD 精密定位装置结构简单,并能达到较高定位精度。

3. PSD 在人体三维运动检测中的应用

二维 PSD 可以准确探测平面内光斑的 x、y 参量,这为人体运动的空间实时检测提供了一种最新的方法。

目前在运动生物力学研究中,为了得到三维的运动参数,普遍采用两台高速摄影机同步测试的方法。这种方法具有如下特点:

(1) 无接触测量,不干扰运动员的动作。

(2) 一部影片可以记录人体某一瞬时所有关节点位置,通过对连续影片的分析可导出所需的所有运动学参数。

但是高速摄影的影片冲洗、数据判读、影片解析等后期制作费时费力,信息反馈慢。采用两台 PSD 摄像机组成的系统不但可以兼容高速摄影的优点,还可实现实时测量和快速数据处理。图 4-83 所示为这个测量系统的框图。

下面就这个系统讨论 PSD 检测人体三维运动的信号产生、信号提取及数据处理等问题。

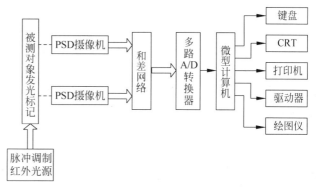

图 4-83　人体三维运动检测框图

当由 PSD 器件和透镜组组成的摄像机监测人体结构的某一部分时,要求被探测点能够发出足够的光强会聚到探测器上,以获得最佳信噪比。根据 PSD 器件对光源的光谱响应特点,系统选用微型红外发光二极管为关节点的发光标记。

一台 PSD 摄像机一次探测只能定位人体上一个关节点的平面坐标(x、y),多个关节点的测量是通过时分割脉冲调制光源实现的。当各发光二极管依次顺序发光时,PSD 将探测到的各关节点位置信息依次以电信号输出,再经图 4-75 所示的和差网络运算,便得到一系列平面位置坐标(x_i,y_i)信号。x、y 为模拟量,经多路 A/D 转换后送入计算机内存储。

人体运动的空间位置坐标(x,y,z)是通过两台 PSD 摄像机,根据双目立体视觉原理摄制的。相距一定距离的两台 PSD 摄像机以一定角度同步地探测同一关节点位置,分别在两个 PSD 器件上成像,并得到(x',y')与(x'',y'')两组平面坐标值,这两组数据送入计算机后,经过预先编制好的坐标变换程序,得到该关节点的空间位置坐标(x,y,z)。

此外,我们注意到,运动生物力学研究所需的物理量,例如各关节点的位移、速度、加速度、角度、角位移、角速度、角加速度、动量、转动惯量等实际均是关节点位置坐标的导出量。

举例来说,待测的关节角度 φ 是人体相邻环节的夹角,相邻两个关节点确定一个环节的位置,如腕关节和肘关节连线,就是小臂的位置,肘关节点与肩关节点的连线就是上臂的位置,上臂与小臂夹角就是肘关节角度。由此可见,关节角度可利用三角函数从有关的三个关节点的坐标计算得到。位移量就是 PSD 对同一关节点相继两次测量的位置坐标的变化量。位移对时间求微分就是速度,二次微分就是加速度。可见上述诸多物理量的提取实际上就转换为数据处理的问题。通过 PSD 器件获得的精确位置信息就是获取上述各物理量的原始依据。

4.8 象限探测器

象限探测器(Quadrant Detector,QD)是一类在定位系统中广泛应用的非成像探测器件,由于它具有探测灵敏度高、信号处理简单和抗干扰能力较强等优点,在军事、测绘、天文、通信、工程测量等许多领域都得到了广泛的应用。

4.8.1 象限探测器原理

4.8.1
微课视频

象限探测器是利用集成电路光刻技术,将一个光敏面分隔成几个形状相同、面积相等、位置对称的区域,每一个区域相当于一个光电器件(光敏二极管或光电池),它们具有完全相同的性能参数,如图 4-84 所示。图 4-84 中,将光敏面分成了两个、四个、八个相同的区域,分别称为二象限探测器(Two Quadrants Detector)、四象限探测器(Four Quadrants Detector)和八象限探测器(Eight Quadrants Detector)。图 4-85 所示为四象限探测器实物图,其各象限定义如图 4-86 所示。

(a) 二象限探测器 (b) 四象限探测器 (c) 八象限探测器

图 4-84　各种象限探测器示意图

图 4-85　四象限探测器实物图

下面以四象限探测器为例说明象限探测器工作原理。四象限探测器是利用集成电路光刻技术将一个圆形或者方形的光敏面窗口分割成四个面积相等、形状相同、位置对称的区域(背面仍然为一个整片),如图 4-87 所示。

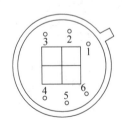

图 4-86　四象限探测器各象限定义

1、3、4、6—阳极;2、5—阴极,连接到地

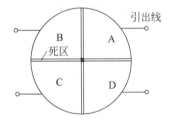

图 4-87　四象限探测器光敏面

每一个区域相当于一个光电器件。在理想的情况下,每个光电器件应有相同的性能参数。探测器各个象限之间的间隔被称为死区,工艺上要求做得很窄。光照面上各有一根引出导线,背面基区引线作为公共极。照射在光敏面上的光斑被四个象限分成 A、B、C、D 四

部分。当目标光斑照射在探测器上时,对应的四个象限电极产生的阻抗电流为 i_A、i_B、i_C、i_D。光斑在四象限探测器上移动时,各象限受光面积将发生变化,从而引起四个象限产生的电流强度变化。

用 σ_x、σ_y 表示 x、y 轴上提取到的误差信号,σ_x、σ_y 与光斑中心实际偏移量有一定的对应关系。采用加减算法进行光斑中心定位时的误差信号表达式为

$$\sigma_x = \frac{(i_A + i_D) - (i_B + i_C)}{i_A + i_B + i_C + i_D}, \quad \sigma_y = \frac{(i_A + i_B) - (i_C + i_D)}{i_A + i_B + i_C + i_D} \tag{4-61}$$

如果 E_A、E_B、E_C 和 E_D 分别表示入射到四个象限的光照度,S_A、S_B、S_C、S_D 分别表示四个象限中的光斑面积,则有

$$\sigma_x = \frac{(E_A + E_D) - (E_B + E_C)}{E_A + E_B + E_C + E_D}, \quad \sigma_y = \frac{(E_A + E_B) - (E_C + E_D)}{E_A + E_B + E_C + E_D} \tag{4-62}$$

严格来讲,分布在四象限探测器上的光斑能量是不均匀的,通常是高斯分布。要计算每个象限的光能量必须用积分的方法。但在要求不太高的情况下可近似地把光斑的分布看成是均匀的。若光斑的光强是均匀分布的,则落到每个象限中的光能量与该象限中的光斑面积成正比例,比例系数为 k,有

$$i_i = kS_i \quad (i = A, B, C, D) \tag{4-63}$$

因此可以用该象限中的光斑面积表示提取到的误差信号,因此式(4-63)可以表示为

$$\sigma_x = \frac{(S_A + S_D) - (S_B + S_C)}{S_A + S_B + S_C + S_D}, \quad \sigma_y = \frac{(S_A + S_B) - (S_C + S_D)}{S_A + S_B + S_C + S_D} \tag{4-64}$$

由式(4-64)可以看出,σ_x、σ_y 的取值反映了光斑位置的变化,即 $\sigma_x = \sigma_y = 0$ 表示光斑中心与坐标原点重合;$\sigma_x > 0, \sigma_y > 0$ 表示光斑中心位于第一象限;$\sigma_x < 0, \sigma_y > 0$ 表示光斑中心位于第二象限;$\sigma_x < 0, \sigma_y < 0$ 表示光斑中心位于第三象限;$\sigma_x > 0, \sigma_y < 0$ 表示光斑中心位于第四象限。

4.8.2　四象限探测器的空间分辨率

作为二维位置传感器,四象限探测器有其独特特性,即空间分辨率。式(4-64)表示的误差信号不是光斑位置坐标的误差信号,不能直接求出四象限探测器的空间分辨率(Spatial Resolution)。假设光斑为圆形(半径为 r),光强均匀分布,S_A、S_B、S_C、S_D 中的光斑面积可利用几何知识求出,代入式(4-64)可以得到

$$\sigma_x = \frac{1}{\pi r^2} \left\{ 2x_0 y_0 + x_0 \sqrt{r^2 - x_0^2} - y_0^2 \tan\left(\arcsin\frac{x_0}{r}\right) + \right.$$
$$\left. \frac{r^2}{2}\left(\frac{\pi}{2} + 3\arcsin\frac{x_0}{r} - \arccos\frac{x_0}{r}\right) + \left(\sqrt{r^2 - x_0^2} - y_0\right)\left[x_0 - y_0\tan\left(\arcsin\frac{x_0}{r}\right)\right] \right\} \tag{4-65}$$

$$\sigma_y = \frac{1}{\pi r^2} \left\{ 2x_0 y_0 + y_0 \sqrt{r^2 - y_0^2} - x_0^2 \tan\left(\arcsin\frac{y_0}{r}\right) + \right.$$
$$\left. \frac{r^2}{2}\left(\frac{\pi}{2} + 3\arcsin\frac{y_0}{r} - \arccos\frac{y_0}{r}\right) + \left(\sqrt{r^2 - y_0^2} - x_0\right)\left[y_0 - x_0\tan\left(\arcsin\frac{y_0}{r}\right)\right] \right\} \tag{4-66}$$

由上述可见，一般情况下误差信号与光斑位置并不呈线性关系。为了便于测量，对式(4-65)和式(4-66)进行简化处理。设光斑中心离开坐标原点(四象限探测器的几何中心)的距离很小，即$|x_0|$、$|y_0|$均远小于图形光斑的半径r。对式(4-65)和式(4-66)分别取一级近似，则有

$$\sigma_x \approx \frac{1}{\pi r^2}(x_0 y_0 + 2rx_0) \approx \frac{2x_0}{\pi r}, \quad \sigma_y \approx \frac{1}{\pi r^2}(x_0 y_0 + 2ry_0) \approx \frac{2y_0}{\pi r} \tag{4-67}$$

因此有

$$x_0 = \frac{\pi r}{2}\sigma_x = \frac{\pi r}{2}\frac{(i_A + i_D) - (i_B + i_C)}{i_A + i_B + i_C + i_D}, \quad y_0 = \frac{\pi r}{2}\sigma_y = \frac{\pi r}{2}\frac{(i_A + i_B) - (i_C + i_D)}{i_A + i_B + i_C + i_D}$$

$$\tag{4-68}$$

由式(4-68)可以看出：通过电路对四象限探测器四个电极的输出电信号进行简单运算，即可以得到光斑中心在四象限探测器光敏面上的位置坐标。由此可以写出它的空间分辨率的表达式为

$$\Delta x = \frac{\pi r}{2} \cdot \Delta\sigma_x, \quad \Delta y = \frac{\pi r}{2} \cdot \Delta\sigma_y \tag{4-69}$$

式中：Δx、Δy——处理电路能检测到的误差信号的最小变化量。

4.8.3
微课视频

4.8.3　四象限探测器的信号处理电路

由于从四象限探测器中获得的是微弱的电流信号，需经I/v转换、电压放大、A/D转换后送入微处理器中进行进一步的处理。

采用四象限探测器测定光斑的中心位置时可以根据器件坐标轴线与测量系统基准线间的安装角度的不同采用不同的算法对信号进行处理。如图4-88所示，当器件坐标轴与测量系统基准线间的安装角度为0°时，一般采用加减算法。当其角度为45°时，可以采用对角线算法和Δ/Σ算法，如图4-89所示。

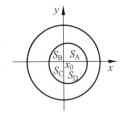

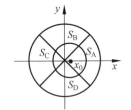

图 4-88　加减算法原理图　　　　图 4-89　对角线算法和 Δ/Σ 算法

1. 加减算法

加减算法是将四象限探测器的坐标轴与测量系统的位置坐标的安装角度调整为0°，即两个坐标轴重合，由于光斑沿横轴的方向移动，则目标光斑沿系统的位置移动方向与探测器的坐标移动方向一致。加减算法属于经典算法，一般计算中都是采用这种算法。算法原理如图4-90所示。

加减算法在象限探测器原理部分已经有提到，当目标光斑照射到探测器上时，仍假设探测器的四个引脚输出相应象限的光电流为i_A、i_B、i_C、i_D，由于产生的光电流很小，采用图4-90

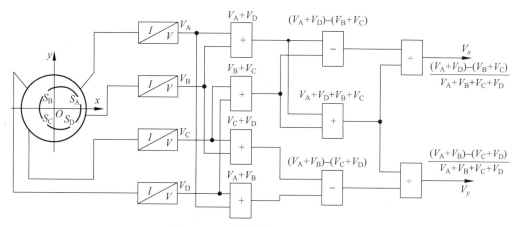

图 4-90 加减算法检测电路原理图

所示的电路进行 I/v 变换,假设四路放大电路的增益为 A,四个象限对应的电压值分别为 V_A、V_B、V_C、V_D,即

$$V_i = i_i A \quad (i = A, B, C, D) \tag{4-70}$$

假设目标光斑为能量服从均匀分布的圆形光斑,将式(4-63)代入上式可得

$$V_i = i_i A = S_i (kA) \quad (i = A, B, C, D) \tag{4-71}$$

用 Δx 和 Δy 分别表示光斑中心在 x、y 轴上的偏移量,那么根据式(4-64)可以得到

$$\Delta x \propto \frac{(V_A + V_D) - (V_B + V_C)}{V_A + V_B + V_C + V_D}, \quad \Delta y \propto \frac{(V_A + V_B) - (V_C + V_D)}{V_A + V_B + V_C + V_D} \tag{4-72}$$

由式(4-72)可以看出,光斑的能量中心的偏移信号 Δx 和 Δy 都满足正比关系,但在实际中,并不是在整个光敏面区域都满足这种正比关系,而是在线性区域内。如果在线性区域内,这种比例关系为一个常数,假设为 K,则式(4-72)可以改写为

$$\Delta x = K \frac{(V_A + V_D) - (V_B + V_C)}{V_A + V_B + V_C + V_D}, \quad \Delta y = K \frac{(V_A + V_B) - (V_C + V_D)}{V_A + V_B + V_C + V_D} \tag{4-73}$$

将式(4-71)代入式(4-73)中,消去比例常数 A 和 k 后,可以得到 Δx 和 Δy 与光斑照射到探测器上各象限面积的关系为

$$\Delta x = K \frac{(S_A + S_D) - (S_B + S_C)}{S_A + S_B + S_C + S_D}, \quad \Delta y = K \frac{(S_A + S_B) - (S_C + S_D)}{S_A + S_B + S_C + S_D} \tag{4-74}$$

由式(4-74)可以看出,在线性区域内,光斑中心偏移探测器中心的偏移量 Δx 和 Δy 仅与光斑在探测器上的面积有关,只要得到了各象限面积之间的比例关系,即可得到光斑中心位置的坐标。

2. 对角线算法

从加减算法的分析中可以看出线性区域对算法的影响,为了扩展测量的线性区域,产生了对角线算法。对角线算法是将四象限探测器的坐标轴与测量系统的位置坐标的安装角度调整为 $45°$,当目标光斑在定位系统中沿横轴的方向移动的时候,相对于探测器来说,相当于沿着其对角线方向移动,算法原理如图 4-91 所示。

采用与加减算法相同的分析方法,其偏移量为

$$\Delta x \propto \frac{V_A - V_C}{V_A + V_B + V_C + V_D}, \quad \Delta y \propto \frac{V_B - V_D}{V_A + V_B + V_C + V_D} \tag{4-75}$$

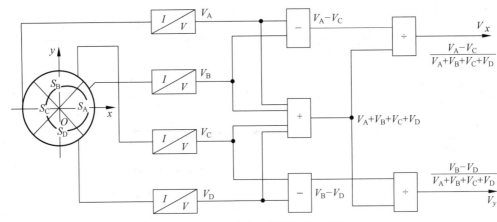

图 4-91　对角线算法检测电路原理图

同样,在其线性区域内,将式(4-71)代入式(4-75)中,消去比例常数 A 和 k 后,可以得到 Δx 和 Δy 与光斑打到探测器上各象限面积的关系为

$$\Delta x = K \frac{S_A - S_C}{S_A + S_B + S_C + S_D}, \quad \Delta y = K \frac{S_B - S_D}{S_A + S_B + S_C + S_D} \tag{4-76}$$

3. Δ/Σ 算法

对角线算法在加减算法的基础上扩展了线性测量范围,但其测量灵敏度有所降低,为满足某些对测量灵敏度要求较高的场合需求,提出了 Δ/Σ 算法。Δ/Σ 算法与对角线算法测量原理相同,四象限探测器的坐标轴与测量系统的位置坐标的安装角度为 45°,但是对四路测量信号的处理方法有所差异,Δ/Σ 算法原理如图 4-92 所示。

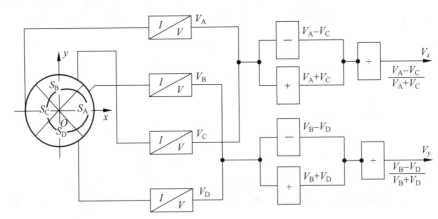

图 4-92　Δ/Σ 算法检测电路原理图

同样采用与加减算法相同的分析方法,其偏移量为

$$\Delta x \propto \frac{V_A - V_C}{V_A + V_C}, \quad \Delta y \propto \frac{V_B - V_D}{V_B + V_D} \tag{4-77}$$

同样,在其线性区域内,将式(4-71)代入式(4-77)中,消去比例常数 A 和 k 后,可以得到 Δx 和 Δy 与光斑打到探测器上各象限面积的关系为

$$\Delta x = K \frac{S_A - S_C}{S_A + S_C}, \quad \Delta y = K \frac{S_B - S_D}{S_B + S_D} \tag{4-78}$$

4.8.4　四象限探测器的特性参数

表 4-11 和表 4-12 给出了德国 First Sensor 生产的部分四象限探测器特性参数。

表 4-11　几款典型四象限探测器特性参数［四象限探测器（低暗电流）］

型　号		有效光敏面		暗电流/nA	上升时间/ns
芯片	封装	直径/mm	有效面积/mm²	10V	850nm、10V、50Ω
QP1-6	TO52	$\phi 1.13$	4×0.25	0.1	20
QP5-6	TO5	$\phi 2.52$	4×1.25	0.2	20
QP5.8-6	TO5	2.4×2.4	4×1.45	0.4	20
QP10-6	TO5	$\phi 3.57$	4×2.5	0.5	20
QP20-6	TO8S	$\phi 5.05$	4×5	1	30
QP50-6	TO8S	$\phi 7.8$	4×12.5	2	40
QP50-6	TO8S flat	$\phi 7.8$	4×12.5	2	40
QP100-6	LCC10G	$\phi 11.2$	4×25	4	40
QP100-6	LCC10S	$\phi 11.2$	4×25	4	40

表 4-12　几款典型四象限探测器特性参数［四象限探测器（1064nm）］

型　号		有效光敏面		暗电流/nA	上升时间/ns
芯片	封装	直径/mm	有效面积/mm²	150V	1064nm、150V、50Ω
QP22-Q	TO8S	$\phi 5.3$	4×5.7	1.5	12
QP45-Q	TO8S	6.7×6.7	4×10.96	8	12
QP45-Q	LCC10G	6.7×6.7	4×10.96	8	12
QP100-Q	LCC10G	10×10	4×25	6.5	12
QP154-Q	TO1032i	$\phi 14.0$	4×38.5	10	12
QP154-Q	TO1081i	$\phi 14.0$	4×38.5	10	12

4.8.5　四象限探测器的应用

1. 激光准直

图 4-93 所示为简单的激光准直原理图。用单模 He-Ne 激光器（或者单模半导体激光器）作光源。因为它有很小的光束发散角，又有圆对称截面的光强分布（高斯分布），利于作准直用。其中激光射出的光束用倒置望远系统 L 进行扩束，倒置望远系统角放大率小，于是光束发散角进一步压缩，射出接近平行的光束投向四象限管，形成一圆形光斑。光敏区 AC、BD 两接成电桥，当光束准直时，光斑中心与四象限管十字沟道中心重合，此时电桥输出

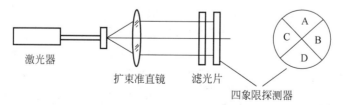

图 4-93　激光准直原理图

信号为零。若光斑沿上下左右有偏移时，两对电桥就相应于光斑偏离方向而输出±x，±y 的信号。哪个探测器被照亮斑的面积大，输出信号也大。这种准直仪可在各种建筑施工场合作为测量基准线。

2. 激光定向

四象限探测也可作为二维方向上目标的方位定向，用于军事目标的探测或工业中的定向探测。图 4-94 所示为脉冲激光定向原理图。其中用脉冲激光器作光源（如固体脉冲激光器），它发出脉冲极窄（ns 量级脉宽）而峰值功率很高的激光脉冲，用它照射远处军事目标（坦克、车辆等）。被照射的目标对光脉冲发生漫反射，反射回来的光由光电接收系统接收，接收系

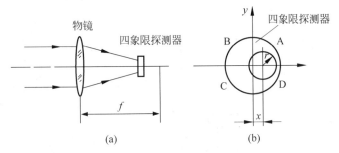

图 4-94　脉冲激光定向原理图

统由光学系统和四象限管组成。四象限管放在光学系统后焦面附近，光轴通过四象限管十字沟道中心。远处目标反射光近似于平行光进入光学系统成像于物镜的后焦面上，四象限管的位置因略有离焦，所以接收到目标的像为一圆形光斑。当光学系统光轴对准目标时，圆形光斑中心与四象限管中心重合。四个器件因受照的光斑面积相同，输出相等的脉冲电压。经过后面的处理电路以后，没有误差信号输出。当目标相对光轴在 x、y 方向有任何偏移时，目标像的圆形光斑的位置就在四象限管上相应地有偏移，四个探测器因受照光斑面积不同而得到不同的光能量，从而输出脉冲电压的幅度也不同。四个探测器分别与图 4-90 所示运算电路相连。四个探测器的输出脉冲电压经四个放大器 A、B、C、D 放大后进入信号处理电路进行运算，得到代表光斑沿 x 或 y 方向的偏移量所对应的电压，最后根据与信号处理电路对应的算法得出电压与位移关系式。

3. 微位移测量

如果采用其他形式的光学系统与四象限组合使用，四象限探测也不限于测量方位，也可测其他物理量。图 4-95 所示为测量物体微位移原理图。首先分析图中光学系统的成像关系，图中光学系统由物镜和柱面镜组成。如果物点 S_0 在 B 位置上，经物镜成像后物的理想像面位置在 Q 点，在物镜后面加一柱面镜后成像面位置在 P 点，那么当接收面（探测器）在

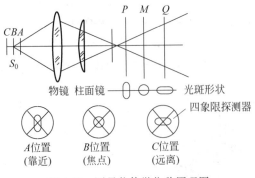

图 4-95　测量物体微位移原理图

PQ 这段距离内由左往右移动时，所接收到的光斑将由长轴为垂直方向的椭圆形逐渐变成长轴为水平方向的椭圆形，而在 M 点位置处光斑是圆形的。反过来把四象限管放在 M 点位置上，当物点 S_0 在 B 点附近有微位移时，四象限管上所得到的光斑形状也将发生改变。当物点 S_0 由 B 移到 A 位置时，四象限管得到长轴是垂直方向的椭圆光斑。物点处于 S_0 位置时得到长轴处于水平方向的椭圆光斑，如图 4-95 所示。假设

输出信号经过 4.8.3 节介绍的加减算法信号处理电路,得到输出信号为

$$V = \frac{(V_{\mathrm{A}} + V_{\mathrm{D}}) - (V_{\mathrm{B}} + V_{\mathrm{C}})}{V_{\mathrm{A}} + V_{\mathrm{B}} + V_{\mathrm{C}} + V_{\mathrm{D}}} \tag{4-79}$$

输出电压的正负可反映出物点是靠近了还是远离了,其幅值大小反映微位移量的大小。

4.9 光电耦合器件

4.9.1 光电耦合器件的工作原理与结构

光电耦合器件(Opto-Coupled Isolator)是将发光器件与光电接收器件组合成一体而制成的具有信号传输功能的器件,它是以光作为媒介把输入端的电信号耦合到输出端。光电耦合器件的发光器件常采用 LED 发光二极管、LD 半导体激光器等;光电接收器件常采用光敏二极管、光敏晶体管及光敏电阻等。

图 4-96 所示为将发光器件与光电器件封装在金属管壳内构成的光电耦合器件。发光器件与光电接收器件靠得很近,但不接触。发光器件与光电接收器件之间具有很好的电气绝缘特性,信号通过光进行单向传输。

光电耦合器件的结构原理图如图 4-97 所示。其中的发光二极管泛指半导体发光器件,其中的光敏二极管也泛指半导体光电接收器件。

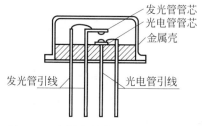

图 4-96　金属壳封装的光电耦合器件

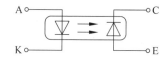

图 4-97　光电耦合器件结构原理图

光电耦合器件具有如下一些特点:既具有耦合特性又具有隔离特性;信号传输是单向性的,脉冲、直流信号都可以传输,适用于模拟信号和数字信号;具有抗干扰和噪声的能力,不受外界电磁干扰、电源干扰和杂光影响;响应速度快,一般可达微秒数量级,甚至纳秒数量级。

4.9.2 光电耦合器件的特性参数

1. 传输特性

1) 电流传输比 β

在直流工作状态下,将光电耦合器件的集电极电流 I_{C} 与发光二极管的注入电流 I_{F} 之比定义为光电耦合器件的电流传输比,用 β 表示。图 4-98 所示为光电耦合器件的输出特性曲线。在其中部取一工作点 Q,它所对应的发光电流为 I_{FQ},对应的集电极电流为 I_{CQ},因此该点的电流传输比为

$$\beta_{\mathrm{Q}} = I_{\mathrm{CQ}}/I_{\mathrm{FQ}} \times 100\% \tag{4-80}$$

如果工作点选在靠近截止区的 Q_1 点时,虽然发光电流 I_{F} 变化了 ΔI_{F},但相应的 ΔI_{C1} 的变化量却很小,因此 β 值变小。同理,当工作点选在接近饱和区的 Q_3 点时,β 值也要变

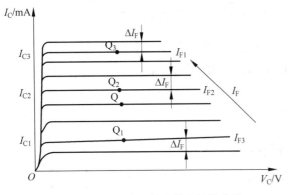

图 4-98 光电耦合器件的输出特性曲线

小。这说明当工作点选择在输出特性的不同位置时,具有不同的 β 值。因此,在传送小信号时,用直流传输比是不恰当的,而应当用所选工作点 Q 处的小信号电流传输比来计算。这种以微小变量定义的传输比称为交流电流传输比,用 $\tilde{\beta}$ 来表示,即

$$\tilde{\beta} = \Delta I_C / \Delta I_F \times 100\% \qquad (4\text{-}81)$$

对于输出特性曲线线性度比较好的光电耦合器件,β 值很接近 $\tilde{\beta}$ 值。一般在线性状态使用时,都尽可能地把工作点设计在线性工作区;在开关状态下使用时,由于不关心交流与直流电流传输比的差别,而且在实际使用中直流传输比又便于测量,因此通常都采用直流电流传输比 β。

2) 输入与输出间的寄生电容 C_{FC}

当输入与输出端之间的寄生电容 C_{FC} 变大时,会使光电耦合器件的工作频率下降,也能使其共模抑制比下降,故后面的系统噪声容易反馈到前面系统中。对于一般的光电耦合器件,其 C_{FC} 仅仅为几个 pF,在中频范围内都不会影响电路的正常工作,但在高频电路中就要予以重视了。

3) 最高工作频率 f_m

图 4-99 所示为光电耦合器件的频率特性测量电路。等幅度的可调频率信号送入发光二极管的输入电路,在光电耦合器件的输出端得到相应的输出信号,当测得输出信号电压的相对幅值降至 0.707 时,所对应的频率就是光电耦合器件的最高工作频率(或称截止频率),用 f_m 来表示。图 4-100 所示为一个光电耦合器件的频率特性曲线。其中 R_L 为光电耦合器件的负载电阻,减小负载电阻会使光电耦合器件的最高工作频率 f_m 增高。

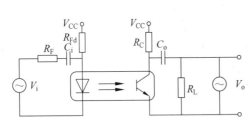

图 4-99 光电耦合器件的频率特性测量电路

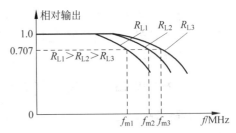

图 4-100 光电耦合器件的频率特性曲线

4) 脉冲上升时间 t_r 和下降时间 t_f

光电耦合器件在脉冲电压信号作用下的时间响应特性用输出端的上升时间 t_r 和下降时间 t_f 描述。图 4-101 所示为典型光电耦合器件的脉冲响应特性曲线。从输入端输入矩形脉冲,采用频率特性较高的脉冲示波器观测输出信号波形,可以看出,输出信号的波形会产生延迟现象。

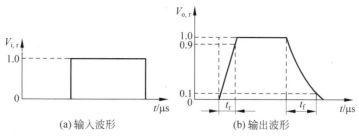

图 4-101　光电耦合器件的脉冲响应特性曲线

最高工作频率 f_m、脉冲上升时间 t_r 和下降时间 t_f 都是衡量光电耦合器件动态特性的参数。当用光电耦合器件传送小的正弦信号或非正弦信号时,用最高工作频率 f_m 来衡量较为方便;而当传送脉冲信号时,则用 t_r 和 t_f 来衡量较为直观。

2. 隔离特性

光电耦合器件的输入端和输出端之间通过光信号传输,对电信号是隔离的,没有电信号的反馈和干扰,因而性能稳定。由于发光管和接收管之间的耦合电容很小,所以共模抑制比高、抗干扰能力强。

3. 光电耦合器件的抗干扰特性

光电耦合器件的重要优点之一就是能强有效地抑制尖脉冲及各种噪声等的干扰,从而在传输信息中大大提高了信噪比。光电耦合器件抗干扰能力强的原因如下:

(1) 光电耦合器件的输入阻抗很低,一般为 $10\sim1k\Omega$;而干扰源的内阻很大,一般为 $10^3\sim10^6k\Omega$。按一般分压比的原理来计算,能够馈送到光电耦合器件输入端的干扰噪声就变得很小了。

(2) 由于一般干扰噪声源的内阻都很大,虽然也能供给较大的干扰电压,但可供出的能量却很小,只能形成很微弱的电流。而光电耦合器件输入端的发光二极管只有在通过一定的电流时才能发光,因此,即使是电压幅值很高的干扰,由于没有足够的能量,也不能使发光二极管发光,从而被抑制。

(3) 光电耦合器件的输入、输出端是用光耦合的,且这种耦合又是在一个密封管壳内进行的,因而不会受到外界光的干扰。

(4) 光电耦合器件的输入、输出间的寄生电容很小(一般为 $0.5\sim2pF$),绝缘电阻又非常大,因而输出系统内的各种干扰噪声很难通过光电耦合器件反馈到输入系统中。

4.9.3　光电耦合器件的应用

1. 电平转换

在工业控制系统中所用集成电路的电源电压和信号脉冲的幅度有时不尽相同。例如,TTL 用 5V 电源,HTL 为 12V,PMOS 为 -22V,CMOS 则为 $5\sim20V$。如果在系统中采用两种集成电路芯片,就必须对电平进行转换,以便实现逻辑控制。另外,各种传感器的电源电压与集成电路间也存在着电平转换问题。图 4-102 所示为利用光电耦合器件实现 PMOS 电路电平与 TTL 电路电平的转换电路。电路的输入端为 -22V 电源和 $0\sim-22V$ 脉冲,输出端为 TTL 电平的脉冲,光电耦合器件不但使前后两种不同电平的脉冲信号实现了耦合,而且使输入与输出电路完全隔离。

2. 逻辑门电路

利用光电耦合器件可以构成各种逻辑电路。图 4-103 所示为由两个光电耦合器件组成的与门电路。如果在输入端 V_{i1} 和 V_{i2} 同时输入高电平 1,则两个发光二极管 VD_1 和 VD_2 都发光,两个光敏晶体管 VT_1 和 VT_2 都导通,输出端就呈现高电平 1。若输入端 V_{i1} 或 V_{i2} 中有一个为低电平 0,则输出光敏晶体管中必有一个不导通,使得输出信号为 0。故为与门逻辑电路,$V_o = V_{i1}V_{i2}$。

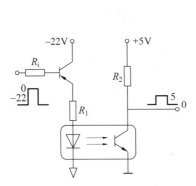

图 4-102 光电耦合器件构成的电平转换电路

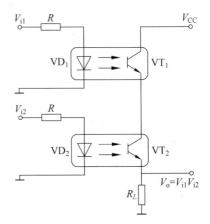

图 4-103 光电耦合器件组成的与门电路

为了充分利用逻辑元件的特点,在组成系统时,往往要用很多种元件。例如,TTL 的逻辑速度快、功耗小,可作为计算机中央处理部件;而 HTL 的抗干扰能力强,噪声容限大,可在噪声大的环境或输入、输出装置中使用。但 TTL、HTL 及 MOS 等电路的电源电压不同,工作电平不同,直接互相连接有困难。而光电耦合器件的输入与输出在电方面是绝缘的,可很好地解决互连问题。

3. 隔离方面的应用

有时为隔离干扰或者为了使高压电路与低压信号分开,可采用光电耦合器件。在电子计算机与外围设备相连的情况下,会出现感应噪声、接地回路噪声等问题。为了使输入、输出设备及长线传输设备等外围设备的各种干扰不串入计算机,以便提高计算机工作的可靠性,亦可采用光电耦合器件把计算机与外围设备隔离开来。

4. 光电可控硅在控制电路中的应用

可控硅整流器(SCR)是一种很普通的单向低压控制高压的器件,可采用光触发的形式。同样,双向可控硅是由一种很普通的 SCR 发展改进的器件,也可采用光触发形式。将一只 SCR 和一只 LED 密封在一起,就可以构成一只光耦合的 SCR;而将一只双向可控硅和一只 LED 密封在一起就可以制成一只光耦合的双向可控硅。

虽然,这些器件都具有相当有限的输出电流额定值,实际的有效值对于 SCR 来说为 300mA,而对于双向可控硅来说则为 100mA。然而,这些器件的浪涌电流值远远大于它们的有效值,一般可达到数安培。

思考题与习题

第 4 章
参考答案

4.1 写出硅光敏二极管的全电流方程,说明各项的物理意义。

4.2 比较 2CU 型硅光敏二极管和 2DU 型硅光敏二极管的结构特点,说明引入环极的意义。

4.3　影响光生伏特器件频率响应特性的主要因素有哪些？为什么 PN 结型硅光敏二极管的最高工作频率小于或等于 10^7 Hz？怎样提高硅光敏二极管的频率响应？

4.4　为什么在光照度增大到一定程度后，硅光电池的开路电压不再随入射照度的增大而增大？硅光电池的最大开路电压为多少？为什么硅光电池的有载输出电压总小于相同照度下的开路电压？

4.5　硅光电池的内阻与哪些因素有关？在什么条件下硅光电池的输出功率最大？

4.6　光生伏特器件有哪几种偏置电路？各有什么特点？

4.7　在 PIN 光敏二极管中，I 层半导体材料的主要作用是什么？

4.8　简述 PIN 光敏二极管的工作原理。

4.9　简述雪崩光敏二极管的工作原理。

4.10　画出双结硅色敏器件的结构图并分析其工作原理。

4.11　画出全色色敏器件的结构图并分析其工作原理。

4.12　画出双色硅色敏器件信号处理电路框图并简单分析检测颜色原理。

4.13　画出全色硅色敏器件信号处理电路框图并简单分析检测颜色原理。

4.14　查阅文献，举一色敏探测器的应用。

4.15　画出一维 PSD 位置传感器工作原理图，并简单分析。

4.16　二维 PSD 按结构可以分为几种？各自的优缺点是什么？

4.17　画出一维位置传感器检测原理框图，并简单分析。

4.18　画出二维位置传感器检测原理框图，并简单分析。

4.19　查阅文献，举一例分析 PSD 的应用。

4.20　为什么 PSD 可以检测光斑中心位置？

4.21　按照自己的理解简要归纳四象限探测器工作原理。

4.22　画出四象限探测器检测原理框图，并简单分析。

4.23　查阅文献，举一例分析四象限探测器的应用。

4.24　为什么要将发光二极管与光敏二极管封装在一起构成光电耦合器件？光电耦合器件的主要特性有哪些？

4.25　光电耦合器件在电路中的信号传输作用与电容的隔直传输作用有什么不同？

4.26　在室温 300K 时，已知 2CR21 型硅光电池（光敏面积为 5mm×5mm）在辐照度为 $100mW/cm^2$ 时的开路电压为 $V_{oc}=550mV$，短路电流 $I_{sc}=6mA$。试求：

(1) 室温情况下，辐照度降低到 $50mW/cm^2$ 时的开路电压 V_{oc} 与短路电流 I_{sc}。

(2) 当将该硅光电池安装在如图 4-104 所示的偏置电路中时，若测得输出电压 $V_o=$ 1V，求此时光敏面上的照度。

4.27　已知 2CR44 型硅光电池的光敏面积为 10mm×10mm，在室温为 300K、辐照度为 $100mW/cm^2$ 时的开路电压 $V_{oc}=550mV$，短路电流 $I_{sc}=28mA$。试求：辐照度为 $200mW/cm^2$ 时的开路电压 V_{oc}、短路电流 I_{sc}、最大输出功率 P_m 和转换效率 η_m。

4.28　已知光敏晶体管变换电路及其伏安特性曲线如图 4-105 所示。若光敏面上的照度变化 $e=120+80\sin\omega t$(lx)，为使光敏晶体管的集电极输出电压为不小于 4V 的正弦信号，求所需要的负载电阻 R_L、电源电压 V_{cc} 及该电路的电流、电压灵敏度，并画出三极管输出电压的波形。

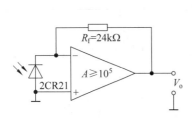

图 4-104 习题 4.26 图

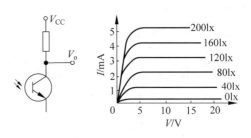

图 4-105 习题 4.28 图

4.29 利用 2CU2 光敏二极管和 3DG40 三极管构成如图 4-106 所示的探测电路。已知光敏二极管的电流灵敏度 $S_i=0.4\mu A/\mu W$,其暗电流 $I_D=0.2\mu A$,三极管 3DG40 的电流放大倍率 $\beta=50$,最高入射辐射功率为 $400\mu W$ 时的拐点电压 $V_Z=1.0V$。求入射辐射功率最大时,电阻 R_e 的值与输出信号 V_o 的幅值,以及入射辐射变化 $50\mu W$ 时的输出电压变化量。

4.30 假设一个 PIN 光敏二极管的 I 层(Si)宽度为 $20\mu m$。P 层非常的薄($0.1\mu m$)。外加在 PIN 光敏二极管的反向偏置电压为 100V,当波长为 900nm 的光照射在上面时,求光电流的持续时间。(假设光子在 I 层全部被吸收,室温下,硅材料的空穴迁移率为 $\mu_p=500cm^2/(V\cdot s)$,电子迁移率 $\mu_n=1450cm^2/(V\cdot s)$)

4.31 一个 PIN 光敏二极管(Si)的有效受光面积的直径为 0.4mm。当波长为 700nm 照度为 $0.1mW/cm^2$ 的红光入射产生了 56.6nA 的光电流。那么量子效率和灵敏度是多少?

4.32 如图 4-107 所示的光电变换电路中,若已知光敏晶体管 3DU2 的暗电流可以忽略不计,电流灵敏度 $S_i=0.15mA/lm$,电阻 $R_L=51k\Omega$,$V_{CC}=12V$ 三极管 9014 的电流放大倍率为 120 倍,若要求该光电变换电路在照度变化 200lx 的情况下,输出电压的变换不小于 2.5V。问:

(1) 电流 I_1、I_2、I_B、I_C 的方向如何(画在电路图上)?

(2) 电阻 R_B 与 R_C 的值应为多少?

(3) 当背景的照度为 10lx 时,流过光敏晶体管的电流 I_1 为多少?输出端的电位为多少?

(4) 当入射到光敏晶体管的光照度为 100lx 时,输出端的电位又为多少?

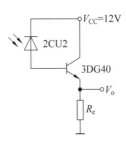

图 4-106 习题 4.29 图

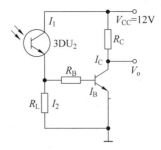

图 4-107 习题 4.32 图

光电子发射探测器

当光照射到真空中的金属或半导体时,若满足一定的条件则会有电子从其表面逸出到真空中。光电子发射探测器正是基于此效应而研制的一种真空光电探测器件。它具有极高的灵敏度和响应速度,尤其适合于探测微弱光信号及快速弱脉冲光信号。目前,光电倍增管已被广泛应用于医疗设备、分析仪器及工业测量系统。

5.1 光电阴极

在光电子发射探测器中,具有光电子发射效应的材料称为光电阴极(Photocathode)。金属和半导体材料都具有光电子发射功能。但金属光电发射的量子效率都很低,大多数金属的光谱响应都在紫外或远紫外,因此它们只能适用于要求对紫外灵敏的光电器件。随着光电器件的发展,特别是微光夜视器件的发展,需要在可见光、近红外、远红外范围内具有较高量子效率的光电子发射材料,从而研制出了目前被广泛应用的各种实用半导体光电阴极。下面介绍几种常用的光电阴极。

1. 银氧铯光电阴极

银氧铯(Ag-O-Cs)光电阴极是 1929 年发明的一种实用光电阴极,它对可见光和近红外灵敏,世界上第一只电视摄像管和第一只红外变像管就是用银氧铯做成。

如图 5-1 所示,从银氧铯光谱响应曲线可以看出,它有两个峰值,一个在紫外区,处在约 $0.35\mu m$ 处;另一个在红外区,位于 $0.8\mu m$ 左右,它在整个可见光及近红外都敏感,阈值波长可达 $1.2\mu m$。透射型光谱范围为 $0.3\sim1.2\mu m$,光谱响应极大值处的量子效率小于 1%,它的灵敏度对透射型的半透明阴极来说,一般为 $30\sim60\mu A/lm$。

Ag-O-Cs 光电阴极有两个明显的缺点:一是在室温下热电子发射较大,典型值在 $10^{-14}\sim10^{-11}A/cm^2$;二是该光电阴

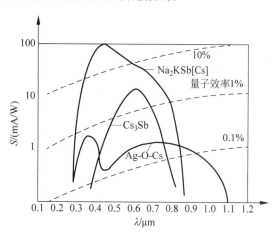

图 5-1　几种光电阴极的灵敏度与波长的关系

极存在疲乏现象,即随所用时间增长,光电子发射能力下降。光强越强,疲乏越厉害;波长越短,疲乏越严重,对红外线几乎观察不到疲乏;阳极电压增高,疲乏增大;温度降低,疲乏增大。

Ag-O-Cs 光电阴极的制备工艺简单、成本低,在实际应用中较为广泛。

人 物 介 绍

吴全德(1923 年 12 月—2005 年 12 月),浙江黄岩人,电子物理学家、教育家,中国科学院学部委员,中国光电阴极理论研究的开拓者。他于 1963 年首先提出了 Ag-O-Cs 光电阴极的固溶胶模型,指出了这种光电阴极的结构是金属银超微粒子埋藏于氧化铯半导体中,他从理论上讨论了基质中金属微粒的成核、生长条件,提出了离子晶体或共价晶体中固溶胶粒的形成和生长理论,并给出了金属微粒-半导体薄膜的能带结构和电子态分布,以此为基础讨论了 Ag-O-Cs 光电阴极的导电机理、光吸收、光电激发和光电子运输过程以及光电子发射的量子产额公式,此理论被国内外权威学者称为"吴氏理论"。

吴全德

2. 单碱锑化物光电阴极

单碱锑化物(Single Alkali Antimonide)是金属锑与碱金属形成的具有稳定光电发射特性的发射体,如 Cs_3Sb、Rb_3Sb、K_3Sb。几十年来,对这种光电阴极的成分和结构进行了较深入的研究,Sb-Cs 光电阴极是目前理论和工艺方面最成熟的一种光电阴极,光电管和光电倍增管通常选用这种光电阴极材料。

经化学分析发现 Sb-Cs 光电阴极是材料为 Cs_3Sb 的 P 型半导体,主要杂质能级是受主引起的,受主能级处在价带附近,所以 Cs_3Sb 阴极热发射低,电导率高。锑铯阴极具有氧敏化的特点,敏化后它的灵敏度可提高 1.5~2 倍,并使光谱响应曲线向长波方向移动,长波阈达 800~900nm。在 Cs_3Sb 上再蒸发一层 Cs_2O,其作用是降低 Cs_3Sb 层的电子亲和势,因而长波阈延长,光发射电流增大。

锑化铯光电阴极对紫外线到可见光范围内的光均敏感,其光谱响应在可见光区,如图 5-1 所示,光谱峰值在蓝光附近,阈值波长截止于红光,其短波部分的光谱响应可到紫外区。它的灵敏度比 Ag-O-Cs 阴极高,灵敏度为 100~150μA/lm,量子效率可达 15%~25%,暗电流约 10^{-16} A/cm^2。当探测较高强度的入射光时,会产生大的光电流,但由于锑化铯光电阴极的电阻比多碱锑化物光电阴极的电阻低,所以电流可在阴极内流动而损耗很小。因此,锑化铯阴极适用于测量光强相对较大或低温引起阻值变大而导致动态范围问题的场合。一般地,锑化铯主要用作反射型光电阴极。

3. 多碱光电阴极

1955 年,A. H. Sommer 发现,Cs-K-Na-Sb 组合的多碱(Multialkali)光电阴极在整个可见光谱内具有比其他光电阴极材料都高的量子效率。

多碱阴极 Na_2KSb 光谱响应曲线如图 5-1 所示。阴极的量子效率一般为 20%左右,高的可达 30%,长波阈延伸到 870nm,峰值位置在 420nm,积分灵敏度在 150~300μA/lm,灵敏度重复性好,暗电流为 3×10^{-16} A/cm^2。

Sb-Rb-Cs、Sb-K-Cs,由于材料构成中含有两种碱金属元素,因此把这类光电阴极称为双碱光电阴极(Bialkali Photocathode)。透射型(Transmission Type)双碱光电阴极与锑化铯光电阴极的光谱响应范围相近,但灵敏度更高,暗电流更小。由于这一类光电阴极具有与NaI闪烁器相匹配的探测灵敏度,因而被广泛应用于辐射测量中的闪烁计数。另外,反射型(Reflection Type)双碱锑化物阴极虽然在材料构成方面并无不同,但由于采用了不同的加工工艺,而使其在长波段也获得了更高的灵敏度,光谱响应范围从紫外区一直延伸到700nm。

耐高温、低噪双碱锑化物(Na-K-Sb)也包含两种碱金属。它们的光谱响应范围和双碱锑化物光电阴极几乎相同,但灵敏度比后者要低。一个重要的特点是它们可以在高达175℃的环境中正常工作,而普通的光电阴极只能工作在50℃以下。这使得它们适合于石油勘探等特殊场合,因为在这样的场合下,光电倍增管要长时间处在高温环境中。此外,在室温下,这种光电阴极的暗电流很小,因而在光子计数等对噪声控制有较高要求的弱光测量应用中非常有用。

4. 紫外光电阴极

1) 碘化铯(CsI)光电阴极

碘化铯对可见光辐射不敏感,因此被称为"日盲"型光电阴极。当入射光波长大于200nm时其灵敏度急剧下降,因此仅用作真空紫外探测。MgF_2晶体和人造硅因其高紫外线透射率而被选用为窗口材料。尽管碘化铯对波长小于115nm的光具有高灵敏度,但当采用MgF_2晶体作为光入射窗时,这种光波并不能被有效地透射。为了探测波长小于115nm的入射光,通常的办法是在真空环境中去掉光入射窗而改用一个电子倍增器,该倍增器有第一级倍增极,在这个倍增极的表面上沉积了碘化铯。

2) 碲化铯(CsTe)光电阴极

碲化铯对波长大于300nm的光不敏感,因此,它也被称为"日盲"型光电阴极。透射型和反射型碲化铯光电阴极具有相同的光谱响应范围,但后者较前者有更高的灵敏度。人造硅或MgF_2晶体常被用作光入射窗材料。

5. 负电子亲和势光电阴极

1) 负电子亲和势光电阴极的原理

1963 年美国人西蒙斯(R. E. Simmons)根据半导体能带理论提出负电子亲和势(Negative Electron Affinity,NEA)概念。1965 年荷兰人席尔(J. J. Scheer)和范拉(J. Van Laar)用铯激活砷化镓得到零电子亲和势的光电阴极,并首先研制出 GaAs-Cs 负电子亲和势光电阴极,光照灵敏度达 $500\mu A/lm$,长波限为 900nm。此后,人们又制出其他Ⅲ-Ⅴ族化合物光电阴极,如 InP、$Ga_x In_{1-x} As(0<x<1)$、$Ga_y In_{1-y} P_z As_{1-z}(0<y<1,0<z<1)$等,统称为Ⅲ-Ⅴ族化合物负电子亲和势光电阴极。

从图 5-2 所示的能级图可见,光电子要逸出表面,首先要使电子受激到导带上去,然后向表面运动而散射掉一部分能量,在到达表面时的电子要克服表面有效电子亲和势才能逸出。实用光电阴极中,真空能级与体内导带底 E_c 之间能量差即有效电子亲和势(Effective Electron Affinity)E_{Aeff} 均大于 0,即都为正值。光子入射到光电阴极后的能量守恒表达式为

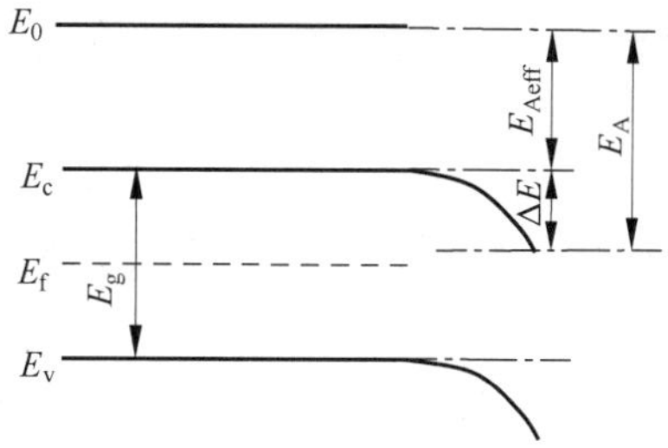

图 5-2　表面能带弯曲的能级图

$$\frac{1}{2}mv^2 = h\nu - (E_{Aeff} + E_g) \tag{5-1}$$

只有 $h\nu > E_{Aeff} + E_g$ 时,才有光电子逸出。其阈值波长为

$$\lambda_{th} = \frac{hc}{E_{th}} = \frac{hc}{E_{Aeff} + E_g} \tag{5-2}$$

由式(5-2)可知,如果要扩展探测器长波方向的光谱响应,必须减小 E_{Aeff},在 E_{Aeff} 等于零或小于零时,阈值波长最大。

席尔等用 Cs 吸附在 P 型 GaAs 表面得到了零电子亲和势,后来,人们用(Cs,O)吸附在 GaAs 上得到了负电子亲和势光电发射体,其白光灵敏度比当时任何光电发射材料都高,从此开始了用 Cs 或(Cs,O)激活Ⅲ-V族化合物而得到一系列负电子亲和势光电阴极的新时期。

以 GaAs-Cs$_2$O 光电阴极为例分析。在 P 型 GaAs 表面上蒸积单分子层 Cs,然后交替蒸 O 和 Cs 而形成 Cs$_2$O 层。P 型 GaAs 的逸出功为 4.7eV,禁带宽度为 1.4eV,Cs$_2$O 是一种 N 型半导体,它的禁带宽度约为 2.1eV,逸出功是 0.6eV,电子亲和势为 0.4eV。图 5-3 给出了 P 型 GaAs 和 N 型 Cs$_2$O 的能带图,图 5-4 给出了两种材料结合后表面能带的弯曲情况。表面 N 型材料有丰富的自由电子,衬底 P 型材料有丰富的空穴,它们相互扩散形成表面电荷局部耗尽。耗尽层的电势下降 E_d,造成能带弯曲。体内光生电子在表面附近受到耗尽层区内建电场的作用很容易到达表面,但光生电子仍然具有体内材料导带 E_{c1} 的能级,此时光生电子逸出表面需克服的电子亲和势为

$$E_{Aeff} = E_0 - E_{c1} = E_{A2} - E_d \tag{5-3}$$

由图 5-4 可知,由于掺杂浓度足够高,能带弯曲足够大,使得 $E_d > E_{A2}$ 或 $E_0 < E_{c1}$,从而 $E_{Aeff} < 0$,这样就形成了负电子亲和势。

图 5-3
动态效果

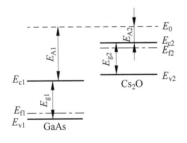

体内:P型　　　表面:N型

图 5-3 GaAs 和 Cs$_2$O 的能带图

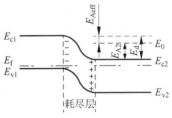

体内:P型　　　表面:N型

图 5-4 负电子亲和势材料表面能带弯曲情况

在 $E_{Aeff} > 0$ 的半导体光电发射中,价带电子吸收光子能量后被激发到导带,在向表面运动的过程中,因散射要损失一部分能量,电子停留在导带高能态的时间非常短,在 $10^{-14} \sim 10^{-12}$ s 就失去能量而到达导带底。由于 $E_{Aeff} > 0$,有一个表面势垒阻挡,这部分电子没有能量逸出,只有在短于 $10^{-14} \sim 10^{-12}$ s 内迁移到表面且具有超过 E_{Aeff} 的剩余能量的电子才能逸出,这部分电子占总激发电子的比例很小,因此这种阴极量子效率低,且逸出深度只有几十纳米而不能再深。

对于 NEA 光电阴极,即使被激电子在 $10^{-14} \sim 10^{-12}$ s 内落到了导带底,只要在它们还没被复合掉之前扩散到表面,就可以逸出,原因有二:一是因为此时不但没有正的 E_{Aeff} 阻

止电子,反而还由于表面负电子亲和势的存在,在表面区建立的电场对电子有一指向表面的作用力,使电子能量增加,因而落到导带底的电子都可以逸出表面;二是由于被激电子在导带底的平均存在时间,或说它们的寿命可长达 $10^{-8}\,\mathrm{s}$,比从高能态降到导带底时间长几个数量级。只要电子在寿命时间内扩散到表面,包括导带底的电子,都可以逸出表面,所以 NEA 阴极的逸出深度大大增加,与此寿命值相对应的扩散长度也就是 NEA 的逸出深度,约为 $1\,\mu\mathrm{m}$,与一般半导体光电发射体相比,NEA 材料的光电子逸出深度增加了 $2\sim3$ 个数量级,且量子效率显著提高。图 5-5 给出了负电子亲和势光电阴极的光谱响应曲线,其中虚线表示量子效率。

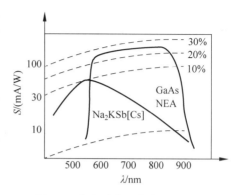

图 5-5　负电子亲和势光电阴极的
光谱响应曲线

NEA 光电阴极发射的电子,大部分是从导带底发射出来的,或因散射而远离表面的电子重新返回表面发射出去,正是由于这些冷电子扩散至表面再发射出去,使 NEA 光电阴极发射的光电能量分布比较集中,角度分布也比较集中,减少了像散,分辨力也有明显的提高,NEA 阴极阈值波长也增长了。

2）NEA 阴极的量子效率

量子效率是光电阴极的一个重要特性,它直接决定着阴极的积分灵敏度,影响着阴极制成的像增强器的亮度增益、噪声、极限分辨率。由于在 NEA 光电阴极中光电子主要是由逸出的热化电子组成的,通过求解热化电子浓度的扩散方程可得出 NEA 光电阴极量子产额。负电子亲和势光电阴极具有以下特点:①高吸收,低反射性质;②高量子效率,50%～60%;③光谱响应可以达到 $1\,\mu\mathrm{m}$ 以上;④冷电子发射光谱能量分布较集中,接近高斯分布;⑤光谱响应平坦;⑥暗电流小;⑦在可见、红外区能获得高响应度;⑧工艺复杂,售价高。

5.2　光电倍增管的原理与结构

5.2.1　光电倍增管的工作原理

一个典型的光电倍增管通常由入射光窗、光电阴极、电子光学系统、电子倍增极和阳极组成,如图 5-6 所示。光入射到光电倍增管后被探测,并经过以下过程形成输出信号:

（1）入射光透过入射光窗入射到光电阴极上。

（2）光电阴极的电子受入射光子激发,从表面逸出到真空中。

（3）逸出的光电子经过电场加速

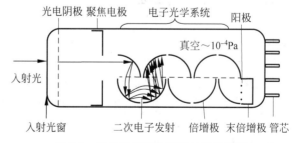

图 5-6　光电倍增管的结构与工作原理

和电子光学系统聚焦后入射到第一倍增极上,由于二次激发,第一倍增极将发射出比入射光

5.2
微课视频

图 5-6
动态效果

电子数目更多的二次电子。

（4）经过一级倍增后的光电子在第一与第二倍增极之间电场的作用下高速运动至第二倍增极,同样的,在第二倍增极上也产生二次发射和电子倍增。以此类推,入射光电子经 N 级倍增极倍增后,光电子被放大 N 次。

（5）经过 N 次倍增的光电子被阳极收集,形成阳极电流在负载电阻上产生信号电压。

5.2.2 光电倍增管的结构

光电倍增管的结构如图 5-6 所示。由五部分组成,各部分功能如下:①入射光窗——接收入射光线的窗口;光电阴极——在光子激发下产生光电子,并从其表面逸出到真空中;电子光学系统——一是聚焦尽可能多的从光电阴极发射的光电子到第一倍增极上,二是使光电子在电子光学系统中的渡越时间尽可能相等,以保证光电倍增管的快速响应;倍增极——产生二次电子发射并使之逐级倍增;阳极——收集逐级倍增后的光电子,形成光电流。

1. 入射光窗（Input Window）

光电倍增管通常有侧窗和端窗两种形式,如图 5-7 所示。侧窗型光电倍增管是通过管壳的侧面接收入射光,而端窗型光电倍增管则是通过管壳的端面接收入射光。侧窗型光电倍增管一般使用反射型光电阴极,而且大多数采用鼠笼型倍增极结构。端窗型光电倍增管通常使用半透明光电阴极,光电阴极材料沉积在入射光窗的内侧面。一般半透明光电阴极的灵敏度均匀性比反射型阴极好,而且阴极面可以做成从几十平方毫米到几百平方厘米大小各异的光敏面。为使阴极面各处的灵敏度均匀、受光均匀,阴极面常做成半球状。

(a) 侧窗式　　(b) 端窗式

图 5-7　光电倍增管光窗类型

大多数的光电阴极都对紫外区辐射具有高灵敏度,但由于紫外辐射光容易被窗口材料吸收,因此其短波限由窗口材料的紫外透射率决定。常用的入射光窗材料有以下几种:

1）MgF_2 晶体（MgF_2 Crystal）

碱金属卤化物在紫外波段具有较高的透射率,但普遍存在水解问题。其中,MgF_2 晶体几乎不水解,紫外透射波长可达 115nm。

2）蓝宝石（Sapphire）

蓝宝石是一种 Al_2O_3 晶体,其紫外区透射率介于透紫外玻璃和熔融石英之间,但当波长小于 150nm 时透射率却比熔融石英高。由于蓝宝石不需要过渡材料封接,因此整个管子的长度可做得比较短。

3）熔融石英（Synthetic Silica）

熔融石英透射波长可以低至 160nm 的紫外辐射,并且与混合硅相比,它的紫外吸收更小。由于石英和 Kovar 的热膨胀不同,因此不适合作为芯柱材料。熔融石英作窗口时,一般用硼硅玻璃做芯柱,然后把不同膨胀系数的玻璃材料做过渡封接,最后与石英封接。由于过渡封接处容易炸裂,故操作时应加倍小心。

4）透紫外玻璃（UV-transmitting Glass）

正如名字所言,该玻璃透紫外辐射性能很好。紫外波段的截止波长约 185nm。

5）硼硅玻璃（Borosilicate Glass）

硼硅玻璃是最常使用的窗口材料。由于其热膨胀系数和 Kovar 合金非常接近,因此也被称为"Kovar 玻璃",适于作为芯柱材料。硼硅玻璃并不透射波长小于 300nm 的紫外光,因而不能用作探测该紫外波段辐射的窗口材料。此外,某些采用双碱光电阴极的端窗型光电倍增管在制作时使用了一种特殊的硼硅玻璃(也称无钾玻璃),该玻璃仅含有很少量的钾,避免了钾带来的背景噪声。对于闪烁计数这类要求低背景噪声的应用而言,使用由硼硅玻璃制作光电倍增管入射光窗无疑是最佳选择。

2. 光电阴极（Photocathode）

光电阴极是光电倍增管中的光电子发射器件。目前,大多数的光电阴极采用的是含有碱金属的复合半导体材料,具有较低的逸出功。常用的光电阴极有 Ag-O-Cs、Sb-Cs,以及多碱(Sb-K-Na-Cs)光电阴极、负电子亲和势光电阴极(GaAs:Cs-O)等,主要根据所探测光的光谱范围来选取。实际应用中的光电阴极大约有十种,尽管种类繁多,但每一种光电阴极都可归结为透射型(半透明)或反射型(不透明)且具有不同器件特性。20 世纪 40 年代早期,美国电子工程设计发展联合协会(Joint Electron Devices Engineering Council,JEDEC)提出了一种以"S 号"表征不同光电阴极光谱响应的方法,其分类的依据就是光电阴极和窗口材料的组合方式。

3. 电子光学系统（Electron Optical System）

电子光学系统主要有两方面的作用,一是聚焦尽可能多的从光电阴极发射的光电子到第一倍增极,而对于杂散热电子则将其散射掉以提高信噪比,一般用电子收集率 ε 表示;二是使阴极发射的光电子在整个电子光学系统中的渡越时间(Transition Time)尽可能相等,以保证光电倍增管的快速响应,该参数常用渡越时间的离散性表示,设计电子光学系统时应尽可能使渡越时间的离散性接近零。

4. 电子倍增极（Electron Multiplier）原理

为了在电极上更有效地收集光电子和二次电子,并使渡越时间的离散性最小化,需要对电子的运动轨迹进行分析以优化电极的设计。

电子在光电倍增管内的运动受电场的影响,而电场的分布又取决于电极的配置、空间布局及其上施加的电压这三个因素。借助于高运算速度、大存储空间的现代计算机对电子的运动轨迹进行数值分析已经成为可能,并可借此预言特定条件下的电子运动轨迹,从而优化电极的设计。

设计光电倍增管的关键在于规划好电子从光电阴极到第一倍增极的运动轨迹。具体设计时通过综合考虑光电阴极的外形(平面窗或球面窗)、聚焦极的外形、排列和外加偏压这几个因素,可以得出一个最优的电子运行轨迹,使得光电阴极发射的光电子有效地聚焦在第一倍增极上。当某种应用环境要求光电倍增管具有最小的电子渡越时间时,则电极的设计除了选用最恰当的配置外,还需要它能形成比通常情况更强的电场。

整个倍增极部分通常有几个甚至十几个二次发射电极(倍增极),这些电极都做成曲面状。为了防止离子或光从末极向前极反馈,需要合理安排各倍增极在管内的位置。

1）电子倍增极

如前所述,通过合理设计光电倍增管内部的电极结构及电势分布,可以获得最优的性能。从光电阴极发射的光电子被第一级到最末级(可达 19 级)的所有倍增极倍增并最终被阳极收集,其光电流放大倍数可达 10^8 倍。

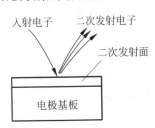

图 5-8　倍增极的二次发射、倍增模型

倍增极采用的二次发射材料主要是碱金属锑化物、氧化铍、氧化镁、磷化镓和磷砷化镓。这些材料涂覆在用镍、不锈钢或镀铜合金制作的衬底电极上,形成倍增极。图 5-8 显示了倍增极的二次发射、倍增模型。

当具有能量 E_P 的基础电子(Primary Electron)(或称一次电子)打到倍增极表面时,将发射 δ 倍二次电子。δ 称为二次发射系数,定义为二次发射电子数与入射基础电子数的比。理想情况下,若每一倍增极的平均二次发射系数为 δ,则具有 N 级倍增极的光电倍增管的总电流增益为 δ^N。

由于有众多的倍增极结构可用,而它们的电流增益、时间响应、线性度等因倍增极数及其他因素不同而各不相同,因此具体应用时应根据需要适当选用最佳的倍增极类型。

2）倍增极结构

根据电子轨迹的形式可将倍增极分为两大类,即聚焦型(Focusing Type)和非聚焦型(Non Focusing Type)。凡是由前一倍增极来的电子被加速和会聚在下一倍增极上,在两个倍增极之间可能发生电子束交叉的结构称为聚焦型。非聚焦型倍增极形成的电场只能使电子加速,电子轨迹都是平行的。

目前,光电倍增管采用了许多不同类型的倍增极,由于这些倍增极的内部结构和总级数不同,因此在增益、时间响应、均匀性和二次电子收集效率等参数上表现出不尽相同的特性。实际中应根据应用的需要选用最合适的倍增极类型。典型的倍增极结构如图 5-9 所示。

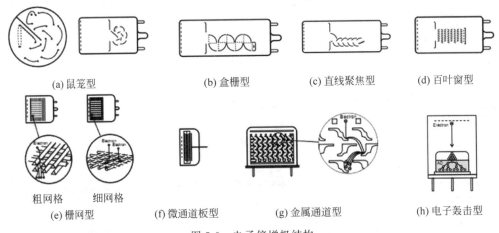

图 5-9　电子倍增极结构

（1）鼠笼型(Circular-cage Type)。鼠笼型倍增极的优点是结构紧凑,它在所有侧窗型及部分端窗型光电倍增管中都有使用。同时,它还具有时间响应快的特点。

（2）盒栅型(Box-and-grid Type)。这种结构的倍增极包括一系列的 1/4 圆柱形的倍增极,倍增极结构相对简单,被广泛用于端窗型光电倍增管,具有较高的光电子收集效率。使用该倍增极的光电倍增管具有很高的探测效率和良好的均匀性。

（3）直线聚焦型(Linear-focused Type)。与盒栅型倍增极类似,直线聚焦型倍增极也被广泛应用于端窗型光电倍增管中。它的主要特点是时间响应快、时间分辨率高及脉冲线性度好。

（4）百叶窗型（Venetian Blind Type）。百叶窗型倍增极产生的电场使电子的收集变得非常容易，它主要用于具有大直径光电阴极的端窗型光电倍增管。该结构一致性较好，有大的脉冲输出电流，多应用于时间响应要求不高的场合。

（5）栅网型（Mesh Type）。该类型由栅网状电极堆叠而成，分为大栅网型和细栅网型两类。它们都具有很好的输出线性度和很强的抗磁场干扰特性。当配以十字交叉型阳极或多阳极使用时，可以检测入射光的位置。细栅网型主要用于制作在强磁场环境中使用的光电倍增管。

（6）微通道板型（Microchannel Plate，MCP）。该类型倍增极结构使用了一块 1mm 厚微通道板作为整个基底，将上百万微小玻璃管（通道）彼此平行地集成为薄形盘片状而形成。这种结构在时间分辨率上较其他分散型倍增极结构有极大的提高。在强磁场环境中也有很稳定的光电流增益，当配以特殊的阳极使用时，它还具有位置敏感的能力。

（7）金属通道型（Metal Channel Dynode）。这种倍增极结构由通过先进微细加工技术制造而成的薄电极构成，并按照计算机仿真得到的电子运动轨迹来对之进行精确堆叠。由于每个倍增极彼此都非常靠近，因而电子运动的路径很短，保证了其优异的时间特性和稳定的增益，即使处在磁场环境中也是如此。

（8）电子轰击型（Electron Bombardment Type）。在这种结构中，光电子被强电场加速后打到半导体上，其能量传递给半导体，从而产生电流增益。在这种简单的结构中，也表现出噪声低、均匀性好及线性度高的特点。

3）常用的倍增极材料

（1）复杂半导体型（Complex Semiconductor）。如锑化铯（CsSb）、锑铯钾（KCsSb）等碱金属化合物，它们不仅是良好的光电阴极材料，也是常用的二次电子发射材料。对 CsSb 而言，当入射的一次电子能量为 200eV、厚度为 $80\sim100$nm 时，二次发射系数约为 7；当入射的电子密度较大时，稳定性较差。

（2）合金型（Alloy Type）。合金型二次发射材料主要是指由重金属与轻金属制成的合金倍增极。经过特殊加工，使合金极的表面形成轻金属氧化物的半导体薄膜。在各种合金极中，表面形成的氧化物有氧化镁（MgO）、氧化铍（BeO）和氧化钡（BaO）等几种，它们在光电倍增管中被广泛采用。如 Cu-Be 合金发射极，在工作过程中疲劳小，稳定性好，不受磁场的干扰，能承受较大的电流密度；室温下热发射极小，在每平方厘米上每分钟发射约 10 个电子，比 CsSb 电极要小几个数量级。它的缺点是在低能量一次电子入射时，二次发射系数较小。

（3）负电子亲和势型。目前主要用 Cs 激活的磷化镓（GaP：Cs）和 Cs-O 激活的硅（Si：Cs-O）等负电子亲和势型二次电子发射材料。这种材料的二次电子发射系数较大，可达 100以上。即使一次电子的能量达到几千电子伏特，其二次发射系数仍继续上升，其原因在于负电子亲和势发射材料的逸出深度远大于一般材料，高能量的一次电子轰击时，可以在很深的范围内激发更多的电子。

5．阳极（Anode）

光电倍增管的阳极是收集经多级倍增极倍增后的二次电子并通过引线向外电路输出光电流的电极。阳极的结构在设计时也应按前面讨论的电子运动轨迹进行优化。通常，阳极被设计成杆状、平板状或栅网状结构。对于阳极的结构要求最重要的一点是在阳极与末级倍增极之间要有足够的电势差,以防止产生空间电荷效应,并能输出大的光电流。

5.3 光电倍增管的主要特性参数

光电倍增管的特性参数主要包括灵敏度、电流增益、光电特性、时间特性、暗电流等。

1. 灵敏度

灵敏度是衡量光电倍增管探测光信号能力的一个重要参数,一般是指积分灵敏度,其单位为 $\mu A/lm$。光电倍增管的灵敏度一般包括阴极光照灵敏度、阳极光照灵敏度。

1) 阴极光照灵敏度 S_k(Cathode Luminous Sensitivity)

采用色温为 2856K 标准白炽钨丝灯光源发出的光照射到阴极上所产生的光电流除以入射光通量,即

$$S_k = \frac{I_k}{\Phi}(\mu A/lm) \tag{5-4}$$

光电倍增管阴极光照灵敏度的测量原理如图 5-10 所示。入射到阴极 k 的光照度为 E,光电阴极的面积为 A,则光电倍增管的光通量为 $E \cdot A$,则阴极光照灵敏度计算式为

$$S_k = \frac{I_k}{E \cdot A}(\mu A/lm) \tag{5-5}$$

在测量中,为了使光电倍增管工作在两电极状态,每一个倍增极电极被接到同一电势,如图 5-10 所示。测量时入射的光通量通常为 $10^{-5} \sim 10^{-2}$ lm。如果光通量太大,由于光电阴极的表面电阻就会产生测量误差,最佳的光通量应该根据光电阴极的尺寸和材料而定。皮安电流表通常用来测量从纳安到微安变化的光电流,必须采取适当的措施来去除漏电流和其他可能的噪声。除此之外,千万要防止在灯座和灯架上的污染并保持周围不能太潮湿,提供安全的电防护。光电倍增管应该工作在阴极电流完全饱和的情况下,这个电压一般是 $100 \sim 400V$。为了保护电路,安培表通过一个 $100k\Omega \sim 1M\Omega$ 的电阻连到阴极上。

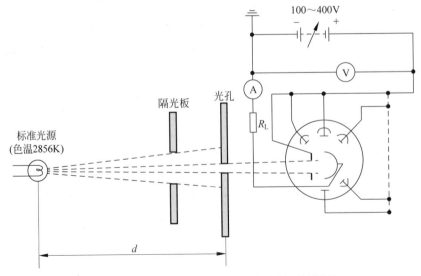

图 5-10 光电倍增管阴极光照灵敏度的测量原理

2) 阳极光照灵敏度 S_a（Anode Luminous Sensitivity）

采用色温为 2856K 标准白炽钨丝灯光源发出的光照射到阴极上时，阳极产生的光电流除以入射到阴极上的光通量，即

$$S_a = \frac{I_a}{\Phi}(\text{A/lm}) \tag{5-6}$$

光电倍增管阳极光照灵敏度的测量原理如图 5-11 所示。

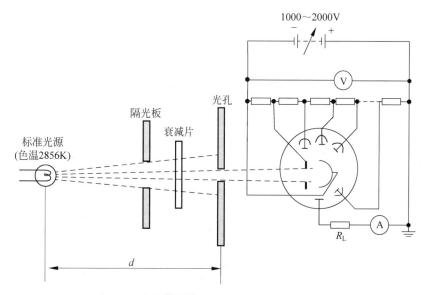

图 5-11　光电倍增管阳极光照灵敏度的测量原理

在这种测量方式下，如图 5-11 所示，在每一个电极上加一个适当的电压，虽然与测阴极光照灵敏度所使用的钨灯一样，但是通过一个中性滤光片光通量被减到 $10^{-10} \sim 10^{-5}$ lm。安培表通过一个串联电阻接到阳极上，这里使用分压电阻使测量具有小的容许偏差和好的温度特性。

2. 收集率和增益

1) 收集率

光电倍增管的电子倍增极设计考虑到了电子轨迹，以使在每一个光电倍增极电子都能被有效地倍增。然而，一些电子可能从原有路线偏离，从而对倍增没有贡献。总的来说，光电子落在第一个光电倍增极有效区的概率叫作收集率（Collection Efficiency），用 ε 表示。这个有效区是指光电子在后续的光电倍增极中能被倍增而不会偏离其轨道的区域。所以第一倍增极的收集率是很重要的。如果阴极到第一个倍增极电压低，进入有效区的光电子将变少，导致了收集率轻微的下降。

2) 增益

二次电子发射系数 δ 是光电倍增极极间电压 V 的函数，二者关系为

$$\delta = C \cdot V^k \tag{5-7}$$

式中，C 为常数；k 由光电倍增极的结构和材料决定，一般为 $0.7 \sim 0.8$。

从光电阴极中发射出光电流 I_k 打到第一个光电倍增极，产生次级光电流 I_{d1}，第一倍增极的二次电子发射系数 δ_1 定义为

$$\delta_1 = \frac{I_{d1}}{I_k} \tag{5-8}$$

这些电子在光电倍增管中被逐级放大,N 和 $N-1$ 的二次电子发射系数定义为

$$\delta_N = \frac{I_{dN}}{I_{d(N-1)}} \tag{5-9}$$

如果光电倍增管总收集率为 $\varepsilon(\varepsilon = \varepsilon_1 \cdot \varepsilon_2 \cdots \varepsilon_n)$,阳极电流计算公式为

$$I_a = I_k \cdot \varepsilon \cdot \delta_1 \cdot \delta_2 \cdots \delta_N \tag{5-10}$$

然后

$$\frac{I_a}{I_k} = \varepsilon \cdot \delta_1 \cdot \delta_2 \cdots \delta_N \tag{5-11}$$

定义增益(Gain)G 为阳极电流与阴极电流之比,即

$$G = \frac{I_a}{I_k} = \varepsilon \cdot \delta_1 \cdot \delta_2 \cdots \delta_N \tag{5-12}$$

相应地,当光电倍增管的收集率 $\varepsilon = 1$、级数为 N,各倍增极极间供电电压 V_{DD} 相等时,增益与供电电压有关,关系式为

$$G = (CV_{DD}^k)^N = C^N \left(\frac{V}{N+1}\right)^{kN} = \frac{C^N}{(N+1)^{kN}} V^{kN} \tag{5-13}$$

该式表明增益与电压的 kN 次方成正比。图 5-12 所示为典型的增益与供电电压之间的关系,直线的斜率变为 kN,电流倍增随着供电电压的增加而增加,这意味着光电倍增管的增益易受到高供电电压变化的影响,如漂移、纹波、温度稳定性、输入和负载。

3. 暗电流

光电倍增管在无辐射作用下的阳极输出电流称为暗电流(Dark Current)。因为光电倍增管是用来探测微弱光信号的,所以暗电流越小越好。暗电流产生的主要原因有:光电阴极和倍增极的热发射、欧姆漏电、玻璃壳放电和玻璃荧光、场致发射、残余气体放电、宇宙射线、环境 γ 射线和玻璃外层中的放射性同位素引起的噪声电流。

暗电流随供电电压的增加而增加,但不是线性增加。图 5-13 所示是一个典型的暗电流和供电电压的特性曲线。

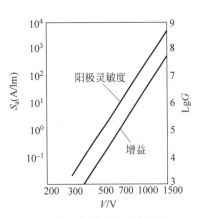

图 5-12 增益与供电电压之间的关系

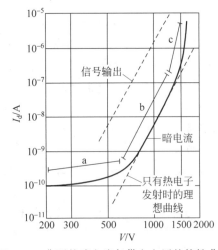

图 5-13 典型的暗电流与供电电压的特性曲线

这个特性曲线包含三个区域：低电压区域(图 5-13 中的 a)、中电压区域(图 5-13 中的 b)和高电压区域(图 5-13 中的 c)，区域 a 主要由漏电流引起，区域 b 主要受热发射影响，区域 c 则是由场发射和玻璃或电极支撑闪烁引起。总的来说，区域 b 提供了最好的信噪比，所以理想的光电倍增管应工作在 b 区域。

1) 热发射

因为光电阴极和光电倍增极由光电发射阈值很低的材料组成，它们在室温下都能发出热电子，W. Richardson 研究过这种现象并给出如下关系式：

$$i_s = AT^{5/4} \mathrm{e}^{-(eW/kT)} \tag{5-14}$$

式中：W——光电发射逸出功；

　　　T——绝对温度；

　　　e——电荷量；

　　　A——常量；

　　　k——玻尔兹曼常数。

由该式可知，热发射(Thermionic Emission)是光电发射逸出功和绝对温度的函数，所以热发射主要受到光电阴极的材料和光电发射阈值幅度的影响。当光电发射阈值较低，频谱响应扩展到低能量或长波长，热发射会有所增加。在常用的光电阴极中包含着碱金属，Ag-O-Cs 光电阴极有着最长的波长范围，在频谱响应中，表现出了最高的暗电流，相反，用作测紫外光的光电阴极有着最短的波长上限和最低的暗电流。

从式(5-14)可知暗电流随温度下降而下降，因此，如图 5-14 所示，冷却光电倍增管是减小暗电流的一个有效方法。

然而当暗电流减小到漏电流成为影响因素的值时，这个效应变的很有限。虽然热发射在光电阴极和光电倍增极上都会发生，但是光电阴极的热发射对暗电流的影响较大。这是因为光电阴极的面积比每一个光电倍增极都大且后续光电倍增极对输出电流贡献较小。相应地，由热发射产生的暗电流与供电电压的特性曲线几乎和增益与供电电压的关系曲线一样。

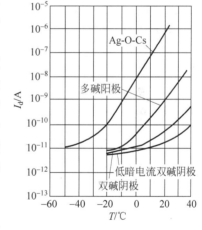

图 5-14　暗电流与温度关系曲线

2) 欧姆漏电

光电倍增管工作在 500～3000V 的高压，但却只有几纳安或微安的电流，因此，管子的隔离材料非常重要。例如，如果隔离材料的电阻为 $10^{12}\,\Omega$，那么漏电流可能要到纳安级，漏电流和隔离材料的电关系由欧姆定律决定。另外，由热发射产生的暗电流与电压呈指数关系，因此，在供电电压较低时，漏电流是暗电流的主体，漏电流可能产生于阳极和最后一级光电倍增极之间，也可能是由玻璃架和基底或阳极插座引脚和其他引脚的不完全隔离引起。因为灰尘和潮气污染了玻璃架、基底、插座的表面，增加了漏电流，所以要保持这些部分干净并处于低湿度条件，如果污染了，可用酒精清洁。这种方法能有效地减小欧姆漏电(Ohmic Leakage)。

3) 玻璃壳放电(Glass Envelope Scintillation)和玻璃荧光(Electrode Supports Scintillation)

一些从光电阴极或光电倍增极发射出来的电子可能从它们正常的轨道中偏离，因而对输出信号没有贡献,如果这些偏离的电子撞到玻璃外层上,会导致闪烁发生并产生漏电流。

4）场致发射(Field Emission)

当光电倍增管的工作电压过高时,倍增极会在强场作用下发射电子。随后,暗电流急骤增加,这种现象发生在图 5-13 的 c 区并很大程度上缩短了光电倍增管的寿命,因此,需要研究每个管型的最大工作电压,在这个工作电压内,光电倍增管的使用不会存在问题,但为了安全起见,光电倍增管的工作电压应低于最大工作电压 20%～30%。

5）残余气体放电(Ionization Current of Residual Gases)

光电倍增管内部是真空度高达 10^{-6}～10^{-4}Pa 的真空环境,即使这样,仍然存在着不可忽视的惰性气体,这些气体分子与电子相撞产生电离,正离子打到光电倍增极或者光电阴极产生了更多的二次电子发射,产生一个大的脉冲噪声。高电流工作时,这个噪声脉冲通常被认为是在主要光电流输出之后的一个输出脉冲,也叫作后脉冲,并且会在脉冲工作状态时引起测量误差。

4. 时间特性

光电倍增管是有着极快时间响应的光电探测器。在某些光脉冲测量中,往往要求阳极输出信号波形与入射光脉冲波形完全一致,这就要求光电倍增管有极快的响应时间。响应时间主要由光电子从光电阴极到达阳极的渡越时间以及各极间的渡越时间差决定。因此,快速响应的光电倍增管被设计成具有圆形内窗和特制电极以减小渡越时间。

表 5-1 列出了几种光电倍增管的时间特性。从中可以看出,直线聚焦型和金属通道型时间特性最好,而盒栅型和百叶窗型时间特性较差。

表 5-1　典型的时间特性(直径 2in 光电倍增管)　　　　　单位：ns

倍增管类型	上升时间	下降时间	脉冲宽度	电子渡越时间	渡越时间展宽
直线聚焦型	0.7～3	1～10	1.3～5	16～50	0.37～1.1
鼠笼型	3.4	10	7	31	3.6
盒栅型	<7	25	13～20	57～70	<10
百叶窗型	<7	25	25	60	<10
栅网型	2.5～2.7	4～6	5	15	<0.45
金属通道型	0.65～1.5	1～3	1.5～3	4.7～8.8	0.4

1）上升时间和下降时间(Rise/Fall Times)

阳极输出脉冲上升时间可以看作 δ 函数的脉冲激光二极管(它发出的激光脉冲宽度远小于光电倍增管检测到的光脉冲宽度)光源照射下,阳极电流从脉冲峰值的 10% 上升到90% 所需要的时间。下降时间定义为从峰值的 90% 下降到 10% 的时间,如图 5-15 所示。光电倍增管上升时间和下降时间的测量原理如图 5-16 所示。

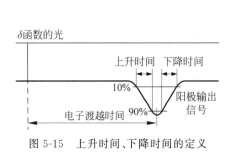

图 5-15　上升时间、下降时间的定义

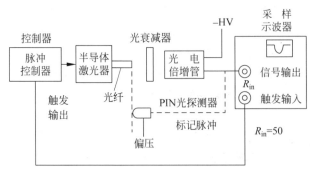

图 5-16　光电倍增管上升时间和下降时间的测量原理

2) 电子渡越时间(Electron Transit Time)

渡越时间定义为δ函数的脉冲激光的顶点到阳极输出电流达到峰值所经历的时间,如图 5-15 所示。

利用采样示波器多次采样光电倍增管的输出来重现一个完整波形。光电倍增管的输出信号包括从光电阴极每一个位置发射出来的电子形成的波形。在时间响应测量中,上升时间和下降时间非常关键,输出脉冲会产生波形失真引起错误的信号。图 5-17 所示是一个从光电倍增管输出的波形。总的来说,下降时间是上升时间的 2～3 倍,因此在测量重复脉冲时,需要防止输出脉冲的叠加。脉冲的半高宽(Full Width at Half Maximum,FWHM)是上升时间的 2.5 倍。

为了测量渡越时间,将一个 PIN 光电二极管放在与光电倍增管相同位置作为参考(0s)。测量 PIN 管检测到光脉冲的瞬间和光电倍增管的输出脉冲达到峰值时的时间差。

3) 渡越时间展宽(Transit Time Spread,TTS)

使用单色光子照射光电阴极,每一个光电子脉冲的渡越时间都有一个起伏,这种起伏称为渡越时间展宽。图 5-18 所示是渡越时间展宽测量的框图。

在这种测量中,从脉冲激光器出来一个触发信号,通过延迟电路再供给时间振幅转换器(Time-to-Amplitude Converter,TAC),把时间差转换成一个脉冲高度。同时,将光电倍增管的输出信号通过恒定系数鉴别器(Constant Fraction Discriminator,CFD)提供给 TAC 作为终止信号,其中,CFD 是用来减小脉冲高度变化导致的时间抖动。TAC 产生一个与开始和结束信号时间差成正比的脉冲高度信号,这个脉冲再供给多通道分析仪(Multichannel Analyzer,MCA)来进行脉冲高度分析。因为开始与结束信号的时间差与电子渡越时间有关,在 MCA 上显示一个直方图,通过多次合并存储的脉冲高度值来说明电子渡越时间展宽的统计值。

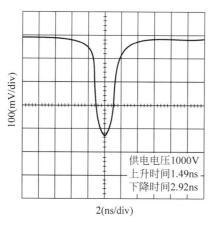

图 5-17　光电倍增管输出波形

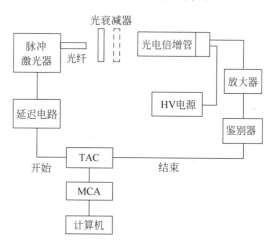

图 5-18　TTS 测量原理框图

5. 噪声

在入射光强度不变的情况下,暗电流和信号电流两者的统计起伏叫作噪声。光电倍增管的噪声主要由器件本身的散粒噪声和负载电阻的热噪声组成。在光电二极管的情况下,负载电阻的热噪声为

$$\overline{i_{\mathrm{nj}}^2} = \frac{4kT\Delta f}{R_{\mathrm{L}}} \tag{5-15}$$

式中：k——玻尔兹曼常数；

$\quad\quad T$——绝对温度；

$\quad\quad \Delta f$——测量电路的频带宽度；

$\quad\quad R_{\mathrm{L}}$——负载电阻值。电阻热噪声主要来自负载电阻、运算放大器的反馈电阻和运算放大器输入阻抗。

因光电子到达阳极的速率起伏产生的噪声叫作散粒噪声。光电倍增管的阴极电流为 I_{k}，它的散粒噪声主要由阴极暗电流 I_{d}、背景辐射电流 I_{b} 以及信号电流 I_{s} 的散粒噪声 I_{dk}、I_{bk}、I_{sk} 所引起。

阴极散粒噪声电流为

$$\overline{i_{\mathrm{nk}}^2} = 2qI_{\mathrm{k}}\Delta f = 2q\Delta f(I_{\mathrm{sk}} + I_{\mathrm{bk}} + I_{\mathrm{dk}}) \tag{5-16}$$

式中：q——电子电荷。

散粒噪声电流会被逐级放大，并在每一级都产生自身的散粒噪声。第 1 倍增极发射电流的散粒噪声是由光电流的散粒噪声和二次发射的散粒噪声组成，表示为

$$\overline{i_{\mathrm{nD1}}^2} = (I_{\mathrm{nk}}\delta_1)^2 + 2qI_{\mathrm{k}}\delta_1\Delta f = I_{\mathrm{nk}}^2\delta_1^2 + I_{\mathrm{nk}}^2\delta_1 = I_{\mathrm{nk}}^2\delta_1(1+\delta_1) \tag{5-17}$$

第 2 级输出的散粒噪声电流是由第 1 倍增极散粒噪声和二次发射的散粒噪声组成，即

$$\overline{i_{\mathrm{nD2}}^2} = (I_{\mathrm{nD1}}\delta_2)^2 + 2qI_{\mathrm{k}}\delta_1\delta_2\Delta f = I_{\mathrm{nk}}^2\delta_1\delta_2(1+\delta_2+\delta_1\delta_2) \tag{5-18}$$

以此类推，第 n 级倍增极输出的散粒噪声电流为

$$\overline{i_{\mathrm{nDn}}^2} = I_{\mathrm{nk}}^2\delta_1\delta_2\delta_3\cdots\delta_n(1+\delta_n+\delta_n\delta_{n-1}+\cdots+\delta_n\delta_{n-1}\cdots\delta_1) \tag{5-19}$$

为简化问题，设各倍增极的发射系数都等于 δ（各倍增极的电压相等时发射系数相差很小），则倍增管末倍增极输出的散粒噪声电流为

$$\overline{i_{\mathrm{nDn}}^2} = 2qI_{\mathrm{k}}G^2\frac{\delta}{\delta-1}\Delta f \tag{5-20}$$

δ 通常为 $3\sim 6$，$\dfrac{\delta}{\delta-1}$ 接近于 1，并且，δ 越大，$\dfrac{\delta}{\delta-1}$ 越接近于 1。光电倍增管输出的散粒噪声电流简化为

$$\overline{i_{\mathrm{nDn}}^2} = 2qI_{\mathrm{k}}G^2\Delta f \tag{5-21}$$

总噪声电流为

$$\overline{i_{\mathrm{n}}^2} = \frac{4kT\Delta f}{R_{\mathrm{L}}} + 2qI_{\mathrm{k}}G^2\Delta f \tag{5-22}$$

在设计光电倍增管电路时，总是力图使负载电阻的热噪声远小于散粒噪声，即

$$\frac{4kT\Delta f}{R_{\mathrm{L}}} \ll 2qI_{\mathrm{k}}G^2\Delta f \tag{5-23}$$

设光电倍增管的增益 $G=10^4$，阴极暗电流 $I_{\mathrm{dk}}=10^{-14}\mathrm{A}$，在室温 300K 情况下，只要阳极负载电阻 R_{L} 满足

$$R_{\mathrm{L}} \geqslant \frac{4kT}{2qI_{\mathrm{k}}G^2} = 52\mathrm{k\Omega} \tag{5-24}$$

当然，提高光电倍增管的增益(提高电源电压)G，降低阴极暗电流 I_{dk} 都会减少对阳极电阻

R_L 的要求,提高光电倍增管的时间响应。

6. 线性

光电倍增管的线性一般由它的阳极伏安特性表示,它是光电测量系统中的一个重要指标。由于倍增极结构的多样性,光电倍增管的线性特性会随着倍增极级数和其他因素而各不相同。光电倍增管的阳极输出电流对入射光通量的线性具有宽的动态范围,但当入射光较强时,会产生偏离理想线性的情况,其主要原因是阳极的线性特性影响。线性不仅与光电倍增管的内部结构有关,还与供电电路及信号输出电路等因素有关。当工作电压一定时,线性特性与入射波长无关,取决于电流值的大小。

(1)讨论影响 PMT 线性的内因。在脉冲工作方式下线性主要是受到空间电荷的影响,脉冲线性主要取决于峰值电流,强脉冲光入射时,后级产生大电流,会因空间电荷密度高出现饱和现象,其影响的大小由倍增极间电场分布及强度决定。光电阴极是半导体,有一定的电阻,大小因光电阴极而异,因此也会影响 PMT 线性。此外,还有聚焦或收集效率等的变化。

(2)讨论影响 PMT 线性的外因。光电倍增管输出信号电流在负载电阻上的压降对末级倍增极电压产生负反馈和电压的再分配都可能破坏输出信号的线性,后文会详细进行讨论。

7. 疲劳和衰老

光电倍增管的性能会受到光电阴极和倍增极疲劳的影响。光电阴极的疲劳会在大的阴极电流下出现,倍增极的疲劳会在大的阳极电流下出现,倍增管的灵敏度会在短时间内降低。这种现象是因为光电阴极材料和倍增极材料中一般都含有铯金属。当电子束较强时,电子束的碰撞会使倍增极和阴极板温度升高,铯金属蒸发,影响阴极和倍增极的电子发射能力,光电倍增管会出现光电流衰减、灵敏度骤降的现象。当去除光源一段时间后,光电倍增管的性能会部分或全部恢复。因此,必须限制入射的光通量使光电倍增管的输出电流不得超过极限值。为防止意外情况发生,应对光电倍增管进行过电流保护,阳极电流一旦超过设定值便自动关断供电电源。光电倍增管由于疲劳效应而灵敏度逐步下降,称为衰老。过强的入射光会加速光电倍增管的老化损坏。

5.4　光电倍增管的工作电路

光电倍增管的工作电路分为高压供电电路和信号输出电路,下面分别讨论。

5.4.1　高压供电电路

1. 阳极接地和阴极接地

高压直流电源向光电倍增管供电有阴极接地(Cathode Grounding)(正高压接法)和阳极接地(Anode Grounding)(负高压接法)两种方式,分别如图 5-19 和图 5-20(a)所示。图 5-20(a)中,分压电路将地与阳极相连从而给阴极提供一个负高压。优点是消除了外部电路与阳极的电势差,便于电路连接,如电流表、电流电压转换、放大电路与光电倍增管的连接。对于端窗光电倍增管,如果与光电阴极很近的探测窗口或玻璃窗口是与地相连的,玻璃材料很小的传导率在光电阴极和地之间会引起微弱电流,这样会对光电阴极造成电气损坏,

5.4
微课视频

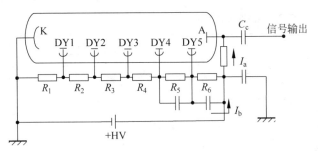

图 5-19　阴极接地分压电路

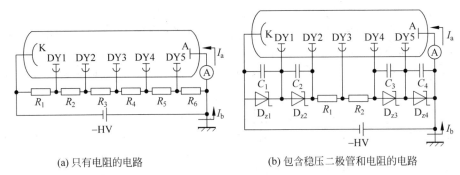

(a) 只有电阻的电路　　　　　(b) 包含稳压二极管和电阻的电路

图 5-20　分压电器

并且可能会有严重的损害。鉴于这些原因,在设计光电倍增管的外罩的时候使用电磁防护
装置要很小心。另外,在接地情况下封装管与电磁防护装置之前要用海绵乳胶或相似的防
震材料对光电倍增管管身进行包装,同时确保材料具有很好的绝缘性能。阳极接地设计原
理所关注的问题可以通过在管表面涂上一层黑色的传导漆,而连接到阴极电位来解决。这
种技术方法称为"HA 涂层",而且传导管表面用保温外罩进行保护。图 5-19 是阴极接地方
式供电,其特点是便于屏蔽,屏蔽罩可以跟阴极靠的近些,屏蔽效果好;暗电流小,噪声低;
但阳极处于正高压,导致寄生电容大,匹配电缆连接复杂,特别是后面接直流放大器,整个放
大器都处于高压,不利于安全操作。在这个阴极接地的原理中,一个耦合电容(C_c)必须被
用于从信号中分离阳极正高压,这使得不太可能获取一个直流信号。在实际的闪烁计数中,
使用这个分压电路,如果计数效率提高太多会引起基线漂移,或者耦合电容中出现泄电流引
起噪声。

2. 分压电路

光电倍增管分压电路如图 5-20(a) 所示,在阴极和阳极之间连接分压电阻($100 \sim$
$1000\text{k}\Omega$)为每个电极提供电压。有时也会加上几个稳压二极管,如图 5-20(b) 所示。这些电
路被称为分压电路。

在图 5-20 中的分压电路电流 I_b 称作分压电流,I_b 的值大约等于供电电压除以分压电
阻之和,即

$$I_b = \frac{V}{R_1 + R_2 + \cdots + R_6} \tag{5-25}$$

用图 5-20(b) 中所示的稳压二极管来保持级间电压的一致和光电倍增管工作的稳定
性,让其不受光电倍增管阴极到阳极的高压的影响。在这种情况下,I_b 可以表示为

$$I_b = \frac{V - V_{D_{z1} \sim D_{z4}}}{R_1 + R_2} \tag{5-26}$$

与稳压二极管并联的电容 $C_1 \sim C_4$ 用来降低由稳压二极管产生的噪声,当经过这些稳压二极管的电流很小时这些噪声将会更明显。因此这部分需要引起注意,因为噪声会影响光电倍增管输出的信噪比。

3. 分压电流和线性输出

在阳极接地和阴极接地中,当在直流工作模式或者脉冲工作模式时,光电倍增管上光照增加会引起阳极输出电流 I_a 的增加。如图 5-21 所示,在一个特定的电流区域(区域 B)以及光电倍增管的输出进入饱和状态(区域 C)光照和阳极输出电流的关系开始远离原来的理想线性关系。

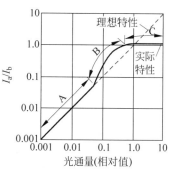

图 5-21　光电倍增管的输出
线性关系

1) 直流模式线性输出方法

光电倍增管直流信号输出情况下,通常采用图 5-22 所示电路。流过一个分压电阻的实际电流,如电阻 R_6 电流等于分压电流 I_b 和流过 A-DY5-R_6-A 的循环阳极电流 I_a 之差($I_{R6} = I_b - I_a$),同样,对于其他的分压电阻,流过分压电阻的实际电流等于 I_b 和反向流过分压电阻的倍增极电流 I_{DY} 之差。阳极电流和倍增极电流一起作用减少了各分压电阻上的电流,导致各电极间电压重新分配。阳极和后几级倍增极极间电压下降,阴极和前几级倍增极极间电压上升。

如果阳极输出电流很小,分压电阻上电流的变化可以忽略不计。当入射光信号增加时,阳极电流和倍增极电流也会增加。每个倍增极分配的电压如图 5-23 所示。因为整个阴极到阳极的电压为恒定高压,后级损失的电压重新分配给前级,因此前级间电压增加。

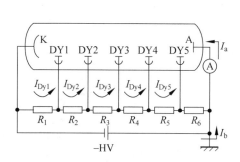

图 5-22　光电倍增管基本工作电路

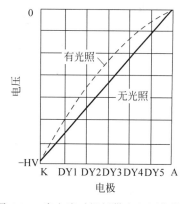

图 5-23　光电流对极间供电电压的影响

在最后一个电极(图 5-22 中的 DY5)和阳极之间,电压减小最为明显。如图 5-21 区域 B 所示,前级电压分配的增加导致阳极电流的整体增加。如果光照强度进一步增加,阳极电流将会变得很大。当阳极电流接近于分压电阻上的电流,阳极和最末级倍增极之间的电压趋向零,最后阳极输出电流饱和,阳极二次电子收集率逐渐降低。如图 5-21 区域 C 所示的饱和现象。

为使光电倍增管工作稳定而要保证阳极电流最大时,倍增极的级间电压基本不变,通常要求流过电阻链的电流 I_b 最少要比阳极最大电流大 20 倍以上,即

$$I_b \geqslant (20 \sim 50)I_{amax} \tag{5-27}$$

在精密光信号检测中,为保证输出线性度高于 $\pm 1\%$,一般要求分压器上电流是阳极最大电流的 100 倍以上。

为增加最大线性输出,有两种方法:一是在最后一级和阳极间使用齐纳二极管,如图 5-20(b)所示,如有必要,在最后一级或者最后两级也使用齐纳二极管;另一种方法是降低分压电阻来提高分压电流。在第一种方法中,如果分压电流较小,稳压二极管将会产生噪声,可能对输出结果造成很大影响。因此,必须将分压电流提高到一定水平和并联具有良好频率响应的陶瓷电容与齐纳二极管来吸收可能产生的噪声。在保证响应速度的前提下尽量减小后续电路带宽。在第二种方法中,如果分压电阻与光电倍增管靠得很近,分压电阻的热辐射会提高光电倍增管的温度,这将导致暗电流的增加和输出信号的波动。为了适应线性度要求很高的应用场合,通常在最后几级中提供单独的辅助电源,如图 5-24 所示。

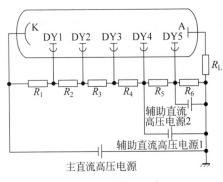

图 5-24　辅助电路

2) 脉冲线性输出方法

当光电倍增管在脉冲工作模式使用时,通常用图 5-20 所示分压电路,与工作在直流模式一样,输出的最大线性度也会受到分压电流的影响。为解决这个问题,在最后几级可以连接退耦电容。在脉冲信号持续过程中因电容放电而抑制最后一个倍增极和阳极之间电压的减小,以显著改进脉冲输出线性。如果脉冲宽度足够窄,以至占空比非常小,这个方法可以使输出电流达到饱和水平。因此,可以得到一个超过分压电流几千倍高的峰值输出电流。

退耦电容的连接方法有两种:串联连接方式,如图 5-25(a)所示;并联连接方式,如图 5-25(b)所示。串联方式使用更为普遍,因为并联连接方式需要使用能承受高电压的电容。

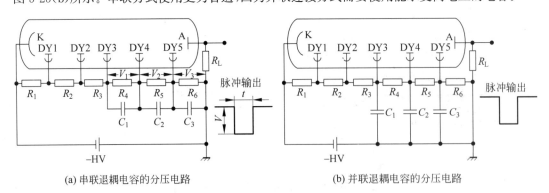

(a) 串联退耦电容的分压电路　　　　　　(b) 并联退耦电容的分压电路

图 5-25　退耦电容连接方法

下面以图 5-25(a)所示的电路为例计算电容值。

若定义输出脉冲电压为 V,脉冲宽度为 t,负载电阻为 R_L,则每个脉冲对应的电量 Q_0 可表达为

$$Q_0 = t\frac{V}{R_L} \tag{5-28}$$

如果定义电容 C_3 的储存电量是 Q_3，为了使输出线性度优于 $\pm 3\%$，通常近似有

$$Q_3 \geqslant 100Q_0 \tag{5-29}$$

根据 $Q = CV$ 得

$$C_3 \geqslant 100\frac{Q_0}{V} \tag{5-30}$$

一般来说，级间电压为 100V 时，光电倍增管每个倍增极的二次电子发射率 δ 为 3～5。当级间电压为 70～80V 时，二次发射系数 $\delta = 2$，C_2 和 C_1 中存储的电量 Q_2 和 Q_1 为

$$Q_2 = \frac{Q_3}{2}, \quad Q_1 = \frac{Q_2}{2} = \frac{Q_3}{4} \tag{5-31}$$

因此，计算电容 C_2 和 C_1 的值可使用与计算 C_3 相同的方法，即

$$C_2 \geqslant 50\frac{Q_0}{V}, \quad C_1 \geqslant 25\frac{Q_0}{V} \tag{5-32}$$

在这种情况下，DY3 之前的倍增极也要放置退耦电容以得到一个大的输出电流，也使用同样的计算方法。

例题 如图 5-25(a)所示，光电倍增管脉冲输出电压 $V_0 = 50\text{mV}$，脉冲宽度 $t = 1\mu\text{s}$，负载电阻 $R_L = 50\Omega$，级间电压均为 100V，倍增极二次发射系数为 4，计算退耦电容 C_1、C_2 和 C_3。

解 每个脉冲输出的电量为

$$Q_0 \geqslant \frac{50\text{mV}}{50\Omega} \times 1\mu\text{s} = 1 \times 10^{-9}\text{C}$$

退耦电容 C_3，C_2，C_1 的值计算方法如下：

$$C_3 \geqslant 100 \times \frac{1 \times 10^{-9}\text{C}}{100\text{V}} = 1000\text{pF}$$

$$C_2 \geqslant 25 \times \frac{1 \times 10^{-9}\text{C}}{100\text{V}} = 250\text{pF}$$

$$C_1 \geqslant \frac{25}{4} \times \frac{1 \times 10^{-9}\text{C}}{100\text{V}} = 62.5\text{pF}$$

以上计算出的电容值是系统最低要求的电容值，因此分压电路设计建议采用安全范围的电容值，约大于计算值的 10 倍。如果输出电流进一步增大，在前面的倍增极上必须连接退耦电容时，同时也要增大 $C_1 \sim C_3$ 的电容值。

4. 高压供电电源

光电倍增管工作的稳定性取决于供电电源的稳定性，包括漂移、波纹、温度相关性、输入管理和负载调节。供电电压源必须提供超过光电倍增管稳定工作所要求能量的 10 倍。

串联稳压器型高压电压源已经被广泛地用于光电倍增管。最近，一种开关稳压型的电源已经进入市场并被广泛地使用。大部分开关稳压型电源具有体积小、质量轻的特点，能提供高电压和高电流。但是，一些型号的电源，开关噪声叠加在交流输入和高压输出中或者有噪声辐射，因此，在选择这列开关稳压电源的时候要特别小心，尤其是在低光照强度的探测和测量中，包括快速的信号处理和光子技术应用中。

高压电源必须能够提供最大输出电流是流过光电倍增管电流的 1.5 倍的电流。

在选择合适的高压电源时应注意以下几点。

(1) 线性调节：≤±0.1%，这是由输入改变引起的输出电压变化百分比。

(2) 负载调节：≤±0.2%，这是有负载时的最大输出和无负载时的输出之间的不同，表示了输出电压的百分比。

(3) 波动噪声：≤0.05%，震荡是由高压产生电路的振荡频率所引起的输出振荡(峰值)。

(4) 温度特性：≤±0.01%/℃，这是在最大输出的时候由于工作温度的变化所带来的输出改变(%/℃)。

5.4.2 信号输出电路

1. 输出信号

为了测量光电倍增管的输出信号，根据工作情况有很多方法可供选择，如图 5-26～图 5-28 所示。分压电路有两种工作方式：阳极接地和阴极接地。阳极接地方法允许直流和脉冲同时工作，如图 5-26 和图 5-27 所示。阴极接地方法使用一个旁路电容来分离加在阳极上的高电压，如图 5-28 所示，因此只有脉冲工作方式是可行的。但是这个方法消除了由这些直流元件产生的背景光，使其更适合于脉冲工作环境。

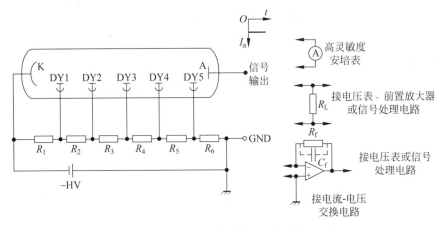

图 5-26　直流工作环境下的阳极接地输出电路

应当注意的是，当光电倍增管的输出接到一个放大电路的时候，放大电路必须在打开高压电源之前连接。当高压电源加到分压电路的时候，尽管在无光照的情况下，可能的暗电流也会在阳极产生电量。如果在这种情况下分压电路连接到放大电路，电荷将会立刻进入放大电路，可能会导致放大电路的损坏。尤其在使用高速电路时要格外小心，因为它们更容易被损坏。

2. 光电倍增管输出电流到电压转换

光电倍增管的输出信号是电流(电量)，然而外部的信号处理电路一般都是基于处理电压信号来设计的。因此，除了使用高灵敏度的仪表来测量输出信号外，需要将输出电流信号转换为电压信号。下面介绍怎样使用电流电压转换电路以及应该注意的预防措施。

1) 使用负载电阻实现电流/电压转换电路

一个将光电倍增管的输出电流转换为电压的方法就是使用一个负载电阻。因为光电倍增管被看作一个输出低电流的连续电流源,在理论上使用一个足够大的电阻能获得 $I_a \times R_L$ 的输出电压。但是在实际中,负载电阻阻值的选择是有限制的。

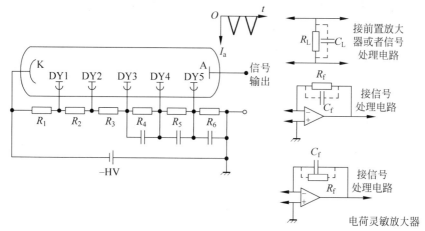

图 5-27　脉冲工作环境下的阳极接地输出电路

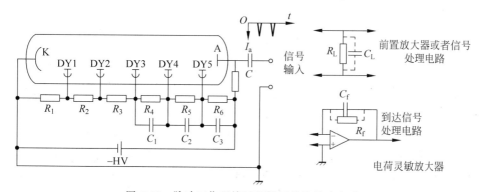

图 5-28　脉冲工作环境下的阴极接地输出电路

如图 5-29 所示,假设负载电阻为 R_L,光电倍增管阳极到所有的电极之间的总电容为 C_S,包括寄生电容(如布线电容等),因此最高截止频率 f_c 可以由下式计算:

$$f_c = \frac{1}{2\pi C_S R_L} \tag{5-33}$$

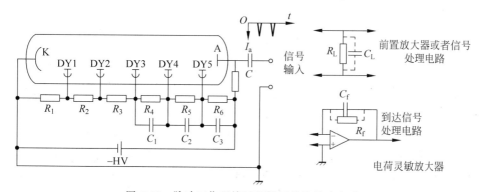

图 5-29　光电倍增管和输出电路

由式(5-33)可知,尽管光电倍增管和放大器具有快速响应,f_c 是由输出电路来决定的。如果负载电阻大于必要值时,阳极电压降 $I_p \times R_L$ 会增加,导致最后一级到阳极的电压降低。这将增加空间电荷的影响并降低输出线性。因此多数情况下,使用负载电阻能够提供约 1V 的电压输出。

当选择最优负载电阻时,也要考虑连接到光电倍增管的放大器内部的输入电阻。图 5-30 显示了当光电倍增管的输出连接了一个放大器后的等效电路。其中,如果负载电阻是 R_L,输入电阻是 R_{in},最后的并联输出电阻 R_o 由下式计算:

$$R_o = \frac{R_{in}R_L}{R_{in}+R_L} \tag{5-34}$$

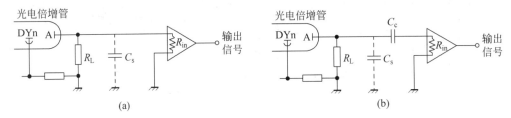

图 5-30　放大器内部输入电阻

电阻 R_o 是光电倍增管的实际负载电阻,阻值小于 R_L。在 $R_{in}=\infty$ 时输出电压 V_o 和受 R_{in} 影响的输出电压 V_o' 之间的关系为

$$V_o' = V_o \times \frac{R_{in}}{R_{in}+R_L} \tag{5-35}$$

当 $R_{in}=R_L$ 时,$V_o'=V_o/2$。说明了负载电阻值的上限是放大器的输入电阻 R_{in}。特别是在光电倍增管和放大器之间加上旁路电容 C_c 的时候,如图 5-30(b)所示,一个不必要的大负载电阻会对输出电平造成影响。

然而上面描述的负载电阻和放大器的内部电阻是纯电阻,在实际中,要加上级间电容和级间传导。因此,这些电路元素必须考虑元件阻抗,尤其是在高频电路工作模式下。

下面介绍选择负载电阻时的一些指导原则:

(1) 当频率和放大特性很重要的时候,尽量选择小的负载电阻(如 50Ω)。最小化杂散电容,如与负载电阻并联的线缆电容。

(2) 当线性放大输出很重要的时候,选择的负载电阻的输出电压应为最后一级到阳极电压的百分之几。

(3) 使用一个等于或者小于与光电倍增管相连的放大器内部电阻的负载电阻。

2) 使用运算放大器的电流/电压转换电路

在使用运算放大器构成的电流/电压转换电路时,可用模拟或数字电压表对从光电倍增管输出的电流进行精确的测量,而且不需要很昂贵和高灵敏度的仪器。一个基本的使用运算放大器的电流电压转换电路如图 5-31 所示。

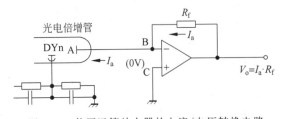

图 5-31　使用运算放大器的电流/电压转换电路

在这个电路中,输出电压 V_o 计算如下

$$V_o = I_a \cdot R_f \tag{5-36}$$

因为运算放大器的输入阻抗很大,光电倍增管的输出电流在 B 点(如图 5-31 所示)被阻止进入运算放大器的反向输入端(一)。因此,大部分电流进入反馈

电阻 R_f，并在 R_f 上形成了大小为 $I_a \cdot R_f$ 的电压。另外，运算放大器的增益(开环增益)达到 10^5，它总是维持反向输入端(B点)的电位等于非反向输入端(C点)的电位(接地电位)(称为虚短或虚地)。因此，运算放大器的输出电压 V_o 与 R_f 上产生的电压相等。理论上说，用一个前置放大器实现电流/电压转换具有和它的开环增益一样的精度。

当使用前置运算放大器时，决定最小测量电流的是前置放大器的漂移电流 I_{os}、R_f 的质量以及使用的绝缘材料和走线方法。

要精确地测量一个极小的电流(10^{-12} A)，必须要考虑如下几个因素：

(1) 信号输出线采用低噪声高绝缘性的同轴电缆。

(2) 使用绝缘性能好的连接器，如铁氟龙连接器。

(3) 连接光电倍增管的阳极到前置放大器的输入引脚时，不要使用印制电路板，而是用铁氟龙的双绞线代替。

(4) 对于实际的输出 $V_o = -(I_a + I_{os}) \cdot R_f + V_{os}$，如果 R_f 很大，I_{os} 会引起问题。因此，选择一个具有小于 0.1pA 的 I_{os} 与最小的输入转换噪声和温度漂移的场效应管输入的前置放大器。

(5) 给前置放大器提供合适的输出偏压调节和补偿电路。

(6) 反馈电阻 R_f 使用具有最小温度特性的金属表面电阻。使用干净的镊子处理电路，确保没有脏物或者外来材料污染电路。同时，当电阻值需达到 $10^9 \Omega$ 或者更大时，使用具有低漏电流的玻璃密封电阻。

(7) 由于由型号和噪声问题决定的不精确和温度特性，负载电阻不宜使用碳膜电阻。当几个反馈电阻用来转换电流范围的时候，在反馈电阻和前置放大器输出之间使用一个具有最小漏电流的陶瓷转换开关或者使用高质量继电器，同时连接一个具有良好温度特性的低漏电流的电容。例如，一个苯乙烯电容与反馈电阻并联，这样可以根据应用限制频率范围。

(8) 使用玻璃封装 PC 板或者其他绝缘性能好的 PC 板。

另外，因为前置放大器的最大输出电压一般比供电电压低 1～2V，常使用多个反馈电阻的转换来扩展电流测量范围。在这个方法中，每个范围中将非反向输入端通过一个阻值等于反馈电阻阻值的电阻接地，使用上面的预防方法能平衡输入偏置电流，因此可以减小反向输入端的补偿电流 I_{os}。

3) 使用运算放大器的电荷灵敏放大器

图 5-32(a)所示为使用运算放大器的基本电荷敏感放大电路。光电倍增管的输出电荷 Q_p 存储在 C_f 里，输出电压 V_o 可以表示为

$$V_o = Q_a / C_f \tag{5-37}$$

这里，如果光电倍增管的输出电流为 I_a，V_o 变为

$$V_o = -\frac{1}{C_f} \int_0^t I_a \cdot \mathrm{d}t \tag{5-38}$$

当输出电荷连续，V_o 最后上升到接近前置放大器的供电电压的水平，如图 5-32(b)和(c)所示。

在图 5-32(a)中，如果电路在 C_f 上并联了一个场效应管开关以便存储在 C_f 里面的电荷在需要时能被释放，不论光电倍增管的输出信号是直流还是脉冲，这个电路起到积分仪的作用，

能够在测量时间内存储输出电荷。在闪烁计数中,光电倍增管输出脉冲必须被转换成相应的电压脉冲。因此,如图 5-33 所示,R_f 和 C_f 并联以便于电路有一个放电时间常数 $\tau = C_f \cdot R_f$。

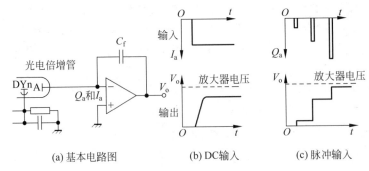

(a) 基本电路图　　　　(b) DC输入　　　　(c) 脉冲输入

图 5-32　电荷敏感电路一级工作模式

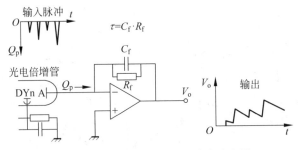

图 5-33　脉冲输入型的电荷敏感放大器

如果 τ 很小,输出电压 V_o 更多的由输入电流的脉冲高度决定。相反,如果 τ 很大,V_o 将会更多地由输入脉冲电荷甚至 $-Q_p/C_f$ 的值决定。在闪烁计数中,由于电路时间常数 $\tau = RC$ 和闪烁的荧光衰减常数 τ_s 的关系,输出脉冲电压 $V(t)$ 由式(5-39)~式(5-41)给出。

$$V(t) = \frac{Q \cdot \dfrac{\tau}{C}}{\tau - \tau_s}(e^{-t/\tau} - e^{-t/\tau_s}) \tag{5-39}$$

当 $\tau \gg \tau_s$,$V(t)$ 变为

$$V(t) = \frac{Q}{C}(e^{-t/\tau} - e^{-t/\tau_s}) \tag{5-40}$$

然而,当 $\tau \ll \tau_s$,$V(t)$ 变为

$$V(t) \approx \frac{Q}{C} \cdot \frac{\tau}{\tau_s}(e^{-t/\tau_s} - e^{-t/\tau}) \tag{5-41}$$

当 $\tau > \tau_s$ 时,输出波形上升时间由 τ_s 决定,下降时间由 τ 决定,最大的脉冲高度由 Q/C 给出。相反,当 $\tau < \tau_s$ 时,输出波形上升时间由 τ 决定,下降时间由 τ_s 决定,最大脉冲高度则由 $Q/C \cdot \tau/\tau_s$ 给出。在大多数情况下使用 $\tau \gg \tau_s$,因为这样能得到高的能量分辨率。正是因为输出脉冲振幅较大,因此受到其他因素,如噪声、闪烁的温度特性、负载的变化等的影响就小。在这种情况下,应该注意的是脉冲宽度受 τ 的影响更大,如果重复次数多,就容易发生基线漂移和电荷堆积。如果测量要求高的计数率,得到一个和闪烁衰退时间一样快的输出波形可以用减少 τ 来实现。但是,输出脉冲的高度会变低而且容易被噪声影响,且降低

了能量分辨率。在每种情况下,输出电压 $V(t)$ 正比于光电倍增管阳极输出电荷。一般来说,负载电阻降低能得到更高的脉冲高度,只要环境允许,大部分情况下,负载电阻值的变化能改变时间常数。当使用一个 NaI(TI)的闪烁体时,时间常数一般是几个微秒到几十个微秒。

闪烁计数中,在电荷敏感放大器中产生的噪声降低了能量分辨率。这些噪声大都来自于放大电路的元件,但是在图 5-34 所示的线缆电容 C_S 应该格外注意,因为光电倍增管的输出电荷分别存储在 C_f 和 C_S 上。C_S 使 C_f 相对于没有 C_S 的时候的电荷要少,因此必须要大的 $A \cdot C_f/C_S$ 值来改善信噪比。但是在精确的操作中,由于 $A \cdot C_f$ 无法大于由各种限制条件决定的特定值,因此 C_S 的值通常尽可能小地来改善信噪比。

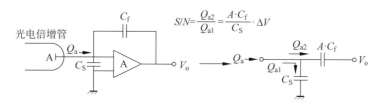

图 5-34　输入分配电容的影响

在闪烁计数的测量中,一个减少线缆电容的方法就是在光电倍增管的附近放置前置放大器,远离主放大器。

3. 快速响应光电倍增管的输出电路

对于快速上升和下降的光脉冲信号的检测,使用一个具有 50Ω 阻抗的同轴电缆来连接光电倍增管和后续电路。

为了精确地传输和接收信号输出波形,输出端必须要用一个等效于同轴电缆的纯电阻,如图 5-35 所示。这使光电倍增管阻抗保持定值,不受电缆长度影响,能减少输出波形的"振铃"现象。当使用一个 MCP-PMT 来检测高速信号时,如果线缆长度大于必要值,在同轴电缆中会出现信号波形的失真。

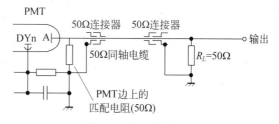

图 5-35　输出阻抗匹配

如果输出端没有适当的阻抗匹配,光电倍增管阻抗会随频率变化,而且阻抗值会受同轴电缆长度影响,导致输出信号的振铃现象。这样的阻抗不匹配不仅会出现在终端电阻和同轴电缆之间,也会出现在同轴电缆终端的连接器上。因此,在连接同轴电缆到光电倍增管和连接器的时候,要注意选择一个合适的连接器避免阻抗不匹配。

当同轴电缆输出端发生阻抗不匹配时,所有的输出信号能量不会在输出端分散,但是部分能量会返回光电倍增管。光电倍增管的阳极被看作一个打开的终端,如果不能给光电倍增管的一边提供一个匹配的电阻,信号将会从阳极反射并重新回到输出端。反射信号被看作脉冲信号出现在主要的脉冲后,通过同轴电缆有一个衰退时间。这个信号重复着轨迹直到整个能量分散,最后,输出端发生振铃现象。为了阻止这个现象,在输出端和光电倍增管的一边提供匹配的阻抗,这在一定程度上是有效的,尽管得到的电压只有输出端阻抗匹配时的一半。当使用不是快速响应的光电倍增管和短的同轴电缆连接时,在光电倍增管的一边可以无须阻抗匹配的电阻。可以通过不断摸索来确定光电倍增管是否需要这样一个电阻。在光电倍增管中,有具有 50Ω 的输出阻抗的专门型号。这些型号的光电倍增管不需要匹配电阻。

5.5
微课视频

5.5　光电倍增管的应用

光电倍增管的应用领域非常广泛,主要如下。

1. 光谱学

(1) 利用光吸收原理。①紫外/可见/近红外分光光度计:光通过物质时使物质的电子状态发生变化,而失去部分能量,叫作吸收。利用吸收进行定量分析。为确定样品物质的量,采用连续的光谱对物质进行扫描,并利用光电倍增管检测光通过被测物质前后的强度,即可得到被测物质程度,计算出物质的量。②原子吸收分光光度计:广泛地应用于微量金属元素的分析。对应于分析的各种元素,需要专用的元素灯,照射燃烧并雾化分离成原子状态的被测物质上,用光电倍增管检测光被吸收的强度,并与预先得到的标准样品比较。

(2) 利用发光原理。①发光分光光度计:样品接受外部照射光的能量会产生发光,利用单色器将这种光的特征光谱线显示出来,用光电倍增管探测出特征光谱线是否存在及其强度。这种方法可以迅速地定性或定量地检查出样品中的元素。②荧光分光光度计:荧光分光光度计依据生物化学,特别是分子生物学原理。物质受到光照射,发射长波的发光,这种光称为荧光。用光电倍增管检测荧光的强度及光谱特性,可以定性或定量地分析样品成分。③拉曼分光光度计:用单色光照射物质后被散乱,这种散乱光中,只有物质特有量的不同波长光混合在里面。这种散乱光(拉曼光)进行分光测定,对物质进行定性定量的分析。由于拉曼发光极其微弱,因此检测工作需要复杂的光路系统,并且采用单光子计数法。

(3) 其他应用:如液相或气相色谱,如 X 光衍射仪、X 光荧光分析和电子显微镜等。

2. 质量光谱学与固体表面分析固体表面分析

固体表面分析:固体表面的成分和结构,可以用极细的电子、离子、光或 X 射线的束流,入射到物质表面,对表面发出的电子、离子、X 射线等进行测定来分析。这种技术在半导体工业领域被用于半导体的检查中,如缺陷、表面分析、吸附等。电子、离子、X 射线一般采用电子倍增器或 MCP 来测定。

3. 环境监测

(1) 尘埃粒子计数器:尘埃粒子计数器检测大气或室内环境中悬浮的粉尘或粒子的密度。它利用了尘埃粒子对光的散乱或 β 射线的吸收原理。

(2) 浊度计:当液体中有悬浮粒子时,入射光会被粒子吸收、折射。对人的眼睛来看是模糊的,而浊度计正是利用了光的透过折射和散射原理,并用数据来表示的装置。

(3) 其他应用:如 NO_x、SO_x 检测。

4. 生物技术

(1) 细胞分类:细胞分类仪是利用荧光物质对细胞标定后,用激光照射,细胞发射的荧光、散乱光用光电倍增管进行观察,对特定的细胞进行标识的装置。

(2) 荧光计:细胞分类的最终目的是分离细胞,为此,有一种用于对细胞、化学物质进行解析的装置,它称为荧光计。它对细胞、染色体发出的荧光、散乱光的荧光光谱、量子效率、偏光、寿命等进行测定。

5. 医疗应用

(1) γ 相机:将放射性同位素标定试剂注入病人体内,通过 γ 相机可以得到断层图像,来判别病灶。从闪烁扫描器开始,经逐步改良,γ 相机的性能得到快速的发展。光电倍增管通过光导和大面积 NaI(TI)组合成探测器。

(2) 正电子 CT:放射性同位素(^{11}C、^{15}O、^{13}N、^{18}F 等)标识的试剂投入病人体内,发射出的正电子同体内结合时,放出淬灭 γ 线,用光电倍增管进行计数,用计算机做成体内正电子同位素分布的断层画面,这种装置称为正电子 CT。

(3) 液体闪烁计数:液体闪烁计数应用于年代分析和生物化学等领域。将含有放射性同位素物质溶于有机闪烁体内,并置于两个光电倍增管之间,两个光电倍增管同时检测有机闪烁体的发光。

(4) 临床检测:通过对血液、尿液中微量的胰岛素、激素、残留药物及病毒等对于抗原、抗体的作用特性,进行临床身体检查、诊断治疗效果等。光电倍增管对被同位素、酶、荧光、化学发光、生物发光物质等标识的抗原体的量进行化学测定。

(5) 其他应用:如 X 光时间计。在 X 光检查中,这个装置自动地控制胶片的 X 光曝光量。X 光到达胶片前,含有磷的屏幕将 X 光转换成可见光,用光电倍增管接收这个光信号,并在信号积分值达到预定标准时给出信号,及时切断 X 光源,以保证胶片得到准确的曝光量。

6. 射线测定

(1) 区域检测仪:可以连续地检测环境辐射水平。它采用光电倍增管与闪烁体组合的方式,完成对低水平的 α 射线和 γ 射线的检测。

(2) 射线测量仪:射线测量仪采用光电倍增管与闪烁体组合的方式完成对低水平的 γ 射线和 β 射线的检测。

7. 资源调查

石油测井:石油测井中用以确定石油沉积位置和储量等。内藏放射源、光电倍增管和闪烁体的探头进入井中,分析放射源被散射的和地质结构中的自然射线,判断油井周围的地层类型和密度。

8. 工业计测

(1) 厚度计:工业生产中的诸如纸张、塑料、钢材等的厚度检测,可以通过包括放射源、光电倍增管和闪烁体的设备来实现。对于低密度物质,如橡胶、塑料、纸张等,采用 β 射线源;诸如钢板等的高密度物质,则使用 γ 射线。在电镀、蒸发控制等处,镀膜的厚度可使用 X 射线荧光光度计。

(2) 半导体检测系统:广泛地应用于半导体芯片的缺陷检查、掩膜错位等。芯片的缺陷检查装置中用光电倍增管检测芯片被激光照射后尘埃、污染、缺陷等产生的散乱光。

9. 摄影印刷

彩色扫描:彩色图片或照片进行印刷时,需要将其颜色进行分色扫描。分色是用光电倍增管和滤光片,把彩色分解成三原色(红、绿、蓝)和黑色,作为图像数据读出。

10. 高能物理-加速器实验

（1）辐射计数器：在两层正交排列的细长塑料晶体的端部，配置光电倍增管，测量带电粒子通过的位置和时间。

（2）TOF 计数器：在电荷粒子通道中，配置两组光电倍增管与闪烁体的组合件，测定粒子通过闪烁体的时间差来测定粒子的速度。

（3）契伦柯夫计数器：这是用于粒子撞击反应时产生的二次粒子识别的装置。二次粒子通过诸如气体这种介质时，具有一定能量的电荷粒子会发出契伦柯夫光，测定这种光的发射角度，可以识别电荷粒子。

（4）热量计：可以准确地测定粒子撞击反应产生的二次粒子能量。

11. 中微子、正电子衰变实验，宇宙线检测

（1）中微子实验：这种实验用于研究太阳中微子、宇宙线粒子物理学。用于发生契伦柯夫光的大量介质。在其周围配置很多大直径光电倍增管，当中微子等的宇宙射线同介质发生相互作用，就会产生契伦柯夫光。光电倍增管探测到契伦柯夫光，可以解析粒子的飞来方向、能量等。

（2）空气浴计数器：宇宙线与地球大气撞击时，同大气原子发生作用，生成二次粒子，并进一步生成三次粒子。这样地增加下去，称作空气浴。这种空气浴产生的 γ 线、契伦柯夫光，由在地面上排列成格子状的许多光电倍增管来探测。

12. 宇宙

（1）天体 X 线探测：来自宇宙的 X 线中含有很多揭开宇宙之谜的信息。ISAS 集团发射了探测超新星发出的天体 X 线的"阿斯卡"卫星，其中使用的探测器就是位置灵敏光电倍增管和气体正比计数管的组合体。

（2）恒星及星际尘埃散乱光的测定：来自宇宙的紫外线有许多与天体表面温度、星际物质有关的信息。但是，地球大气层阻止了紫外线到达地球表面，所以，在地面上不能加以测量。因此，用发射火箭的方法，在火箭上搭载装置，探测 300nm 以下的紫外线。

13. 激光

（1）激光雷达：激光雷达用于高精度测距、大气观测等。

（2）荧光寿命测定：把激光作为激励光源，测定样品荧光强度的时间变化，用来研究样品的分子结构。

14. 等离子体

等离子体探测：托克马克核聚变实验中的等离子电子密度、电子温度测量系统中，使用光电倍增管用来计测等离子中的杂质。

本节介绍了光电倍增管的几个主要应用。

5.5.1　分光光度计

分光光度计(Spectrophotometry)是通过测定被测物质在特定波长处或一定波长范围内光的传播和反射特性，对该物质进行定性和定量分析的方法。光度测量方法主要分为两类。第一类是利用特定波长的光的吸收、反射和偏振。第二类是将外部能量作用于样品并测量作用后的发射光谱。

目前使用的分光光度测量仪器有：可见光到紫外光的分光光度计(吸收、反射)；红外分光光度计(吸收、反射);远紫外分光光度计(吸收、反射);发射光谱仪;荧光分光光度计;原子吸收分光光度计;旋光光谱仪;拉曼光谱仪;密度计、色度计和颜色分析仪等等。

下面以紫外、可见光、红外分光光度计为例说明测量原理。

当光穿过物质,光能量会引起物质中电子状态的改变(电子跃迁)或引起特定分子震动,造成局部能量损失,这被称为吸收,可以通过测量吸收程度来进行定量分析。

分光光度计的测量原理和简化框图如图 5-36 所示。

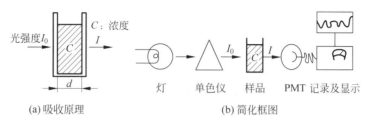

(a) 吸收原理　　　　　　　　　(b) 简化框图

图 5-36　分光光度计测量原理和简化框图

目前,分光光度计中使用的光学系统有多种。图 5-37 所示是分光光度计的一种光学系统,其光源覆盖了紫外、可见光和红外范围。

5.5.2　医疗器械

光电倍增管在医学中应用非常广泛,如正电子发射断层扫描(Positron Emission Tomography,PET)、伽马相机、X 射线图像诊断设备、体外测试。下面以 PET 为例分析。

作为应用核医学诊断,使用光电倍增管的正电子发射断层扫描得到了广泛应用。图 5-38 所示为 PET 扫描仪概念图。

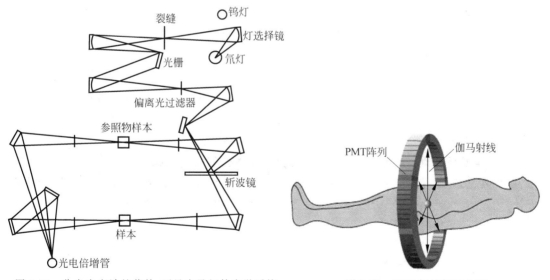

图 5-37　分光光度计的紫外、可见光及红外光学系统　　　　图 5-38　PET 扫描仪概念图

当一个放射性示踪剂释放的正电子注入体内并与电子相撞后湮灭,产生方向相反而能量(511keV)相同的两个伽马射线。这些伽马射线同时被光电倍增管阵列检测。

PET 提供活体在活跃的状态下的断层图像,通过在人体内注射正电子发射放射性同位素标记的药物并测量其浓度来进行病变和肿瘤的早期诊断。PET 使用的典型正电子发射放射性同位素有^{11}C、^{13}N、^{15}O 和^{18}F。

当正电子在体内发射,它们与周边组织的电子结合,在相反方向释放一对 γ 射线。多个环状探测器环绕在人体周围进行耦合侦测。与 X 射线计算机断层扫描(X-ray CT)方法相同,通过排列每个角度获得横断数据,PET 扫描仪可创建一个断层重建图像。

PET 的主要特点是可以进行生理或生化信息如代谢、血流量和神经传导的定量测量。PET 主要是用于研究脑功能和其他器官的机制。目前,PET 被应用于医疗诊断中,可以有效诊断癌症。

PET 使用的探测器由一个耦合到闪烁器的紧凑型光电倍增管组成。为了有效地检测体内释放的高能量(511keV)伽马射线,经常使用对其具有高停止功率的闪烁体,如 BGO(Bi_2O_3-GeO_2)和 LSO(Lulelium Oxyorthosilicate)晶体。

另一种测量技术正在研究中,它是利用正电子湮没产生的伽马射线的飞行时间(Time-of-Flight,TOF)。这种测量技术是采用高速光电倍增管和具有短的发射衰变的闪烁体。

5.5.3　生物技术

在生命科学的应用中,光电倍增管主要用于检测荧光和散射光。设备主要用于细胞分拣、荧光计和核酸测序等生命科学中。下面以基因(DNA)芯片扫描仪(如图 5-39 所示)为例进行分析。

图 5-39
动态效果

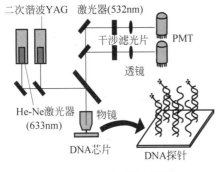

图 5-39　DNA 芯片扫描仪

生化工具"DNA 芯片"被用于分析大量的遗传信息。该技术是指将大量(通常每平方厘米点阵密度高于 400)探针分子固定于支持物上后与标记的样品分子进行杂交,通过检测每个探针分子的杂交信号强度进而获取样品分子的数量和序列信息。通俗地说,就是通过微加工技术,将数以万乃至百万计的特定序列的 DNA 片段(基因探针),有规律地排列固定于 $2cm^2$ 的硅片、玻片等支持物上,构成的一个二维 DNA 探针阵列,与计算机的电子芯片十分相似,所以被称为基因芯片。基因芯片主要用于基因检测工作。一些基因芯片是利用半导体光刻方法制作,而其他的是利用高精度的智能机械配发在玻璃片上。核酸探针(排列已知)黏结在玻璃片上,与荧光染料标记的样本片段杂交。用激光束扫描 DNA 芯片,通过测量杂交核酸发出的荧光强度来获取样品 DNA 的遗传信息。杂交过程是指将有相同碱基的单链互补链接形成双链。

5.5.4　环境测量

在环境测量设备中光电倍增管也常被用来作为探测器,例如,用来检测空气或液体中的含尘量的尘埃计数器、用于核电厂中的辐射监测器。下面介绍激光雷达(Laser radar,LIDAR)的应用。

激光雷达是工作在红外和可见光波段的雷达。它由激光发射机、光学接收机、旋转台和信息处理系统等组成,如图 5-40 所示。激光器将电脉冲变成光脉冲发射出去,光接收机再把从目标(大气分子、气溶胶、云等)反射回来的光脉冲还原成电脉冲,并转换成数字信号,由计算机处理,以测量散射体的距离、浓度、速度和形状。激光发射机和接收机安装在同一个地方,激光束扫描目标区以获得一个三维空间分布。

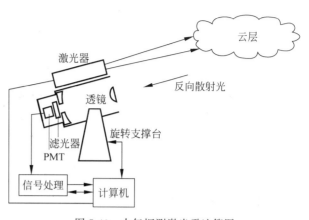

图 5-40
动态效果

图 5-40　大气探测激光雷达简图

5.5.5　固体表面分析

固态表面分析是通过测量电子束或 X 射线照射样品时电子与原子组成的样品相互作用产生的二次电子、光电子、反射电子、发射电子、Auger 电子或 X 射线来检查样品表面状态。这些应用中使用的探测器是离子探测器。

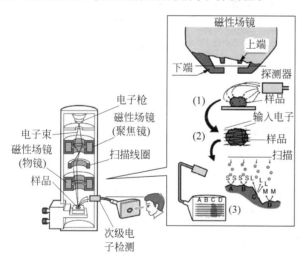

图 5-41　扫描电子显微镜的结构和原理

固体表面分析仪大致分为两种:一种使用电子束照射样品;另一种使用 X 射线。目前,固体表面分析仪主要有扫描电子显微镜(SEM)、透射电子显微镜(AES)、Auger 电子能谱仪(AES)、电子光谱化学分析(ESCA)。

在这四种类型的表面分析仪中,扫描电子显微镜(SEM)使用最为广泛,它的结构和原理如图 5-41 所示。

从电子枪发射的电子束在 0.5V～30kV 的电压下加速。加速后的电子束被电磁透镜的聚焦透镜和目镜压缩,最后形成直径为 3～100nm 的很窄的波束并辐照在样本表面。光束照射的样品表面产生次级电子,并被次级电子探测器探测。通过移动电磁镜头可以使电子束在样品表面预定区域的 XY 方向扫描。放大的次级电子图像可以与次级电子探测器的信号同步显示在阴极射线管(Cathode Ray Tube,CRT)上。图 5-42 说明了次级电子探测器的结构和操作。

一个典型的次级电子探测器包括一个集电极、闪烁体、光管、光电倍增管和前置放大器。集电极和闪烁体需要提供一定的电压以提高次级电子收集效率。样品产生的大多数次级电子入射到闪烁体被转换为光,转换的光经过光管并被光电倍增管检测。

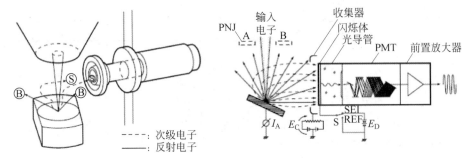

图 5-42　次级电子探测器的结构和操作

第 5 章
参考答案

思考题与习题

5.1　何谓"光电发射阈值"？它与"逸出功"有什么区别？引入"光电发射阈值"对分析外光电效应有什么意义？

5.2　光电发射和二次电子发射有哪些不同？简述光电倍增管的工作原理。

5.3　真空光电倍增管的倍增极有哪几种结构？各有什么特点？

5.4　为什么常把真空光电倍增管的光电阴极制作成球面？这样设计有什么优越性？

5.5　光电倍增管产生暗电流的原因有哪些？如何降低暗电流？

5.6　光电倍增管的主要噪声是什么？在什么情况下热噪声可以被忽略？

5.7　怎样理解光电倍增管的阴极灵敏度与阳极灵敏度？二者的区别是什么？二者有什么关系？

5.8　何谓光电倍增管的增益特性？光电倍增管各倍增极的发射系数 δ 与哪些因素有关？最主要的因素是什么？

5.9　光电倍增管的短波限与长波限由什么因素决定？

5.10　某光电倍增管的阳极灵敏度为 10A/lm，为什么还要限制它的阳极输出电流在 $50\sim100\mu A$？

5.11　已知某光电倍增管的阳极灵敏度为 100A/lm，阴极灵敏度为 $2\mu A$/lm，要求阳极输出电流限制在 $100\mu A$ 内，求允许的最大入射光通量。

5.12　光电倍增管的供电电路分为负高压供电与正高压供电，试说明这两种供电电路的特点，举例说明它们分别适用于哪种情况。

5.13　某型号光电倍增管的阴极光照灵敏度为 $0.5\mu A$/lm，阳极光照灵敏度为 50A/lm，要求长期使用时阳极允许电流限制在 $2\mu A$ 以内。求：(1)阴极面上允许的最大光通量。(2)当阳极电阻为 $75k\Omega$ 时，最大的输出电压。(3)若已知该光电倍增管为 12 级的 Cs_3Sb 倍增极，其倍增系数 $\delta=0.2(V_{DD})^{0.7}$，试计算它的供电电压。(4)当要求输出信号的稳定度为 1% 时，求高压电源电压的稳定度。

5.14　设入射到 PMT 光敏面上的最大光通量为 $\Phi_V=8\times10^{-6}$lm，当采用某型号倍增管作为光电探测器探测入射时，已知某型号为 11 级的光电倍增管，阴极为 Ag-O-Cs 材料，倍增极为 AgMg 合金材料，阴极灵敏度为 $10\mu A$/lm。若要求入射通量在 8×10^{-6}lm 时的输出电压幅度不低于 0.15V，试设计该 PMT 变换电路。若供电电压的稳定度只能做到 0.01%，试问该 PMT 变换电路输出信号的稳定度最高能达到多少？

第6章

CHAPTER 6

热 探 测 器

光辐射照到物体上被吸收,晶格振动加剧,粒子运动动能增加,辐射能转换为热能使物体温度升高而导致物体某些物理量发生变化。这种因吸收光辐射能使物体温度升高,从而引起物体物理量发生变化的现象称为光热效应(Photo Thermal Effect)。利用光热效应探测外来辐射而制成的器件称为热探测器(Thermal Detector)。热探测器是不同于光子探测器的另一类探测器,它是基于光辐射与物质相互作用的热效应而制成的器件。热探测器与光子探测器的区别在于:

(1) 因光辐射都会引起热效应,热效应产生的信号取决于辐射功率,而与光谱成分无关,因而热探测器不存在长波限,或者说光谱响应范围很宽。

(2) 热探测器的响应时间比光子探测器长,而且取决于热探测窗口的大小和散热的快慢等多种因素。

(3) 与长波段的光子探测器比较,它可以在室温下工作,不需要低温制冷。

(4) 热探测器的探测极限还有很大的空间,可以实现光子探测器无法实现的应用领域。

热探测器可广泛应用于探测人体、火源、热源、各种军事目标,在民用和国防上有重要的应用和发展。本章主要介绍热辐射探测器件的工作原理、基本特性、工作电路和典型应用。

6.1 热探测器基本原理

6.1
微课视频

热探测器根据原理可分为两类:一是直接利用辐射能所产生的热效应,当探测器吸收辐射后,将其转换成热,根据探测器温度的变化来探测辐射;另一类是利用辐射产生热、热产生电或磁效应,通过对电或磁的度量来探测辐射的大小。

6.1.1 温度变化方程

探测器在没有受到外界辐射作用的情况下,与环境温度处于热平衡状态,其温度为 T_0。当辐通量为 Φ_e 的电磁辐射入射到器件时,器件吸收的热辐射通量为 $\alpha\Phi_e$,α 为器件的吸收系数。器件吸收的能量一部分使器件的温度升高 ΔT,另一部分补偿器件与环境热交换所损失的能量。设单位时间器件的内能增量为 ΔE,则有

$$\Delta E = C\frac{\mathrm{d}(\Delta T)}{\mathrm{d}t} \tag{6-1}$$

式中:C——热容(Thermal Capacity),它是探测器温度每升高 1℃ 所要吸收的热能(J/K)。

表明内能的增量为温度变化的函数。

设单位时间通过热传导损失的能量

$$\Delta Q = G\Delta T \tag{6-2}$$

式中：G——器件与环境的热传导系数(Thermal Conductivity Coefficient)，它是单位时间
内探测器和导热体间交换的能量(W/K)。

根据能量守恒定律，器件吸收的辐通量应等于器件内能的增量与热交换能量之和，即

$$\alpha\Phi_e = C\frac{\mathrm{d}(\Delta T)}{\mathrm{d}t} + G\Delta T \tag{6-3}$$

设入射辐射为正弦辐通量 $\Phi_e = \Phi_0 \mathrm{e}^{\mathrm{j}\omega t}$，则式(6-3)变为

$$C\frac{\mathrm{d}(\Delta T)}{\mathrm{d}t} + G\Delta T = \alpha\Phi_0 \mathrm{e}^{\mathrm{j}\omega t} \tag{6-4}$$

若选取刚开始辐射时的时间为初始时间，此时器件与环境处于热平衡状态，即 $t=0$，$\Delta T=0$。利用初始条件并假设 $t\to\infty$ 时达到热平衡状态，则式(6-4)的解为

$$\Delta T(t) = \frac{\alpha\Phi_0 \mathrm{e}^{\mathrm{j}\omega t}}{G(1+\mathrm{j}\omega\tau_T)} \tag{6-5}$$

式中：τ_T——热探测器的热时间常数(Thermal Time Constant)，热探测器的热时间常数一
般为 ms~s 的数量级，它与器件的大小、形状和颜色等参数有关，即

$$\tau_T = \frac{C}{G}$$

由式(6-5)可以求得温度的变化幅值为

$$|\Delta T| = \frac{\alpha\Phi_0\tau_T}{C(1+\omega^2\tau_T^2)^{1/2}} = \frac{\alpha\Phi_0}{G(1+\omega^2\tau_T^2)^{1/2}} \tag{6-6}$$

由式(6-5)、式(6-6)可知：

(1) 热探测器吸收交变辐射能所引起的温升与吸收系数 α 成正比。因此，几乎所有的
热探测器都被涂黑。

(2) 温度变化与工作频率 ω 有关，ω 增高，其温升下降，在低频时($\omega\tau_T \ll 1$)它与热导 G
成反比，式(6-6)可写为

$$|\Delta T| = \frac{\alpha\Phi_0}{G} \tag{6-7}$$

可见，减小热导是提高温升、提高灵敏度的好方法，但是热导与热时间常数成反比，提高
温升将使器件的惯性增大，时间响应变坏。

(3) 当 ω 很高时，$\omega\tau_T \gg 1$，式(6-6)可近似为

$$|\Delta T| = \frac{\alpha\Phi_0}{\omega C} \tag{6-8}$$

结果，温升与热导无关，而与调制频率和热容成反比，且随频率的增高而衰减，因而热探测器
适合电磁辐射为低频的情况。

(4) 当 $\omega=0$ 时，利用初始条件求解式(6-4)得

$$\Delta T(t) = \frac{\alpha\Phi_0}{G}(1-\mathrm{e}^{-\frac{t}{\tau_T}}) \tag{6-9}$$

ΔT 由初始零值开始随时间 t 增加，当 $t\to\infty$ 时，ΔT 达到稳定值 $\alpha\Phi_0/G_0$。当 t 等于 τ_T 时，

ΔT 上升到稳定值的 63%，故 τ_T 被称为器件的热时间常数。

6.1.2　热探测器件的最小可探测功率

热探测器的主要噪声是温度噪声，热探测器与周围环境进行热流交换，周围环境的热入射到探测器上，同时探测器要向周围辐射热量，通过散热体将热流导走。

在一定时间内，系统维持平衡时，探测器处于温度 T。探测器与周围环境的热交换具有随机性、起伏性，从而引起温度的起伏。这种由于探测器与周围环境热交换而引起探测器温度起伏的现象称为温度噪声。

理论证明当热探测器与环境温度处于热平衡时，在频带宽度 Δf 内，热探测器的温度起伏引起的温度噪声值为

$$\overline{\Delta T_n^2} = \frac{4kT^2\Delta f}{G(1+\omega^2\tau_T^2)} \tag{6-10}$$

如果 $\omega\tau_T \ll 1$，$\overline{\Delta T_n^2} = 4kT^2\Delta f/G$，则有温度噪声功率为

$$\overline{\Delta W_T^2} = G^2\overline{\Delta T_n^2} = 4kT^2G\Delta f \tag{6-11}$$

如果探测器的其他噪声与温度噪声相比可以忽略，那么温度噪声将限制热探测器的极限探测率。热探测器和环境的热交换通常有热传导、热对流和热辐射，当探测器光敏面被悬挂在支架上并真空封装时，总的热导取决于辐射热导。

若热探测器的温度为 T，接收面积为 A，热探测器的侧面积远小于接收面，可以忽略不计，探测器发射系数为 ε，当它与环境处于热平衡时，根据斯特藩—玻尔兹曼定律，单位时间所辐射的能量为

$$\Phi_e = A\varepsilon\sigma T^4 \tag{6-12}$$

由热导的定义可得探测器的热导为

$$G = \frac{\mathrm{d}\Phi_e}{\mathrm{d}T} = 4A\varepsilon\sigma T^3 \tag{6-13}$$

式中：σ——斯特藩-玻尔兹曼常数，$\sigma = 5.67\times10^{-8}\,\mathrm{W/(m^2 \cdot K^4)}$。

则有在 $\omega\tau_T \ll 1$ 情况下，热辐射探测器在理想情况下，热辐射温度噪声功率的均方根值为

$$\Delta W_T = \sqrt{\overline{\Delta W_T^2}} = 2T\sqrt{kG\Delta f} \tag{6-14}$$

将式(6-13)代入式(6-14)有

$$\Delta W_T = 4T^{5/2}\sqrt{kA\varepsilon\sigma\Delta f} \tag{6-15}$$

考虑到热平衡时的基尔霍夫定律即 $\alpha = \varepsilon$，由式 $\alpha\Phi_0 = G|\Delta T|$、$\alpha\mathrm{NEP} = \Delta W_T$ 和式(6-15)可以得出热探测器的噪声等效功率，即最小可探测功率为

$$\mathrm{NEP} = 4T^{5/2}\sqrt{kA\sigma\Delta f/\alpha} \tag{6-16}$$

由式(6-16)很容易得到热敏器件的比探测率为

$$D^* = \frac{(A\Delta f)^{\frac{1}{2}}}{\mathrm{NEP}} = \left(\frac{\alpha}{16\sigma kT^5}\right)^{\frac{1}{2}} \tag{6-17}$$

例如，在常温环境下 ($T = 300\mathrm{K}$)，对于黑体 ($\alpha = 1$)，热敏器件的面积为 $100\mathrm{mm}^2$，频带宽度 $\Delta f = 1\mathrm{Hz}$，斯特藩-玻尔兹曼常数 $\sigma = 5.67\times10^{-8}\,\mathrm{W/(m^2 \cdot K^4)}$，玻尔兹曼常数 $k = 1.38\times10^{-23}\,\mathrm{J/K}$。则由式(6-16)可以得到常温下热敏器件的最小可探测功率为 $5\times10^{-11}\,\mathrm{W}$

左右,比探测率 D^* 为 $1.81 \times 10^{10} \mathrm{cm} \cdot \mathrm{Hz}^{1/2}/\mathrm{W}$。

6.2　热电偶与热电堆探测器

热电偶(Thermocouple)是利用温差产生电动势效应来测量电磁辐射的一种热探测器,也称为温差电偶。它是一种使用近 200 年的热探测器,至今仍然在广泛使用。尤其是在高、低温温度探测领域中的应用,是其他探测器所无法取代的。

6.2.1　热电偶的工作原理

如图 6-1(a)所示为温差热电偶的工作原理。两种金属材料 A 和 B 组成一个回路时,若两金属连接点的温度存在着差异,则由于温度差 ΔT 而产生电势差 ΔV,回路中就有电流产生,如果回路电阻为 R,则回路电流为 $I = \Delta V/R$,这一现象称为温差电效应(Thermoelectric Effect),也称为塞贝克效应(Seebeck Effect)。温差电势差 ΔV 的大小与 A、B 材料有关,由铋和锑所构成的一对金属有最大的温差电势差,约为 $100\mu\mathrm{V}/℃$。用接触测温度的测温热电偶,通常由铂(Pt)、铑(Rh)等合金组成,它具有较宽的测量范围,一般为 $-200\sim1000℃$,测量准确度高达 $1/1000℃$。

测量辐射能的热电偶称为辐射热电偶(Radiation Thermocouple),它与温差热电偶的原理相同,结构不同。如图 6-1(b)所示,辐射热电偶的热端接收入射辐射,因此在热端装有一块涂黑的金箔,当入射辐通量 Φ_e 被金箔吸收后,金箔的温度升高,形成热端,产生温差电势,在回路中将形成电流。图 6-1 中结 J_1 为热端,J_2 为冷端。入射辐射引起的金属温升 ΔT 很小,对热电偶材料要求很高,结构非常复杂,成本昂贵。实际使用的测辐射热电偶主要是由半导体材料构成,半导体辐射热电偶的温差电势可达 $500\mu\mathrm{V}/℃$,成本比金属的低很多,结构如图 6-2 所示。它采用 P、N 型两种不同的半导体材料,用涂黑的金箔将 P、N 型半导体材料连接在一起构成热端,接收电磁辐射,两种半导体的另一端为冷端。其基本原理是:热端吸收电磁辐射后,产生温升,温升导致半导体中载流子的动能增加,使多数载流子由热端向冷端扩散,结果是 P 型半导体材料的热端带负电、冷端带正电,N 型半导体材料的情况则正好相反,从而在负载 R_L 上产生温差电压信号。

如图 6-2 所示,当外电路开路时,热电偶的输出电压(即温差电动势)为

$$V_o = M \cdot \Delta T \tag{6-18}$$

式中:M——塞贝克常数(Seebeck Constant),也称为温差电动势率(Thermoelectric Power),单位为 $\mathrm{V/K}$;

ΔT——热电偶中热端与冷端之间的温度差,由电磁辐射确定。

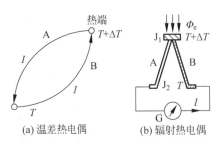

图 6-1　热电偶的工作原理

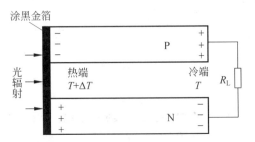

图 6-2　半导体辐射热电偶的结构

当外电路闭合时,温差电动势 V_o 将在电路中形成电流 I 流过负载电阻 R_L,若热电偶的内阻为 R_i,则在负载电阻上的电压为

$$V_\text{L} = IR_\text{L} = \frac{V_\text{o}}{R_\text{i} + R_\text{L}} R_\text{L} = \frac{MR_\text{L}}{R_\text{i} + R_\text{L}} \Delta T \tag{6-19}$$

若入射的电磁辐射通量为 $\Phi_e = \Phi_0 e^{j\omega t}$,则将式(6-6)代入式(6-19)有

$$V_\text{L} = \frac{MR_\text{L}}{R_\text{i} + R_\text{L}} \cdot \frac{\alpha\Phi_0}{G(1 + \omega^2\tau_\text{T}^2)^{1/2}} \tag{6-20}$$

如果 $\omega\tau_\text{T} \ll 1$,则式(6-20)变为

$$V_\text{L} = \frac{MR_\text{L}}{R_\text{i} + R_\text{L}} \cdot \frac{\alpha\Phi_0}{G} \tag{6-21}$$

6.2.2 热电偶的主要特性参数

热电偶的主要特性参数包括电压灵敏度 S_v、热响应时间常量 τ_T、噪声等效功率 NEP 和内阻 R_i。

1. 热电偶的电压灵敏度

电压灵敏度是输出电压信号与入射电磁辐射通量之比,由式(6-20)有

$$S_\text{v} = \frac{MR_\text{L}}{R_\text{i} + R_\text{L}} \cdot \frac{\alpha}{G(1 + \omega^2\tau_\text{T}^2)^{1/2}} \tag{6-22}$$

由式(6-22)可知:要提高热电偶的电压灵敏度 S_v,可以有多种方法,如选用塞贝克系数 M 值较大的热敏材料,将光敏面涂黑(以增大对电磁辐射的吸收率 α),减小内阻 R_i 等。另外,还可减小调制频率 ω,特别是在低频调制时($\omega\tau_\text{T} \ll 1$),还可通过减小热导 G 来达到提高 S_v 的目的。

2. 热响应时间常量

热电偶的热响应时间常量 τ_T 比较长,约为几到几十毫秒。因此,它适用于探测恒定的或低频(一般不超过几十赫兹)调制的电磁辐射。在 BeO 衬底上制造 Bi-Ag 结构工艺的热电偶可以得到更快的时间响应,响应时间可达到或超过 10^{-7} s。

由式(6-22)可知,热电偶在响应交变辐射时它的电压灵敏度 S_v 随热响应时间常量 τ_T 的增大而减小。因此,在要求 S_v 值高的场合,应选用 τ_T 值小的热电偶;当对 S_v 的要求不太高时,可选择 τ_T 值较大的热电偶,此时的响应速度较慢。

3. 热电偶的内阻

热电偶的电阻值 R_i 决定于所用的热敏材料及结构。由于热敏材料的电阻率一般都很低,热电偶的电阻值不大,约为几十欧姆。同时,也由于这个原因,要使热电偶与后续的放大器的阻抗相匹配,只能利用变压器放大技术,其结果使装置的结构复杂化。

4. 噪声等效功率

热电偶的噪声主要来自两个方面:一是由热电偶具有的欧姆电阻所引起的热噪声;二是由光敏面温度起伏所产生的温度噪声。半导体热电偶的噪声等效功率一般为 10^{-11} W 左右。

6.2.3 热电堆的结构、工作原理与特性参数

热电堆(Thermopile)是由多个热电偶串联起来的,如图 6-3 所示。从中可以看到,辐射

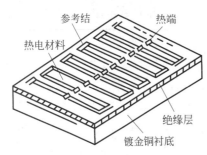

图 6-3 热电堆的结构和工作原理图

接收面分为若干块,这样可以减小热电偶的响应时间,提高灵敏度。在镀金的铜衬底上蒸镀一层绝缘层,热电材料敷在绝缘层上,在绝缘层的上面制作工作结(热端)和参考结。参考结与铜衬底之间保持热接触而电气绝缘;工作结与铜衬底之间既是热绝缘又是电气绝缘。

设热电堆由 n 个性能一致的热电偶串联构成。热电堆的内阻 R_{pi} 是所有串联热电偶的内阻之和,即

$$R_{pi}^{\cdot} = \sum_{j=1}^{n} R_{ij} = n \cdot R_i \tag{6-23}$$

热电堆的内阻 R_{pi} 较大,可达几十千欧,易于与放大器的阻抗匹配,可利用普通的运算放大器。

在相同的温差时,热电堆的开路输出电压 V_{po} 是所有串联热电偶的温差电动势之和,即

$$V_{po} = \sum_{j=1}^{n} V_{oj} = n \cdot V_o = n \cdot M \cdot \Delta T \tag{6-24}$$

式中: V_o——单个热电偶产生的温差电动势。

可见,热电偶的数目越多,热电堆的温差电动势就越大。这样,在相同的电信号检测条件下,热电堆能检测到的最小温差就是单个热电偶的 $1/n$。因此,热电堆对温度的分辨能力大大增强。表 6-1 给出了几种热电堆的特性参数。

表 6-1 国外几种热电堆的特性参数

型号	象元	感光面积/mm^2	光谱响应范围/μm	灵敏度/$(V \cdot W^{-1})$	暗阻抗/$k\Omega$	噪声/$(nV \cdot Hz^{-1/2})$	时间常量/ms	NEP/$(nW \cdot Hz^{-1/2})$	D^*/$(cm \cdot Hz^{1/2} \cdot W^{-1})$
OTC-236	1	0.5×0.5	5~14	55	70	34	30	0.8	0.7×10^8
T11361-01	1	1.2×1.2	3~5	50	125	45	20	0.9	1.3×10^8
T11722-01	2	1.2×1.2	3.9~4.3	50	125	45	20	0.9	1.3×10^8
TPS4339	4	0.7×0.7	—	75	75	35	25	0.5	1.5×10^8

6.2.4 热电偶与热电堆的应用

1. 热电偶的应用

在机械、冶金、石化、电力、国防等领域,金属表面温度测量是非常普遍而又重要的问题。例如,大型发电机和水轮机前后轴承及机身温度测量、热交换器表面温度测量、过热气体发生器表面温度测量以及加热炉外壁温度测量等。这些测量可根据其特点及温度范围,采用不同安装方法进行接触式温度测量,即采用不同类型的热电偶,用粘接或焊接的方法,将其与被测金属表面直接接触,然后通过接口电路连接在配套仪表上组成测温系统。各种安装方法如图 6-4 所示。加热容器内部温度测量也是热电偶应用极为广泛的用途之一。例如,热电厂蒸汽锅炉炉内温度的测量和家庭用燃气热水器温度检测等。

2. 热电堆的应用

热电堆的应用较为广泛,如光学仪器中的光谱、光度探测仪、轴承温度测量、工业生产现

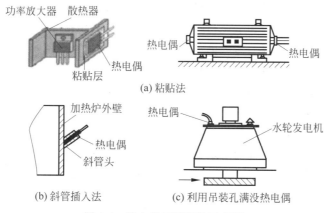

图 6-4 热电偶不同安装示意图

场测温、电缆接头、开关柜、变压器和电气面板的故障监测、微波炉、空调、吹风机、燃气灶具、烹调炉、烤面包炉、抽油烟机、复印机、打印机的温度控制等。热电堆的集成度可以很高,例如,A2TPMI 是一种集成了专用信号处理电路以及环境温度补偿电路的多用途红外热电堆传感器,这种集成红外传感器模块将目标的热辐射转换成模拟电压,而且具有温度控制的功能。A2TPMI 完全由工厂进行校准,集成化的模块充分地调整好了输出特性的温度精度,这使它成为多用途、紧凑的、高精度器件。由于它集成在一个 TO-39 封装内,A2TPMI 是一种高效的、不受环境影响的器件,如污染、潮湿以及电磁干扰环境等。

热电堆也可以制作成非制冷红外焦平面阵列成像器件,如 Micro-Hybrid 公司 4 窗口热电堆红外探测器 TS4XQ200B,其感光面积为 $1.2 \times 1.2 \text{mm}^2$,25℃ 时的典型噪声电压为 $33\text{nV}/\text{Hz}^{1/2}$,典型直流电压灵敏度为 $80\text{V}/\text{W}$,D^* 为 $2.95 \times 10^8 \text{cm} \cdot \text{Hz}^{1/2}/\text{W}$,NEP 为 $0.41\text{nW}/\text{Hz}^{1/2}$,时间常量为 30ms。

6.3 热敏电阻探测器

6.3
微课视频

热敏电阻(Thermistor)是材料吸收入射电磁辐射后引起温升使电阻改变的现象。热敏电阻在一定温度下有一定的电阻,当它吸收电磁辐射后引起温度升高,测出温度升高引起的电阻变化就可以确定所吸收的电磁辐射能量。热敏电阻特点如下:①温度系数大,灵敏度高,热敏电阻的温度系数常比一般金属电阻大 10～100 倍;②结构简单,体积小,可以测量近似几何点的温度;③电阻率高,热惯性小,适宜做动态测量;④阻值与温度的变化关系呈非线性;⑤稳定性和互换性较差。

6.3.1 热敏电阻探测器的基本原理与结构

半导体材料吸收光辐射能后会不同程度地转变为热能,引起晶格振动的加剧、器件温度的上升,即器件的电阻值发生变化。

对于金属材料,自由电子密度很大,外界光作用引起的自由电子密度相对变化可忽略不计。吸收光辐射以后,使晶格振动加剧,妨碍了自由电子作定向运动。因此,当光辐射作用于金属元件使其温度升高,其电阻值还略有增加,也即由金属材料制作的热敏电阻具有正温度特性,而由半导体材料制成的热敏电阻具有负温度特性。

图 6-5 所示为半导体材料和金属材料(白金)的电阻-温度特性曲线。白金的电阻温度系数为正值,大约为 0.37/℃左右;半导体材料热敏电阻的温度系数为负值,为−3～−6/℃,约为白金的 10 倍以上。所以热敏电阻探测器常用半导体材料制作而很少采用贵重的金属。

由热敏材料制成的厚度为 0.01mm 左右的薄片电阻(因为在相同的入射辐射下得到较大的温升)黏合在导热能力高的绝缘衬底上,电阻体两端蒸发金属电极以便与外电路连接,再把衬底同一个热容很大、导热性能良好的金属相连构成热敏电阻。红外辐射通过探测窗口投射到热敏元件上,引起元件的电阻变化。为了提高热敏元件接收辐射的能力,常将热敏元件的表面进行黑化处理。图 6-6 所示为热敏电阻探测器的结构示意图。图 6-7 所示为热敏电阻实物图。

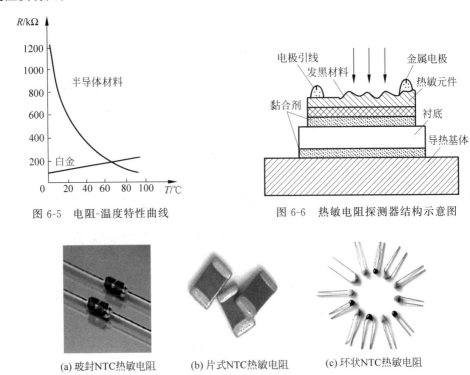

图 6-5 电阻-温度特性曲线　　　　　图 6-6　热敏电阻探测器结构示意图

(a) 玻封NTC热敏电阻　　　(b) 片式NTC热敏电阻　　　(c) 环状NTC热敏电阻

图 6-7　热敏电阻实物图

6.3.2　热敏电阻探测器的主要特性参数

1. 电阻-温度特性

电阻-温度特性是指热敏电阻阻值与电阻温度之间关系曲线,它是由热敏材料决定,如图 6-5 所示。通常用温度系数(Temperature Coefficient)α_T 来表征,α_T 定义为

$$\alpha_T = \frac{1}{R_T}\frac{\mathrm{d}R_T}{\mathrm{d}T} \tag{6-25}$$

式中:T——热力学温度;

R_T——对应于温度 T 时的热敏电阻的阻值。

α_T 与材料和温度有关,单位为 1/K。对于大多数金属材料,其电阻温度系数为正值,其值为 10^{-3} 量级;对大多数半导体材料,其电阻温度系数为负值,其值为 10^{-3} 量级。

2. 热敏电阻阻值变化量

已知热敏电阻温度系数 α_T 后,当热敏电阻接收入射辐射后引起温度变化为 ΔT,则阻值变化量为

$$\Delta R_T = \alpha_T R_T \Delta T \tag{6-26}$$

式中:R_T——温度 T 时的电阻值。

上式只有在 ΔT 不大的条件下才能成立。

3. 热敏电阻的电压灵敏度

热敏电阻应用的基本电路如图 6-8 所示。若入射辐射的照射使热敏电阻阻值改变,引起负载电阻电压改变。由 $V_L = V_{cc}R_L/(R_T + R_L)$ 两边微分取绝对值后得到电压改变为

$$|\Delta V_L| = \frac{V_{cc}R_L}{(R_T+R_L)^2}|\Delta R_T| = \frac{V_{cc}R_L}{(R_T+R_L)^2}R_T\alpha_T|\Delta T| \tag{6-27}$$

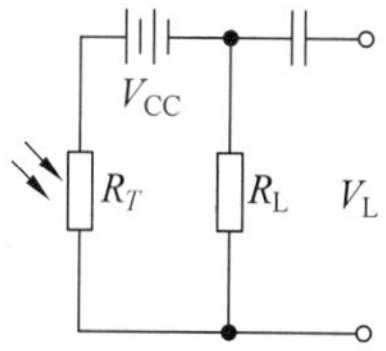

图 6-8 热敏电阻应用的基本电路

设入射辐射为正弦辐射通量 $\Phi_e = \Phi_0 e^{j\omega t}$,将式(6-6)代入式(6-27)有

$$|\Delta V_L| = \frac{V_{cc}R_LR_T\alpha_T}{(R_T+R_L)^2}\frac{\alpha\Phi_0}{G(1+\omega^2\tau_T^2)^{1/2}} \tag{6-28}$$

则热敏电阻的电压灵敏度为

$$S_v = \frac{V_{cc}R_LR_T\alpha_T\alpha}{G(R_T+R_L)^2(1+\omega^2\tau_T^2)^{1/2}} \tag{6-29}$$

由式(6-29)知,要增加热敏电阻的电压灵敏度,可采取以下措施:

(1) 增加偏压 V_{cc},但受到热敏电阻的噪声以及不损坏元件的限制。

(2) 把热敏电阻的接收面涂黑,可以提高吸收率 α。

(3) 增加热阻 R_T,其办法是减少元件的接收面积及元件与外界对流所造成的热量损失,常将元件装入真空壳内,但随着热阻的增大,响应时间 τ_T 也增大。为了减小响应时间,通常把热敏电阻贴在具有高热导的衬底上。

(4) 选用 α_T 大的材料,使元件冷却工作,以提高 α_T 值。

4. 热敏电阻噪声与最小可探测功率

热敏电阻的最小可探测功率受噪声的影响。热敏电阻的噪声主要有:

(1) 热噪声。热敏电阻的热噪声与光敏电阻阻值的关系相似,即

$$\overline{v_{nj}^2} = 4kTR_T\Delta f$$

(2) 温度噪声。因环境温度的起伏而造成元件温度起伏变化产生的噪声。将元件装入真空壳内可降低这种噪声。

(3) 电流噪声。与光敏电阻的电流噪声类似,当工作频率 $f < 10\,\text{Hz}$ 时,应该考虑此噪声。若 $f > 10\,\text{kHz}$,此噪声完全可以忽略不计。

根据以上这些噪声,热敏电阻可探测的最小功率约为 $10^{-8} \sim 10^{-9}\,\text{W}$。

6.3.3 热敏电阻的应用

正温度系数(Positive Temperature Coefficient,PTC)热敏电阻可专门用作恒定温度传感器。该热敏电阻材料是以 $BaTiO_3$、$SrTiO_3$ 或 $PbTiO_3$ 为主要成分的烧结体,其中掺入微量的 Nb、Ta、Bi、Sb、Y、La 等氧化物进行原子价控制而使之成为半导体,同时还添加增大其正电阻温度系数的 Mn、Fe、Cu、Cr 的氧化物和起其他作用的添加物,采用一般陶瓷工艺成型、高温烧结而得到正温度系数特性的热敏电阻材料。PTC 热敏电阻在工业上可用作温度测量与控制、汽车某些部位的温度检测与调节、控制开水器的水温、空调器与冷库的温度等。

负温度系数(Negative Temperature Coefficient,NTC)热敏电阻是利用两种或两种以上锰、铜、硅、钴、铁、镍、锌等金属的氧化物进行充分混合、成型、烧结等工艺而制成的半导体陶瓷,可制成具有负温度系数的热敏电阻。其特性参数随材料成分比例、烧结气氛、烧结温度和结构状态不同而变化。NTC 热敏电阻广泛用于测温、控温、温度补偿等方面。热敏电阻温度计的精度可以达到 0.1℃,感温时间可达 10s 以下。它不仅适用于粮仓测温仪,也可应用于食品储存、医药卫生、科学种田、海洋、深井、高空、冰川等方面的温度测量。

临界温度系数(Critical Temperature Coefficient,CTC)热敏电阻具有负阻突变特性,在某一温度下,电阻值随温度的增加急剧减小,具有很大的负温度系数。构成材料是钒、钡、锶、磷等元素氧化物的混合烧结体,是半玻璃状的半导体,也称 CTC 为玻璃态热敏电阻。骤变温度随添加锗、钨、钼等的氧化物而变。这是由于不同杂质的掺入,使氧化钒的晶格间隔不同造成的。CTC 热敏电阻能够应用于控温报警等。

图 6-9
动态效果

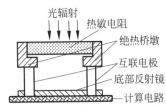

图 6-9 微测辐射热计敏感
单元结构

微测辐射热计敏感单元是一个热敏电阻传感器。由微测辐射热计敏感单元组成的阵列是目前广泛应用的一类非致冷红外成像器件。微测辐射热计在制造上与半导体工艺兼容,能够与 CMOS 读出电路单片集成,基于 MEMS 技术制造加工,由硅衬底、底部反射镜、互联电极、热绝缘桥墩、热敏电阻材料层和红外吸收桥面组成,如图 6-9 所示。目前采用的热敏电阻材料层以氧化钒(VO_x)和非晶硅(α-Si)半导体热敏薄膜材料为主。红外吸收桥面由 MEMS 微桥结构的像元在焦平面上二维重复排列构成,每个像元对特定入射角的光辐射进行测量。像元由多层材料组成,由上到下分别是红外吸收层、热敏层,以及起到支撑与电连接作用的桥臂和桥墩,并通过桥臂和桥墩与制作在硅衬底上的 CMOS 系统相连。当桥面吸收外界红外辐射时,微桥吸收层吸收红外能量并分别产生细微的温度变化,从而引起各微桥的热敏层电阻值发生相应的变化。微桥电阻变化经放大处理后,转换形成电学视频信号输出。微测辐射热计阵列探测器迅速在军事武器装备、工业、交通、安防监控、消费电子、医学等领域大规模推广应用。①各种武器平台。陆地武器(坦克、装甲车等)的夜视、单兵携带式夜视装备、飞行武器的目标导引和攻击制导与反导、舰载红外成像夜间目标识别等配置的红外焦平面探测器,大量型号产品列装部队和应用已成为现代战争重要的战术和战略手段。②民用行业。微测辐射热计阵列探测器及其产品已应用到工业制造过程、电力检测、辅助车辆驾驶、24 小时视频监控、灾害事故救援、节能环保、消费电子、商用视觉增强、物联网、医疗诊断、疫情防控等各个方面。

6.4 热释电探测器

热释电探测器是一种利用热释电效应制成的热探测器件。与其他热探测器相比，其主要特点如下。

6.4
微课视频

（1）响应波段宽、速度快。例如硫酸三甘肽（Tri-Glycine Sulfate，TGS）对 $0.2 \sim 1000\mu m$ 的辐射都有较高的响应。响应速度快是热释电探测器的一大特点，通过改变负载电阻改变响应时，它能精确测出 $1\text{ms} \sim 30\text{ps}$ 的脉冲光辐射，而且灵敏度比热电堆高。

（2）无须致冷，受环境温度变化的影响小，工作时可以不接偏置电压。

（3）灵敏度大，探测率高。

（4）尺寸大且有均匀光敏感面。其尺寸从一平方毫米到几十平方厘米。

（5）需要交变的入射光辐射，需要高阻抗、低噪声的前置放大器与之匹配。

热释电探测器可以做成热成像系统，不易被干扰，容易隐蔽，能在有烟和雾的条件下工作，可用于空中与地面侦查、入侵报警、战时观察、火情观测、医学热成像、环境污染监视以及其他领域。在空间技术上，热释电探测器主要用来测量温度分布、湿度分布或收集地球辐射的有关数据。在科研上，包括各种辐射测量、激光测量、快速光脉冲测量、功率的定标等。

6.4.1 热释电探测器的基本原理

1. 热释电效应

热释电效应（Pyroelectric Effect）是热电晶体材料因吸收光辐射能量而产生温升，导致晶体表面电荷发生变化的现象。

电介质中每一个分子都是一个复杂的带电系统，有带正电原子核和带负电的价电子，其电荷分布在线度约为 10^{-10}m 数量级的体积内。电介质中分子的电荷分布如果不对称，分子中正电荷中心与负电荷中心不重合，这种分子有固有电偶极矩（Electric Dipole Moment），称为极性分子（Polar Molecules）；电介质中分子的电荷分布如果具有对称性，分子中正电荷与负电荷中心重合，这样的分子没有固有电偶极矩，称为非极性分子。

电介质分子在外加电场的作用下会发生变化，极性分子会发生旋转使得电偶极矩方向与电场方向一致；非极性分子在外场作用下正电中心和负电中心分离出现电偶极矩。因此外加电场使电介质产生极化现象，电介质分子呈有序排列状态，如图 6-10 所示。对于一般的电介质，从外加电场除去后极化现象随即消失，电介质分子又恢复到原来的无序状态。但有一类称作"铁电体"的电介质在外加电场除去后仍保持着有序极化状态，称其为"自发极化"，其极化强度（Intensity of Polarization）为 P_s。这类电介质的自发极化强度 P_s 与温度的关系如图 6-11 所示，随着温度的升高，极化强度降低，当温度升高到一定值，自发极化突然消失，这个温度常被称为居里温度（Curie Temperature）或居里点，用 T_c 表示。在居里点以下，极化强度 P_s 是温度 T 的函数。

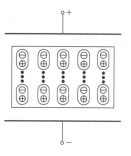

图 6-10 电极化现象

热电晶体是一类极性晶体，无外场时有电偶极矩，能发生自发极化。外加电场能改变这种电介质的自发极化矢量的方向，即在外加电场的作用下，无规则排列的自发极化矢量趋于

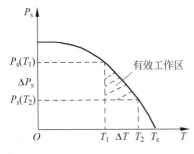

图 6-11　极化强度与温度的关系

同一方向,从而产生宏观的自发极化强度 P_s,形成单畴极化。在 P_s 的作用下,垂直于 P_s 的两个晶体表面上分别会出现等量异号的面束缚电荷,如图 6-12(a)所示,自发极化强度 P_s 的大小等于面束缚电荷(Bound Charge)密度 σ 大小。

在温度恒定时,这些面束缚电荷被来自晶体内部或外围空气中的异性自由电荷(Free Charge)所中和,因此观察不到它的自发极化现象。表面束缚电荷中和的时间常数为 $\tau = \varepsilon/\rho$,ε 和 ρ 分别为晶体的介电常数和电阻率。大多数热释电晶体材料的 τ 值一般为 $1\sim10^3\,\mathrm{s}$,即热释电晶体表面上的面束缚电荷可以保持 $1\sim10^3\,\mathrm{s}$ 的时间。

当热电晶体吸收电磁辐射而使其温度升高时,只要使热释电晶体的温度在面束缚电荷被中和掉之前因吸收辐射而发生变化,晶体的自发极化强度 P_s 就会随温度 T 的变化而变化,相应的面束缚电荷密度 σ 随温度升高而减小,如图 6-12(b)所示,这一过程的平均时间约为 $10^{-12}\,\mathrm{s}$,比中和时间短很多。若入射辐射是变化的,且仅当它的调制频率 $f > 1/\tau$ 时才会有热释电信号输出,即热释电器件为工作在交变辐射下的非平衡器件时,将束缚电荷引出,就会有变化的电流输出,也就有变化的电压输出。这就是热释电器件的基本工作原理。利用入射辐射引起热释电器件温度变化这一特性,可以探测辐射的变化。

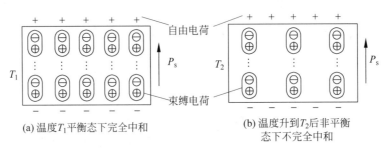

(a) 温度 T_1 平衡态下完全中和　　　(b) 温度升到 T_2 后非平衡态下不完全中和

图 6-12　温度变化时热释电效应图

2. 热释电探测器的结构

热释电探测器的热电敏感材料的阻抗大约为 $10^{12}\,\Omega$,为了提高热释电探测器的灵敏度和信噪比,常把热释电器件、场效应管与菲涅耳滤光透镜封装在一起,构成一个器件,如图 6-13 所示。

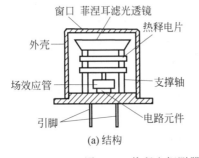

(a) 结构

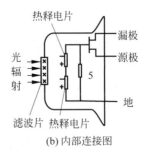

(b) 内部连接图

图 6-13　热释电探测器结构与内部连接图

热释电探测器是一种频率响应很宽的器件。人体所辐射的红外线波长在 $7.5\sim14\mu m$，如果要使传感器对人体最敏感，而对太阳、灯光等不敏感，传感器可采用 $7.5\sim14\mu m$ 波段的红外滤光片。热释电探测器器只能探测变化或调制的光辐射，加调制器是麻烦的事。采用菲涅耳透镜解决这问题，菲涅耳透镜是一个透镜组，每一个透镜只有一个不大的视角。而相邻的两个单元视场既不连续，也不重叠。当人体从一个单元视场进出一次，敏感元的光辐射也接收一次，温度变化一次，从而输出一个相应的信号。连续的走动便产生连续的脉动信号。

3. 热释电器件的工作原理

热释电探测器图形符号如图 6-14(a)所示。它是一个电容器，输出阻抗很高，可以用恒流源表示。等效电路如图 6-14(b)所示。其中 R_s 和 C_s 分别为等效电阻和等效电容，R_L 和 C_L 为外接负载和电容。

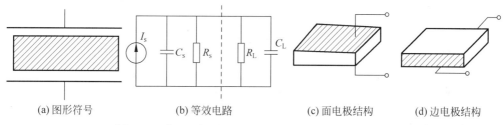

(a)图形符号　　　　　(b)等效电路　　　　　(c)面电极结构　　　　　(d)边电极结构

图 6-14　热释电探测器图形符号、等效电路与电极结构

设晶体的自发极化矢量为 $\boldsymbol{P}_s$，$\boldsymbol{P}_s$ 的方向垂直于电容器的极板平面，接收辐射的极板面积为 A，则表面上的束缚极化电荷为

$$Q = A\sigma = AP_s \tag{6-30}$$

若辐射引起的晶体温度变化为 ΔT，则相应的表面束缚电荷变化为

$$\Delta Q = A(\Delta P_s/\Delta T)\Delta T = \gamma A \Delta T \tag{6-31}$$

式中：γ——热释电系数(Pyroelectric Coefficient)，其单位为 $C/cm^2 \cdot K$，是与材料本身的特性有关的物理量，表示自发极化强度随温度的变化率，有

$$\gamma = \Delta P_s/\Delta T$$

若在晶体的两个相对的极板上敷上电极，在两极间接上负载 R_L，则负载上就有电流通过。由于温度变化而产生的电流可以表示为

$$I_s = \frac{dQ}{dt} = A\gamma\frac{dT}{dt} \tag{6-32}$$

式中：$\dfrac{dT}{dt}$——热释电晶体的温度随时间的变化率，温度变化率与材料的吸收率和热容有关，吸收率大，热容小，则温度变化率大。

通常热释电器件的电极按照性能的不同要求制作成图 6-14(c)、(d)所示的面电极和边电极两种结构。在图 6-14(c)所示的面电极结构中，电极置于热释电晶体的前后表面上，其中一个电极位于光敏面内。这种电极结构的电极面积较大，极间距离较少，因而极间电容较大，故其不适于高速应用。此外，由于辐射要通过电极层才能到达晶体，所以电极对于待测的辐射波段必须透明。在图 6-14(d)所示的边电极结构中，电极所在的平面与光敏面互相垂直，电极间距较大，电极面积较小，因此极间电容较小。由于热释电器件的响应速度受极间电容的限制,因此,在高速运用时以极间电容小的边电极为宜。

若入射的电磁辐射通量为 $\Phi_e = \Phi_0 e^{j\omega t}$,将式(6-5)代入式(6-32)有

$$I_s = A\gamma \frac{\mathrm{d}T}{\mathrm{d}t} = \frac{\gamma A \alpha \Phi_0 \omega j e^{j\omega t}}{G(1+\omega^2 \tau_T^2)^{1/2}} \tag{6-33}$$

根据式(6-33)和图 6-14(b)所示的等效电路,可以求出探测器输出电压的幅值为

$$|V_L| = \frac{\alpha\gamma A\omega R\Phi_e}{G(1+\omega^2\tau_e^2)^{1/2}(1+\omega^2\tau_T^2)^{1/2}} \tag{6-34}$$

式中:$R(R=R_L//R_s)$——热释电探测器和放大器的等效电阻;

  $\tau_T(\tau_T = C/G)$——热释电器件的热时间常数;

  $\tau_e(\tau_e = RC)$——电路时间常数;

  $C(C=C_s+C_L)$——热释电探测器的等效电容,τ_e、τ_T 的数量级为 0.01~1s 左右;

  A——光敏面的面积;

  α——吸收系数;

  γ——热释电系数;

  ω——入射辐射的调制频率。

6.4.2 热释电探测器的主要特性参数

1. 热释电器件的电压灵敏度

热释电器件的电压灵敏度 S_v 为热释电器件输出电压的幅值 $|V_L|$ 与入射辐通量之比,由式(6-34)可得电压灵敏度为

$$S_v = \frac{\alpha\gamma A\omega R_L}{G(1+\omega^2\tau_e^2)^{1/2}(1+\omega^2\tau_T^2)^{1/2}} \tag{6-35}$$

由式(6-35)可知:

(1) 当入射为恒定辐射即 $\omega=0$ 时,$S_v=0$,说明热释电器件对恒定辐射不灵敏;

(2) 当 $\omega\tau_T \ll 1$ 和 $\omega\tau_e \ll 1$ 时,有 $S_v=\alpha\gamma A\omega R_L/G$,低频段时灵敏度 S_v 与 ω 成正比,为热释电器件交流灵敏度的体现;

(3) 当 $\omega\tau_T \ll 1$ 和 $\omega\tau_e \gg 1$ 时,有 $S_v=\alpha\gamma AR_L/G\tau_T$,灵敏度 S_v 与 ω 无关;

(4) 当 $\omega\tau_T \gg 1$ 和 $\omega\tau_e \gg 1$ 时,有 $S_v=\alpha\gamma AR_L/G\omega\tau_T\tau_e$,高频段时灵敏度 S_v 则随 ω^{-1} 变化。

因此在许多应用中,该式的高频特性近似为

$$S_v \approx \frac{\alpha\gamma A}{\omega CC_s} \tag{6-36}$$

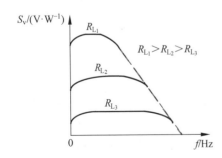

图 6-15 不同负载电阻下热释电器件的灵敏度与工作频率的关系曲线

即灵敏度与信号的调制频率 ω 成反比。式(6-36)表明,减小热释电器件的有效电容 C_s 和热容 C 有利于提高高频段的灵敏度。

图 6-15 给出了不同负载电阻 R_L 下的灵敏度频率特性。由图可见,增大 R_L 可以提高灵敏度,但是,频率响应的带宽变得很窄。应用时必须考虑灵敏度与频率响应带宽的矛盾,根据具体应用条件,合理选用恰当的负载电阻。

2. 热释电器件的噪声

热释电器件的基本结构是一个电容器,因此输出阻抗很高,所以它后面常接有场效应管,构成源极跟随器的形式,使输出阻抗降低到适当数值。因此在分析噪声的时候,也要考虑放大器的噪声。这样,热释电器件的噪声主要有电阻的热噪声、温度噪声和放大器噪声等。

1) 热噪声

电阻的热噪声来自晶体的介电损耗和与探测器的并联电阻。若等效电阻为 R_{eff},则电阻热噪声电流的均方值为

$$\overline{i_{\text{nj}}^2} = 4kT\Delta f/R_{\text{eff}} \tag{6-37}$$

式中:k——玻尔兹曼常数;

$\quad\quad T$——器件的温度;

$\quad\quad \Delta f$——系统的带宽。

2) 放大器噪声

放大器噪声来自放大器中的有源元件和无源元件,以及信号源的源阻抗与放大器输入阻抗之间噪声的匹配等方面。设放大器的噪声系数为 F,把放大器输出端的噪声折合到输入端,认为放大器是无噪声的,这时,放大器输入端的噪声电流均方值为

$$\overline{i_{\text{k}}^2} = 4kT(F-1)\Delta f/R \tag{6-38}$$

式中:T——背景温度。

3) 温度噪声

温度噪声来自热释电器件的灵敏面与外界辐射交换能量的随机性,噪声电流的均方值为

$$\overline{i_{\text{nT}}^2} = \gamma^2 A_{\text{d}}^2 \omega^2 \overline{\Delta T_{\text{n}}^2} = \gamma^2 A_{\text{d}}^2 \omega^2 \left(\frac{4kT^2\Delta f}{G}\right) \tag{6-39}$$

式中:A_{d}——光敏区的面积;

$\quad\quad \overline{\Delta T_{\text{n}}^2}$——温度起伏的均方值。

如果这三种噪声不相关,则总噪声为

$$\begin{aligned}
\overline{i_{\text{n}}^2} &= \frac{4kT\Delta f}{R} + \frac{4kT(F-1)\Delta f}{R} + \frac{4kT^2\gamma^2 A_{\text{d}}^2\omega^2\Delta f}{G} \\
&= \frac{4kTF\Delta f}{R} + \frac{4kT^2\gamma^2 A_{\text{d}}^2\omega^2\Delta f}{G}
\end{aligned} \tag{6-40}$$

3. 响应时间

热释电探测器的响应时间由式(6-34)决定。由式(6-35)可见,热释电探测器在低频段的电压灵敏度与调制频率成正比,在高频段则与调制频率成反比,仅在 $1/\tau_{\text{T}} \sim 1/\tau_{\text{e}}$,$S_{\text{u}}$ 与 ω 无关。灵敏度高端半功率点取决于 $1/\tau_{\text{T}}$ 或 $1/\tau_{\text{e}}$ 中较大的一个,因而按通常的响应时间定义,τ_{T} 和 τ_{e} 中较小的一个为热释电探测器的响应时间。通常 τ_{T} 较大,而 τ_{e} 与负载电阻有关,多在几秒到几个微秒。由图 6-15 可见,随着负载的减小 τ_{e} 变小,灵敏度也相应减小。

4. 热释电探测器的阻抗特性

热释电探测器几乎是一种纯容性器件,由于电容量很小,所以阻抗很高。因此,必须配高阻抗的负载,常在 $10^9\,\Omega$ 以上。由于结型场效应管(JFET)输入阻抗高,噪声又小,所以常

用 JFET 器件作热释电探测器的前置放大器。图 6-15 所示为常用的电路。其中用 JFET 构成源极跟随器,进行阻抗变换。

最后要特别指出,由于热释电材料具有压电特性,因而对微震等应变十分敏感,因此在使用时应注意减震防震。

6.4.3 常用的热释电探测器材料

1. 硫酸三甘肽晶体

TGS 热释电器件是发展最早、工艺最成熟的热辐射探测器件。它在室温下的热释电系数较大,介电常数较小,比探测率 D^* 值较高 $[D^*(500,10,1)=1\sim5\times10^9 \text{cm}\cdot\text{Hz}^{1/2}\cdot\text{W}^{-1}]$。在较宽的频率范围内,这类探测器的灵敏度较高,因此,至今仍广泛应用。TGS 可在室温下工作,具有光谱响应宽、灵敏度高等优点,是一种性能优良的红外探测器,广泛应用于红外光谱领域。

2. 铌酸锶钡

这种热释电器件由于材料中钡含量的提高而使居里温度相应提高。例如,钡含量从 0.25 增加到 0.47,其居里温度相应从 47℃ 提高到 115℃。在室温下去极化现象基本不消除。SNB 探测器在大气条件下性能稳定,无需窗口材料,电阻率高,热释电系数大,机械强度高,在红外波段吸收率高,可不必涂黑。工作在 500MHz 也不出现明显的压电谐振,可用于快速光辐射的探测。但 SNB 晶体在钡含量小于 0.4 时,如不加偏压,在室温下就趋于退极化。而当钡含量大于 0.6 时,晶体在生长过程会开裂。在 SNB 中掺少量 La_2O_2 可提高其热释电系数,掺杂的 SNB 热释电器件无退极化现象,$D^*(500,10,1)$ 可达 $8.0\times10^8 \text{cm}\cdot\text{Hz}^{1/2}\cdot\text{W}^{-1}$。掺镧后其居里温度有所降低,但极化仍很稳定,损耗也有所改善。

3. 钽酸锂（LiTaO₃）

这种热释电器件具有很吸引人的特性。在室温下它的热释电响应约为 TGS 的一半,但在低于 0℃ 或高于 45℃ 时都比 TGS 好。该器件的居里温度 T_c 高达 620℃,室温下的响应率几乎不随温度变化,可在很高的环境温度下工作,且能够承受较高的辐射能量,不退极化,它的物理化学性质稳定,不需要保护窗口,机械强度高,响应快(时间常数为 $13\times10^{-12}\text{s}$,其极限为 $1\times10^{-12}\text{s}$,受晶体振动频率限制),适于探测高速光脉冲。已用于测量峰值功率为几个千瓦,上升时间为 100ps 的 Nd：YAG 激光脉冲。其 $D^*(500,30,1)$ 达 $8.5\times10^8 \text{cm}\cdot\text{Hz}^{1/2}\cdot\text{W}^{-1}$。

4. 压电陶瓷

压电陶瓷器件的特点是热释电系数 γ 较大,介电常数 ε 也较大,二者的比值并不高。其机械强度高、物理化学性能稳定、电阻率可以控制;能承受的辐射功率超过 LiTaO_3 热释电器件,居里温度高,不易退极化。例如,锆钛酸铅热释电器件的 T_c 高达 365℃,$D^*(500,1,1)$ 高达 $7\times10^8 \text{cm}\cdot\text{Hz}^{1/2}\cdot\text{W}^{-1}$。此外,这种热释电器件容易制造,成本低廉。

5. 聚合物

有机聚合物热释电材料的导热小,介电常数也小;易于加工成任意形状的薄膜;其物理化学性能稳定,造价低廉;虽然热释电系数 γ 不大,但介电系数 ε 也小,所以比值 γ/ε 并不小。在聚合物热释电材料中较好的有聚二氟乙烯 PVF_2、聚氟乙烯(PVF)及聚氟乙烯和聚四氟乙烯等共聚物。利用 PVF_2 薄膜已得到 $D^*(500,10,1)$ 达 $10^8 \text{cm}\cdot\text{Hz}^{1/2}\cdot\text{W}^{-1}$

6. 快速热释电探测器

如前所述,由于热释电器件的输出阻抗高,因此需要配以高阻抗负载,因而其时间常数较大,即响应时间较长。这样的热释电器件不适于探测快速变化的光辐射。即使使用补偿放大器,其高频响应也仅为 10^3 Hz 量级。为此,近年来发展了快速热释电器件。快速热释电器件一般都设计成同轴结构,将光敏元置于阻抗为 50Ω 的同轴线的一端,采用面电极结构时,时间常数可达到 1ns 左右,采用边电极结构时,时间常数可降至几皮秒(ps)。光敏元件是 SNB 晶体薄片,采用边电极结构,电极 Au 的厚度为 $0.1\mu m$,衬底采用 Al_2O_3 或 BeO 陶瓷等导热良好的材料。输出用 SMC/BNC 高频接头。这种结构的热释电探测器的响应时间为 13ps,其最低极限值受晶格振动弛豫时间的限制,约为 1ps。

6.4.4　热释电探测器的应用

热释电红外探测器可以覆盖 $1.3\sim25\mu m$ 的红外谱段,灵敏度高、频率响应特性好,广泛应用于电子防盗报警、自动门、感应开关水龙头、气体检测分析、傅里叶变换红外谱仪、人流计数等领域。目前,针对气体检测领域可以提供薄膜热释电探测器,包括单通道、双通道和四通道的气体传感器,实物如图 6-16 所示。由于这种探测器具有功耗低、探头小巧、灵敏度高、性能稳定、频率响应快等优势,可广泛应用于红外气体检测领域,也可用来制作气体分析仪(含便携式),如检测 CO_2、CO、CH_4、H_2S、碳氢化合物、氮氧化合物等。

图 6-16　热释电探测器的实物图

思考题与习题

第6章
参考答案

6.1　说明热探测器中热容 C、热导 G 的物理意义。热响应时间常数 τ_T 与哪些物理量有关?

6.2　热辐射探测器通常分为哪两个阶段? 哪个阶段能够产生热电效应?

6.3　在使用热电偶探测红外辐射时,有哪些方法可以提高其电压灵敏度?

6.4　热电堆可以理解成热电偶的有序累积而成的器件吗?

6.5　为什么半导体材料的热敏电阻具有负温度系数?

6.6　热敏电阻灵敏度与哪些因素有关?

6.7　热释电探测器的最小可探测功率与哪些因素有关?

6.8　某热探测器的探测面积 $S=5mm^2$,吸收系数 $\alpha=0.9$,试计算该热电传感器在温度 T 分别为 300K 和 77K、带宽为 1Hz 时的噪声等效 NEP、比探测率 D^* 与热导 G,并分析温度的影响。

6.9　一热探测器的光敏面积 $S=1mm^2$,工作温度 $T=300K$,工作带宽 $\Delta f=10Hz$,若该器件表面的发射率 $\varepsilon=1$,试求由于温度起伏所限制的最小可探测功率 P_{min}。

6.10　为什么热释电探测器不能工作在居里温度之上? 当工作温度远低于居里温度时热释电探测器的电压灵敏度会怎样变化? 工作温度接近居里温度时又会怎样? 其有效工作

区有何特点?

6.11 已知 TGS 热释电探测器的面积 $S = 4\mathrm{mm}^2$,厚度 $d = 0.1\mathrm{mm}$,体积比热 $c = 1.67\mathrm{J \cdot cm^{-3} \cdot K^{-1}}$,若视其为黑体,求 $T = 300\mathrm{K}$ 时的热时间常数 τ_T。若入射光辐射 $\Phi_e = 10\mathrm{mW}$,调制频率为 $1\mathrm{Hz}$,求输出电流(热释电系数 $\gamma = 3.5 \times 10^{-8}\mathrm{C \cdot K^{-1} \cdot cm^{-2}}$)。

6.12 查阅文献,画图说明光电导探测器、光伏探测器、光电子发射探测器和热探测器的光谱响应范围、响应时间和比探测率 D^* 的大致范围。

第7章

CHAPTER 7

光电图像探测器

光电图像探测器是指能输出图像信息的一类光电器件,它利用光电效应将可见或不可见的辐射图像转换或增强为可观察、记录、传输、存储、处理的图像。光电图像探测器按结构可分为像管(Orthicon)、真空摄像管(Vacuum Camera Tube)、固体图像探测器(Solid Imaging Device);按灵敏度范围可分为可见光、红外、紫外、X射线成像器件。像管的主要功能是将不可见光(红外或紫外)图像或微弱光图像通过电子光学透镜直接转换成可见光图像,如变像管(Image Converter)、像增强器(Image Intensifier)、X射线像增强器等。摄像管是一种把可见或不可见光图像通过电子扫描机构转换成相应的电信号,可通过显示器成像的光电成像探测器。固体成像探测器不像真空摄像器件那样需要用电子束在高真空度的管内进行扫描,只要通过某些特殊结构或电路读出电信号,然后通过显示器件成像。

光电图像探测器广泛应用于手机、数码相机、红外夜视技术、电视技术、工件的图像测量、精密零件的微小尺寸测量、产品外观检测、应力应变场分析、机器人视觉、交通管理与指挥、定位、跟踪等。光电图像探测器极大地扩大了人的视野,扩展了人眼的视力范围,丰富了人们的生活。光电图像器件在光电技术中占有非常重要的地位。本章主要介绍真空光电图像探测器、固体图像探测器的结构、原理、主要特性参数和应用。

7.1 像管

7.1.1 像管的基本原理与结构

7.1
微课视频

为了使微弱的可见或不可见的辐射图像通过光电成像系统变成可见图像,像管本身应能起到光谱变换、增强亮度和成像作用。像管的基本结构主要由光电阴极、电子光学系统和荧光屏三部分组成,如图7-1所示。

微弱的可见或不可见的红外辐射图像通过光学系统成像在光电阴极上,光电阴极在光子作用下,发生光电子发射效应,电子流强度正比于光照度,这样将不可见的或微弱的辐射图像转换成电子图像。电子光学系统类似于光学透镜,将光电阴极发出的电子图像呈现在荧光屏上,由于电子光学系统上加有高电压,能使电子加速,电子能获得能量,以高速轰击荧光屏,使之发射出比入射光

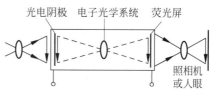

图 7-1 像管结构示意图

强多得多的光能量,这样像管就完成了光谱变换、成像和增强亮度的功能。

1. 光电阴极

和光电倍增管光电阴极一样,像管常用的红外和可见光光电阴极材料有银氧铯(Ag-O-Cs)、单碱锑化物(Sb-Cs)、多碱锑化物(Sb-K-Na-Cs)、负电子亲和势(NEA)等。

2. 电子光学系统

像管中电子光学系统(Electron-optical System)的任务是加速光电子并使其成像在荧光屏上,它有静电聚焦和电磁复合聚焦两种形式。前者只靠静电场的加速和聚焦作用来完成,后者靠静电场的加速和磁场的聚焦作用来完成。

静电聚焦(Electrostatic Focusing)电子光学系统又称静电透镜,其双圆筒电极系统结构如图 7-2 所示。两个电极分别与光电阴极和荧光屏相连接,阳极带有小孔光澜,以便让电子穿过,在工作时,阴极接零电位,阳极加直流高压,在两个极之间形成轴对称电场。由电场分析可知,会聚作用大于发散作用。由于有孔澜,可有效地控制系统的发散作用,阻止电子射到屏上,也可以减少荧光屏发光对阴极的光反馈,从而降低背景干扰和噪声。

电磁复合聚焦是由磁场聚焦和电场加速共同完成电子透镜成像作用的,如图 7-3 所示。该系统的磁场是由像管外面的长螺旋线圈通过恒定电流产生的,加速电场是由光电阴极和阳极间加直流高压产生的,因此,从阴极面以某一角度发出的电子,在纵向电场和磁场的复合作用下,以不等螺距螺旋线前进。阴极面一点发出的电子,只要在轴向有相同的初速度,就能保证在每一周期之后相聚于一点,因而起了聚焦作用。

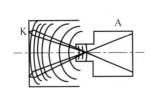

图 7-2　双圆筒电极系统结构

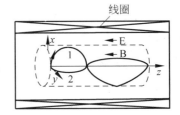

图 7-3　电子在电磁场中的运动

磁聚焦(Magnetic Focusing)的优点是聚焦作用强,并容易调节,也容易保证边缘像差,分辨率高,缺点是管子外面有长螺旋线圈和直流激磁等,使整个设备尺寸、质量增加,结构较复杂。磁聚焦常用在真空摄像管和电子显微镜等设备上。

3. 荧光屏

荧光屏(Fluorescent Screen)的作用是将电子动能转换成光能发光。像管对荧光屏的主要要求是:荧光屏应该具有高的转换效率;能产生足够的光亮度;发射光谱要同眼睛或与之相耦合的下一级光电阴极的光谱响应相一致;合适的余辉时间;必须具有良好的机械强度、化学稳定性和热稳定性等。

荧光粉材料有 ZnS：Ag(P11)、ZnS：Cu(P31)、(Zn,Cd)S：Ag(P20)等,其电阻率很高,通常在 $10^{10}\sim10^{14}\,\Omega\cdot cm$,介于绝缘体和半导体之间,像管中常用的荧光粉是 P20,发光颜色为黄绿光,峰值波长 $0.56\mu m$,余辉时间 $0.05\sim2ms$,粉的粒度控制在 $3.5\mu m$,以保证屏的分辨率。

7.1.2　像管的主要特性参数

像管不仅是辐射器件,而且还是成像器件。作为辐射器件,它必须具有高的量子效率和光信息放大能力,以便给出足够的亮度,其特性通常采用光电阴极灵敏度和整管亮度增益来描述;作为成像器件,它必须具有小的图像几何失真和尽可能小的亮度扩散能力,以提供足够的视角和对比。像管的特性通常用光谱匹配、畸变、光传递、分辨率等参量来描述。

1. 光谱响应和光谱匹配

像管的光谱响应特性实质上就是指光电阴极的光谱响应特性,它决定像管所能应用的光谱范围。

光谱响应曲线为光电阴极的光谱灵敏度或量子效率与入射辐射波长的关系曲线。真空光电器件中的长波灵敏度极限主要由光电阴极材料的长波限 λ_0 决定。

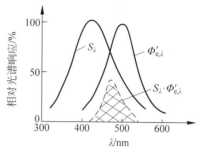

图 7-4　光源与光电阴极之间的
光谱匹配关系

光谱匹配(Spectral Matching)是指光源与光电阴极、光电阴极与荧光屏、荧光屏与人眼视见函数的光谱分布匹配。如果匹配良好,将获得更高的整管灵敏度,图 7-4 所示是光源与光电阴极之间的光谱匹配关系。其中,$\Phi'_{e,\lambda}$ 是入射光或光源的相对辐通量分布,设 S_λ 为光电阴极的相对光谱灵敏度曲线,S_m 是峰值灵敏度,Φ_m 是辐通量的最大值,则光电流为

$$I = \int_0^\infty \Phi_m \Phi'_{e,\lambda} \cdot S_m S_\lambda \, \mathrm{d}\lambda \tag{7-1}$$

根据灵敏度定义有

$$S = \frac{\int_0^\infty \Phi_m \Phi'_{e,\lambda} S_m S_\lambda \, \mathrm{d}\lambda}{\int_0^\infty \Phi'_{e,\lambda} \Phi_m \, \mathrm{d}\lambda} = S_m \frac{\int_0^\infty \Phi'_{e,\lambda} S_\lambda \, \mathrm{d}\lambda}{\int_0^\infty \Phi'_{e,\lambda} \, \mathrm{d}\lambda} = \alpha \cdot S_m \tag{7-2}$$

$$\alpha = \frac{\int_0^\infty \Phi'_{e,\lambda} S_\lambda \, \mathrm{d}\lambda}{\int_0^\infty \Phi'_{e,\lambda} \, \mathrm{d}\lambda} \tag{7-3}$$

式中:α——光电阴极与入射光的光谱匹配系数。

由图 7-4 可知,光源确定后,如果 $\Phi'_{e,\lambda}$ 和 S_λ 两条曲线重合越好,即阴影面积越大,也就是说光谱匹配越好。

由于峰值灵敏度 S_m 只与光电阴极有关,而与光源无关,对同一阴极,它是常数,所以 α 大就意味着阴极对这种光源的积分灵敏度高,或者说单位辐射转换成的光电流大。

2. 像管的增益特性

足够的亮度是观察图像的必要条件,在入射照度一定时,输出亮度的大小由亮度增益(Luminance Gain)决定。亮度增益为像管输出亮度 L 与阴极入射照度 E 之比的 π 倍,即

$$G_L = \frac{\pi L}{E} \tag{7-4}$$

像管的亮度增益并非越大越好,增益过大会使输出亮度过高,产生炫目现象,通常保证输出亮度为 $10\,\mathrm{cd/m^2}$ 的数量级即可,三级像增强管工作在 $10^{-3}\,\mathrm{lx}$ 光照条件下,其亮度增益为 $(2\sim5)\times10^4$ 倍。要用自动亮度增益控制电路,以保证在很宽的入射辐射光范围内,输出

亮度均衡。

3. 像管的光传递特性

像管的光传递特性指输出亮度随入射照度变化的关系。当入射照度较低时,输出亮度同入射照度保持着线性,当入射照度大到某一值后,亮度不再增加,这个现象称为饱和(Saturation)。在出现饱和后,亮度增益将随照度增加而下降。其原因如下:

(1) 光电阴极光电发射的有限性。它的发射能力不可能无限制地增加,所以当入射照度大到一定值后,阴极出现疲劳(Fatigue)现象,阴极没有能力迅速补偿所失去的大量电子,致使光电子发射的数目减小。

(2) 空间电荷区(Space Charge Region)。由于入射照度增加,阴极发射光电子数目随着增加,因而在光电子奔赴荧光屏的过程中,空间电荷效应增加,结果使部分电子不能打在屏上,影响亮度的增加。

(3) 在光电子密度太大时,荧光屏的发光能力也不可能无限地增大。

4. 像管的背景特性

像管的背景指它的背景亮度(Background Luminance),即指除信号以外的附加亮度,根据背景的来源又分为暗背景亮度和信号感生背景亮度。

暗背景(Dark Background)是指当像管在完全黑暗环境中,加上工作电压后,荧光屏上仍然会发出一定亮度的光。暗背景在变像管中的表现是在荧光屏上出现均匀的亮度,在像增强管中的表现是在荧光屏上出现闪烁光点。这些现象说明,在像管中存在着与光照无关的电子,其主要来源是光电阴极的热发射、局部场强产生的场致发射、正电极上的二次电子发射等,这些电子也在电场的加速下轰击荧光屏,使之发光。由于暗背景的存在,在荧光屏的目标图像上都叠加了一个背景亮度,使图像的对比度下降,甚至在微弱照明下产生的图像有可能淹没在背景中而不能辨别。

减少暗背景,要减小热发射,选用热发射小的光电阴极,降低阴极温度可降低热发射。

信号感生背景(Induced Background)为当像管受到辐照时还要引起一种与入射信号无关的附加背景亮度。它的主要来源有光反馈和离子反馈。入射光有一部分要透过半透明阴极,这部分透过光在管内电极和管壁的散射下又反馈到光电阴极上。另外,荧光屏的光也有一部分经过阳极孔或管壁和电极的散射反馈到光电阴极上。所有这些反馈都将引起光电阴极产生不希望有的电子发射,并在荧光屏上激发一个附加的背景亮度,这就是光反馈(Optical Feedback)。在像管中,黑化电极、荧光屏上蒸铝以及合理地减小阳极孔径尺寸,都是减少光反馈的措施。离子反馈(Ion Feedback)是由于管内残余气体(Residual Gas)被电离后,正离子轰击阴极表面而产生的大量二次电子所造成的。离子反馈在无光照时由于热发射电流的作用就已存在,当有光照时将随入射光强度的提高又有所增加。

5. 像管的传像特性

像管的传像特性指像管传递图像时,对图像几何形状的亮度分布的影响,主要研究图像几何形状的影响。在像管中,影响图像几何形状的因素主要是电子光学系统,如电子光学系统的放大率及畸变。放大率为像管出射端图像的线性尺寸与入射端图像相应的线性尺寸之比。

变像管和像增强管是一种宽束电子光学系统的电真空器件,它的边缘由于透镜对不同的离轴距离的物点单向放大率不同而产生图像畸变。如图 7-5 所示,如果离轴越远的物点单向放大率比近轴放大率大,则产生"枕形"畸变(Pincushion Distortion);如果离轴越远的物点单向放大率比近轴放大率小,则产生"桶形"畸变(Barrel Distortion)。至于产生"枕形"畸变还是"桶形"畸变,由透镜场的结构所决定。

(a) 没有畸变的图形　　　　(b) "枕形" 畸变图形　　　　(c) "桶形" 畸变图形

图 7-5　成像器件的畸变图形

6. 像管的时间响应特性

像管的时间响应特性主要由荧光屏所决定,因为光电阴极的发射过程很短,约为 10^{-12} s 量级,光电子在管中的渡越时间也很短,约为 10^{-10} s 量级,荧光屏的惰性时间由荧光粉的类型和激发电子流密度所决定,通常为 ms 级。对于特殊需要的像管,应选择短余辉的粉型。

7. 像管的空间分辨特性

空间分辨率(Spatial Resolution)指成像系统能够将两个相隔极近目标的像刚好分辨清的能力,它反映了系统的成像和传像能力,单位是线对(Line Pair)每毫米(lp/mm)。例如,某像管的分辨率是 30lp/mm,就是指空间频率数小于或等于 30lp/mm,对比度为 100% 的测试图案经过像管后能看清,而大于 30lp/mm 的测试图案则模糊不清,就是再放大几倍也分辨不出条纹。

7.1.3　红外变像管

红外变像管是能将不可见的近红外辐射图像转变为可见光图像的光电成像器件。红外变像管多应用于军事、公安等方面,供夜间侦察用;在民用方面,可用于暗室管理、物理实验、激光器校准和夜间观察生物活动等;另外,温度高于 400℃ 的物体都会发出大量的红外线,可通过红外变像管观察到它的像。如果与标准光源的亮度比较,即可求出它的温度,这就是夜视温度计的原理。

由于红外变像管的转换效率比较低,直接接收来自于目标反射的夜天红外光线尚不足以达到实现观察的亮度,所以要加一红外光源辐射,这种方式称为主动式红外夜视系统,如图 7-6 所示。

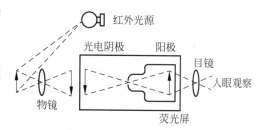

图 7-6　主动式红外夜视系统

7.1.4　像增强管

主动式红外变像管的应用,使人们实现了在暗夜条件下的观察,但是由于 Ag-O-Cs 阴极效率太低,直接接收自然景物反射的夜光,灵敏度还不够,所以必须自带红外光源。这样,一来使仪器笨重,二来容易被敌人的反红外仪器所发现。利用 Sb-Cs、Sb-K-Na-Cs、NEA 等光电阴极制成的像管,由于它能够实现在微弱自然光条件下的观察,所以又称为微光像增强器或微光管。

1. 级联式图像增强管

一般单极像增强管的亮度增益满足不了需要,往往需要多级串联。图 7-7 所示为三个单管串联而成的第一代微光管基本结构图。

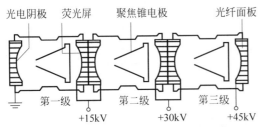

图 7-7   第一代微光管基本结构图

第一代微光管及其单级管的结构特点:

(1) 单管采用多碱阴极,用光纤板做输入窗及输出窗,电极结构为双球面系统,Sb-K-Na-Cs 阴极和 P20 荧光屏。

(2) 锥电极顶端呈圆弧形,它与球面阴极构成的电子透镜非常接近同心球系统,这样轴外点的主轨迹可视为对称轴,因为对称轴的电子轨迹受力相同,所以系统的像散很小。

(3) 由于光纤面板可以做成平凹形,阴极曲率半径很小,使得场曲减少,加上曲面荧光屏,更有利于像质的提高。

(4) 每一级是独立的单管,通过光纤面板耦合。如果某一级损坏,可以单独进行更换,给制造带来方便,提高了成品率。

这种三级级联像增强器,若单级的分辨率大于 50lp/mm,三级可达 30~38lp/mm,亮度增益可达 10^5。第一代微光管工作于被动观察方式。与主动式夜视方式相比,其特点是隐蔽性好,无须自带红外光源,质量小,成品率高,便于大批量生产。其缺点是怕强光,有晕光现象(Light-blooming)。

2. 微通道板式图像增强管

微通道板(Microchannel Plate,MCP)是带有许多微通道孔的薄板,在 1~2mm 厚的薄板上,就能够实现高达 10^6 的电子倍增。采用这种倍增结构的像管,称为微通道板像增强器,属于第二代微光夜视器件。与第一代相比,它的倍增效果好,像管体积小,目前应用的非常广泛。微通道板式图像增强管主要有两个管型,即近贴式 MCP 像增强器和静电聚焦式 MCP 像增强器。静电聚焦式如图 7-8 所示,管子内壁经涂敷或其他处理,内壁表面电阻很大,为 $10^9\Omega$ 量级的导电层,并且二次电子发射系数 $\delta>3$。工作时管子两端加直流电压,管内建立了均匀电场。入射电子进入通道电子倍增器的低电位端后,与管壁内表面相撞并发射出二次电子,这个过程被多次重复,最后在高电位端输出增益达 10^5 的电子束。

为了传送和增强图像,需要很细很细的通道成束,切片加工制成微通道板。它有几十万个微通道电子倍增管,其结构如图 7-9 所示。由于图像分辨率的要求,单通道直径为 $6~10\mu m$。

图 7-8
动态效果

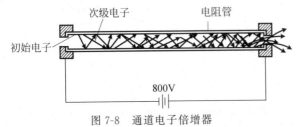

图 7-8   通道电子倍增器

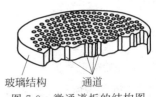

图 7-9   微通道板的结构图

第一代微光像增强器以三级级联增强技术为特征,增益高达几万倍,但体积大,质量重。第二代微光像增强器以微通道板增强技术为特征,体积小,质量轻,但夜视距离无明显突破。

随后出现的第三代微光像增强器则采用了负电子亲和势 GaAs 光电阴极,使夜视距离提高 1.5～2 倍以上。第四代微光像增强管加在光电阴极上的自动通断的电压是脉冲式的,只要通断的频率和时间合适,既能有效减少噪声,又能在弱光和强光的一个相对宽的亮度范围内,获得最佳的输出亮度。

7.1.5　像管的应用

像管主要应用于夜间瞄准、夜间飞行、夜视观察、侦查等方面。其中,红外夜视仪和微光夜视仪应用最为广泛。

红外夜视仪是在夜间观察时,由红外探照灯发射出人眼看不见的红外线,照射到目标后反射回来,经过物镜的作用,荧光屏上便可显示出目标的图像。步枪红外瞄准具有的探测距离为 100～300m。坦克红外瞄准能看到 200m 远的车辆和 1000m 远的人员。图 7-10 所示为红外夜视仪在军事上的应用。

(a)红外夜视仪　　　　(b)配备红外瞄准的狙击步枪　　　(c)配备红外瞄准仪的坦克

图 7-10　红外夜视仪在军事上的应用

微光夜视仪主要是以微光像增强器作为核心部件。微光像增强器在 20 世纪 90 年代中后期进入了新的发展和应用阶段,主要表现为二代像增强器在性能指标上有了质的提高。

7.2　真空摄像管

摄像管(Camera Tube)是能够输出视频信号的一类真空光电器件,把按空间分布的光学图像转换成视频信号。摄像管应具有三个基本功能:光电变换、光电信息的累积、存储及扫描输出。摄像管的种类很多,按光电变换形式可以分为两类:一类是光电导式摄像管(Photoconductive Type Camera Tube);另一类是光电发射式摄像管(Photoelectric Emission Type Camera Tube)。摄像管的主要特性参数包括灵敏度、光电转换特性、分辨率、惰性、暗电流、噪声和动态范围等。

7.2 微课视频

7.2.1　光电导式摄像管

1. 光电导式摄像管的结构

如图 7-11 所示,光电导式摄像管由光电靶、电子枪、电磁聚焦、扫描系统等组成。

1) 光电靶

(1) 硅光电靶:硅光电靶的结构如图 7-12 所示。在透明窗口玻璃内表面蒸镀一层很薄既可透光又可导电的金属膜作为信号板,在它上面接有引线可同负载相连。在导电膜上镀一层薄的过掺杂 N^+ 层,接着是 N 型层。硅片朝着电子枪一边的表面,先生成一层绝缘氧化层 SiO₂,然后利用光刻技术在 SiO₂ 上光刻出百万个小孔,再通过硼扩散使每个小孔都变成 P-Si,这百万个小的 P-Si 被 SiO₂ 隔离成为 P 型岛,每个 P 型岛与 N 型层之间形成一个 PN 结(光电二极管),最后在 SiO₂ 和 P 型岛表面上蒸涂上一层电阻率适当的半绝缘性质电阻层,即成为硅光电靶。

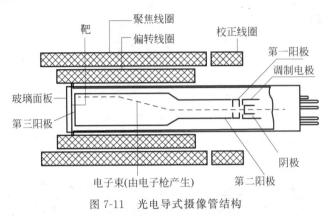

图 7-11　光电导式摄像管结构

(2) 氧化铅靶：PbO 光电导摄像管是荷兰菲力普公司经历几十年苦心钻研才研制成功的,在投产以后的几十年间垄断了各种彩色广播电视的应用。目前,异质结型光电导摄像管就是在 PbO 靶管基础上发展起来的。

PbO 靶的结构如图 7-13 所示。首先在透明板上蒸镀 SnO₂ 透明导电层,作为信号板,而后将 PbO 沉积在 SnO₂ 上面。最后对 PbO 的扫描面进行强氧化,形成 P 型层。由于 SnO₂ 和 PbO 的接触会形成 N 型层,而占靶大部分厚度的纯氧化层是高阻本征层,所以整个靶是 N-I-P 结构,由此形成 N-I-P 光电二极管,由这种结构形成的靶又叫合成靶。

图 7-12
动态效果

图 7-13
动态效果

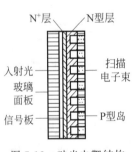

图 7-12　硅光电靶结构

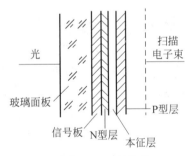

图 7-13　PbO 靶结构

为了解决匀质型光电靶存在的问题,采用异质结靶。异质结靶摄像管种类很多,目前用的较多的是 Saticon(以 SeAsTe 异质结为靶),其次是 Newvicon(以 ZnCaTe 异质结为靶)和 Chalnicon(以 CaSc 异质结为靶)。

2) 电子枪

电子枪的作用是产生和形成扫描电子束。电子枪由灯丝、阴极、调制电极、第一阳极(加速极)、第二阳极(减速和聚焦)组成。

3) 电磁聚焦

电磁聚焦的聚焦线圈作用是使到达靶面中心的电子束聚成一点。磁聚焦的质量要比静电的好,但是功耗大,比较笨重。实用中,主聚焦透镜常采用磁透镜,这样的电子枪称为磁聚焦电子枪。另一种聚焦方式为纯静电聚焦,这种结构使图像中心分辨率下降,但由于畸变减小,使信号输出均匀度提高,尤其是体积和质量明显减小,因而得到广泛应用。

4) 偏转系统

偏转系统有静电偏转和磁偏转两种。在没有偏转系统情况下,电子枪发射出的电子束经聚焦系统后,将入射在靶面的固定位置上。为了实现电子束对靶面的扫描,必须采用电子束偏转系统,使电子束的着靶点沿靶面移动,以实现对整个靶面扫描。

2. 光电导式摄像管的光电变换与视频信号输出

光电导式摄像管的信号输出电路由工作电源、信号板、光电二极管、电子枪阴极、负载电阻组成,如图 7-14 所示,输出等效电路如图 7-15 所示,像素在光存储期间电压和输出耦合电流如图 7-16 所示。

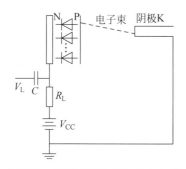

图 7-14　摄像管光电信号输出电路

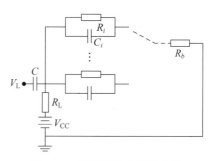

图 7-15　摄像管输出等效电路

图 7-14
动态效果

下面以硅光电靶为例来分析。工作时,光电靶的信号板上加固定正电压。没有光学图像时,光电靶中的所有 PN 结反向偏置,由于反向漏电流的存在,负载电阻上有少量的压降,靶的两边——成像面(信号板一边的靶面)和扫描面(朝着电子枪一边的靶面)之间的电压略低于靶电源电压。当有光学图像时,光子透过玻璃板和信号板进入 PN 结中,光子在 PN 结中被吸收产生光电子-空穴对,

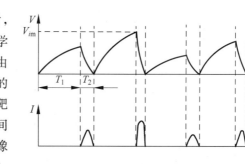

图 7-16　光照积累的电势与输出耦合电流

它们在反向电场的作用下被分离,分别到达光电靶的两边,光生空穴积累在 P 型岛上,P 型岛电位升高,如果光照是均匀的,则所有 P 型岛电位均匀升高。如果是一幅光学图像,则扫描面 P 型岛电势分布正比于光学图像的亮度分布,亮度高的点对应于 P 型岛的电势也高,因而形成了与光学图像成比例的电势分布。

电子枪扫描电子束按一定的制式(如 PAL 制式:先从左上角开始,从左向右扫,然后再一行挨着一行地逐行从上向下扫,当扫到最右下角时,再返回到左上角,接着扫下一帧。其场频率 25 Hz,场周期 $T_1=40$ ms,行频率 15 625 Hz,行周期 $T_2=64\mu$s)去扫描靶面,相当于用一条软导线,按照一定的次序去接通每个 P 型岛。当电子束与每个 P 型岛接触时,P 型岛中电子数的多少,正比于各 P 型岛电压的高低。输出回路(靶—负载电阻—电源—热阴极—靶)中即

产生与之对应的电子流。如图 7-15 所示,扫描第 i 个 P 型岛时流过回路的电流为

$$I_i = \frac{Q_i}{T_2} = \frac{C_i V_i}{T_2} \tag{7-5}$$

式中: C_i——第 i 个 P 型岛的电容;

$\quad V_i$——第 i 个 P 型岛上的电压;

$\quad T_2$——扫描 P 型岛的时间。

如图 7-15 所示,第 i 个 P 型岛在光存储期间,P 型岛(靶右边)电势为

$$V_i = I_i \cdot R_i (1 - e^{-t/R_i C_i}) \tag{7-6}$$

在图 7-16 中的 T_1 时间内,C_i 右边电势最大值是

$$V_{im} = I_i \cdot R_i (1 - e^{-\frac{T_1}{(R_L + R_b)C_i}}) \tag{7-7}$$

当电子束扫描像元(接通)时,接通时间为 T_2,电流通过电子束电阻 R_b、电容 C_i、负载电阻 R_L、靶电源 V_{CC} 和地构成回路,电容器 C_i 放电,电容右侧电势被放至接近地电势,即 $V_b \approx 0$。

在时间 T_2 内,第 i 个 P 型岛上电荷的变化量为

$$Q_i = C_i V_{im} \tag{7-8}$$

经电容 C_i 耦合出的电流为

$$I_i = \frac{Q_i}{T_2} = \frac{C_i V_{im}}{T_2} \tag{7-9}$$

输出图像信号在负载电阻 R_L 上的电压为

$$V_{Li} = \frac{C_i V_{im}}{T_2} \times R_L \tag{7-10}$$

靶具有很高的纵向电阻率,工作靶面可看成是由 N 个像素组成,像素大小由扫描电子束截面决定。要完成光学图像的光电转换和积累存储信息电荷的作用,要求靶上每个像素的弛豫时间远大于存储时间(即帧时间)。由于像素的电容 C_i 较小,因而要求其像素的电阻 R_i 足够大,达到光电转换和积累存储信息电荷的能力,纵向电阻率一般为 $10^{11} \sim 10^{13}\ \Omega \cdot cm$。

同时还要求材料的横向电阻亦足够高,可以防止各个像素之间因表面漏电而使电势起伏拉平,通常要求其材料电阻较大,在 $2 \times 10^{13} \sim 10^{14}\ \Omega$。

7.2.2 光电发射式摄像管

光电发射式摄像管具有几个共同特性:①采用光电阴极把光学图像转换为电子图像;②存在移像区,把光电转换和信号存储两个部件分开;③具有电子图像倍增机制,响应率较高,适宜作微光摄像。这类器件又称移像型摄像管或微光摄像管。下面分别介绍几种常用的光电发射式摄像管。

1. 二次电子传导摄像管

二次电子传导摄像管(Secondary Electron Conductive Tube,SEC)是利用二次电子传导作用进行电子增强的,其结构如图 7-17(a)所示。它由移像区、SEC 靶和扫描区三部分组成,光电阴极镀制在光纤板内壁,移像区的电子光学成像系统把光电子加速并成像到靶上。SEC 靶由 Al_2O_3 膜、Al 膜和 KCl 膜组成,如图 7-17(b)所示。其中,Al_2O_3 膜(厚 $50 \sim 70nm$)起着机械支撑作用;中间的 Al 膜(厚 $50nm$)起着信号板作用;KCl 膜厚 $15 \sim 20\mu m$,

在氩气中蒸镀,呈疏松组织,其中 98%～99% 是气隙,它在高速光电子作用下产生二次电子传导。电子束扫描区起视像管的扫描作用。

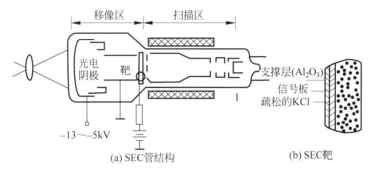

图 7-17 动态效果

图 7-17 SEC 管结构及 SEC 靶

二次电子传导摄像管的工作原理可归纳如下:当一个加速的光电子打到 SEC 靶上时,其中的一部分能量(约 2keV)在穿过 Al_2O_3 及 Al 膜时损耗掉,另一部分能量(约 2keV)被电子穿透 SEC 膜时带走不能发挥作用,其余的能量(实验证明 4keV 为最佳)能被靶吸收。对 KCl 膜来说,每 30eV 激发一个二次电子,因此 4keV 的电子能激发 120 个左右的二次电子,其中仅有一小部分被复合掉。这些二次电子在靶电场的作用下流向信号板,而在靶上留下一个正电荷图像,被扫描时经电子束补充恢复到阴极电位,而在外电路上产生脉冲电流,形成图像的视频信号。由此可见,SEC 管主要利用高能光电子激发二次电子,再由二次电子在电场作用下传导电流,称为二次电子传导。二次电子传导摄像管具有响应率高的特点,改变光电子加速电压,可得到 80～200 的电子增益。

2. 硅增强靶管

硅增强靶(Silicon Intensified Target,SIT)的结构如图 7-18 所示。它与二次电子传导摄像管的结构相似,只是靶不同。SIT 管中的靶和硅靶摄像管中的靶基本相同,只是在电子入射面加镀一层厚几百埃的铅膜,以屏蔽杂散光。

硅增强靶管产生电子增益的机理是这样的,从聚焦场中获得加速的电子以高能量(约 10keV)轰击硅靶,激发出大量电子-空穴对,则每个高能电子可激发 2800～2900 电子-空穴对,空

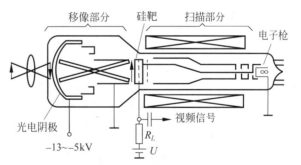

图 7-18 动态效果

图 7-18 SIT 管结构

穴在 PN 结自建电场作用下进入 P 区,即扫描面,使 P 区的电位提高,并在电子束扫描时输出视频信号,由于表面和体内复合等因素,实际增益为理论值的 70%～80%,即 2000 倍左右,改变电子光学系统中电极的电压,可改变增益大小。

增强硅靶管具有高响应率,一般比硅靶管大两个数量级,约为 $40\mu A/lx$。硅靶不易烧伤,但光电阴极不能受强光照射,因此要注意使用条件,正确使用时寿命可达数千小时。其缺点是暗电流较大,斑点不易彻底消除。

3. 超高灵敏度的摄像管

在拍摄特低照度景物时,人们就需要超高灵敏度的摄像管,一般采用像增强器与摄像管的连接形式,即像增强器的输出光纤面板与摄像管的光纤面板窗口相结合的方式,若用级联像增强器,必须考虑对于对比度、噪声以及分辨率的影响,同时在光纤面板进行接合时要注意光纤面板之间不能产生缝隙。一般有以下几种形式的连接:

(1)像增强器和增强硅靶管的级联。这种连接能在 1.5×10^{-6} lx 照度下分辨出被摄物体的细节,但分辨率下降。由于增强硅靶管内部增益大,因此动态特性比较好,同时具有体积小、质量轻、耗电省、耐震等优点,因此被广泛应用。

(2)像增强器和二次电子传导摄像管的级联。与前者相比,它的优点在于累积能力强,适合于较长时间曝光的场合,且惰性小;其缺点是靶面脆弱,容易被强光烧伤,且不能耐震,分辨率有明显降低。

7.3 电荷耦合器件

电荷耦合器件(Charge Coupled Device,CCD)是 20 世纪 70 年代发展起来的新型半导体器件,基础是 MOS 集成电路技术,是半导体技术的一次重大突破。1969 年,美国贝尔实验室的威拉德·博伊尔(W. S. Boyle)和乔治·史密斯(G. E. Smith)发现了电荷通过半导体势阱发生转移的现象,提出了电荷耦合这一新概念和一维 CCD 模型,同时预言了 CCD 在信号处理、信号储存及图像传感中的应用前景。这两位科学家因对固体成像技术的卓越贡献获得 2009 年度诺贝尔物理学奖。由于 CCD 成像器件具有体积小、质量轻、结构简单、功耗小、成本低、与集成电路工艺兼容等优点,目前广泛应用于黑白、彩色、微光、红外摄像器件,以及军事探测、气象观测、大气观测、医学观察、天文观测、火灾报警、闭路监控、工业检测、传真扫描等领域。

人物介绍

威拉德·博伊尔(Willard Boyle),1924—2011 年,加拿大物理学家。乔治·史密斯(George E. Smith),1930 年,美国物理学家。博伊尔和史密斯因 1969 年共同发明了 CCD图像传感器而获得 2009 年诺贝尔物理学奖。两位科学家第一次成功地发明了数字成像技术,可以将光在短时间内转化为像素,为摄影技术带来"革命化"变革。"没有 CCD,数码相机的发展将更为缓慢。没有 CCD,我们就不会看到从外太空和其他星球拍摄的令人惊叹的图片,也不会看到我们的邻居火星上的红色沙漠图像。"

威拉德·博伊尔　　　　　　乔治·史密斯

7.3.1　电荷耦合器件的工作原理

CCD 的特点是以电荷作为信号,它的基本功能是电荷的存储和转移。因此,CCD 的基本工作原理主要由以下四个基本动作构成:信号电荷产生(光信号转换成信号电荷)、信号电荷存储、信号电荷转移和信号电荷检测。下面介绍以 MOS 电容器为基本单元的电荷耦合器件的工作原理。

1. CCD 信号电荷存储

CCD 是由规则排列的金属-氧化物-半导体(Metal-Oxide-Semiconductor,MOS)电容阵列组成。这种 MOS 电容是在 P 型(或 N 型)Si 单晶的衬底上生长一层 $0.1\sim0.2\mu m$ 的 SiO_2 层,再在 SiO_2 层上沉积具有一定形状的金属电极,其单元结构如图 7-19(a)所示。CCD 由很多 MOS 基本单元组成,如图 7-19(b)所示,其中金属栅极是分立的,而氧化物与半导体是连续的整体。

7.3.1.1 微课视频

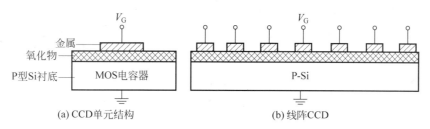

图 7-19　CCD 单元与线阵 CCD 结构

CCD 从电荷存储结构来分可以分为表面沟道 CCD 和体沟道 CCD。表面沟道(Surface Channel)是指电荷包存储于半导体和绝缘体之间的界面上;体沟道(Buried Channel)则是电荷包存储于远离半导体表面的地方。下面以表面沟道 CCD 为例来分析电荷的存储。

1) 理想 MOS 结构的物理性质

这里以 P 型 Si 作为衬底为例讨论在不同偏压下稳定态的 MOS 结构的物理性质。

(1) 金属栅极加负偏压($V_G<0$)

当金属栅极上加负偏压时,电场由 Si 半导体指向金属栅极,电场排斥处于界面的电子而吸引空穴,电子在界面处能量增大,表面处能带向上弯曲,表面空穴浓度增加。能带图如图 7-20(a)所示。

(2) 金属栅极加正偏压($V_G>0$)

当金属栅极上加较小正偏压时,电场由

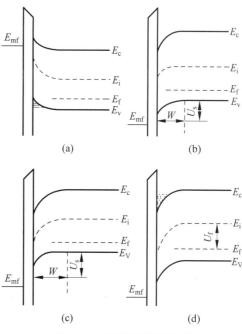

图 7-20　不同栅压下能带图

金属栅极指向 Si 半导体,电场排斥处于界面的空穴而吸引电子,电子在界面处能量减小,表面处能带向下弯曲,表面空穴浓度比体内空穴浓度低很多,表面处的负电荷基本上等于电离受主杂质浓度而形成空间电荷区域,这个表面称为耗尽层。该区域对电子来说是一个势能很低的区域,也称为势阱(Potential Well),此时能带弯曲部分的厚度就是耗尽层的厚度,即势阱的深度。空间电荷区两端的电势差为表面势,用 U_s 表示,规定表面电势比内部高时,U_s 取正值。由于表面能带向下弯曲,存在表面势,所以具有对电子的收集能力。显然,随 V_G 增加,表面势增加,耗尽层厚度增加,收集电子能力增加,势阱变深。能带图如图 7-20(b)所示。

(3) 金属栅极加正偏压($V_G \gg 0$)

V_G 继续增加,表面能带进一步向下弯曲,表面费米能级位置可能高于禁带中央能级 E_i,这就意味着表面处的电子浓度将超过空穴浓度,即形成与原来半导体衬底导电类型相反的一层,叫作反型层(Inversion Layer)。能带图如图 7-20(c)所示。当 V_G 进一步增加,使表面电子浓度等于衬底受主浓度时称为强反型状态,MOS 结构达到稳定状态。能带图如图 7-20(d)所示。出现强反型的条件为

$$U_s = 2 \frac{E_i - E_f}{q} \tag{7-11}$$

如果没有外界注入少子或引入各种激发,则反型层中电子的来源主要是耗尽层内热激发的电子-空穴对。MOS 电容器达到热平衡态的过程需要一定时间,这个时间通常称为存储时间,表示为

$$T = \frac{2\tau_0 N_A}{n_i} \tag{7-12}$$

式中:τ_0——耗尽层少子寿命;

n_i——本征载流子浓度;

N_A——受主浓度。

T 的值取决于硅材料和工艺水平,好的硅材料的存储时间可达数十秒。

通常将能产生强反型状态所加的栅极电压 V_G 称为阈值电压(Threshold Voltage)V_{th}。

CCD 器件是在栅极电压 $V_G > V_{th}$(阈值电压),但尚未出现强反型层的状态下工作的,所以属非稳态器件。在非稳态阱的情况下,MOS 电容器的能带弯曲和电荷分布过程如下:

在栅极上加上大于 V_{th} 电压的瞬间,电极下的半导体表面的空穴被排斥而形成耗尽区,此时还不会形成反型层。因为热激发的电子-空穴对中的电子进入耗尽区并被填满需一定时间,这种状态成为"深耗尽",属非稳态情况。由于此时金属栅极上的正电荷全部由耗尽区中的受主离子来平衡,因此耗尽区的厚度 W 特别宽[图 7-20(c)],如果此时注入信号电荷,或周围电子逐渐填入势阱内,随着电子填充,耗尽区将变窄,表面势将降低,势阱变浅,绝缘层上压降将增加。从以上分析可知:只有当栅极电压刚加上去的瞬间,耗尽区的宽度 W 特别宽,即势阱最深,能存储电荷的可能性最大,随着时间的增加,耗尽区变窄,势阱变浅,存储电荷的可能性变小;当 t 小于弛豫时间 T 时,势阱因被热激发的电子填满而形成反型层,势阱消失,不可能再存储新的电荷。因此,CCD 要存储有用的信号电荷(无论电注入还是光注入)都要求信号电荷的存储时间小于热激发电子的存储时间,否则信号电荷不是存不进去就是取不出来,所以,CCD 器件是一种非稳态器件。

2) 理想 MOS 结构的电荷存储

如图 7-21(a)所示的 MOS 电容器,由 P 型 Si 作为衬底,将 MOS 电容器的衬底背面接地,在表面电极施加正电压。在电极施加正电压前,整个衬底处于接地电势。当在金属电极

上加正向偏压时,形成的电场向下穿过氧化物薄层,排斥界面附近的多数载流子(空穴),留下带负电的固定不动的受主离子(空间电荷),形成耗尽层。同时,氧化层与半导体界面处的电势发生相应变化。

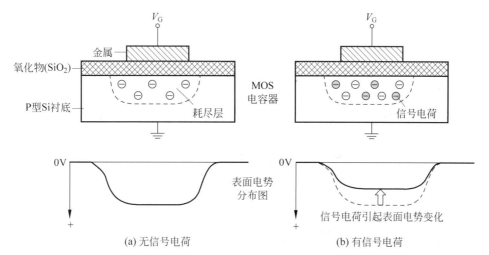

图 7-21　MOS 电容器与表面电势

当 MOS 电容器栅压 V_G 大于阈值电压 V_{th} 时,即 MOS 电容工作在非稳态情况下,MOS 电容势阱的深度和电荷的存储能力由表面势 V_s 决定。MOS 电容的等效电路如图 7-22 所示。MOS 电容的表面势可以由半导体电势分布的泊松方程(Poisson Equation)求解,简单起见,此处只研究一维情况。其方程简化为

$$\frac{d^2 V_s}{dx^2} = -\frac{\rho}{\varepsilon} \tag{7-13}$$

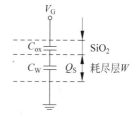

图 7-22　MOS 电容等效电路

式中:ε——半导体的介电常数;

ρ——空间电荷区域电荷密度。

利用边界条件可以求解

$$V_s = \frac{qN_A}{2\varepsilon}W^2 \tag{7-14}$$

式中:N_A——受主杂质浓度;

W——耗尽层厚度。

此时,表面势 V_s 与栅极电压 V_G 的关系为

$$V_G - V_{FB} = V_s + \frac{(2\varepsilon q N_A V_s)^{1/2}}{C_{ox}} \tag{7-15}$$

式中:C_{ox}——氧化层电容;

V_{FB}——平带电压。

$$V_{FB} = \frac{W_m - W_s}{e} \tag{7-16}$$

式中:W_m、W_s——金属和半导体的逸出功。

如果势阱内有部分信号电荷,但未达到稳态,且设单位面积上的信号电荷为 Q_s,则有表

面势与栅极电压关系为

$$V_{\mathrm{G}} - V_{\mathrm{FB}} = \frac{Q_{\mathrm{s}}}{C_{\mathrm{ox}}} + U_{\mathrm{s}} + \frac{(2\varepsilon q N_{\mathrm{A}} V_{\mathrm{s}})^{1/2}}{C_{\mathrm{ox}}} \tag{7-17}$$

由式(7-17)可以看出 V_{s} 与 V_{G} 基本上是呈线性关系。

势阱积累电子的容量取决于势阱的"深度",而表面势的大小近似与栅压 V_{G} 成正比。势阱填满是指电子在半导体表面堆积后使表面势下降。

P 型 Si 衬底的 MOS 电容器,由于在衬底背面处于接地的状态下电极上施加正电压,接近电极区域的空穴(P 型 Si 的多数载流子)逃离,该部分形成耗尽层。耗尽层以外的部分充满多数载流子,成为既不带正电,也不带负电的中性区域。这样,由于耗尽层失去多数载流子呈现带电的状态,因此,该部分称为空间电荷区域。此处的电势分布发生改变,就结果来讲,由于最接近电极的 Si 表面电势升高,一旦在该状态下表面存储信号电荷,将随电荷量改变而电势分布发生变化。信号电荷存储前后电势以及电荷密度的分布如图 7-23(b)所示。

2. CCD 信号电荷耦合

CCD 中的 MOS 电容是密集排列的,便于相邻 MOS 电容的势阱相互沟通,信号电荷能相互耦合。加在 MOS 电容上的电压越高产生的势阱越深,可以通过控制相邻 MOS 电容栅极电压高低来调节势阱深浅,使信号电荷由势阱浅处流向势阱深处。

CCD 器件每一单元(每一像素)称为一位,常用的线阵 CCD 有 256 位、1024 位、2160 位、2700 位等。CCD 一位中含的 MOS 电容个数即为 CCD 的相数,通常有二相、三相、四相等几种结构,它们施加的驱动时钟脉冲也分为二相、三相、四相。二相脉冲的两路脉冲相位相差 $180°$;三相及四相脉冲的相位差分别为 $120°$、$90°$。当这种驱动时序脉冲加到 CCD 电路上循环时,将实现信号电荷的定向转移。

图 7-23 所示是三相 CCD 信号电荷耦合原理图。每一位下有三个电极,分别将 Φ_1、Φ_2 和 Φ_3 加到三个电极下(每一个电压波形电平大于 CCD 中 MOS 电容的阈值电压),取表面势增加的方向向下。其工作过程如下:

(1) $t = t_1$ 时,Φ_1 电极处于高电平,而 Φ_2 和 Φ_3 电极处于低电平。由于 Φ_1 电极上

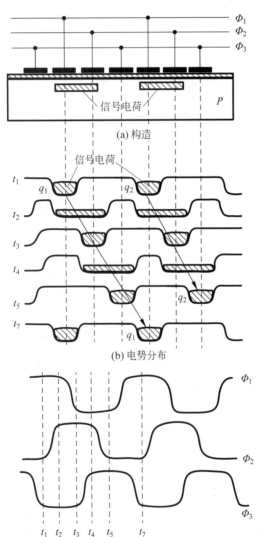

7.3.1.2
微课视频

图 7-23
动态效果

图 7-23 三相 CCD 的构造、电势分布和驱动时序

栅压大于阈值电压,故在 Φ_1 下形成势阱,假若此时 MOS 电容通过转移栅接收转移来的电荷包,则与 Φ_1 电极对应的 MOS 电容都有一一对应的电荷包。

(2) $t=t_2$ 时,Φ_1 和 Φ_2 电极上栅压为高电平,Φ_3 电极处于低电平,故 Φ_2 下也成为势阱,信号电荷分散移往 Φ_2 电极下。

(3) $t=t_3$ 时,Φ_2 电极上栅压为高电平,Φ_1 和 Φ_3 电极处于低电平,故电荷聚集到 Φ_2 电极下,实现了电荷从 Φ_1 电极下到 Φ_2 电极下的转移。

(4) $t=t_4$ 时,Φ_2 和 Φ_3 电极上栅压为高电平,Φ_1 电极处于低电平,故 Φ_3 电极下也形成势阱,信号电荷由 Φ_2 电极分散移往 Φ_3 电极下。

(5) $t=t_5$ 时,Φ_1 和 Φ_2 电极上栅压为低电平,Φ_3 电极处于高电平,故电荷汇聚到 Φ_3 电极下。

以此类推,驱动脉冲经过一个周期后,聚集在第一位 Φ_1 下的信号电荷转移到第二位 Φ_1,因此实现了信号电荷由第一位向第二位的定向转移。

这就是通过时钟脉冲的驱动完成电荷转移的过程。

图 7-24 所示是二相 CCD 电荷耦合原理图。其构造与三相基本相同。分别将 Φ_1、Φ_2 加在二相 CCD 的两个电极下,取表面势增加的方向向下。

其工作过程如下:

(1) $t=t_1$ 时,Φ_1 电极处于高电平,而 Φ_2 电极处于低电平。由于 Φ_1 电极上栅压大于阈值电压,故在 Φ_1 下形成势阱,假若此时 MOS 电容通过转移栅接收转移来的电荷,则 Φ_1 电极对应的 MOS 电容都有一一对应的电荷包。

(2) $t=t'$ 时,Φ_1 和 Φ_2 电极上栅压为高电平,故 Φ_2 下也成为势阱,信号电荷从 Φ_1 电极分散移往 Φ_2 电极下。

(3) $t=t_2$ 时,Φ_2 电极上栅压为高电平,Φ_1 电极处于低电平,故电荷聚集到 Φ_2 电极下,实现了电荷从 Φ_1 电极下到 Φ_2 电极下的转移。

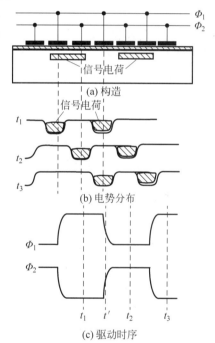

图 7-24 二相 CCD 的构造、电势分布和驱动时序

3. CCD 信号电荷检测

CCD 中的电荷包在时钟脉冲的作用下很快转移到输出端的最后一个电极下面,此时还需要将电荷包无破坏地以电流或电压的方式输送出去。CCD 输出结构的作用是将 CCD 中信号电荷变为电流或电压输出,以检测信号电荷的大小。

输出结构有反偏二极管输出结构、浮置扩散层输出结构、浮置栅极输出结构和分布式浮置栅极输出结构等,用的最多的是浮置扩散放大器和浮置栅极放大器。

1) 浮置扩散放大器

浮置扩散放大器(Floating Diffusion Amplifier,FDA)是在基板之上形成 PN 结扩散区域,从 CCD 转移信号电荷,依据扩散区域结电容的电势变化,利用输入阻抗较高的 MOS 管作为源极跟随器,进行放大输出的电荷检测。其结构如图 7-25 所示。与输出栅相连的是一

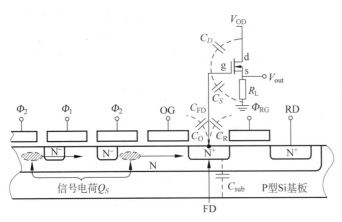

图 7-25　浮置扩散放大器的结构图

个 PN 结二极管,在施加反向偏压的情况下,可以将信号电荷转换成电压输出。由于这个 PN 结二极管的 N 型区域呈现浮游状态,故称为浮置扩散(Floating Diffusion,FD)。

一旦有信号电荷从 CCD 转移过来,沿着包含结容量的 N 型区域的电容器变化其两端的电压。由连接此处的放大器进行缓冲放大,将信号电荷输出到图像传感器外。在下一个像素的信号电荷转移过来之前,复位 FD 中输出完成像素的信号电荷。在检测信号电荷的状态下,中断状态中的复位栅(Reset Gate,RG)在此复位动作时进入启动状态,将 FD 复位成复位漏极(Reset Drain,RD)的电压 V_{FD}。由于在复位动作后,FD 的电压回到基准电压,只要取得下一个信号电荷转移到 FD 时的信号电压差,可以得到更为正确的信号 ΔV_{FD},基准电压、信号电压与 CCD 的驱动脉冲下降同步,前后分别出现。

浮置扩散放大器属于电压输出方式,电压输出电路如图 7-26 所示。工作原理如下:

输出电路由放大管 T_1、复位管 T_2 和浮置扩散二极管 T_3 组成。放大管 T_1 是源极跟随器,在 CCD 的制造过程中较容易同时制造 MOS 管,而且输入中无电流外漏,以及所用的源极跟随器频率宽且工作电压宽,可以保持良好的输入/输出的线性关系。复位管 T_2 工作在开关状态,浮置扩散二极管 T_3 始终处于强反偏状态。

F 处的等效电容 C_{FD} 由 T_3 管的结电容 C_{sub}、水平 CCD 与 T_3、Φ_{RG} 的寄生电容 C_O 和 C_R,连接于 T_3 的 MOS 管的 C_D、C_S 构成,$C_{FD}=C_{sub}+C_O+C_R+C_D+C_S$。$T_3$ 和 C_{FD} 构成一个电荷积分器。此电荷积分器随 T_2 管的开与关,处于选通和关闭状态,称为选通电荷积分器。

图 7-27 所示为电压输出工作波形图。

图 7-26
动态效果

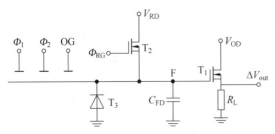

图 7-26　浮置扩散放大器电压输出电路

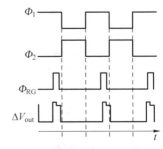

图 7-27　电压输出工作波形图

CCD 电压输出工作原理为:在每个时钟脉冲周期内,随着时钟脉冲 Φ_1 或 Φ_2 的下降过程,就有一个电荷包从 CCD 转移到输出二极管 T_3 的 N 区,即转移到电荷积分器上,引起 F 点电位变化大小为

$$\Delta V_{\text{out}} = \frac{|Q_{\text{S}}|}{C_{\text{FD}}} \tag{7-18}$$

由于 MOS 管 T_1 的电压增益为

$$A_{\text{v}} = \frac{g_{\text{m}} R_{\text{L}}}{1 + g_{\text{m}} R_{\text{L}}} \tag{7-19}$$

式中：g_{m}——跨导；

R_{L}——负载电阻。

故 T_1 管源极输出电压变化为

$$\Delta V_{\text{out}} = \frac{g_{\text{m}} R_{\text{L}}}{1 + g_{\text{m}} R_{\text{L}}} \cdot \frac{|Q_{\text{S}}|}{C_{\text{FD}}} \tag{7-20}$$

对 ΔV_{out} 进行读出后，当 T_2 加正的窄脉冲时，即复位 MOS 管的栅极加有复位电位，T_2 管栅极在复位脉冲 Φ_{RG} 的作用下导通，V_{RD} 电压直接加在 F 点上。此时，扩散层处于强反型状态，当前一个电荷输出完毕，下一个电荷包尚未输入之前，把前一个电荷包抽走，使输出 T_1 栅极复位，以准备接收下一电荷包的到来，之后 T_2 截止，准备接收电荷包。栅将电荷包 Q_{S} 通过 T_2 管的沟道抽走，使 F 点电位重新置在 V 值，为下一次 V_{out} 读出作准备。

当 Φ_{RG} 结束，T_2 管关闭后，由于 T_3 管处于 F 点电位的强反偏状态，此积分器无放电回路，所以 F 点电位一直维持在基准电压 V_{DD} 值，直到下一个时钟脉冲信号电荷到来为止。

2）浮置栅极放大器

浮置扩散放大器检测信号电荷，一旦检测完毕，信号电荷由 RD 吸收消失，故检测后该信号电荷无法再利用，而浮置栅极放大器（Floating Gate Amplifier，FGA）具有控制栅极与检测栅极两个电极重叠的构造。检测栅极将转移沟道传送来的信号电荷与电容进行耦合，用以检测电荷，且可以直接保存信号电荷。其结构如图 7-28 所示。

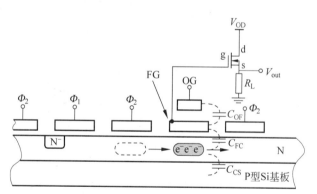

图 7-28 浮置栅极放大器结构图

工作过程如下：利用检测电极 FG 下发转移过来的信号电荷量来检测电极 FG 的电势变化。这样检测与电容器转移过来的电荷以等价电压进行检测的方式没有什么不同，但与 FD 放大器的区别在于为了检测信号电荷，检测送来的场所为转移沟道，将此处与放大器的检测电极分离。因此，检测完成后，可以保存之前的 CCD 信号电荷进行转移，达到非破坏的目的。

FG 的电容由连接于检测电极 FG 放大器的输入电容 C_{OF} 和与检测电极 FG 与其他电极之间的寄生电容 C_{FC}、信号电荷送过来的检测电极 FG 下方的沟道具有的寄生电容 C_{CS} 组成。

信号电荷传输过来的沟道电势 ΔV 虽然随着沟道、检测电极 FG、控制电极 OG 之间的串联电容（C_{FC}、C_{OF}）与基板之间电容（C_{CS}）的总和而变化，但检测电极的电压变化 ΔV_{FG} 则是沟道电势的变化按照 C_{FC} 与 C_{OF} 的电容分割比所减少的电压。检测电极 FG 出现的信号电压 ΔV_{FG} 为

$$\Delta V_{FG} = \frac{C_{FC}}{C_{FC} + C_{OF}} \Delta V \tag{7-21}$$

对于 FD 放大器,由于检测电极与送来信号电荷的转移沟道的电容耦合,相比于浮置扩散放大器转换效率偏低。通常情况下,检测电极的电压由于不是每个信号电荷都进行复位,因此需要时间稳定电压。

信号电荷产生动态效果

4. CCD 信号电荷产生

CCD 信号电荷的产生通常有热生、光生和电注入。热生信号电荷构成了器件的暗电流,光生信号电荷构成光信号电流,电注入的信号电荷既可以是数字或模拟处理系统的输入信号,也可以是其他光电器件的光电信号。移位寄存器等采用电注入,在 CCD 图像传感器中采用光注入,注入的电荷量为 $\eta e A d N_P T_{int}$,其中 η 为量子效率,dN_P 为单位时间入射的光子数,S 为面积,T_{int} 为 CCD 积分时间。

7.3.2 电荷耦合器件的主要特性参数

1. 电荷转移效率和电荷转移损失率

电荷包从一个势阱向另一个势阱中转移,不是立即的和全部的,而需要一个过程。为了描述这种特性引入电荷转移效率,它是表征 CCD 性能好坏的一个重要参数,定义为:在时钟脉冲作用下,一次转移后到达下一个势阱中的电荷量 Q_1 与原来势阱中的电荷量 Q_0 之比,即

$$\eta = \frac{Q_1}{Q_0} \times 100\% \tag{7-22}$$

与 η 相对应的是电荷转移损失率 ε,有

$$\varepsilon = \frac{Q_0 - Q_1}{Q_0} \times 100\% \tag{7-23}$$

实际中,电荷在转移过程中总有损失,故 η 总是小于1(现有工艺下,η 可达 0.999 99)。当原有电荷量 Q_0 转移 n 个栅极后,信号电荷量变为 Q_n,总的转移效率为

$$\eta_{总} = \frac{Q_n}{Q_0} = \eta^n \tag{7-24}$$

例如,对应单沟道二相线阵 CCD,若电荷包移动了 m 位(m 个像素),则电荷包移动的次数为 2m。假设 $\eta = 0.999$,二相线阵 CCD 的像素为 256 位,则第一位的电荷包最后输出电荷量为 $Q = 0.999^{256 \times 2} Q_0 = 60\% Q_0$,可见信号电荷的衰减比较严重。若 $\eta = 0.9999$,则经过 256 位移动后的电荷量为 $Q = 0.9999^{256 \times 2} Q_0 = 95\% Q_0$。因此,转移效率 η 是电荷耦合器件能否实用的重要因素。另外,要保证总转移效率较高(如 90%),在单次转移效率 η 一定的情况下,CCD 的栅极数目(或像素数)就受到限制。

影响电荷转移效率的因素很多,主要有表面态对电子的俘获、体内缺陷对电荷包的作用、自感应电场、热扩散、边缘电场等,主要原因是表面态对信号电荷的俘获、时钟频率过高。为此,在 CCD 中常常采用电注入的方式在转移沟道中注入"肥零"电荷,即让"零"信号也有一定的电荷来填充势阱,这样,可以减少每次转移过程中信号电荷的损失,提高了转移效率。当然,由于"肥零"电荷的引入,CCD 输出信号中附加了"肥零"电荷分量,表现为暗电流的增加。

2. 工作频率

CCD 利用极板下半导体表面势阱的变化来储存和转移信号电荷,它必须工作在非平衡下,因此是一种非稳态工作器件,在时钟脉冲的驱动作用下完成信号电荷的转移和输出。驱动时钟过低,深耗尽状态向平衡态过渡,热生载流子就会混入信号电荷包中去,会使信号电荷量发生变化而失真。时钟频率过高,电荷包来不及完全转移也会使信号失真。因此,其工作频率会受到一些因素的限制,且限于一定的范围内。

1) 工作频率的下限 $f_下$

$f_下$ 取决于热生载流子的平均寿命 τ_c,一般为毫秒级,此处的热生载流子一般是由热激发所产生的少数载流子。如果时钟脉冲的频率太低,则在电荷存储的时间内,MOS 电容器已过渡到稳态,热激发产生的少数载流子将会填满势阱,从而无法进行信号电荷包的存储和转移,所以脉冲电压的工作频率必须在某一个下限之上。也就是电荷包在相邻两电极之间的转移时间 t 应小于热生少数载流子平均寿命,即 $t < \tau_0$。

对于三相 CCD,转移一个栅极的时间为 $t = T/3$,即 CCD 工作频率的下限为

$$f_下 > \frac{1}{3\tau_c} \tag{7-25}$$

对于二相 CCD,有

$$f_下 > \frac{1}{2\tau_c} \tag{7-26}$$

可见,寿命 τ 越长,工作频率的下限 $f_下$ 越低。少数载流子的寿命与器件的工作温度有关,温度越低,少数载流子的寿命就越长。因此,将 CCD 置于低温环境下将有助于低频工作。

2) 工作频率的上限 $f_上$

影响 CCD 工作频率上限的因素有两个。一个是由于 CCD 的栅极有一定的长度,信号电荷在通过栅极时需要一定的时间。若时钟脉冲的频率太高,则势阱中将有一部分信号电荷来不及转移到下一个势阱而使转移效率降低。设转移效率在达到要求时所需的转移时间为 τ_1,则对于三相必使 $\tau_1 \leqslant T/3$,即工作频率的上限为

$$f_{上1} \leqslant \frac{1}{3\tau_1} \tag{7-27}$$

对于二相 CCD,有

$$f_{上1} \leqslant \frac{1}{2\tau_1} \tag{7-28}$$

另一个因素是 CCD 存在的界面态对信号电荷的俘获与释放。为了使信号电荷不至于因为界面态的俘获而损失,对于三相 CCD 就必须要求被界面态俘获的载流子的释放时间 $\tau_2 \leqslant T/3$,即工作频率的上限为

$$f_{上2} \leqslant \frac{1}{3\tau_2} \tag{7-29}$$

对于二相 CCD,有

$$f_{上2} \leqslant \frac{1}{2\tau_2} \tag{7-30}$$

工作频率的上限 $f_上$ 取 $f_{上1}$、$f_{上2}$ 中的较小者。通常,$\tau_2 < \tau_1$,$f_{上2} > f_{上1}$,故三相 CCD 取上限频率为 $f_上 = f_{上1} = 1/(3\tau_1)$,二相 CCD 取上限频率为 $f_上 = f_{上1} = 1/(2\tau_1)$。

随着半导体材料科学与制造工艺的发展,体沟道线阵 CCD 的最高驱动频率已经超过了几亿赫兹,为 CCD 在高速成像系统中的应用打下了物质基础。

3. 电荷存储容量

CCD 电荷存储容量表示在电极下的势阱中能容纳的电荷量,由于 CCD 是电荷存储与转移的器件,因此电荷存储容量 Q 等于时钟脉冲变化幅值电压 ΔV 与氧化层电容 C_{ox}(忽略耗尽层电容 C_d,因为 $C_{ox} \approx 10 C_d$)的乘积,即

$$Q = C_{ox} \Delta V \tag{7-31}$$

式中:ΔV——时钟脉冲变化幅值电压;

C_{ox}——SiO_2 层的电容。

例如,SiO_2 氧化层的厚度为 d,S 为栅电极面积,则每一个电极下的势阱中,最大电荷存储容量为

$$N_{max} = \frac{C_{ox} \Delta V}{e} = \Delta V \frac{\varepsilon_0 \varepsilon_r}{ed} S \tag{7-32}$$

若 $d = 0.15 \mu m$,$\Delta V = 10V$,$\varepsilon_r = 3.9$,$\varepsilon_0 = 8.85 \times 10^{-2} pF/cm$,$e = 1.6 \times 10^{-19} C$,$S = 1 \mu m^2$,则 $N_{max} = 1.43 \times 10^8$,足以容纳 1000lx 的光照射 4ns 所产生的载流子,存储能力越大,处理电荷能力越强,动态范围越好。提高时钟脉冲的幅值或减小 d 值,均可以增大电荷存储量,但这两个条件都受到 SiO_2 击穿电场强度的限制,通常电场强度 $E_{max} = (5 \sim 10) \times 10^8 V/cm$。

对体内沟道 CCD 在相同电极尺寸和相同的时钟脉冲变化幅值下,当 N 沟道厚度为 $1 \mu m$ 时,其最大电荷存储容量为表面沟道 CCD 的 50%。

4. 暗电流

CCD 在既无光注入又无电注入情况下的输出信号称为暗信号,即暗电流。产生暗电流的主要来源有 4 个:①半导体衬底的热激发;②耗尽区内的产生-复合中心的热激发(此为主要原因);③耗尽区边缘的少数载流子的热扩散;④SiO_2/Si 界面处的产生-复合中心的热激发。此外,由于工艺过程不完善以及材料不均匀等因素的影响,暗电流的分布是不均匀的。

由于暗电流总是会加入信号电荷中,它不仅引起附加的散粒噪声,而且占据一定的势阱容量。为了减轻暗电流的这种影响,应当尽量缩短信号电荷的存储与转移时间。不过,这也限制了 CCD 成像器件工作频率的下限。另外,由暗电流形成的图像会叠加到光信号图像上,引起固定的图像噪声;而且,暗电流的不均匀会造成背景图像的不均匀,甚至出现某些"亮点"或"亮条"。

目前,暗电流可以控制在 $1nA/cm^2$ 左右。在低照度情况(如紫外光谱区探测、天文观测等)中,可采用制冷法,使 CCD 的暗电流大大降低。

5. 光谱响应和光电特性

CCD 的光谱响应含义与普通光电探测器相同,光谱响应范围由光敏材料决定。对于本征硅,其光谱响应范围为 $0.4 \sim 1.15 \mu m$(峰值波长约为 $0.8 \mu m$)。CCD 的光谱响应与光敏面结构、光束入射角及各层介质的折射率、厚度、消光系数等多个因素有关。图 7-29 给出了 4 种不同结构 CCD 的光谱响应特征曲线。可见它们是有区别的,在选用时应注意与光源的辐射光谱相匹配。

CCD 的光电特性一般指其输出电压与输入照度之间的关系。对于 Si-CCD,在低照度

下,其输出电压与输入照度有良好的线性关系;
而当输入照度超过 100lx 以后,输出有饱和
现象。

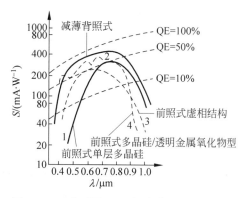

图 7-29 4 种不同 CCD 的光谱响应特征曲线

6. CCD 的噪声

CCD 本身可认为是低噪声器件,其噪声来
自于信号电荷在注入、转移和检测的过程中,主
要包括散粒噪声、转移噪声和热噪声。散粒噪
声表现为信号电荷产生的不确定性,是一种与
光的频率无关的白噪声;转移噪声是由于信号
电荷在转移过程中每次转移的不完全性(即转
移损失)和一定的随机性,具有积累性(转移噪
声随转移次数而增长)和相关性(相邻电极之间电荷包的转移噪声是相关的);热噪声是由
于固体中载流子的无规则热运动引起的,它对信号电荷的注入和输出的影响最大。CCD 噪
声的峰-峰值电压一般在几个毫伏以下。

7. 分辨率

因为 CCD 是由很多分立的光敏单元组成的,根据尼奎-斯特定律,其极限分辨率是其空
间采样频率的一半。如果在某一方向上的像素间距为 d,则在此方向上的空间频率为 $1/d$
(单位为 lp/mm),极限分辨率将小于 $1/(2d)$。

CCD 器件总的调制传递函数(Modulation Transfer Function,MTF)取决于器件结构
(像素宽度、间距)所决定的几何 MTF_1、光生载流子横向扩散衰减决定的 MTF_D 和转移效
率决定的 MTF_T,总的 MTF 是三项的乘积。总的来说,CCD 总的 MTF 随图像中各成分空
间频率的提高而下降。

实际中,CCD 器件的分辨率往往用一定尺寸内的像素数来表示,像素越多,则分辨率越
高。目前,线阵 CCD 已达到万像素,面阵 CCD 已高达几千万像素。

7.3.3 电荷耦合成像器件

电荷耦合摄像器件是一类可将二维光学图像转换为一维时序电信号的功能器件,由光
电探测器阵列和 CCD 移位寄存器两个功能部分组成。探测器阵列的基本原理与单元探测
器的类似,作用是获得电荷图像,CCD 移位寄存器则实现信号电荷的转移输出。根据结构
的不同,电荷耦合摄像器件分为线阵和面阵两大类型,其中线阵器件可以直接接收一维光信
息,而在接收二维光信息时,需要借助机械扫描机构才能转换为完整的二维光学图像信息;
面阵器件则可以直接接收一维或二维的光学图像信息。

1. 线阵电荷耦合成像器件

1) 单沟道线阵 CCD 摄像器件

图 7-30 所示为二相单沟道线阵 CCD 摄像器件的结构。它由行扫描电压 Φ_p、光敏二极
管阵列、转移栅脉冲 Φ_{sh}、二相 CCD 移位寄存器、驱动脉冲(Φ_1、Φ_2)和输出机构等构成,其中
CCD 移位寄存器被遮光,并与光敏阵列分隔开,两者通过转移栅相连,加在转移栅上的转移
脉冲 Φ_{sh} 可控制光敏阵列与 CCD 移位寄存器之间的隔离或沟通。

7.3.3.1
微课视频

图 7-30
动态效果

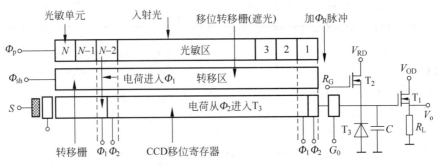

图 7-30　二相单沟道线阵 CCD 摄像器件的结构

光积分时间内,行扫描电压 Φ_p 为高电平,转移栅 Φ_{sh} 为低电平,光敏二极管阵列被反偏置,并与 CCD 移位寄存器彼此隔离,在光辐射的作用下产生信号电荷并存储在光敏元的势阱中,形成与入射光学图像相对应的电荷包的"潜像"。当转移栅 Φ_{sh} 为高电平时,光敏阵列与移位寄存器沟通,光敏区积累的信号电荷包通过转移栅 Φ_{sh} 并行地流入 CCD 移位寄存器中。通常转移栅 Φ_{sh} 为高电平的时间很短(转移速度很快),而为低电平的时间(也是光积分的时间)相对较长。在光积分时间内,已流入 CCD 移位寄存器中的信号电荷在二相驱动脉冲的作用下,按其在 CCD 中的空间排列顺序,通过输出机构串行地转移出去,形成一维时序电信号。

单沟道线阵 CCD 的转移次数多、转移效率低、调制传递函数 MTF 差,只适用于像素数较少的摄像器件。

2) 双沟道线阵 CCD 摄像器件

图 7-31 所示为双沟道线阵 CCD 摄像器件的结构。它有两列 CCD 模拟移位寄存器 A、B,分列在光敏阵列的两边。当转移栅 A、B 为高电位(对于 N 沟道器件)时,光敏阵列势阱里存储的信号电荷包将同时按照箭头指定的方向分别转移到对应的移位寄存器内,然后在驱动脉冲的作用下分别向右转移,最后经过输出放大器以一维时序电信号的方式输出。

图 7-31
动态效果

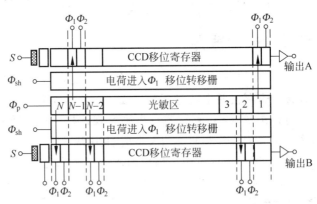

图 7-31　双沟道线阵 CCD 摄像器件的结构

显然,同样光敏单元数目的双沟道线阵 CCD 要比单沟道线阵 CCD 的转移次数减少一半,转移时间缩短一半,总转移效率大大提高。因此,在工作速度和转移效率要求较高的情况下,常常采用双沟道的方式,如 2700 有效像素的 TCD2252D 型双沟道线阵 CCD。

双沟道器件的奇、偶列信号电荷包分别通过 A、B 两个模拟移位寄存器和两个输出放大器输出。由于它们的参数不可能完全一致,必然会造成奇、偶输出信号的不均匀性。所以,有时为了确保光敏单元参数的一致性,在像素数较多的情况下也会采用单沟道的结构。

线阵CCD摄像器件的像素数有512、1024、2048等多种规格,其像素的间距多在6～14μm,目前间距最小可达2μm。

2. 面阵电荷耦合成像器件

根据转移和读出的结构方式不同,有不同类型的面型摄像器件。不过,常用类型有三种:帧/场转移(Frame Transfer,FT)、行间转移(Interline Transfer,IT或ILT)、帧行间转移(Frame Interline Transfer,FIT)。

7.3.3.2
微课视频

1) 帧/场转移结构

图7-32所示为帧转移方式的结构和驱动时序图。帧/场转移结构包括三部分,即光敏区、存储区和读出移位寄存器。其工作过程如下:

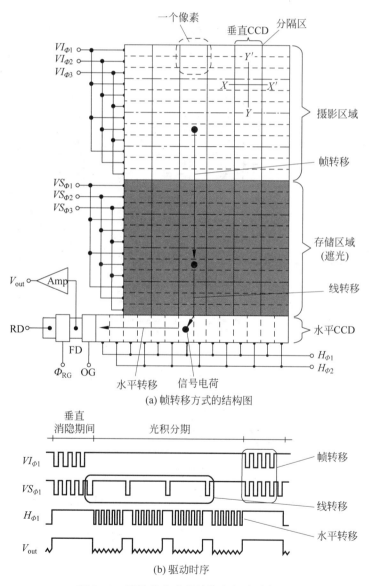

(a) 帧转移方式的结构图

(b) 驱动时序

图7-32　帧转移方式的结构和驱动时序图

（1）光积分：当外界景物成像投影到光敏区时，在一场时间内，光生信号电荷就被收集在光敏区电极下的势阱中，在整个光敏区便形成了与光像对应的电荷图形。

（2）帧转移：光敏区经过一场的时间积分时间后，光敏区和存储区均处于帧转移脉冲作用下，在相当于垂直消隐场逆程期间内，光敏区的信号电荷平移到存储区。在帧转移脉冲过后，光敏区驱动脉冲又处于第二场光积分期间。

（3）行转移：当光敏区处于第二场光积分期间，存储区的驱动脉冲为行转移脉冲，在相当于水平消隐行逆程期间，存储区将原来从光敏区平移来的信号一行一行地转移到水平读出寄存器，直至存储区最上面一行中的信号电荷进入读出寄存器中。

（4）位转移：已进入水平移位寄存器的信号电荷，在相当于正行程期间，由水平时钟驱动下快速地一行接一行将一行内的电荷包一个个读出，在输出极上得到视频信号。

2）行间转移结构

图 7-33 所示为行间转移方式的结构和驱动时序图。该结构中，光敏单元呈二维排列，

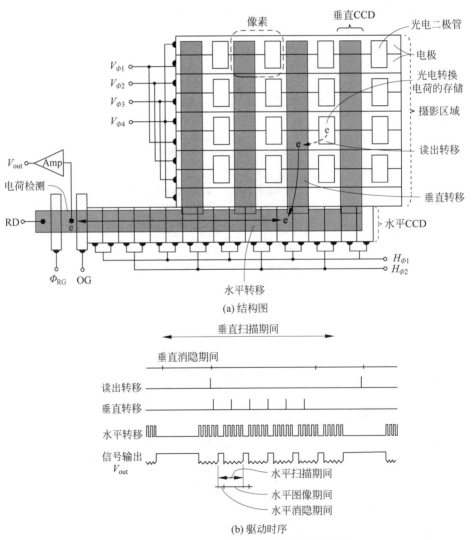

图 7-33
动态效果

(a) 结构图

(b) 驱动时序

图 7-33　行间转移方式的结构和驱动时序图

每列光敏单元的右边是一个垂直移位寄存器,光敏元与转移单元之间一一对应,二者之间由转移栅控制,底部仍然是一个水平移位寄存器,其单位数等于垂直寄存器个数。

(1)光敏元在积分期间内累计的信号电荷包,当积分信号结束时,在转移栅控制下水平地转移一步进入垂直移位寄存器。

(2)在相当于水平消隐期间,存储区将原来从光敏区平移来的信号电荷包一行一行地转移到水平读出寄存器,直至存储区最上面一行中的信号电荷进入读出寄存器中。

(3)已进入读出寄存器的信号电荷,在相当于正行程期间,在水平时钟驱动下快速地一行接一行将一行内的电荷包一个个读出,在输出极上得到视频信号。

由于行间结构多采用二相或四相电极结构,因此隔行扫描容易实现,只需让两相分别担任奇偶场积分即可。

3)帧行间转移结构

图 7-34 所示为帧行间转移的方式结构和驱动时序。该结构结合了 FT 和 IT 结构的特点,有效地消除了漏光和拖尾现象,在高端 CCD 成像系统中获得了应用。

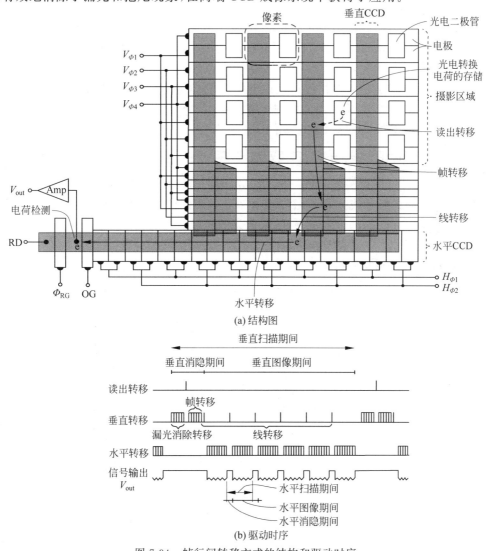

(a) 结构图

(b) 驱动时序

图 7-34 帧行间转移方式的结构和驱动时序

7.3.4 电荷耦合成像器件的驱动方法

电荷耦合器件的驱动方法有多种,具体如下:

(1)直接数字电路驱动方法。这种方法用数字门电路及时序电路搭成 CCD 驱动时序电路。一般由振荡器、单稳态触发器、计数器等组成。可用标准逻辑器件搭成或可编程逻辑器件制成。特点是驱动频率高,但逻辑设计比较复杂。

(2)可编程逻辑器件(CPLD/FPGA)。这种方法一般结合相应的设计软件,如 Max+Plus Ⅱ,通过电路图和硬件描述语言输入的方式来设计和仿真驱动脉冲。利用自顶向下的设计方法,将 CCD 时序发生器的原理分为几个逻辑关系层,通过逐级仿真,最后将编译生成的文件烧录到可编程逻辑芯片上。这种驱动方式可以调节 CCD 的驱动频率和积分时间。

(3)单片机驱动方法。单片机产生 CCD 驱动时序的方法,主要依靠程序编制,直接由单片机 I/O 口输出驱动时序信号。时序信号是由程序指令间的延时产生。这种方法的特点是调节时序灵活方便、编程简单,但通常具有驱动频率低的缺点。如果使用指令周期很短的单片机(高速单片机),则可以克服这一缺点。

(4)EPROM 驱动方法。在 EPROM 中事先存放驱动 CCD 的所有时序信号数据,并由计数电路产生 EPROM 的地址使之输出相应的驱动时序。这种方法结构简明,与单片机驱动方法相似。

(5)专用 IC 驱动方法。利用专用集成电路产生 CCD 驱动时序,集成度高、功能强、使用方便。在大批量生产中,驱动摄像机等视频领域首选此法,但在工业测量中又显得灵活性不好。可用可编程逻辑器件法代替"专用 IC 驱动方法"。

7.3.5 常用的线阵 CCD 成像器件

这里以 TCD2252D 为例来说明。TCD2252D 是一种高灵敏度、低暗电流、2700 像元的内置采样保持电路的彩色线阵 CCD 图像传感器。该图像传感器可用于彩色传真、彩色图像扫描和光电检测等。它内部包含 3 列 2700 像元的光敏二极管,当扫描一张 A4 的图纸时,可达到 12 线/毫米(300DPI)的精度。

1. TCD2252D 外形与引脚功能

(1)TCD2252D 的外形与引脚分布如图 7-35 所示。

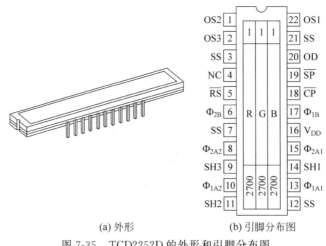

(a) 外形　　　　　　(b) 引脚分布图

图 7-35　TCD2252D 的外形和引脚分布图

（2）TCD2252D 的引脚定义如表 7-1 所示。

表 7-1 TCD2252D 引脚定义

引 脚 号	符 号	功 能 描 述	引 脚 号	符 号	功 能 描 述
1	OS2	信号输出（B）	12	SS	地
2	OS3	信号输出（R）	13	Φ_{1A1}	时钟 1（第一相）
3	SS	地	14	SH1	转移栅 1
4	NC	空脚	15	Φ_{2A1}	时钟 1（第二相）
5	RS	复位栅	16	V_{DD}	电源
6	Φ_{2B}	时钟（第二相）	17	Φ_{1B}	时钟（第一相）
7	SS	地	18	CP	钳位栅
8	Φ_{2A2}	时钟 2（第二相）	19	SP	采样保持栅
9	SH3	转移栅 3	20	OD	电源（模拟）
10	Φ_{1A2}	时钟 2（第一相）	21	SS	地
11	SH2	转移栅 2	22	OS1	信号输出（G）

2. TCD2252D 的结构与工作时序图

（1）TCD2252D 的结构如图 7-36 所示。

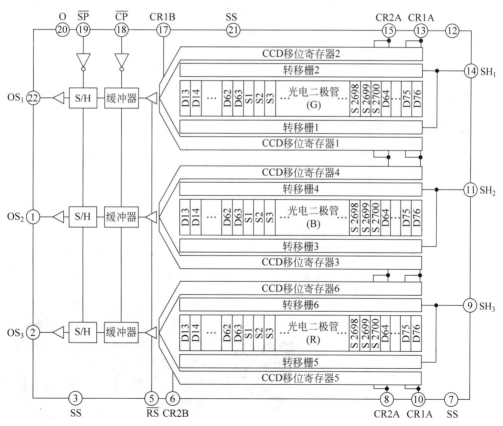

图 7-36 TCD2252D 的结构

（2）TCD2252D 的驱动脉冲与输出波形如图 7-37 所示。

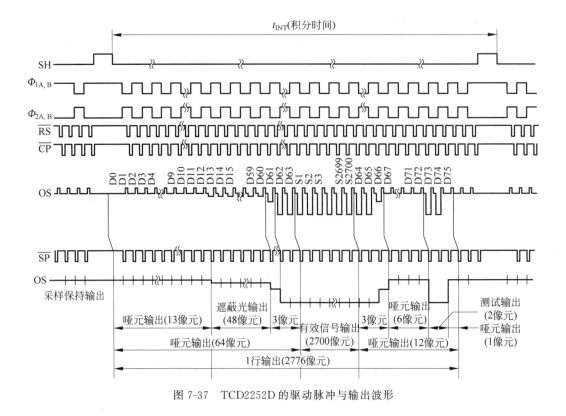

图 7-37 TCD2252D 的驱动脉冲与输出波形

7.3.6 电荷耦合成像器件的应用

目前 CCD 主要应用于以下领域。

(1) 小型化黑白、彩色照相机和摄像机。这是面阵 CCD 应用最广泛的领域。

(2) 通信系统、扫描和光学字符识别。CCD 图像传感器代替人眼,把字符变成电信号,进行数字化,然后用计算机识别。

(3) 工业检测与自动控制。这是 CCD 图像传感器应用量很大的一个领域,统称机器视觉应用。①在钢铁、木材、纺织、粮食、医药、机械等领域作零件尺寸的动态检测,以及产品质量、包装、形状识别、表面缺陷或粗糙度检测。②在自动控制方面,主要作计算机获取被控信息的手段。③还可作机器人视觉传感器。④可用于各种标本分析(如血细胞分析仪),眼球运动检测,X 射线摄像,胃镜、肠镜摄像等。

(4) 天文观测。①天文摄像观测。②从卫星遥感地面。③航空遥感、卫星侦察。例如:嫦娥 2 号 TDICCD 立体相机月表地元分辨率 100km 轨道高时优于 10m;15km 轨道高时优于 1.5m。实物图与拍摄图像如图 7-38 所示。

(a) CCD立体相机   (b) 月球虹湾局部影像图

图 7-38 嫦娥 2 号 CCD 立体相机与拍摄的虹湾局部图像

除此之外,CCD 还在军事上应用,如微光夜视、导弹制导、目标跟踪、军用图像通信等。

例 1　测量微小物体的尺寸($10\sim500\mu m$)。

(1) 测量原理如图 7-39 所示。

用衍射的方法对细丝、狭缝、微小位移、微小孔等进行测量。图 7-40 所示为 CCD 测微小尺寸衍射图。

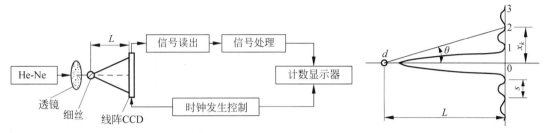

图 7-39　线阵 CCD 测微小尺寸原理图　　　　图 7-40　CCD 测微小尺寸衍射图

原理:当满足远场条件 $L\gg d^2/\lambda$ 时,根据夫琅和费衍射公式可得到

$$d=k\lambda/\sin\theta \tag{7-33}$$

式中:d——细丝直径;

　　　　k——暗纹级次;

　　　　λ——激光波长;

　　　　θ——衍射角。

当 θ 很小时(即 L 足够大时)

$$\sin\theta\approx\tan\theta=x_k/L$$

代入式(7-33)得

$$d=\frac{k\lambda L}{x_k}=\frac{\lambda L}{x_k/k}=\frac{\lambda L}{s} \tag{7-34}$$

式中:L——被测细丝到 CCD 光敏面的距离;

　　　　s——暗纹宽度;

　　　　x_k——第 k 级暗纹到光轴的距离。

则测细丝直径 d 转换为用 CCD 测 s。测量误差分析如下:

$$\Delta d=\left|\frac{L}{s}\Delta\lambda\right|+\left|\frac{\lambda}{s}\Delta L\right|+\left|\frac{\lambda L}{s^2}\Delta s\right| \tag{7-35}$$

由于激光波长误差 $\Delta\lambda$ 很小,可忽略不计,则

$$\Delta d=\frac{\lambda}{s}\Delta L+\frac{\lambda L}{s^2}\Delta s \tag{7-36}$$

如果 He-Ne 激光 $\lambda=632.8nm$,$L=1000mm\pm0.5mm$,$d=500\mu m$,则根据式(7-34)有

$$s=\frac{\lambda L}{d}=\frac{632.8\times10^{-6}\times10^3}{5\times10^2\times10^{-3}}=1.265mm$$

当 CCD 选用 TCD2252D 时,像元尺寸为 $7\pm1\mu m$,$\Delta s\approx1\mu m$,测量误差为

$$\Delta d=\frac{\lambda}{s}\Delta L+\frac{\lambda L}{s^2}\Delta s=\frac{\lambda}{s}\left(\Delta L+\frac{L}{s}\Delta s\right)=\frac{632.8\times10^{-6}}{1.265}\times\left(0.5+\frac{1000\times1\times10^{-3}}{1.265}\right)=0.65\mu m$$

丝越细,测量精度越高(d 越小 s 越大),甚至可达到 $\Delta d=10^{-2}\mu m$。

（2） s 的测量方法。s 的测量方法如图 7-41 所示。图像传感器输出的视频信号经放大器 A 放大,再经钳位电路和采样保持电路处理,变成箱形波,送到 A/D 转换器进行逐位 A/D 转换,最后读入计算机内进行数据处理。判断并确定两暗纹之间的像元数 n_s,暗纹周期 $s=n_s \cdot p$（p 为图像传感器的像元中心距）,代入式(7-34)算得 d。

例 2 测量小物体的尺寸（大于 $500\mu m$）。

图 7-42 所示为小尺寸测量原理图。小尺寸的检测是指待测物体可与光电器件尺寸相比拟的场合,如钢珠直径、小轴承内外径、小轴径、孔径、小玻璃管直径、微小位移测量和机械振动测量。

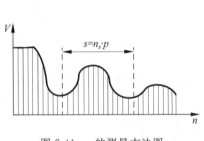

图 7-41 s 的测量方法图

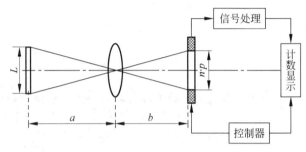

图 7-42   小尺寸测量原理图

由凸透镜成像公式

$$\frac{1}{a}+\frac{1}{b}=\frac{1}{f}$$

和放大倍数

$$\beta=\frac{b}{a}=\frac{np}{L}$$

解得

$$L=np\left(\frac{a}{f}-1\right) \tag{7-37}$$

式中：f——透镜焦距；

a——物距；

b——像距；

β——放大倍率；

n——像元数；

p——像元间距。

例 3 工件表面质量检测（粗糙度、伤痕、污垢）。

工件粗糙度是它的微观不平度的表现,各种等级的粗糙度对光源的反射强度是不同的,根据这种差别,可用计算机处理得到粗糙度的等级。伤痕或污垢表现为工件表面的局部与其周围的 CCD 输出幅值具有差别。采用面阵 CCD 采样,然后利用计算机进行图像处理可得到伤痕或污垢的大小。检测系统原理框图如图 7-43 所示。工件表面质量检测光切显微镜原理如图 7-44 所示。

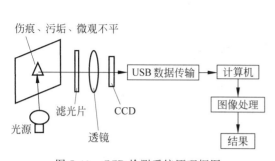

图 7-43 CCD 检测系统原理框图

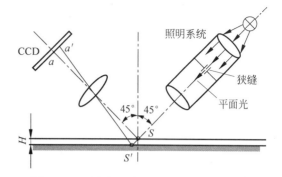

图 7-44 工件表面质量检测光切显微镜原理

测量方法：工件粗糙度实际峰谷高由 H 计算,即

$$H = SS'\cos 45° = \frac{SS'}{\sqrt{2}} = \frac{h}{\beta\sqrt{2}} \tag{7-38}$$

式中：β——物镜放大率,用 CCD 测得 h,可得粗糙度 H。

例如：光洁度∇14 相当于粗糙度即 $H = 0.05\mu m$,若 CCD 像元尺寸为 $15\mu m$,则物镜放大率为

$$\beta = \frac{h}{H\sqrt{2}} = \frac{15}{0.05\sqrt{2}} = 212.2 \tag{7-39}$$

7.4 CMOS 图像传感器

7.4
微课视频

互补金属氧化物半导体(Complementary Metal Oxide Semiconductor,CMOS)图像传感器出现于 1969 年,它是一种用传统的芯片工艺方法将光敏元件、放大器、A/D 转换器、存储器、数字信号处理器和计算机接口电路等集成在一块硅片上的图像传感器件,这种器件的结构简单、处理功能多、成品率高且价格低廉,应用非常广泛。

CMOS 图像传感器虽然比 CCD 的出现还早一年,但在相当长的时间内,由于它存在成像质量差、像敏单元尺寸小、填充率(有效像元与总面积之比)低(10%～20%)、响应速度慢等缺点,因此只能用于图像质量要求较低、尺寸较小的数码相机中,如机器人视觉应用等场合。早期的 CMOS 器件采用"被动像元"(无源)结构,每个像敏单元主要由一个光敏元件和一个像元寻址开关构成,无信号放大和处理电路,性能较差。1989 年以后,出现了"主动像元"(有源)结构。它不仅有光敏元件和像元寻址开关,而且还有信号放大和处理等电路,提高了光电灵敏度,减小了噪声,扩大了动态范围,使它的一些性能参数与 CCD 图像传感器相接近,而在功能、功耗、尺寸和价格等方面要优于 CCD 图像传感器,所以应用越来越广泛。

7.4.1 CMOS 成像器件的像敏单元的结构与工作原理

像敏单元结构指每个成像单元的电路结构,是 CMOS 图像传感器的核心组件。按电路单元结构分,像敏单元结构有两种类型,即无源像素也称为被动像敏单元结构(Passive Pixel Sensor,PPS)和有源像素也称为主动像敏单元结构(Active Pixel Sensor,APS)。按照

感光源来划分,可以分为光电二极管感光元和 MOS 感光元。

无源像素结构由于固定图案噪声大和图像信号的信噪比低,这种结构基本被淘汰。目前实用化的图像器件是有源像素单元结构。

1. 无源像素结构与工作原理

PPS 像素的结构如图 7-45 所示,由一个光敏二极管和一个行选择 MOS 管开关两部分构成。

其工作原理是:行地址选通复位场效应管 T 的复位脉冲启动复位操作,光电二极管的输出电压被置零;复位脉冲过后,复位开关处于断开状态,光电二极管开始光信号的积分;积分工作结束时,列地址选择脉冲启动选址开关,光电二极管中的信号便传输到列总线上经放大器放大后输出。

PPS 的主要优势是允许在给定的像元尺寸下设计出最高的填充系数(感光面积与像素单元面积之比)。

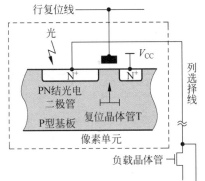

图 7-45 无源像素的结构

由于填充系数高,所以量子效率较高,并且它可以有较小的像素尺寸。缺点:其列读取器读取速度很慢,并且容易受到噪声和干扰的影响。

2. 有源像素结构与工作原理

为了克服无源像素结构的弱点而采用有源像素技术。有源像素技术是在每一个像素单元内集成一个或多个放大器,使每一光电信号在光敏元内就得到放大,这种把放大缓冲等功能集成在像素单元之内的结构称为有源像素结构。这里主要介绍以下几种:PN 结光电二极管方式、光电门(Photogate)+FD 方式、掩埋型光电二极管+FD 方式。

1) PN 结光电二极管方式

PN 结光电二极管像敏单元结构如图 7-46(a)所示,由复位晶体管 T_1、源极跟随放大晶体管 T_2 和行选择晶体管 T_3 组成。

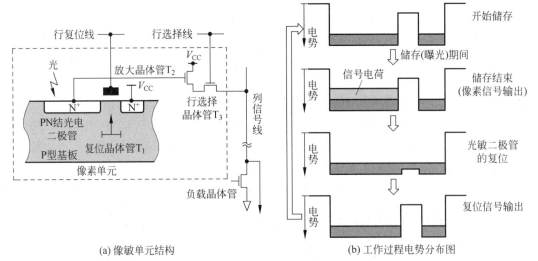

(a) 像敏单元结构　　　　　(b) 工作过程电势分布图

图 7-46 PN 结光电二极管像敏单元结构及工作过程电势分布

其工作原理是：复位晶体管 T_1 构成光电二极管的负载，它的栅极接在复位信号线上，当复位脉冲到来时，T_1 导通，光电二极管被瞬时复位；而当复位脉冲消失后，T_1 截止，光电二极管开始积分光信号而存储光电转换的信号电荷。光电二极管在复位后呈现反向偏置状态，随信号电荷储存的变化而导致电压变化。T_2 为源极跟随放大器，它将光电二极管的高阻抗输出电流信号进行电流放大。T_3 管用作行选址模拟开关，当选通脉冲到来时，T_3 导通，使被放大的光电信号输送到列总线上。

PN 结光电二极管像敏单元结构工作过程中光电二极管电势变化情况如图 7-46(b) 所示。

这种像素单元构造，像素单元内的元件数较少，具有可直接利用 CMOS LSI 制造工艺制造图像传感器的优点。此外，可以利用研发的抑制图像传感信号内噪声的相关双采样（Correlated Double Sampling，CDS）（采样信号的方法之一，对信号中含有的基准电平与信号电平进行差值采样）电路，减去光电二极管复位前后的信号，抑制放大晶体管引发的固定图形噪声。然而，如图 7-47 所示，为了获得复位电压，在输出像素信号之后复位光电二极管，但作为 CDS 基准的复位电压，也有含有噪声的问题。

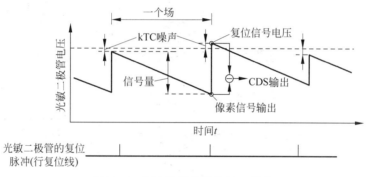

图 7-47　CDS 过后残留的 kTC 噪声

2）光电门＋FD 方式

光电门＋FD 方式是在光电二极管上使用光电门的 MOS 二极管，结构如图 7-48(a) 所示。此方式是将在光电门进行光电转换的信号电荷传送到中间读出栅极 T_x 形成的 FD，并把 FD 的电压变化用放大晶体管放大后输出的方式。

关于信号输出的动作顺序，预先复位 FD，当输出复位信号后，立刻从存储完毕的光电门通过 T_x 读出信号电荷输出的像素信号。本方式的优点在于，FD 的噪声可通过像素信号与复位信号的 CDS 动作去除，如图 7-49 所示。然而，由于在光电门上覆盖控制电势的电极，虽然仅形成薄薄的一层，但因电极材料影响吸收光的感光度，特别造成波长较短的蓝光感光度下降，以及标准 CMOS LSI 制造工艺必须追加光电门薄电极的形成步骤等问题。

3）掩埋型光电二极管＋FD 方式

第三种是在 CCD 图像传感器中常用的，如图 7-50 所示掩埋型光电二极管（Pinned PD）的方式。本方式的优点在于与 CCD 图像传感器一样掩埋型光电二极管可以实现低暗电流，并且没有利用如光电门一样的电极材料吸收光的现象。当然，不产生复位时的 kTC 噪声（也称复位噪声，利用开关将电容复位至某基准电压时，随着电子的热运动，每次复位电压不同而造成的），也与使用光电门方式相同，不过光电二极管单位面积的饱和信号电荷量，与其他相比也偏低。此外,一般认为在读出动作时,光电二极管具有易残留信号电荷出现残像的缺点。

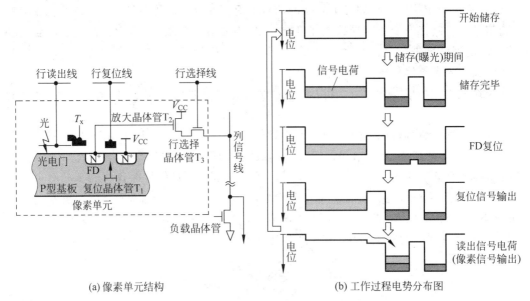

(a) 像素单元结构   (b) 工作过程电势分布图

图 7-48 光电门+FD 方式像素单元结构及工作过程电势分布图

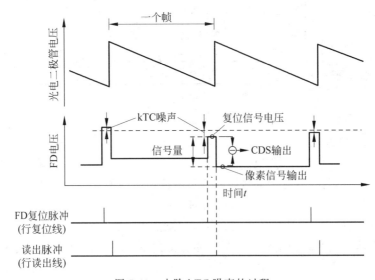

图 7-49 去除 kTC 噪声的过程

然而,一般认为以上缺点可从构造方面改善,达到充分的饱和输出信号与无残像的目标。此外,比起 PN 结光电二极管方式,一旦增加元件数,制造工艺也必须追加成掩埋型光电二极管的工艺。

针对以上的方式,包括最重要的暗电流、饱和信号量、光谱响应特性及噪声,进行主观的定性评价,整理列于表 7-2。由表 7-2 可知,对于一般的照相机而言,比较感光度和信噪比关系最密切的暗电流特性,掩埋型光电二极管+FD 方式最优。

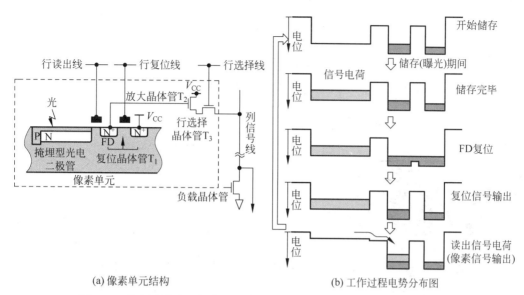

(a) 像素单元结构 (b) 工作过程电势分布图

图 7-50 掩埋型光电二极管＋FD 方式像素单元结构及工作过程电势分布

表 7-2 各像素结构的特征

像 素 结 构	暗 电 流	储 存 电 容	蓝光感光度	kTC 噪声
PN 结光电二极管	大	好	好	大
光电门＋FD	小	好	一般	小
掩埋型光电二极管＋FD	很小	一般	好	小

4) 色彩分离光电二极管图像传感器

色彩分离光电二极管(工作原理与色敏探测器相同)是指能分离出彩色信号的光电二极管。这种光电二极管利用 Si 对不同波长光的吸收程度不同的特性,从表面开始分为三层,从各层分别获得蓝、绿、红光的信息。单板式彩色图像传感器与色彩分离光电二极管相比,前者主要通过色彩滤光片获得各像素的颜色,排列方式有很多种,最常见的是拜耳排列,四个像素中为两个像素分配绿色的滤光片,剩下的两个则分别分配红色和蓝色的滤光片;后者通过一个光电二极管就能够产生三原色的信号,不再需要彩色滤光片。

该光电二极管的原理结构与像素电路如图 7-51 所示。利用短波长的蓝光在接近表面的 PN 结处而长波长的红光在深处进行光电转换的性质,将二极管的 P 型基板做成 N/P/N 三层,分别从这三层的表面取得蓝光信号、绿光信号和红光信号,从而实现色彩的分离。

在不考虑光电二极管表面进行的光吸收和反射时,假设该光电二极管内 $0 \sim 0.4\,\mu m$ 的光电转换得到的电子储存在表面的 N 层,$0.15 \sim 1.5\,\mu m$ 的光电转换得到的空穴储存在 P 层,$0.4 \sim 5\,\mu m$ 的光电转换得到的电子储存在深层。理论上计算出的蓝光信号、绿光信号、红光信号的光谱特性如图 7-52 所示。

虽然理论上的光谱特性不利于色彩的再现,但可以通过改变光电二极管的构造同时加以良好的信号处理来校正改善光谱特性。此外,由于易受到暗电流的影响,需改善光电二极管的制造工艺或构造以减少固定图形的噪声,或者利用信号处理系统进行校正。

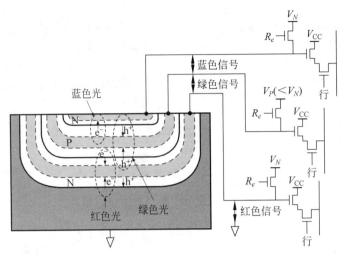

图 7-51 使用色彩分离光电二极管的彩色 CMOS 图像传感器

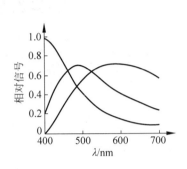

图 7-52 色彩分离光电二极管的
光谱特性理论值

利用此方法可以从单一的像素中得到蓝、绿、红三原色信号,避免了拜耳排列等彩色滤光片的使用。同时,通过信号的处理可以防止色彩伪信号的发生,使所得到的图像分辨率与像素数基本一致。理论上,若将电子和空穴作为信号处理,就可以减少因彩色滤光片造成的光的损失,从而提高感光度。

上述全新结构的光电二极管相对过去的图像传感器来说,创新地将电子和空穴都用作信号电荷,提高了 CMOS 图像传感器的特质。

7.4.2　CMOS 成像器件的组成架构

本节将介绍 CMOS 成像器件的组成、原理和辅助电路,从中可以了解这种器件的结构与工作原理。

CMOS 成像器件的组成原理框图如图 7-53 所示。它的主要组成部分是像敏单元阵列和 MOS 场效应管集成电路,而且这两部分是集成在同一硅片上的。像敏单元阵列实际上是光电二极管阵列,它没有线阵和面阵之分。

图 7-53 所示的像敏单元阵列按 X 和 Y 方向排列成方阵,方阵中的每一个像敏单元都有 X、Y 方向上的地址,并可分别由两个方向的地址译码器进行选择;每一列像敏单元都对应于一个列放大器,列放大器的输出信号分别接到由 X 方向地址译码控制器进行选择的模拟多路开关,并输出至输出放大器;输出放大器的输出信号送 A/D 转换器进行模—数转换变成数字信号,经预处理电路处理后通过接口电路输出。图中的时序信号发生器为整个 CMOS 图像传感器提供各种工作脉冲,这些脉冲均可受控于接口电路发来的同步控制信号。

图像信号的输出过程可由图像传感器阵列原理图更清楚地说明。如图 7-54 所示,在 Y 方向地址译码器(可以采用移位寄存器)的控制下,依次序接通每行像敏单元上的模拟开关(图中标志的 $S_{i,j}$),信号将通过行开关传送到列线上,再通过 X 方向地址译码器(可以采用移位寄存器)的控制,输送到放大器。当然,由于设置了行与列开关,而它们的选通是由两个方向的地址译码器上所加的数码控制的,因此,可以采用 X,Y 两个方向以移位寄存器的形式工作,实现逐行扫描或隔行扫描的输出方式。也可以只输出某一行或某一列的信号,使其按着与线阵 CCD 相类似的方式工作。还可以选中所希望观测的某些点的信号,如图 7-54 中所示第 i 行、第 j 列信号。

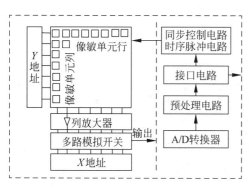

图 7-53 CMOS 成像器件的组成原理框图

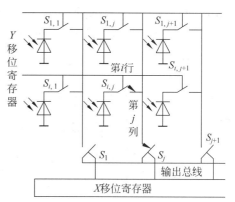

图 7-53 动态效果

图 7-54 CMOS 图像传感器阵列原理示意图

在 CMOS 图像传感器的同一芯片中,还可以设置其他数字处理电路。例如,可以进行自动曝光处理、非均匀性补偿、白平衡处理、γ 校正、黑电平控制等。甚至还可以将具有运算和可编程功能的 DSP 器件制作在一起,形成多种功能的器件。

为了改善 CMOS 图像传感器的性能,在许多实际的器件结构中,光敏单元常与放大器制作成一体,以提高灵敏度和信噪比。后面将介绍的光敏单元就是采用光电二极管与放大器构成的一个像敏单元的复合结构。

7.4.3 CMOS 与 CCD 图像器件的比较

从感光产生信号的基本动作来看,CMOS 图像传感器与 CCD 图像传感器相同,但是从摄影面配置的像素取出信号的方式与构造来看,两者却有很大的差异。CCD 使用与 LSI 相差甚远的制造工艺,CMOS 图像传感器的制造则是基于 CMOS LSI 制造工艺。若考虑用途,感光度或噪声等影响画质的因素成为大家最感兴趣的内容。本节将比较 CMOS 与 CCD 图像传感器,同时介绍 CMOS 图像传感器的特征。

1. 像素构造与工作方式的差异

如图 7-55 所示,CCD 图像传感器入射光产生的信号电荷不经过放大,直接利用 CCD 具有的转移功能运送到输出电路,在输出电路放大信号电压输出。而 CMOS 图像传感器是通过使各像素具有放大功能的电路将光电转换的信号电荷放大,然后各像素再利用 XY 地址

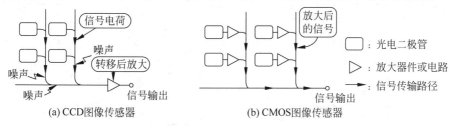

图 7-55 CCD 与 CMOS 图像器件的基本构造与动作方式比较

方式进行选择,取出信号电压或电流。

CCD 图像传感器直接传送信号电荷,容易受到漏光噪声的影响,CMOS 图像传感器则在像素内放大信号电荷,所以不易在信号传送路径中受到噪声的影响。

由于 CMOS 图像传感器的各像素的信号利用选择的方式取出,取出的顺序易改变,具有较高的扫描自由度。从图 7-56 所示的构成图可清楚地看到,相对于 CCD 图像传感器只能将信号依照像素的排列顺序输出,CMOS 图像传感器则与开关和像素排列无关,容易控制。

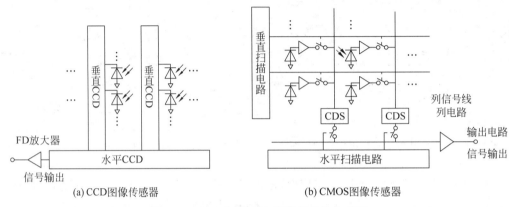

图 7-56　CCD 与 CMOS 图像器件的构成图

由于两种图像传感器的构成概念本身差异很大,因此像素的构造也必然有所差异,如图 7-57 所示。从功能来看,CCD 图像传感器的像素构造是由进行光电转换、储存信号电荷的光电二极管、将信号电荷送至垂直 CCD 的读出栅极,以及转移信号电荷的垂直 CCD 所构成,彼此间不分离地连续形成。而 CMOS 图像传感器是由光电二极管与接收放大、选择与复位的 MOS 晶体管等个别的元件所构成。它们是各自拥有功能的元件,由于在像素内绝缘分离而利用配线进行连接,故可使用与 CMOS LSI 相同的电路符号表示像素的构造。

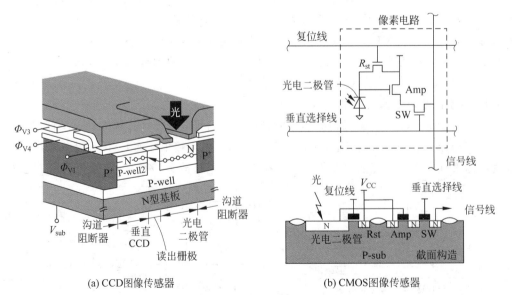

图 7-57　CCD 与 CMOS 图像器件像素构成图

2. CCD 与 CMOS 图像器件的特性比较

就图像传感器的应用而言,特性是最重要的项目。CMOS 图像器件与 CCD 图像器件的特性的比较结果列于表 7-3 中。其中,SN 比为信号噪声比。

表 7-3　特性的比较

分　类	CCD 图像传感器	CMOS 图像传感器
感光度	优,量子效率、转换效率高	良好,量子效率、放大率较高
SN 比	优,FD 放大器性能好	一般,取决于各晶体管的性能
暗电流	小	稍大
漏光	就原理而言会产生	可忽视
动态范围	良好	良好,由像素大小决定
混色	极少	存在,随构造不同而发生

一提到感光度,CMOS 图像传感器就远不及历经多年开发、技术已臻成熟的 CCD 图像传感器。除了感光度和 SN 比密切相关外,对 CMOS 图像传感器而言,像素本身或取出信号的电路等发生的噪声仍然很大。此外,暗电流也是噪声的一种,由于 CMOS 图像传感器是以 CMOS LSI 制造工艺为基础,因此难以达到光电二极管的最优化,这也是与 CCD 图像传感器拉开差距的原因之一。

然而,CCD 图像传感器在转移信号电荷时,容易发生漏光之类的噪声,相对地,对于各像素信号先放大的 CMOS 图像传感器,在这一点较为有利。动态范围虽由像素可储存的信号量和噪声之比决定,但是 CCD 的像素中光电二极管的占有率较高,因此可以说在这一点上 CCD 较为有利。由于 CMOS 图像传感器使用 P 型 Si 基板的场合较多,容易发生混色问题,特别是单板式彩色图像传感器严重受到混色的影响。

3. 制造过程与片上系统

虽然两者的制造工艺都是基于 MOS 的构造,不过从细节来看,可以发现很大的差异。表 7-4 虽然不完全符合任何图像传感器,但以最常用的隔行转移方式 CCD 图像传感器及使用 $0.35\sim0.5\mu m$ 设计法则的 CMOS 图像传感器为例进行了比较,将焦点集中在较大的差异上。CCD 图像传感器的制造工艺是以光电二极管与 CCD 的构造为中心,为了实现垂直溢出与电子快门,大部分使用 N 型基板。此外,为了驱动 CCD 必须使用相当高的电压,除了形成较厚的栅极绝缘膜外,同时 CCD 的转移电极也是多层重叠的构造。在 Al 遮光膜下,垂直 CCD 为了充分遮光、抑制漏光,不进行平坦化。

表 7-4　制造工艺与特征

分　类	CCD 图像传感器	CMOS 图像传感器
制造工艺	实现光电二极管、CCD 特有的构造	基于 CMOS LSI 的标准制造工艺
基板、阱	N 型基板、P-well	P 型基板、N-well
元件分离	LOCOS 或注入杂质	LOCOS
栅极绝缘膜	较厚(50~100nm)	较薄(约 10nm 或以下)
栅极电极	2~3 层 Ploy-Si(重叠构造)	1~2 层 Ploy-Si、硅化物
层间膜	重视遮光性、光谱特性的构造、材料	重视平坦性
遮光膜	Al,W	Al
配线	1 层(与遮光膜共用)	2~3 层

有的 CMOS 图像传感器也使用 N 型基板,但大多数依照标准的 CMOS 制造工艺使用 P 型基板。此外,由于使用以低电压动作的 MOS 晶体管,因此形成的栅极绝缘膜较薄。栅极电极使用硅化物类的材料,为了达到多层配线的目标,层间膜需要进行平坦化。

如上面所述,由于 CMOS 图像传感器的制造工艺是基于 CMOS LSI 制造工艺,因此不需要改变制造工艺,易于在同一芯片上装入图像传感器外的其他功能。用于图像传感器的片上系统(System on Chip),可装入照相机信号处理或图像处理的功能。由于 CCD 图像传感器采用不同于 CMOS LSI 制造工艺形成,难以装入 CMOS 电路,一般认为 CMOS 图像传感器具有可拓宽应用范围的优势。

4. 电源

电源的比较如表 7-5 所示。在这里同样采用连续扫描方式,CCD 图像传感器取 1/4 型 33 万像素,CMOS 图像传感器则取 1/3 型 33 万像素。

表 7-5　电源的比较

分　类	电源数	电压	消耗电力
CCD 图像传感器	3 个	15V、3.3V、−5.5V	135mW*
CMOS 图像传感器	1 个	3.3V	31mW

注:　* 表示不包括驱动 IC 的无功效功率。

比较一下电源数,CCD 图像传感器需要三个电源,CMOS 图像传感器则只需一个即可。而且,电源电压方面也有很大的差异。可见 CMOS 图像传感器在此方面的优势不言而喻。

由于 CCD 图像传感器对垂直 CCD 和水平 CCD 的电容群以较大的电压振幅驱动,而且在 FD 放大器上必须施加较高的电源电压,因此消耗电力大,而 CMOS 图像传感器在这一点有它的优势。

如果只关注电源方面,CMOS 图像传感器显然比 CCD 图像传感器更加便于用户使用。

5. 储存的同时性

储存的同时性是很难察觉的项目,但仍是一大问题。CCD 图像传感器将同一时期内入射光电二极管的光转换成信号电荷进行储存之后,将所有的像素信号电荷同时读出至垂直 CCD。利用以上的方式,结合电子快门,即使是高速移动的物体,仍可在瞬间进行拍摄。在此表现出的储存同时性,对于多数的 CMOS 图像传感器而言,是一个大问题。

根据 CMOS 图像传感器的基本动作方式,确定输出信号的像素从哪一刻开始起储存再次光电转换的信号,因此随着摄影面的扫描时序,储存时间发生偏差。如图 7-58 所示,在 CCD 图像传感器,不管属于哪一条扫描线的像素,储存时间都相同。但是,CMOS 图像传感器的每一条扫描线只有扫描时间分量的储存时间偏差,因此快速动作的拍摄对象会拍出扭曲的图像。前者称为全面曝光[Global Exposure(Shutter)],后者称为逐行曝光[Line Exposure(Shutter)],或称滚动快门(Rolling Shutter)、焦平面(Focal Plane)储存。

上述储存的差异会带来什么样的具体影响呢? 对于快速旋转的物体,会出现特别明显的影响。若分别用全面曝光与逐行曝光进行拍摄,结果如图 7-59 所示。该图是在假设三扇片逆时针每分钟旋转 250 次,30 帧/s 的帧速度和高速电子快门的摄影条件下得到的。

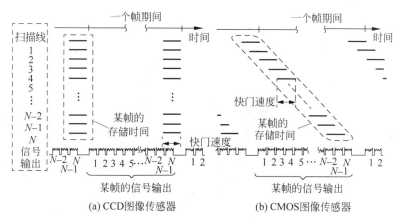

(a) CCD图像传感器　　　　　　　　(b) CMOS图像传感器

图 7-58　储存时间的差异

从图 7-59 可知,逐行曝光时横向移动的部分会上下弯曲,纵向移动的部分会往下延伸,往上收缩。虽然储存的同时性,只限于一定的状况下才会发生问题,但随着应用范围不同,仍是一大问题,因此,对于是否与机械快门并用或对 CMOS 图像传感器追加全面曝光的功能仍在讨论中。

(a) 全面曝光(CCD图像传感器)　(b) 逐行曝光(CMOS图像传感器)

图 7-59　全面曝光与逐行曝光的差异

6. 混色

对 CCD 图像传感器而言,从构造与动作方式来看,几乎可完全忽视所谓混色(Crosstalk)的问题。这是因为将 N 型基板作为溢出漏极的光电二极管的电气特性,可充分抑制相邻光电二极管送出信号电荷的渗入,再加上遮光 Al 薄膜可分离进入各像素的光,以及 CCD 的信号电荷转移动作也不会导致电路相耦合。相对于 CCD,由于像素构造与电路耦合的关系,CMOS 图像传感器确实容易发生混色的问题。

混色的发生过程可以利用图 7-60 来说明。若在 CMOS LSI 较常用的 P 型基板上形成像素,耗尽层内进行光电转换的电子,因电势梯度产生漂移,集中在光电二极管的 N 区域,但在耗尽层外,电子因扩散而移动,若基板的杂质浓度均匀,则无法确定电子的移动方向。如此一来,在相邻光电二极管较深位置进行光电转换的电子,在一定概率下发生混乱的状态,成为混色的成分。

而且,当多层配线的第三层作为遮光 Al 层时,由于从 Si 表面到遮光 Al 层的高度增高,因此斜向入射光的乱射成分漏入相邻的像素,发生混色现象。这些混色的成分并不是小到可以忽视,对于黑白图像传感器,会导致分辨率基准 MTF 下降;对于单板式彩色图像传感器,由于相邻像素之间彩色滤光片的色彩不同,会因为色彩混合对光谱特性造成影响。此外,一旦混色的成分进入光学黑体像素,光学黑体无法正确表现出黑电平信号,会引起照相机信号处理的黑基准偏差的严重问题。

为了防止混色的发生,对光电二极管的构造进行了改善。图 7-61 所示是将 Si 表面底下深层形成的 P-well 和第一层 Al 配线作为遮光层导入光电二极管的示意图。深层 P-well

延伸深入光电二极管的耗尽层,可有效搜集基板深处产生的电子,降低因电子扩散漏入相邻的像素。此外,对于相邻像素乱射进入的光,第一层的遮光膜可有效进行遮光。更进一步,混色可随着 P-well 的形成深度变化,也有人提出了最适深度的研究报告。

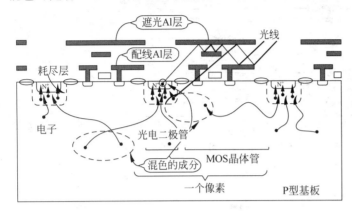

图 7-60　混色发生的过程

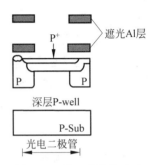

图 7-61　防止混色的光电
二极管的构造

对于因电子扩散引发的混色、避免在基板深部光电转换的成分扩散,提出了采用 N 型基板或者控制 P-well 或基板的杂质浓度、缩短电子扩散距离等方法。混色问题原因复杂,但是必须解决或改善。

因此,将 CMOS 图像传感器的特征与 CCD 图像传感器进行比较。从半导体制造工艺的观点来看,CMOS 图像传感器容易达到片上系统的目的,而且电源电压较低,便于使用。然而,从决定画质的基本特性来看,历经多年开发的 CCD 图像器件目前占据优势。逐行曝光与同时储存的不利影响,以及混色易发生的问题,都是应用 CMOS 图像传感器时不可遗忘的研究项目。

7.5　红外焦平面阵列探测器

红外焦平面探测器是将人眼不可见的红外辐射图像转换成可见图像信息的图像传感器,也称为红外焦平面阵列(InfraRed Focal Plane Array, IRFPA)。以红外焦平面阵列探测器为核心的红外成像技术近年来发展迅速,已广泛应用于军事、工业、医疗和环境等诸多领域。和单元探测器一样,根据探测原理的不同,红外焦平面探测器分为光子探测器与热探测器两大类。根据工作波段的不同又分为近红外($0.78 \sim 1\mu m$)、短波红外($1 \sim 2.5\mu m$)、中波红外($3 \sim 5\mu m$)、长波红外($8 \sim 14\mu m$)四个典型的波段探测器。根据红外焦平面探测器的工作温度又可分为制冷型探测器(Cooled Detector)和非制冷型探测器(Uncooled Detector)两大类。本节主要介绍非制冷红外焦平面探测器的基本原理、结构、读出电路、红外成像仪及典型应用。

7.5.1　非制冷红外焦平面的结构和工作原理

非制冷红外焦平面探测器能够工作在室温下,无须专门的低温制冷机,具有功耗低、体积小、便于携带、价格低廉的优点。根据其工作原理分为两类:一类是基于电阻温度效应的测辐射热计,另外一类是基于热释电效应的原理。下面以测辐射热计为例介绍红外焦平面探测器的结构。

基于测辐射热计原理的非制冷红外焦平面探测器主要由两部分构成:敏感元和读出电路。敏感元的作用是将红外信号转换为电信号,目前实用的敏感元材料主要有两种:氧化钒(VO_x)和非晶硅(α-Si),与非晶硅相比,氧化钒材料的性能更加优越。单个氧化钒敏感元的结构如图 7-62 所示。敏感元工作原理与热敏电阻相同,这里不再分析。由图 7-62 可知,敏感元分为两层,上层是氧化钒薄膜的微桥,红外辐射被氧化钒薄膜吸收产生温升,其电阻值发生变化,通过行、列电极加上偏压并取出信号经积分放大后输出。下层是读出电路,多采用与 CMOS 图像传感器类似的读出电路,主要由行选择器、列选择器、前置放大器与积分电路组成,如图 7-63 所示。该设计的填充系数(读出电路可以处在 Si 微桥下面)很大,红外光吸收率(在腔体下方产生一个共振光学腔)也很大,这种结构还可以减小热传导系数,起到微观隔热的效果。由图 7-62 可知,敏感单元尺寸为 $35\mu m \times 35\mu m \times 0.8\mu m$ 的微桥置于 Si 衬底之上,Si_3N_4 是桥支撑臂,桥和 Si 之间沟宽约为 $2.5\mu m$。敏感材料是 50nm 氧化钒层,氧化钒层两个面上镀有 50nm 的 Ni-Cr 导电薄层。氧化钒通过 Si_3N_4 的夹层保护不受刻蚀。

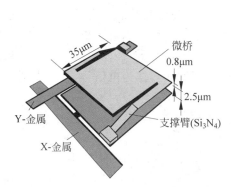

图 7-62　氧化钒薄膜敏感元结构示意图

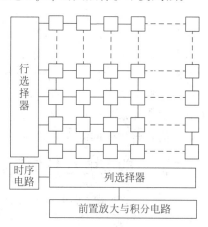

图 7-63　读出电路的基本结构

7.5.2　红外成像与红外热像仪

以红外焦平面探测器为核心,加上相应的驱动电路、放大电路和 A/D 转换数字化电路,并进行非均匀性校正,就可直接输出数字信号和标准的电视信号,这就构成了红外焦平面探测器组件。在组件的基础上,设计相应的红外光学成像镜头、显示器以及外壳等,便构成了红外成像系统。

典型的非制冷红外成像系统的结构框图如图 7-64 所示。红外光学镜头将物体辐射和反射的红外信号聚焦在红外焦平面上,红外焦平面阵列将红外光信号转换成电信号,在时序产生与驱动电路的作用下,像素点的电信号按行列次序依次输出,经模拟放大与 A/D

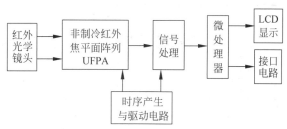

图 7-64　非制冷红外成像系统的结构框图

转换等信号处理后进入微处理器,微处理器可以选用 DSP、ARM 等,软件经非均匀性校正、直方图统计、灰度级压缩、非线性拉伸和伪彩色变换等,将图像信息在显示器 LCD 上显示。非制冷红外焦平面探测器与非制冷红外成像仪如图 7-65 和图 7-66 所示。

图 7-65　非制冷红外焦平面探测器

图 7-66　非制冷红外成像仪

红外成像系统经过定标后可以用于精确测量物体的温度,因此也称为红外热像仪。热像仪的原理是根据黑体辐射原理来测温的。根据普朗克辐射定律,凡是温度高于绝对零度的物体都可以产生红外辐射,物体所发出的红外辐射能量强度与其温度有关。黑体是理想化的辐射体,它是指发射率等于 1 的物体,它的辐射分布只依赖于辐射波长及其温度,与物体的构成材料无关。其辐射遵循普朗克定律、维恩位移定律、斯特藩-玻尔兹曼定律。利用黑体辐射定律确定热像仪探测器单元接收被测目标的辐射并转换为电信号,可以得到探测器的电压信号与物体的温度之间的一一对应关系。

7.5.3　典型的红外焦平面探测器

目前,对于红外热像仪的核心部件红外焦平面探测器,美国、法国、日本、加拿大、以色列等国家的企业具备这方面的先进制造技术,核心技术主要由美国、法国等控制,其研究和生产均处于世界领先地位,如美国 FLIR 公司、法国 SOFRADIR 公司及其子公司 ULIS 等。表 7-6 列出了几款典型的非制冷红外焦平面探测器的型号及其参数。

表 7-6　几款典型的非制冷红外焦平面探测器的型号及其参数

型　　号	探测器材料	像元尺寸/μm	像元数/个	光谱范围/μm	热响应时间/ms	NETD(F1.0)/mK	生产商
ISC0601	氧化钒	25×25	324×256	8～14	<15	50	美国 FLIR 公司
UL03191-019	非晶硅	25×25	384×288	8～14	<10	<100	法国 ULIS 公司
GWIR0302X1	氧化钒	20×20	640×512	8～14	15	80	中国北方广微公司

7.5.4　红外成像技术的应用

红外成像技术能够把物体的不可见红外信号转换为可见的图像信息,并能定量地测量物体的温度分布,因此广泛应用于军事、工业、医疗和科学研究等多个领域。

1. 军事

利用目标温度与环境温度的不同,红外成像系统可以在夜间识别人、车辆等目标,这就是红外夜视原理。目前手持式及装于轻武器上的热成像仪可让使用者看清 800m 以上的人体，在舰艇上观察水面可达 10km，在 20km 高的侦察机上可发现地面的人群和行驶的车辆等。制导用红外成像系统中红外成像导引头的核心就是红外成像系统，它直接决定着整个导引头的作用距离、制导精度、体积、质量和成本。图 7-67 所示为红外成像技术在军事上应用的图像。

2. 医疗

医用红外成像技术是医学技术、红外摄像技术和计算机多媒体技术结合的产物，是一种记录人体热场的影像装置。医用红外成像技术利用红外扫描采集系统接收人体辐射的红外能量，经计算机智能分析和图像处理形成红外热图像，以不同的色彩显示人体表面的温度分布，定量地分析温度变化，判断某些病灶的性质、位置，达到诊断疾病的目的。通过红外成像仪被动接收人体发出的红外辐射信息，因此凡能引起人体组织热变化的疾病都可以用它来进行检查，如癌症前期预示、肿瘤的鉴别诊断及普查、心脑血管疾病、外科、皮肤科、妇科、五官科、人体健康状态的综合检查和评估，以及对各类疾病的治疗和药物疗效过程与结果的观察、分析等。红外热像仪检测人体病痛案例如图 7-68 所示。

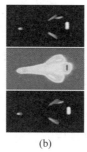
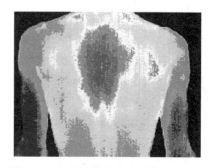

(a)　　　　　　　　　　(b)	
图 7-67　红外成像技术在军事上应用的图像	图 7-68　红外热像仪检测人体病痛案例

3. 电力

红外热像仪已经成为电力行业预防性维护检测的核心工具。30 多年来，全世界数以千计的电力企业正在使用红外热像仪，以避免发生代价高昂的故障，提高运营可靠性，避免发生电气火灾。利用红外热像仪进行状态监测，保证电力企业运行安全。图 7-69 所示为电力系统中高压开关、绝缘子等的红外图像。

4. 安防

大气、烟云等吸收可见光和近红外线，但对 $3\sim5\mu m$ 和 $8\sim14\mu m$ 的红外线却是透明的。因此，利用这两个红外波段可以在无光的夜晚或烟云密布的恶劣环境下清晰地观测前方情况。如在防火监控中，在巡逻飞机上安装红外热像仪，可准确判定火灾地点和范围，即可通过烟雾发现火点，消灭火灾隐患。再如，利用红外热像仪可以检测发光物体表面掩盖下所隐藏的物体，因为当某处的表面被弄乱时，该表面的热轮廓也会被破坏，例如根据翻过的土壤热辐射和压实的土壤热辐射不同来寻找被埋藏的盗窃物品。

5. 科研

红外热像仪能够实时捕捉和记录热分布及温度随时间的变化情况，有助于科研人员对自己建立的装置或正在监测的事件的热模型进行量化和可视化。

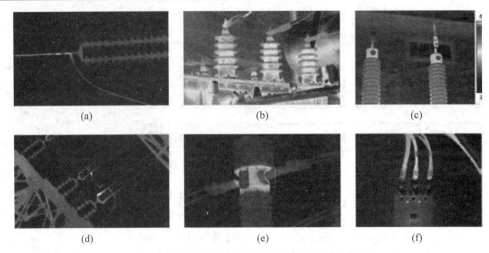

(a)　　　　　　　　　　　(b)　　　　　　　　　　　(c)

(d)　　　　　　　　　　　(e)　　　　　　　　　　　(f)

图 7-69　电力系统中高压开关、绝缘子等的红外图像

6. 热红外遥感

将人眼不能直接看到的目标表面热辐射分布变为人眼可见的代表目标表面热辐射分布的热图像。热辐射可以使人们在完全无光的夜晚,清晰地观察到地表的情况。人们利用热辐射的这个特点来对物体进行全天时无接触温度测量和热状态分析,为资源探测和环境监测等方面提供了一个重要的检测技术手段。例如,20 世纪 80 年代初美国专门发射了热容量探测卫星,之后各国在气象卫星上都装载了热红外遥感仪器。

总之,温度是物体的重要特性之一,红外热像仪能够实时、快速、准确地测量物体的温度以及温度分布,能实时记录物体温度分布随时间的变化,可以预见,随着人们对客观世界研究的不断深入,红外成像技术的应用将越来越广泛。

第 7 章
参考答案

思考题与习题

7.1　画出像管的结构并分析工作原理。

7.2　简述微通道板像增强器的工作原理。

7.3　以硅靶为例,分析光电靶的工作原理。

7.4　简述光电导型摄像管的结构和工作原理。

7.5　简述红外变像管的基本工作原理。

7.6　搜集资料,对比第一代、第二代、第三代、第四代像增强器的特点和性能区别。

7.7　画图分析 MOS 结构的电荷存储原理。

7.8　以三相单沟道线阵 CCD 为例分析电荷耦合原理。

7.9　CCD 中驱动频率的作用是什么?

7.10　线阵 CCD 中积分时间的作用是什么?

7.11　以单沟道线阵 CCD 摄像器件为例分析摄像过程。

7.12　查阅用线阵 CCD 作为检测器件的应用实例并分析。

7.13　分析 3T 结构的 CMOS 有源像素结构工作过程。

7.14　简述非制冷红外焦平面的结构和工作原理。

光学信息变换

前面几章学习了光辐射探测的基础理论和各种光电探测器的相关知识,从本章开始将讨论光电信号的变换与处理,包括光学信息变换和光电信号探测与处理技术。其中,光学信息变换在光电系统中有着非常重要的意义,其变换方法也很多。本章重点讨论光学信息变换的基本方法,从而系统地认识光学信息变换,在解决光电技术的具体问题时能根据变换方式提出理想的设计方案。

在光电系统的信号产生、传送、检测和处理过程中,通常要借助于几何光学、物理光学或光电子学方法对信号的组编形式和能量状态进行人为的变换,包括将一种光学量转换为另一种光学量,将非光学量转换为光学量或将连续光学量变换为脉冲光学量等。光学信息变换的目的除了将待处理信息载荷到光载波上进而形成光电信号之外,还可以改善系统的时间空间分辨能力和动态品质,提高传输和检测精度,改善系统的检测信噪比,提高工作可靠性和对环境的适应能力。

光学信息变换(Optical Information Transform)方法非常多,典型的变换方法有几何光学方法、物理光学方法和光电子学方法三种。

几何光学(Geometrical Optics)变换的光电方法是利用光束传播的直线性、遮光、反射、折射、成像等光学方法进行的信息变换。

物理光学(Physical Optics)变换的光电方法是利用光的衍射、干涉、光谱、能量、波长及频率等光学变换现象和参量进行的信号变换。

随着光电子学的发展,出现了各种新型的光控制器件,它们为光信号的实时变换和光路的集成化提供了广阔的发展前景。这些变换方法常常单独或者若干组合后应用于不同目的的光电系统中。

表 8-1 列出了典型光学信息变换方法的光学原理及应用。

表 8-1　典型光学信息变换方法的光学原理及应用

变 换 方 法	光 学 原 理	应　　用
几何光学方法	直线传播、遮光、反射、折射、光学成像等非相干光学现象	光电开关、光学编码、光学扫描、瞄准定位、准直定向、测长、测角、测距、成像测量等
物理光学方法	衍射、干涉、光谱、波长变换、光学拍频等相干光学现象	莫尔条纹、干涉计量、外差通信、光谱分析、散斑、全息测量等
光电子学方法	电光效应、磁光效应、声光效应、空间光调制、光纤传输传感等光电现象	光调制、光束偏转、光通信、光记录、光存储、光显示、传光、传像、传感等

8.1 几何光学方法的光学信息变换

8.1.1 物体尺寸信息的光学变换

将待测目标的长或宽等尺寸信息通过几何光学变换转变为光电信息的方法可以分为光度测量法、成像测量法和扫描测量法三类。

1. 光度测量法

光度测量法是根据被测物体的遮光、反光、离焦、像偏移等造成的光量变化,采用光电探测器测量物体尺寸的方法。例如,光补偿、像跟踪以及光电编码器和适用于小范围瞄准测长的光电瞄准装置等。这类测量方法的装置比较简单,大范围的测量误差范围为 0.5%～5%。下面介绍一种采用光电开关的物体尺寸测量法。

光电开关也可以说是一种特殊形式的光电耦合器,只不过其发光部和受光部不是一个封闭的整体,它们之间可以插入被测物体。当被测物体改变光路的通断状态,将引起电路的通断,起到开关和继电器的作用。光电开关应用极广,利用它可简单方便地实现自动控制与自动检测。

如果在两个相对而立的柱形结构中每隔数十毫米安装一对红外发射管和红外接收管,就可构成光幕(Light Curtain),如图 8-1 所示。当安装在同一条直线上的红外发射管和红外接收管之间没有障碍物时,红外发射管发出的调制信号能顺利到达红外接收管。红外接收管接到调制信号后,相应的电路输出低电平。而在有障碍物的情况下,红外发射管发出的调制信号不能被该红外接收管接收,相应的电路输出高电平。这样,通过对内部电路状态进行分析就可以得出物体的尺寸信息。图 8-2 所示为三个光幕测量物体三维尺寸的示意图。

图 8-1　由光电开关构成的光幕

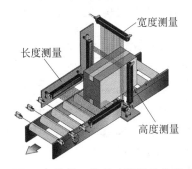

图 8-2　物体三维尺寸测量示意图

由于光幕中相邻光路可能会相互干扰,因此,选取的红外发光管的发射角度要小于15°。但在实际制作中,相邻两路总存在干扰,很难提高测量精度。此外,考虑到光幕要有一定的宽度,因而还应对红外发射管发出的信号进行调制。光电开关的 LED 多采用中频(40kHz 左右)窄脉冲电流驱动,从而发射 40kHz 调制光脉冲。相应地,接收光电元件的输出信号经 40kHz 选频交流放大器及专用的解调芯片处理,可以有效地防止太阳光、日光灯的干扰,又可减小发射 LED 的功耗。

2. 成像测量法

成像测量法是利用光学系统对物体的成像关系,以 CCD、CMOS、真空摄像管等成像器件在观察图像的同时,确定轮廓的边缘和边缘间的距离。这类测量方法的测量误差范围为 $0.1\%\sim2\%$。但当物体沿景深方向移动时,会造成放大倍率的变化,从而降低测量精度。因此,需要解决自动调焦的问题。

投影仪是通过光学系统将被测目标放大的轮廓影像投影到观察屏幕上的测量仪器。投影仪的光学系统主要由光源、聚光镜、投影物镜和投影屏等组成,如图 8-3 所示。其中位于待测目标之前的部分称为照明系统,位于待测目标之后的部分称为投影系统或成像系统。

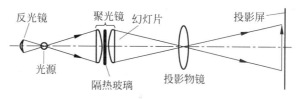

图 8-3 投影仪的光学系统原理图

设高度为 H 的待测目标经投影物镜放大后成像在屏幕上,像高为 H',若投影物镜的横向放大率为 β,则待测目标高度为

$$H = \frac{H'}{\beta} \tag{8-1}$$

投影仪所采用的测量方法有两种:一种是用投影屏上的十字或米字刻度线对待测目标的轮廓边缘分别进行对准,通过工作台的移动,在相应的读数机构上进行读数,测得目标的尺寸;另一种是在投影屏上把放大的目标影像和按一定比例绘制成的放大的标准图样(也可绘出公差带)相比较,检验待测目标(工件)是否合格。投影放大法特别适用于对形状复杂的工件和较小型工件的测量,如成型刀具、螺纹、丝锥、齿轮、凸轮、样板、冲压零件、仪表零件及电子元件等。

3. 扫描测量法

扫描测量法是利用扫描光束周期性地照射被测物体,在物体边缘上形成强对比度随时间周期性变化的光强分布,通过测量通光与遮光的时间差进行测量。例如,各种形式的激光扫描测长装置采用的都是这种方法。这类装置结构相对复杂,有较高的测量精度。一般可达到 $0.01\%\sim0.1\%$ 的相对精度,并且对于物面位置没有严格要求。

图 8-4 所示为激光扫描法的原理图。扫描装置由激光器、透镜、带有多面反射镜的电机组成。激光束经透镜 1 后被位于透镜焦平面上的多面反射镜旋转扫描,平行照射到被测目标上,平行扫描光束在扫描过程中被工件遮挡,光束经滤光片和透镜 2 后被位于焦平面上的

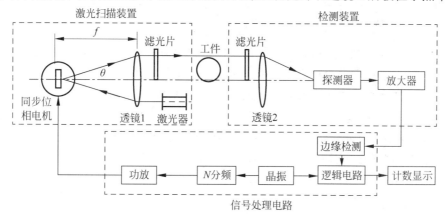

图 8-4 激光扫描原理图

探测器接收并通过放大器放大,得到一个随时间变化的电信号。再经过后续的信号处理电路(主要包括信号放大电路、边缘检测电路、计算电路等),就可以得到工件直径的测量值。

由于同步位相电机是匀速转动的,转速为 ω_m,所以平行扫描光束的扫描角速度 $\omega_L = 2\omega_m$,则扫描线速度为

$$v = \omega_L f = 2\omega_m f = 4\pi v_m f \tag{8-2}$$

式中: f——透镜 1 的焦距(m)。

若扫描光束被遮挡的时间 t 内计数器的计数为 n,晶振的时钟频率为 v_0,分频数为 N,则被测工件的直径为

$$D = vt = 4\pi v_m f n / v_0 = n \frac{4\pi f}{N} \tag{8-3}$$

激光扫描测长是一种高速度、高精度的非接触式测量,不会对被测物体产生物理影响。因此,激光扫描法适用于测量质地不允许施加测量力的物体以及高温下不允许接触的物体。该方法的测量速度快,测量范围宽,允许较大的光轴方向的位置偏转,是一种应用非常广泛的测量方法。

8.1.2　位移信息的光学变换

将物体位移量变换成光电信号以便于进行非接触测量,是工业生产和计量检测中的重要工作。采用固体图像传感器、象限探测器、PSD 位置传感器等与成像物镜配合,很容易构成被测物像的位移信息变换系统,实现对物体位移量的测量。下面介绍几种位移量的测量方法。

1. 激光三角法

激光三角法是激光测试技术的一种,也是激光技术在工业测试中的一种较为典型的测试方法。因为该方法具有结构简单、测试速度快、实时处理能力强、使用灵活方便等特点,在长度、距离以及三维形貌等测量中有广泛的应用。

单点式激光三角测量常采用直射式和斜射式两种结构,如图 8-5 所示。在图 8-5(a)中,激光器发出的光线经会聚透镜聚焦后垂直入射到被测物体表面,物体移动或其表面变化会导致入射点沿入射光轴移动。入射点处的散射光经接收透镜入射到光电探测器(PSD 或CCD)上。若光点在成像面上的位移为 x',则被测面在沿轴方向的位移为

$$x = \frac{ax'}{b\sin\theta - x'\cos\theta} \tag{8-4}$$

式中: a——激光束光轴和接收透镜光轴的交点到接收透镜前主面的距离(m);

　　　b——接收透镜后主面到成像面中心的距离(m);

　　　θ——激光束光轴与接收透镜光轴之间的夹角(rad)。

图 8-5(b)所示为斜射式三角测量原理图。激光器发出的光束和被测面的法线成一定角度入射到被测面上,同样,物体移动或其表面变化将导致入射点沿入射光轴移动。入射点处的散射光经接收透镜入射到光电探测器上。若光点在成像面上的位移为 x',则被测面在沿法线方向的移动距离为

$$x = \frac{ax'\cos\theta_1}{b\sin(\theta_1 + \theta_2) - x'\cos(\theta_1 + \theta_2)} \tag{8-5}$$

式中：θ_1——激光束光轴与被测面法线之间的夹角(rad)；

θ_2——成像透镜光轴与被测面法线之间的夹角(rad)。

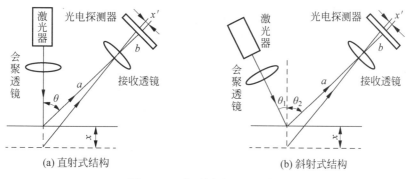

图 8-5 三角法测量原理示意图

从图 8-5 中可以看出，斜射式入射光的光点照射在被测面的不同点上，无法知道被测面中某点的位移情况，而直射式却可以。因此，当被测面的法线无法确定或被测面面型复杂时，只能采用直射式结构。

在上述的三角法测量原理中，要计算被测面的位移量，需要知道距离 a，而在实际应用中，一般很难知道 a 的具体值，或者知道其值但准确度也不高，影响系统测试准确度。实际应用中可以采用另一种表述方式，如图 8-6 所示，被测距离 $z = b\tan\beta$，其中 $\tan\beta = f'/x'$。因此

$$z = \frac{bf'}{x'} \qquad (8\text{-}6)$$

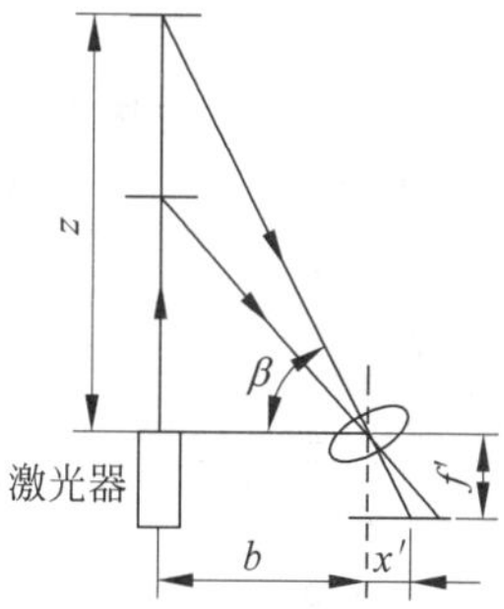

图 8-6 激光三角法测量
原理示意图

式中：b——激光器光轴与接收透镜光轴之间的距离(m)；

f'——接收透镜焦距(mm)；

x'——接收光点到透镜光轴的距离(m)。

其中，b 和 f' 均已知，只要测出 x' 的值就可以求出距离 z。因此，只要高准确度地标定 b 和 f' 值，就可以保证一定的测试不确定度。

激光三角法测量技术的测量准确度受传感器自身因素和外部因素的影响。传感器自身影响因素主要包括光学系统的像差、光点大小和形状、探测器固有的位置检测不确定度和分辨率、探测器的暗电流和外界杂散光的影响，以及探测器检测电路的测量准确度和噪声、电路和光学系统的温度漂移等。测量准确度的外部影响因素主要有被测表面倾斜、被测表面光泽和粗糙度、被测表面颜色等。这几种外部因素一般无法定量计算，而且不同的传感器在实际使用时会表现出不同的性质，因此在使用之前必须通过实验对这些因素进行标定。

根据三角法原理制成的仪器称为激光三角法位移传感器，如图 8-7 所示。一

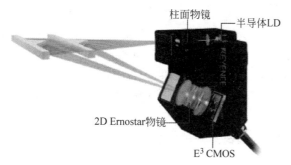

图 8-7 激光三角法位移传感器

般采用半导体激光器(LD)做光源,功率在 5mW 左右,光电探测器可采用 PSD、CCD 或 CMOS。表 8-2 列出了常用激光三角法位移传感器的主要技术指标。

表 8-2　常用激光三角法位移传感器的主要技术指标

厂　　家	国　　别	型　　号	工作距离/mm	测量范围/mm	分辨率/μm	线性/μm
MEDAR	美国	2101	25	±2.5	2	15
KEYENCE	日本	LC-2220	30	±3.0	0.2	3
KEYENCE	日本	LB72	40	±10	2	±1%
RENISHAW	日本	OP2	20	±2.0	1	10
PANASONIC	日本	3ALA75	75	±25	50	±1%

2. 像点轴上偏移检测的光焦点法

在光学成像系统中,物像之间有严格的几何关系。被测物体离开理想物面便会使像面的光照度分布发生变化,这种现象可用来测量轴向位移。点光源对被测物体表面照明,使用成像物镜对该光点成像聚焦。当物体沿光轴方向位移时,像面焦点扩散形成弥散圆。只有准确处于物面位置时,良好的成像状态才能保证像面上有集中的光密度分布。这种以聚焦光斑密度分布的集中程度判断物体轴向位移的方法称为光焦点法。

图 8-8 所示为像点轴上偏移检测的光焦点法原理图。点光源 1 通过镜头 2 和成像透镜 3 在被测物的表面成像点,该像点作为新的发光点,折回成像物镜的光路中,在像面上成清晰的像。像面的光照度分布成衍射斑的形式,如图 8-8(c)中的曲线 a。当被测物表面相对理想物面前后偏移 $\pm\Delta Z$ 时,像点相对理想像面同方向地前后移动 $\pm\Delta Z'$。根据几何光学规律有

$$\Delta Z' = \beta^2 \Delta Z \tag{8-7}$$

式中:β——成像物镜的横向放大率。

设物镜焦距为 f,物距为 Z_0,则

$$\beta = \frac{f}{Z_0} \tag{8-8}$$

像点的 $\Delta Z'$ 偏移引起原像面上的离焦,使像面照度分布扩散,如图 8-8(a)和(c)中的 b 和 c 所示。

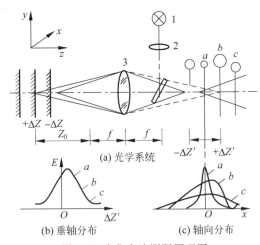

(a) 光学系统
(b) 垂轴分布
(c) 轴向分布

图 8-8　光焦点法测距原理图

如果在初始像面位置上设置一个直径小于光斑直径的针孔光阑,前后移动光阑位置 $\pm\Delta Z'$,通过针孔的光通量将随 ΔZ 而改变。若将光斑和针孔光阑看作一个像分析器,则它们的轴向定位特性如图 8-8(b)所示。它表明了通过针孔光阑的光通量和像点偏移量 ΔZ 的关系。轴向定位特性相对于初始位置 Z_0 呈现有极值的对称分布,曲线范围由物镜焦深决定,超过焦深后能量密度会急剧下降。

利用轴向定位特性,可以组成各种形式的像面离焦测试系统,如扫描调制检测、双通道差分像分析检测等。

8.2
微课视频

8.2　物理光学方法的光学信息变换

　　光具有波动属性,单一频率的光波在传输过程中会发生衍射,几束光的叠加能形成干涉。衍射和干涉现象通常发生在一定空间区域内,由此组成各种衍射和干涉图样。衍射后的干涉现象形成莫尔条纹。空间分布的光波间的干涉可以形成全息图样和散斑图样。不同频率的光波间的干涉会形成光学拍频,空间域内的拍频分布构成光拍图样。这些图样与形成它的外部几何参数存在严格的内在联系,即载荷了相关信息及其变化。利用光电方法对光波的各种干涉和衍射现象进行检测和处理,可以获得相关几何和物理参量。本节主要介绍基于干涉和衍射方法的光学信息变换。

8.2.1　干涉方法的光学信息变换

1. 干涉测量

　　从信息处理的角度来看,干涉测量实质上是待测信息对光频载波调制和解调的过程。各种类型的干涉仪或干涉装置,实际上就是光频波的调制器和解调器。最常见的干涉仪的配置结构和信息处理流程如图 8-9 所示。干涉仪中的激光源是相干光载波的信号发生器,它产生的载波信号振幅为 A,频率为 f_r,初相位为 φ_0,表示为 $I_0(A,f_r,\varphi_0)$。载波信号分两路引入干涉仪。在测量臂中 $I_0(A,f_r,\varphi_0)$ 受到待测位移信号 $\sigma(x)$ 的相位调制,形成 $I_0(A,f_r,\varphi_0+\Delta\varphi)$ 的调相信号;若待测信息是运动速度 $v(x)$,则产生 $I_0(A,f_r+\Delta f,\varphi_0)$ 的调频信号。这样,测量臂就起到了信号调制器的作用。已调制光频波在干涉物上和来自参考臂的参考光波干涉,呈现出具有稳定的干涉图样(在测位移情况下)或确定光拍频率(在测速情况下)的输出信号。这个信号消除了光频载波的影响,以干涉条纹的相位分布或光拍的时间性变化表征出被测量的变化。因此,这又可看作光学解调的过程。

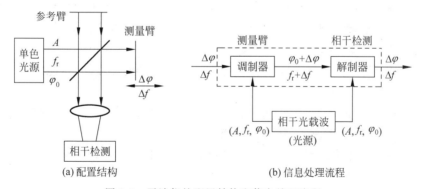

图 8-9　干涉仪的配置结构和信息处理流程

　　干涉测量的调制和解调过程,可以是时间性的,也可以是空间性的。根据调制方式的不同,可以形成各种类型的光学图样。这种以光波的时空相干性为基础,受被测信息调制的光波时空变换称为相干光学信息。它的形成和检测过程就是光载波受待测信息调制和已调制光波解调再现为信息的过程。根据相干光学信息的时空状态和调制方式,可以分为局部空间的一维时间调制的光信号和在二维空间内时间或空间调制光信号。表 8-3 给出了相干光信息的类型,分别列出了它们的载波性质、调制方式、外观图样、光电检测方法和典型应用。

本节主要介绍一维时间调制的单频光相干和双频光相干的光学信息变换。

表 8-3　相干光信息的类型

时 空 类 型	光　载　波	调制方式	光学图样	检 测 方 法	典 型 应 用
一维时间的调制	单频光	PM	干涉条纹	条纹计数	迈克尔逊干涉仪
		FM	干涉条纹变化	条纹频率	傅里叶光谱仪
		FM,PM	外差型光拍	外差测频	光通信
	双频光	FM	零差型光拍	光拍测频	多普勒速度计
		FM	互差型光拍	条纹测频	萨格纳克转速计
		PM	自差型光拍	光拍测相	双频干涉仪
		DFM	外差型光拍	光拍测频	外差分光测量
二维空间的调制	单频光	SPM	散斑图	干涉图扫描	散斑图判别
		SPM	全息图	外差检测	全息图判别
		SPM+TAM	相位调变的干涉图	锁相跟踪	锁相干涉仪
	双频光	SFM	平面拍频图	扫描光拍检测	扫描干涉仪、外差干涉仪

注：DFM 表示直接频率调制；SPM 表示空间相位调制；TAM 表示幅度调制。

2. 单频光相干条纹探测的光学信息变换

在使用窄光束单频光照明的干涉测量中，干涉条纹的探测是用单元光电器件在较小的空间范围内进行的。检测的对象一般是干涉条纹波数或相位随时间的变化，属于一维空间单频光的相位调制，其适用于被测对象是物体的整体位移或运动的场合。另外，当激光束扩束成平行光照射到被测物体时，会形成由于干涉条纹组成的平面干涉图，它反映了被测物面微观面形的几何参数变化，这是二维空间单频光的相位调制。这种方法对于干涉图样的判读是依据干涉条纹的光强分布，某点处条纹的空间相位是从与周围条纹分布的比较中得到的。因此，它的空间分辨率和相位分辨率受到限制，使干涉测量的时间精度不超过 $\lambda/20$。20 世纪 70 年代发展起来的可直接进行相位检测的干涉图像测量技术，其基本原理就是通过两束相干光相位差的时间调制，使干涉图样上各点处的光学相位变换为相应点处时序电信号的相位变化。利用扫描或阵列探测器分别测得各点的时序变化，就能以优于 $\lambda/100$ 的相位精度和 100lp/mm 的空间分辨率测得干涉图样的相位分布。这些干涉图样的测量法包括锁相干涉和扫描干涉测量。它们为干涉测量开辟了实时、数字、高分辨的新领域，并在全息与散斑干涉图的测量中也得到了广泛应用。

干涉条纹时序变化的检测可采用干涉条纹光强检测法、干涉条纹比较法和干涉条纹跟踪法等。

1) 干涉条纹光强探测法

干涉条纹光强探测法主要利用光学干涉仪的双光束或多光束的干涉作用，以光电元件直接探测条纹或同心圆环形干涉条纹的光强变化而实现测量。图 8-10 所示为干涉条纹光强探测法示意图。当角反射镜 M_2 随被测物体移动 $\lambda/2$ 时，干涉条纹的光强发生一个周期的变化。采用光电接收器计数干涉条纹数目的增减或条纹间隔的相位关系，即能确定被测物体的位置变化。

用光电接收器检测干涉条纹时，光电信号的质量不仅取决于干涉条纹的光强对比度，而且很大程度上取决于接收器的光阑尺寸和干涉条纹宽度之间的比例关系。图 8-10(b)表示了均匀照明光产生的干涉条纹光强分布。在 A-A 截面上的强度分布可简化为

$$I = I_0 + I_m \cos x \tag{8-9}$$

式中：I_0——光强的直流分量(cd)；

I_m——交流分量的幅值(cd)；

x——干涉平面上的坐标值(m)。

当采用光阑宽度 d 小于光斑直径 $2R$ 的狭缝光阑时，光电接收器输出的光电信号交变分量的幅值可表示为

$$U_\phi = K_\phi I_m L \int_{-\frac{\pi d}{D}}^{+\frac{\pi d}{D}} \cos x \, \mathrm{d}x = 2K_\phi I_m L \frac{\pi d}{D} \tag{8-10}$$

式中：K_ϕ——光电接收器的灵敏度(dBm)；

d——光阑的宽度(m)；

L——光阑的长度(m)；

D——干涉条纹的间距(m)。

可见，当 $d = D/2$ 时，光电接收器输出端的交变信号的幅值 U_ϕ 最大，即为最佳光阑尺寸。此外，在干涉条纹宽度 D 本身允许调节的情况下，计算和实验表明：不论采用均匀分布的照明光束，还是采用单模激光光束，在截面上的辐射强度呈高斯分布时，增大干涉条纹的间距，有利于提高信号检测的对比度和增大交变分量的幅值。

在多数情况下，为了消除振动的干扰和进行双向测长，干涉测量需要采用可逆计数。这就要求检测装置提供彼此正交的两路交变信号，其信号波形如图 8-10(c)所示。将这两个信号二值化之后，送入可逆的电子计数器中，即能进行双向位移的测量。若采用倍频细分技术（如四倍频），用 $\lambda = 632.8\mathrm{nm}$ 的稳频 He-Ne 激光器作为光源，可得到 $\lambda/8 = 79.1\mathrm{nm}$ 的位移分辨率，相对误差小于 10^{-6}。当要求更高分辨率时，应该采用光学或更高的细分技术。此外，为了示值直观，对非有理数的光波波长基准，在当量运算时要进行有理化处理，这可以通过计算机电路或计算机自动进行。

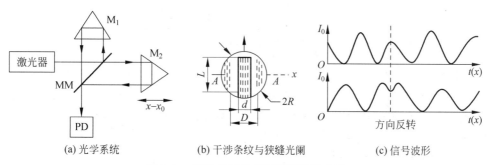

(a) 光学系统　　　　(b) 干涉条纹与狭缝光阑　　　(c) 信号波形

图 8-10　干涉条纹的光强探测法示意图

2) 干涉条纹比较法

对于图 8-10(b)所示的干涉条纹，可以采用两束不同光频的相干光作为光源。其中一束光频率已知，另一束为未知，则对应测量臂的位移，两光束各自形成干涉条纹。它们经光电检测后，形成两种频率不同的电信号。通过电信号频率的比较，可以计算出未知光波的波长或频率。这种对应于同一位移、比较不同波长的两个光束干涉条纹频率变化的方法称为

干涉条纹比较法。基于此方法可以设计出许多精确测量波长的波长计。

图 8-11 所示是一种基于条纹比较法的波长计简化原理图,其波长测量精度为 10^{-7} m。它由已知波长的基准光波 λ_r 和被测光波 λ_x 经半透半反镜 1 分别投射到放置于移动工作台上的两个圆锥角反射镜 2 和 3 上,使两束光的入射位置分别处于弧矢和子午方向,并保证它们在空间上彼此分开。每束光的逆时针反射光和顺时针反射光在各自的光电探测器 PD_r 和 PD_x 上形成干涉条纹。对应于工作台的同一位移,由于两束光的波长不同,产生的干涉条纹也有不同的变化周期,因而输出的光电信号就有不同的频率。精确地测量出两个信号的频率,根据基准波长的数值即能算出被测波长值。在测定频率比时,可采用锁相振荡计数法。如图 8-11 所示,两个锁相振荡器分别与 PD_r 和 PD_x 光电信号同步,产生与 λ_r 和 λ_x 的干涉条纹同频率的整形脉冲信号。其中,与 λ_r 对应的脉冲信号经 M 倍频器倍频,而 λ_x 对应的信号作 N 倍分频。利用脉冲开关由 N 分频信号控制 M 倍频信号进行脉冲计数后输出显示。被测波长的计算式为

$$\lambda_x = \frac{\lambda}{M} \frac{C}{N} \left(1 + \frac{\Delta n}{n} \right) \tag{8-11}$$

式中:C——脉冲计数器的计数值;

$\Delta n / n$——折射率的相对变化。

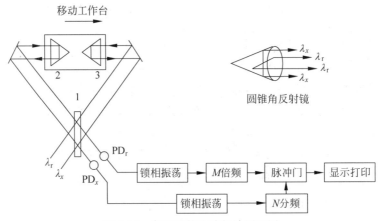

图 8-11　条纹比较法波长计原理图

3)干涉条纹跟踪法

干涉条纹跟踪法是一种平衡测量法。在干涉仪测量镜面位置变化时,通过光电接收器实时地检测出干涉条纹的变化。同时利用控制系统使参考镜沿相应方向移动,以维持干涉条纹保持静止不动。这时,根据参考镜位移驱动电压的大小可以直接得到测量镜的位移。图 8-12 所示为利用这种原理测量微小位移的干涉测量系统示意图。

采用条纹跟踪法能够避免干涉测量的非线性影响,且不需要精确的相位测量装置。但

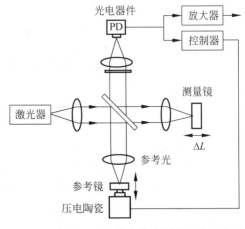

图 8-12　条纹跟踪法微小位移测量系统示意图

由于所用的跟踪系统的固有惯性,限制了测量的快速性,因而只能测量 10kHz 以下的位移变化。

3. 双频光相干差频探测的光学信息变换

双频光的差频探测是指将包含有被测信息的相干光调制波和作为基准的本机振荡光波在满足波前匹配的条件下,在光电探测器上进行光学混频,光电探测器的输出是频率为两光波频率差的拍频信号。这个输出信号包含有调制信号的振幅、频率和相位特征。通过探测这种拍频信号,最终能解调出被传送的信息。差频探测是相干检测,与非相干探测的直接探测法相比,它具有灵敏度高(比直接探测高 7~8 个数量级)、输出信噪比高、精度高、探测目标的作用距离远等特点,因而在精密测量中得到广泛应用。

1) 光学多普勒效应及速度信息的光学变换

(1) 光学多普勒效应(Optical Doppler)。运动物体能改变入射在其上的光波频率的现象称为光学多普勒效应。对光学多普勒效应分析表明:频率为 f_0 的单色光入射到以速度 v 运动的物体上,被物体散射的光波频率 f_s 会产生多普勒频移 Δf。Δf 与散射方向有关,其值可表示为

$$\Delta f = f_s - f_0 = \frac{1}{\lambda}\left[v \cdot (r_s - r_0)\right] \tag{8-12}$$

式中:λ——入射光波的波长(nm);

$(r_s - r_0)$——散射接收方向 r_s 与光束入射方向 r_0 的矢量差,称为多普勒强度方向。

从式(8-12)可知,多普勒频移的大小等于散射物体的运动速度在多普勒强度方向上的分量和入射光波长的比值,如图 8-13(a)所示。

若光源与物体的相对运动发生在两者的连线上,如图 8-13(b)所示,则式(8-12)可变为

$$\Delta f = \pm \frac{2v}{\lambda} \tag{8-13}$$

其中,光源与物体相向运动时取"+",频率增加;当两者背离运动时,取"−",频率降低。

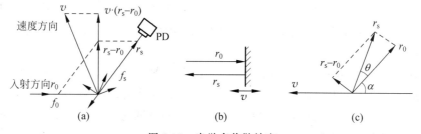

图 8-13 光学多普勒效应

一般情况下,若 v 和 r_0 的夹角为 $\pi-\alpha$,r_0 和 r_s 的夹角为 θ,如图 8-13(c)所示,则式(8-12)可表示为

$$\Delta f = \frac{2v}{\lambda}\sin\frac{\theta}{2}\sin\left(\alpha + \frac{\theta}{2}\right) \tag{8-14}$$

当 r_0 和 r_s 相对 v 对称分布且满足 $\alpha + \theta/2 = 90°$ 时,式(8-14)可简化为

$$\Delta f = \frac{2v}{\lambda}\sin\frac{\theta}{2} \tag{8-15}$$

光学多普勒效应的应用非常广泛,例如雷达利用反射回来的电磁波确定飞机的方位和

速度,微波监视仪用此原理测定来往车辆的速度等。

(2)激光多普勒测速。式(8-15)是多普勒测速原理的基本公式,将其变形可得被测物体速度为

$$v = \frac{\lambda}{2\sin\dfrac{\theta}{2}}\Delta f \tag{8-16}$$

上式表明被测物体的运动速度 v 和频差值 Δf 成正比。频率相近的两散射光在探测器上相互作用而产生拍,光电探测器测出每秒光强的变化频率即拍频,就可以得到 Δf,从而可以得到物体运动速度 v。

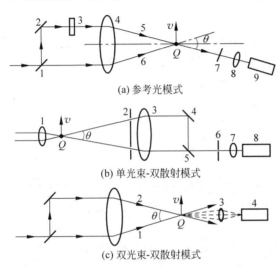

(a) 参考光模式

(b) 单光束-双散射模式

(c) 双光束-双散射模式

图 8-14　激光多普勒测速的三种基本光路模式

在激光多普勒测速中,有三种常见的基本光路模式,如图 8-14 所示。

图 8-14(a)所示为参考光模式的光路布置图。激光束经分光镜 1 分成两束,一束经过透镜 4 会聚照明以速度 v 运动的微粒 Q 后被散射,另一束经反射镜 2 和滤光片 3 衰减后也由透镜 4 会聚于被测点,并有一部分穿越被测点作为参考光束。由于产生了多普勒频移,两束频率相近的光经过光阑 7 和透镜 8 会聚后由光电探测器 9 接收。此模式对于仪器的调整和外部环境要求较高,适用于高浓度流体粒子的测量。

图 8-14(b)所示为单光束-双散射模式的光路布置图。它将激光束会聚在透镜 1 的焦点处,把焦点作为被测点。用双缝光阑 2 从运动微粒 Q 的散射光中选取以入射轴为对称的两束光,通过透镜 3、反射镜 4 和分光镜 5 使之会合到光电探测器 8 上产生拍频。此模式光能利用率较低,光路对接收方向很敏感,调整较为困难。

图 8-14(c)所示为双光束-双散射模式的光路布置图。这种模式也称为干涉条纹型,特点是利用两束不同入射方向的入射光在同一方向上的散射光会聚到探测器中混频而获得两束散射光之间的频差。被测点处微粒 Q 的运动方向与照明光束 1 和光束 2 的夹角不同,光电探测器 4 所接收的两束散射光的频率也不同。双光束-双散射模式有许多优点,它是目前激光测速仪中应用最广的一种光路模式。

2)萨格纳克效应及转角信息的光学变换

(1)萨格纳克效应。当封闭的光路相对于惯性空间有一转动速度 Ω 时,顺时针光路和逆时针光路之间形成与转速成正比的光程差 ΔL,两者间的数值关系为

$$\Delta L = \frac{4A}{c}\Omega\cos\varphi \tag{8-17}$$

式中：c——光速;

A——封闭光路包围的面积(m^2);

φ——转速矢量与面积 A 的法线间的夹角(rad)。

当光路平面垂直于转动方向时,式(8-17)可简化为

$$\Delta L = \frac{4A}{c}\Omega \tag{8-18}$$

这种转动的闭合光路中正反方向光路光程差随转速改变的现象称为萨格纳克效应。图 8-15 给出了这一效应的图解说明。可见,当光路以 Ω 的转速顺时针转动时,从光路上一点 M 发出的顺时针光束 CW 在绕光路一周重新回到 M 点时要多走一段光路,而逆时针光束 CCW 却少走一段光路,于是两束光形成了光程差。

(2) 转角信息的光学变换。由式(8-18)可知,当测量出顺时针光束和逆时针光束的光程差 ΔL,就能得到封闭光路的转动速度 Ω。然而顺时针光束和逆时针光束形成的光程差量值很小,如面积 $A=100\mathrm{cm}^2$ 的环形光路,对于地球自转($\Omega_\mathrm{E}=7.3\times10^{-5}\mathrm{r/s}$)形成的光程差 $\Delta L=10^{-12}\mathrm{cm}$。因此,只有利用环形干涉仪或环形激光器才有可能通过检测双向光路的激光束频差得到被测角速度。

环形激光器是指由三个或三个以上反射镜组成的激光谐振腔使光路转折形成闭合环路,如图 8-16 所示。在环形激光器中,激光束的基频纵模频率表示为

$$v_{00q} = q\,\frac{c}{L} \tag{8-19}$$

式中:c——光速;

$\quad\ L$——谐振腔腔长(m);

$\quad\ q$——正整数。

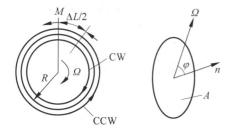

图 8-15　萨格纳克效应转动光程差示意图

(a) 示意图　　(b) 实物图

图 8-16　环形激光器

可见,激光谐振腔与光频 f 之间成比例关系,即

$$\frac{\Delta f}{f} = \frac{\Delta L}{L} \tag{8-20}$$

式中:Δf——与光程差 ΔL 对应的光频差(Hz)。

利用式(8-18)和式(8-20)可得

$$\Delta f = \frac{4A}{L\lambda}\Omega \tag{8-21}$$

式(8-21)为环形激光器的角速度测量公式。在实际应用中,为了计算实际转角 θ,可对光频计数累加积分,其波数值为

$$N = \int_0^t \Delta f \,\mathrm{d}t = \frac{4A}{L\lambda}\theta \tag{8-22}$$

这就是环形激光器的测角公式。

由小型化的环形激光器及相应的光学差频检测装置可组成激光陀螺仪。它可以感知相对惯性空间的转动,在惯性导航中作为光学陀螺仪使用。此外,作为一种测角装置,它是一种以物理定律为基准的客观角度基准,具有很高的测角分辨率,在360°内有$0.05''\sim1''$的测量精度。

8.2.2　衍射方法的光学信息变换

光波在传播过程中遇到障碍物时,会偏离原来的传播方向,绕过障碍物的边缘而进入几何阴影区,并在障碍物后的观察屏上呈现光强有规则分布的衍射图样,衍射图样与衍射屏(障碍物或孔)的尺寸和光学系统参数有关。因此,根据衍射图样及其变化可确定被测物(衍射物)的尺寸,此类方法称为激光衍射测量法。

夫琅禾费衍射的计算比较简单,特别是对于简单形状孔径的衍射,通常能够以解析式求出积分,并且夫琅禾费衍射是光学仪器中最常见的衍射现象。激光衍射测量主要依据单缝衍射和圆孔衍射原理,通过测量单缝衍射暗条纹之间的距离或艾里斑第一暗环的直径确定被测量。

1. 单缝夫琅禾费衍射测量

观察夫琅禾费衍射现象需要把观察屏放在离衍射屏很远的位置,一般用透镜来缩短距离,如图 8-17 所示。S 为点光源或与纸面垂直的狭缝光源,它位于透镜 L_1 的焦面上,观察

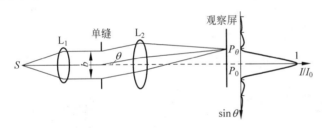

图 8-17　单缝夫琅禾费衍射原理图

屏放在物镜 L_2 的焦面上,衍射屏或被测物放在 L_1 和 L_2 之间,在观察屏上将看到清晰的衍射条纹。

用振幅矢量法或衍射积分法可以得到缝宽为 b 的单缝夫琅禾费衍射光强分布表达式

$$I = I_0 \left(\frac{\sin\alpha}{\alpha} \right)^2 \qquad (8\text{-}23)$$

式中:I_0——中央亮条纹处的光强(cd),α 可以表示为

$$\alpha = \frac{\pi b \sin\theta}{\lambda} \qquad (8\text{-}24)$$

单缝衍射的相对强度分布曲线如图 8-17 右边所示。由式(8-23)可知,衍射条纹平行于单缝方向,当 $b\sin\theta=k\lambda$,且 k 取整数时,出现一系列暗条纹。利用暗条纹作为测量指标,就可以进行计量。当 θ 不大时有 $\sin\theta\approx\tan\theta$,则狭缝宽度 b 可以写成

$$b = \frac{f_2 k\lambda}{x_k} \qquad (8\text{-}25)$$

式中:x_k——第 k 个衍射暗条纹中心距中央零级条纹中心的距离(m);

$\qquad f_2$——透镜 L_2 的焦距(m)。

式(8-25)即为衍射计量的基本公式。测量时已知 λ 和 f_2,测定第 k 个衍射暗条纹的距离 x_k,就可以算出缝宽的精确尺寸。图 8-18 所示是利用被测物与参考物之间的间隙形成的远场衍射来实现测量的原理图,此时 L 为观察屏距单缝的平面距离。当被测物的尺寸改变

δb 时,相当于狭缝尺寸 b 改变 δb,衍射条纹的位置也随之改变,由式(8-25)知

$$\delta b = b - b_0 = kL\lambda\left(\frac{1}{x_k} - \frac{1}{x_{k0}}\right) \tag{8-26}$$

式中: b_0——起始缝宽(m);

　　　　b——变化后的缝宽(m);

　　　　x_{k0}——第 k 个暗纹的起始位置;

　　　　x_k——第 k 个暗纹变化后的位置。

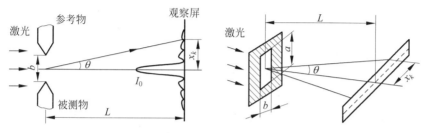

图 8-18　单缝夫琅禾费衍射测量原理图

根据式(8-26),可由狭缝的一个边的位置推算另一个边的位置。这就是说,被测物尺寸或轮廓可以由被测物和参考物之间的狭缝所形成的衍射条纹位置来确定。

2. 圆孔衍射测量

当平面波照射到圆孔时,其远场夫琅禾费衍射像是中心为圆形亮斑、外面绕着明暗相间的环形条纹。

观察圆孔夫琅禾费衍射的装置与单缝衍射是一样的,如图 8-19 所示。观察屏上的衍射条纹的光强分布为

$$I_P = I_0\left[\frac{2J_1(\Psi)}{\Psi}\right]^2 \tag{8-27}$$

式中: $J_1(\Psi)$——一阶贝塞尔函数, $\Psi = 2\pi a\sin\theta/\lambda$;

　　　　λ——照射光波的波长(nm);

　　　　a——圆孔半径(m);

　　　　θ——衍射角(rad)。

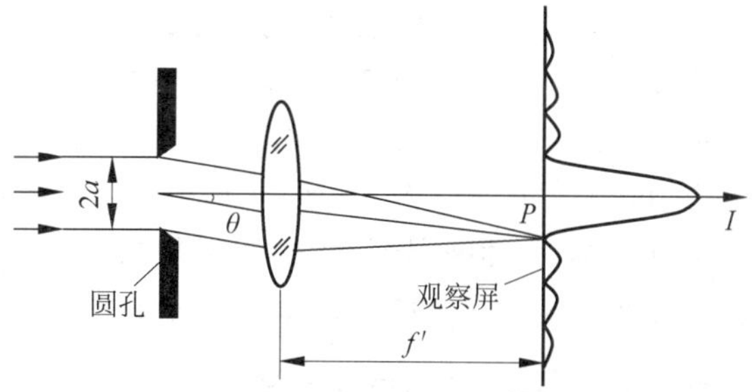

图 8-19　圆孔夫琅禾费衍射原理图

在圆孔夫琅禾费衍射条纹中,中央亮斑又称为艾里斑(Ariy),它集中了近 84% 的光能量。艾里斑的直径(即第一暗环的直径)为 d,因 $\sin\theta \approx \theta = d/2f' = 1.22\lambda/2a$,所以

$$d = 1.22\frac{\lambda f'}{a} \tag{8-28}$$

式中: f'——透镜的焦距(m)。

当已知 f' 和 λ 时,测定 d 就可以由式(8-28)求出圆孔半径 a。因此,测定或研究艾里斑的变化可以精确地测定或分析微小内孔的尺寸。

图 8-20 所示为用艾里斑测量人造纤维或玻璃纤维加工中的喷丝头孔径的原理图。测量仪器和被测件做相对运动,以保证每个孔顺序通过激光束。通常不同的喷丝头,其孔径直

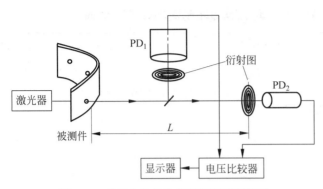

径为 $10 \sim 90 \mu m$。由激光器发出的激光束照射到被测件的小孔上,通过孔后的衍射光束由分光镜分成两部分,分别照射到光电接收器 PD_1 和 PD_2 上,两接收器分别将照射在其上的衍射图案转换成电信号,并送到电压比较器中,然后由显示器进行输出显示。

图 8-20 喷丝头孔径的艾里斑测量原理图

通过微孔衍射所得到的明暗条纹的总能量可以认为不随孔的微小变化而变化,但是明暗条纹的强度分布(分布面积)是随孔径的变化而急剧改变的。因而,在衍射图上任何给定半径内的光强分布,即所包含的能量是随激光束通过孔的直径变化而显著变化的。因此,需设计使光电接收器 PD_1 接收被分光镜反射的衍射图的全部能量,它所产生的电压幅度可以作为不随孔径变化的参考量。实际上,中心亮斑和前四个亮环已基本包含了全部能量,所以光电接收器 PD_1 只要接收这部分能量就可以了。光电接收器 PD_2 只接收艾里斑中心的部分能量,通常选取艾里斑面积的一半。因此,随被测孔径的变化和艾里斑面积的改变,其接收能量发生改变,从而输出电压幅值改变。电压比较器将光电接收器 PD_1 和 PD_2 的电压信号进行比较从而得出被测孔径值。

8.3
微课视频

8.3 时变光信息的调制

在光电系统中,光波是信息的载体,通常称为光载波。使光载波信号的一个或几个特征参数按被传送信息的特征变化,以实现信息检测或传送目的的方法称为光学调制。光载波可以是复合的非相干光波,也可以是窄带单色、有确定初相位的相干光波。许多光学参量都可以作为载波的特征参数,例如,非相干光辐射能量的幅度,光波或光脉冲的频率、周期、相位以及时间参数;相干光波的振幅、频率、相位、偏振方向、光束的传播方向等。众多的载波特征参数增加了光载波信号处理的灵活性和多样性,使光学信息变换技术的内容更加丰富。

8.3.1 调制光的优点

使光载波只随信息而不随时间变化,这种是将信息直接调制到光载波上的广义调制。在更多情况下,往往是人为地使载波光通量随时间或空间变化,形成多变量的载波信号,然后再使其特征参数随被测信息而改变,这种方法称为二次调制,因为它是对已随时间调制的光通量特征参数的再调制。调制技术给辐射参数以确定的时间或空间变换,看起来似乎增加了信号的复杂性,但它可以改善光电系统的工作品质,有助于传输过程的信号处理,提高传输能力,还能更好地从背景噪声干扰中分离出有用的信号,以提高信噪比和测量灵敏度。调制光具有以下优点:

(1) 消除背景光或杂散光的影响。背景光指太阳光或灯光,其光强远远大于信号光的强度,经光电探测器后变为直流量附加在信号上,对检测结果有很大影响,甚至会导致无法检测。经光调制后,信号光变为交变的光信号,再由光电探测器转换为交变的光电信号。采用交流放大电路便很容易除掉非信号的直流分量,从而消除自然光或杂散光的影响。

(2) 消除光电探测器暗电流的影响。光电探测器的暗电流随着环境温度和电源电压的变化而变化,并且附加在信号上一起输出,对检测结果有直接影响。同样,采用上述方法很容易消除暗电流的影响。

(3) 消除直流放大器零点漂移的影响。没有调制的光信号一般为直流或缓慢变化的光信号,对光电信号进行放大只能采用直流放大器。直流放大器的主要缺点是零点漂移,而且这种漂移与环境温度的变化和电源电压的波动有关。放大电路输出的电信号与漂移量混合在一起,往往很难去掉,给微弱信号检测结果带来很大误差。采用光调制后,用交流放大电路就能克服零点漂移的影响。

(4) 能提供各种形式的光电信息变换方式。在光电检测中,为了提高检测精度,使信号处理方便、稳定可靠,通常采用光调制方法实现各种形式的光电信息变换,达到最佳光电检测方案的设计。

8.3.2 光信号调制的基本原理

光学调制按时空状态和载波性质可分为不同的调制形式。本节以光强度调制为例介绍光信号调制的基本原理,包括连续波调制、脉冲调制和编码调制。

1. 连续波调制

一般情况下,调制后的载波具有的形式为

$$\Phi(t) = \Phi_0 + \Phi_m [V(t)] \sin \{ \omega [V(t)] t - \varphi [V(t)] \} \tag{8-29}$$

式中:Φ_0——光通量的直流分量(lm),一般不荷载任何信息;

$\quad \Phi_m$——载波交流分量的振幅;

$\quad \omega$——载波交流分量的频率(Hz);

$\quad V(t)$——由被测信息决定的调制函数;

$\quad \Phi_m[V(t)]$——振幅调制(AM)的调制参量;

$\quad \omega[V(t)]$——频率调制(FM)的调制参量;

$\quad \varphi[V(t)]$——相位调制(PM)的调制参量。

1) 振幅调制

振幅调制是指光载波信号的幅度瞬时值随调制信号变化,而频率和相位保持不变。若式(8-29)中的 $\Phi_m[V(t)]$ 为

$$\Phi_m[V(t)] = [1 + mV(t)]\Phi_m \tag{8-30}$$

则调制后的信号为

$$\Phi(t) = \Phi_0 + [1 + mV(t)]\Phi_m \sin(\omega t + \varphi) \tag{8-31}$$

式中,$|V(t)| \leqslant 1$,m 为调制度或调制深度,它表示调制函数 $V(t)$ 对载波幅度的调制能力,即

$$m = \frac{\text{被调制波的最大幅度变化}}{\text{载波幅度}} = \frac{|\Delta\Phi_m|}{\Phi_m} \leqslant 1 \tag{8-32}$$

下面以正弦调制函数为例分析调制波形的形成过程及其频谱分布。此时,被测信号按单一谐波规律变化,其表示为

$$V(t) = \sin(\Omega t + \theta) \tag{8-33}$$

式中：Ω——被测信号的谐波角频率，$\Omega = 2\pi F$；

    F——频率(Hz)；

    θ——初相位(rad)。

被测信号和正弦载波的波形分别如图 8-21(a)和图 8-21(b)所示。

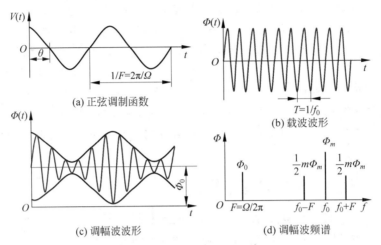

图 8-21　调幅波及其频谱

设初相位 $\varphi = 0$，则被调制的载波信号为

$$\Phi(t) = \Phi_0 + [1 + m\sin(\Omega t + \theta)]\Phi_m \sin(\omega t) \tag{8-34}$$

式中：ω——载波的角频率(rad/s)，$\omega = 2\pi f_0$；

    f_0——载波的频率(Hz)。

式(8-34)所对应的波形如图 8-21(c)所示。将式(8-34)用三角公式展开可得

$$\Phi(t) = \Phi_0 + \Phi_m \sin(\omega t) + \frac{1}{2}m\Phi_m \{\cos[(\omega - \Omega)t - \theta] - \cos[(\omega + \Omega)t + \theta]\} \tag{8-35}$$

根据式(8-35)，以频率为横坐标，各个频率分量的幅度为纵坐标，得到调幅波的频谱分布如图 8-21(d)所示。可见，正弦调制函数的调幅信号除了零频分量 Φ_0 外，还包含有三个频率分量：基频分量 f_0、f_0 和调制频率 F 的和频($f_0 + F$)分量与差频($f_0 - F$)分量。与正弦调制函数的单一谱线相对比，可发现调幅波的频谱由低频向高频移动，而且增加了两个边频。

若调制函数具有连续的频率，则调幅波的频带是 $f_0 \pm F_{max}$，带宽为 $B_m = 2F_{max}$，其中 F_{max} 是调制函数的最高频率。

确定调制波的频谱是选择检测通道带宽的依据。使检测通道的带宽满足调幅波带宽 B_m 的要求，对带宽外的信号进行有选择的滤波，以便减小噪声和干扰的影响，有利于提高信噪比。

2）频率调制

频率调制简称调频，是指载波的频率按调制信号的变化规律而改变，使调制后的调频波频率瞬时偏离原有的载波频率，频率偏离值与调制信号的幅度瞬时值成正比。

设式(8-29)中的调制项为

$$\omega[V(t)] = \omega_0 + \Delta\omega V(t) \tag{8-36}$$

式中：$V(t)$——调制函数，规定 $|V(t)| \leqslant 1$；

ω_0——中心角频率（rad/s）;

$\Delta\omega$——角频率变化幅值（rad/s）。

$$\Delta f = \frac{\Delta\omega}{2\pi}$$

Δf 是载波频率相对于中心频率 $f_0 = \dfrac{\omega_0}{2\pi}$ 的最大频率偏差,称为频偏（Hz）。

将式(8-36)代入式(8-29)可得

$$\Phi(t) = \Phi_0 + \Phi_m \sin\left[\omega_0 t + \Delta\omega\int_0^t V(t)\right] \tag{8-37}$$

若调制函数为余弦函数,即 $V(t) = \cos(\Omega t + \theta)$,其中 $\Omega = 2\pi F$ 为调制角频率,θ 为初相位,则式(8-37)可写为

$$\Phi(t) = \Phi_0 + \Phi_m \sin[\omega_0 t + m_f \sin(\Omega t + \theta)] \tag{8-38}$$

式中: m_f——频率调制指数; $m_f = \dfrac{\Delta\omega}{\Omega} = \dfrac{\Delta f}{F}$,它表示单位调制频率引起偏频的大小;

F——调制频率（Hz）。

当 $m_f > 1$ 时称为宽带调频,当 $m_f < 1$ 时称为窄带调频。

调频信号的波形如图 8-22(a)所示。

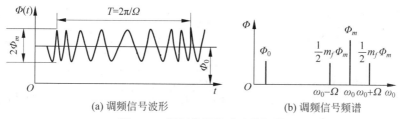

(a) 调频信号波形　　(b) 调频信号频谱

图 8-22　调频信号波形及其频谱

将式(8-38)展开可得

$$\Phi(t) = \Phi_0 + \Phi_m\{\sin\omega_0 t \cdot \cos[m_f \sin(\Omega t + \theta)] + \cos\omega_0 t \cdot \sin[m_f \sin(\Omega t + \theta)]\} \tag{8-39}$$

在窄带调频的情况下,$\cos[m_f \sin(\Omega t + \theta)] \approx 1$,$\sin[m_f \sin(\Omega t + \theta)] \approx m_f \sin(\Omega t)$,则式(8-39)可简化为

$$\Phi(t) = \Phi_0 + \Phi_m \sin\omega_0 t + \frac{1}{2}m_f \Phi_m\{\sin[(\omega_0 + \Omega)t + \theta] - \sin[(\omega_0 - \Omega)t + \theta]\} \tag{8-40}$$

可见,窄带调频时频谱的基波频率为 ω_0,组合频率为 $\omega_0 + \Omega$ 和 $\omega_0 - \Omega$,其频谱分布如图 8-22(b)所示。

一般情况下,调制信号比较复杂时,频谱是以载波频率为中心的一个宽带域,带宽因 m_f 而异。窄带调频时的带宽为 $B_f = 2F$,宽带调频时的带宽为 $B_f = 2(\Delta f + F) = 2(1 + m_f)F$。

3) 相位调制

相位调制是指载波的相位随调制信号的变化而变化的调制。调频和调相两种调制波最终都表现为总相角的变化。

如果式(8-29)中的调制项为

$$\varphi[V(t)] = k_\varphi \sin\omega_m t + \varphi_c \qquad (8\text{-}41)$$

式中：k_φ——相位比例系数；

φ_c——相位角（rad）。

调相波的总相位角为

$$\varphi(t) = \omega t + \varphi[V(t)] = \omega t + k_\varphi \sin\omega_m t + \varphi_c \qquad (8\text{-}42)$$

则调相波可表示为

$$\Phi(t) = \Phi_0 + \Phi_m \sin(\omega t + k_\varphi \sin\omega_m t + \varphi_c) \qquad (8\text{-}43)$$

2. 脉冲调制

以上几种调制方式所得到的调制波都是连续振荡波,称为模拟调制。目前,不连续状态下进行调制的脉冲调制和数字式调制(编码调制)被广泛采用。

光信号脉冲调制是指将被测物理量信息加载在光脉冲序列的参量(振幅、相位、频率或宽度等)上。例如,将直流信号用间歇通断的方法进行调制得到脉冲载波,然后使载波脉冲的幅度、相位、频率、脉宽等参量按调制信号改变,从而得到不同的脉冲调制。图 8-23 所示为各种类型的脉冲调制方式的波形图。

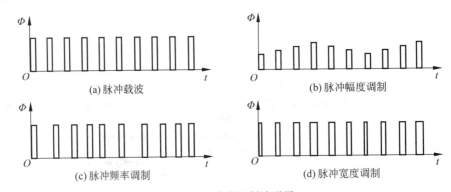

图 8-23　脉冲调制波形图

光信号的脉冲调制可以提高探测系统的信噪比和抗干扰能力,抑制背景光的影响,提高系统测量的灵敏度,在激光测距、目标跟踪与识别等方面有着广泛的应用。另外,脉冲调制还能使同一个光学通道实现多路信息的传输,如将不同宽度的调幅脉冲在同一根光纤中传输,在接收端设置脉冲鉴别电路,就可以把不同宽度的调幅波分开。

3. 编码调制

编码调制是把模拟信号先变成脉冲序列,再变成代表信号信息的二进制编码,然后对载波进行强度调制。编码调制具有很强的抗干扰能力,在数字通信中得到广泛的应用。采样、量化和编码是实现编码调制的三个过程。

采样：把连续信号波分割成不连续的脉冲波,用一定的脉冲序列来表示,且脉冲序列的幅度与信号波的幅度相对应。根据采样定理,只要采样频率比所传输信号的最高频率大两倍以上,就能够恢复原信号。

量化：把采样后的脉冲幅度调制波进行分级"取整"处理,用取整后的整数值取代取样值的大小。

编码：把量化后的数字信号变换成相应的二进制码。

8.3.3　光调制的方法

可以实现单色光波或复合光通量调制作用的装置称为光调制器。典型的光信号调制方法主要有辐射源调制、机电调制和光控调制等,下面介绍光电信息系统中应用较多的光控调制。

对于光学性质随方向而异的一些介质,常发生一束入射光分解为两束折射光的双折射现象,相应的介质称为各向异性材料。由于两个方向的折射率不同,这种材料具有旋光性,可以改变入射偏振光的偏振方向。材料折射率各向异性能在电场、磁场和机械力等外力作用下形成和改变。利用这些光控效应可以对光波的振幅、频率、相位、偏振状态和传播方向等参量进行调制,这些调制器称为光控调制器。根据引起光控效应外因形式的不同,光控调制器可以分为电光、磁光和声光调制器。

1. 电光调制

某些晶体在外加电场的作用下,其折射率随外加电场的改变而发生变化的现象称为电光效应。电光效应分为两种类型:一种是介质折射率变化量正比于电场强度,称为一阶电光效应或泡克尔斯(Pockels)效应;另一种是介质折射率变化量与电场强度的平方成正比,称为二阶电光效应或克尔(Kerr)效应。

具有电光效应的晶体称为电光晶体,主要有铌酸锂($LiNbO_3$)晶体、砷化镓(GaAs)晶体和钽酸锂($LiTaO_3$)晶体等。利用晶体的电光效应制成的调制器称为电光调制器,它可用于对激光的振幅和相位进行调制。

电光调制器通常利用一阶电光效应,在这种情况下,施加电场 E 引起的折射率变化为

$$\Delta n = \frac{n_0^3}{2}\gamma_{ij}E_j \tag{8-44}$$

式中:n_0——$E=0$ 时材料的折射率;

γ_{ij}——线性电光系数,i 和 j 对应于适当坐标系中各向异性材料的轴线。

1) 电光相位调制

图 8-24 所示为电光相位调制器示意图。施加的外电场 $E_a = V/d$ 与 y 方向相同,光的传输方向沿着 z 方向,即外加电场在光传播方向的横截面上。假设入射光为与 y 轴成 $45°$ 角的线偏振光,可以把入射光用沿 x 和 y 方向的偏振光 E_x 和 E_y 表示,对应的折射率分别为 n_1' 和 n_2'。于是当 E_x 和 E_y 沿横向传输距离 L 后,它引起的相位变化为

$$\Delta\varphi = \varphi_1 - \varphi_2 = \frac{2\pi n_1'}{\lambda}L - \frac{2\pi n_2'}{\lambda}L = \frac{2\pi}{\lambda}n_0^3\gamma_{22}\frac{L}{d}V \tag{8-45}$$

可见,施加的外电压在两个电场分量间产生一个可调整的相位差 $\Delta\varphi$。

2) 电光强度调制

在图 8-24 所示的相位调制器中,在调制晶体之前和之后分别插入起偏器和检偏器,就可以构成强度调制器,如图 8-25 所示。

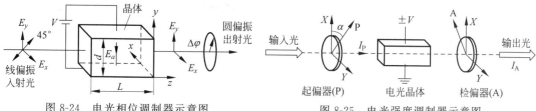

图 8-24　电光相位调制器示意图　　　　　图 8-25　电光强度调制器示意图

由激光器发出的激光经起偏器 P 后只透射光波中平行其振动方向的振动分量,当该偏振光 I_P 垂直于电光晶体的通光表面入射时,如将光束分解成两个线偏振光,则经过晶体后其 X 分量与 Y 分量会产生 $\Delta\varphi(V)$ 的相位差,然后光束再经检偏器 A,产生光强为 I_A 的出射光。当起偏器与检偏器的光轴正交(A⊥P)时,根据偏振原理可求得输出光强为

$$I_A = I_P \sin^2(2\alpha)\sin^2\left[\frac{\Delta\varphi(V)}{2}\right] \tag{8-46}$$

式中:α——P 与 X 两光轴间的夹角(rad)。

若取 $\alpha = \pm45°$,这时 V 对 I_A 的调制作用最大,并且

$$I_A = I_P\sin^2[\Delta\varphi/2] \quad \text{或} \quad I_A = I_P\sin^2\left[\frac{\pi}{2}\cdot\frac{V}{V_{\lambda/2}}\right] \tag{8-47}$$

式中:$V_{\lambda/2}$——$\Delta\varphi = \pi$ 时的外加电压,称为半波电压(V)。

图 8-26 所示为电光强度调制透过率(输出光强与输入光强之比)与施加在电光晶体上电压之间的关系。当电信号为数字信号时,可以接通或断开光脉冲,因此不会产生传输光强的非线性;当电信号为模拟信号时,就必须使工作点在曲线的线性区,这可以通过在起偏器之后插入一个 1/4 波片,以便在输入端提供圆偏振光。在此工作点的附近小范围内,透射光强与输入电压成正比关系。调制器的输入电信号就被无畸变地转换为输出光强信号。

2. 声光调制

1) 声光效应

当超声波在某些介质中传播时,产生时间与空间的周期性弹性应变,造成介质密度(或折射率)周期性变化。介质随超声波应变与折射率变化的这一特性,可使光在介质中传播时发生衍射,从而产生声光效应。存在于超声波中的此类介质可视为一种由声波形成的位相光栅(称为声光栅),其光栅的栅距(光栅常数)即为声波波长。当一束平行光束通过声光介质时,光波就会被该声光栅所衍射而改变光的传播方向,并使光强在空间作重新分布。

声光效应原理如图 8-27 所示,它由声光介质和换能器两部分组成。常用的声光介质有钼酸铅(PM)和氧化碲等,换能器即超声波发生器,它是利用压电晶体使电压信号变为超声波,并向声光介质发射的一种能量变换器。

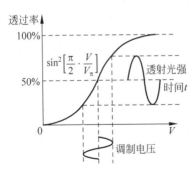

图 8-26 电光晶体透过率与电压的关系

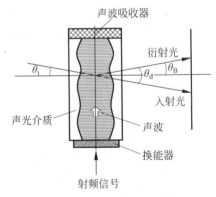

图 8-27 声光效应原理示意图

理论分析指出,当入射角(入射光与超声波面间的夹角)θ_i满足以下条件时,衍射光最强。

$$\sin\theta_i = N\left(\frac{2\pi}{\lambda_s}\right)\left(\frac{\lambda}{4\pi}\right) = N\left(\frac{K}{2k}\right) = N\left(\frac{\lambda}{2\lambda_s}\right) \tag{8-48}$$

式中: N——衍射光的级数;

λ——入射光的波长(nm);

k——入射光的波数, $k = \frac{2\pi}{\lambda}$;

λ_s——超声波的波长(nm);

K——超声波的波数, $K = \frac{2\pi}{\lambda_s}$。

2) 声光调制

若入射角 $\theta_i = 0$,即入射光平行于声光栅的栅线入射时,声光栅所产生的衍射图案和普通光学光栅所产生的衍射图案类似,也就是在零级条纹两侧对称地分布着各级衍射光条纹,而且衍射光强逐级减弱,这种衍射称为拉曼-奈斯(Raman-Nath)衍射,如图8-28所示。要实现拉曼-奈斯衍射,则要求声光相互作用长度 $L \ll \lambda_s^2/2\pi\lambda$。理论分析表明衍射光强和超声波强度成正比。因此,可利用这一原理来对入射光进行调制。若调制信号不是电信号,则首先把它变为电信号,然后作用到超声波发生器上,使声光介质产生的声光栅与调制信号相对应,则入射激光的衍射光强正比于调制信号的强度,这就是声光调制的原理。

当入射角 $\theta_i \neq 0$ 时,一般情况下衍射光都很弱。只有在入射角满足下式条件下,衍射光最强。

$$\sin\theta_i = \sin\theta_B = \frac{K}{2k} = \frac{\lambda}{2\lambda_s} \tag{8-49}$$

式(8-49)称为布拉格条件,θ_B称为布拉格角。此时的衍射光是不对称的,只有正一级或负一级。衍射效率(衍射光强与入射光强之比)可接近100%,这种衍射称为布拉格衍射,如图8-29所示。要实现布拉格衍射,则要求声光相互作用长度 $L \gg \lambda_s^2/2\pi\lambda$。

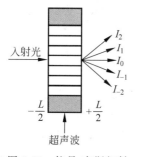

图 8-28　拉曼-奈斯衍射

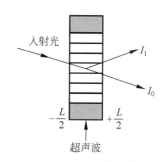

图 8-29　布拉格衍射

当满足入射角 θ_i 较小且 $\theta_i = \theta_B$ 的布拉格条件时,由式(8-49)可得

$$\theta_B \approx \sin\theta_B = \frac{\lambda}{2\lambda_s} = \frac{\lambda F}{2v_s} \tag{8-50}$$

式中: F——超声波的频率(Hz);

v_s——超声波的速度(m/s)。

入射(掠射)角 θ_i 与衍射角 θ_B 之和称为偏转角 θ_d,如图 8-27 所示。由式(8-50)可得

$$\theta_d = \theta_i + \theta_B = 2\theta_B = \frac{K}{k} = \frac{\lambda}{\lambda_s} = F\frac{\lambda}{v_s} \tag{8-51}$$

由此可见,偏转角正比于超声波频率。当改变超声波频率 F(实际是改变换能器上电信号的频率)时,衍射光的方向亦将随之线性地改变,这也就是声光调制器的原理。此外,通过衍射光的偏转角 θ_d 也可得出超声波在介质中的传播速度为

$$v_s = \frac{F\lambda}{\theta_d} \tag{8-52}$$

总之,拉曼-奈斯衍射是多级衍射,其衍射光强是对称分布的,只适用于振幅较大的低频弹性波的情况;布拉格衍射的光强集中于零级或一级上,其衍射光强分布是不对称的,适用于振幅较小的高频弹性波的情况。因此,拉曼-奈斯衍射型调制器只限于低频工作,其只有有限的带宽;而布拉格衍射由于效率高,且调制带宽较宽,故较多采用。

3. 磁光调制

1)磁光效应

当偏振光通过某些透明物质时,光的振动面将以光的传播方向为轴线旋转一定的角度,这种现象称为旋光现象。相应地能使振动面旋转的物质称为旋光物质,石英晶体、食糖溶液等都是旋光性较强的物质。

除了旋光物质外,一些不具有旋光性的物质,如水、铅玻璃等,在磁场作用下也可使穿过它的偏振光的振动方向发生旋转。这种在磁场作用下产生的旋光效应称为磁光效应,也称为法拉第旋光效应。具体地说,就是把磁光介质放到磁场中,使光线平行于磁场方向通过介质时,入射的平面偏振光的振动方向就会发生旋转,旋转角的大小与磁光介质的性质、光程和磁场强度等因素有关。振动面的旋转角度可表示为

$$\theta = \rho l H \tag{8-53}$$

式中:l——光程(m);

$\quad\quad H$——磁场强度(A/m);

$\quad\quad \rho$——维尔德(Verdet)常数,它与磁光介质和入射光的波长有关,是一个表征介质磁光特性强弱的参量。

不同介质,振动面旋转方向不同。顺着磁场方向看,使振动面右旋的,称为右旋或正旋介质,ρ 为正值。反之,则称为左旋或负旋介质,ρ 为负值。

对于给定的磁光介质,振动面的旋转方向只取决于磁场方向,与光波的传播方向无关,这是磁光介质和天然旋光介质之间的重要区别。利用这一特性在激光技术中可制成具有光调制、光开关、光隔离、光偏转等功能性磁光器件,其中磁光调制为其最典型的一种。

2)磁光调制

磁光调制器的结构如图 8-30 所示,它就是根据法拉第效应制成的。将磁光介质(铁钇石榴石 $Y_3Fe_5O_{12}$ 或三溴化铬 $CrBr_3$)置于激磁线圈中,在它的左右两边各加一个偏振片,安装时使它们的光轴彼此垂直。没有磁场时,自然光通过起偏器 P 变为平面偏振光通过磁光介质,由于振动面没有发生旋转,到达检偏器 A 时由于其振动方向与检偏器的光轴垂直而被阻挡,检偏器无光输出;有磁场时,入射于检偏器 A 的偏振光因振动面发生了旋转,检偏器则有光输出。光输出的强弱与磁致旋转角 θ 有关,即与流经激磁线圈的调制电流相关,这

就是磁光调制的工作原理。

磁光调制频率较低,不如电光调制,因而它目前仅用在红外波段(1～5μm)。

3) 基于磁光调制的电流信息光学变换

磁光调制需要的驱动功率较低,受温度影响也较小,可应用于应力分布、物质成分分析以及电场、磁场、电流测试和控制等领域。

图 8-31 所示为一种光纤磁场电流传感器原理示意图。激光器出射光通过起偏器后变为线偏振光耦合进光纤。流经高压载流导线的电流为 I,根据安培环路定律,通电长直载流导线在其周围产生的磁场强度可表示为

$$H = \frac{I}{2\pi r} \tag{8-54}$$

式中:r——导线外任一观测点到导线轴的垂直距离(m)。

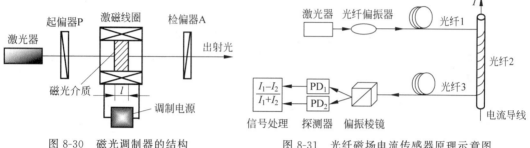

图 8-30　磁光调制器的结构　　　图 8-31　光纤磁场电流传感器原理示意图

光纤 2 绕在载流导线上,在这一段光纤上产生磁光效应,使通过光纤的偏振光产生角度为 θ 的偏振面旋转。出射光经渥拉斯顿棱镜(Wollaston Prism)把光束分成振动方向相互垂直的两束偏振光,然后由两个光电探测器分别接收并转换为相应的电信号 I_1 和 I_2,最后送入信号处理单元进行处理。在偏转角 θ 不大的情况下,I_1、I_2 和 θ 间的关系为

$$\frac{I_1 - I_2}{I_1 + I_2} = \sin(2\theta) \approx 2\theta \tag{8-55}$$

由此可见,根据磁光效应,光纤磁场电流传感器输出信号与载流导线中的电流 I 相对应。利用此方法对直流和交流均可测量,且具有较强的抗干扰能力。

8.3.4　调制信号的解调

调制不是光电检测的目的,它只是实现光电检测和提高光电检测能力的一种手段。光电检测是要从调制信号中检测出被测信息。从已调制信号中分离出被测信息的过程称为解调,也称为检波,它是信号调制的相反过程。实现解调作用的装置称为解调器。在时域分析中,调制是将有用信息及其时间变化荷载到载波的特征参量上,而解调则是从这些调制了的特征参量上再现出所需信息。从频域分析的角度,调制是将信号的频谱向以载波频率为中心频率的高频方向变换,而解调则是将变换了的频谱分布复原或反变换为初始的信号频谱分布。

由于调制是一个非线性过程,解调必须用非线性元件,如二极管和晶体管等。不同的调制信号有不同的解调方法,常用的解调方法有光学法和电子法。光学法有相干光的干涉场

解调和光电探测器件解调等；电子法常用二极管检波电路、晶体管峰值检波电路和相敏检波电路等。关于调制信号解调的具体方法在此不做详细介绍，大家可以参阅相关的电子电路资料。

第 8 章
参考答案

思考题与习题

8.1　激光三角法测量技术的基本原理是什么？其测量准确度受哪些因素影响？

8.2　利用激光衍射方法测量物体尺寸及其变化时，其测量分辨率、测量不确定度、量程范围由哪些因素决定？在实际测量时应注意什么？

8.3　图 8-14(b)所示的单光束-双散射的激光多普勒测速模式中，试说明它的工作原理，并推导出探测器输出的交流信号的表达式。

8.4　什么是光调制？光调制有什么优点？

8.5　在电光强度调制中，为了得到线性的调制，在调制器中插入一个 $\lambda/4$ 波片，波片的轴线如何设置最好？若旋转 $\lambda/4$ 波片，它所提供的直流偏置有何变化？

8.6　图 8-31 所示的光纤磁场电流传感器中，(1)试证明式(8-55)；(2)设光纤长度为 L，导线半径为 R，求导线中电流强度的表达式。

微弱光电信号的探测与处理

由第 8 章可知,采用不同的变换方式,可将待测信息载荷到光波的强度、频率、相位或偏振等特征参数上,然后再通过光-电信号变换的方法来获取光载波所载荷的这些信息。然而,由于经过光学变换和光-电变换两个处理过程后所得到的电学信号通常非常微弱,一般还需由电子系统进一步处理后方能提取真实有用的信号,如放大、滤波和相关检测等多种处理手段。本章在介绍光-电信号变换中通常采用的直接探测和外差探测两种方法后,重点介绍在光电系统中有特殊要求的电学信号处理方法,包括光电检测电路前置放大器的设计、微弱光电信号检测与处理的基本方法。

9.1 直接探测与外差探测

通常的光-电信号变换方法有直接探测和外差探测两种。下面以信噪比作为系统性能的评判,分析直接探测和外差探测系统的作用原理、工作特性及相关的一些基本问题。

9.1.1 直接探测

光电探测器的基本功能就是把入射到探测器上的辐通量(光通量)转换为相应的光电流,即

$$i(t) = \frac{e\eta}{h\nu}\Phi(t) \tag{9-1}$$

式中: $i(t)$——光电探测器对入射辐通量(光通量) $\Phi(t)$ 的响应。

9.1.1
微课视频

可见,光电流随时间的变化也就反映了辐通量(光通量)随时间的变化。因此,只要通过光学信息变换将待测信息转换为辐通量(光通量)的变化,利用光电探测器的直接光电转换功能就能实现信息的解调,这种探测方式通常称为直接探测。因为光电探测器输出的光电流实际上是相应于辐通量(光通量)的包络变化,所以直接探测方式常常叫作包络探测。

直接探测是将信号光直接入射到光电探测器的光敏面上,光电探测器只响应入射光辐射的强度(或辐通量)。无论光载波是相干光还是非相干光,其系统只能解调出由光强度调制所形成的信息,不涉及光辐射的相干性质,因而又称为非相干探测。

图 9-1 所示为直接探测系统的结构框图。在光学接收系统中可设置光学天线,以接收更多的信号光能量;还可设置频率滤波器(如滤光片)和空间滤波器(如光阑),以减小背景光的影响。

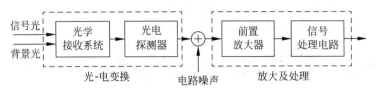

图 9-1 直接探测系统的结构框图

1. 光电探测器的平方律特性

入射到光电探测器上的信号光的电场为

$$e_s(t) = E_s \sin(\omega_s t) \tag{9-2}$$

式中：ω_s——光波频率。

由于光功率 $P_s(t) \propto e_s^2(t)$，由光电探测器的光电转换定律可得光电流为

$$i_s(t) = S \langle e_s^2(t) \rangle \tag{9-3}$$

式中：S——光电探测的光电灵敏度；

$\langle e_s^2(t) \rangle$——对时间求统计平均。

这是因为光电探测器的响应时间远远大于光频变化周期，所以光电转换过程实际上是对光场变化的时间积分响应。将式(9-2)代入式(9-3)，可得

$$i_s = \frac{1}{2} S E_s^2 = S P_s \tag{9-4}$$

式中：P_s——入射信号光的平均功率。

式(9-4)表明，光电探测器输出的光电流与光波电场强度振幅的平方成正比，所以光电探测器又称为平方律器件。

若探测器的负载电路是 R_L，那么光电探测器的输出功率为

$$P_o = i_s^2 R_L = S^2 R_L P_s^2 \tag{9-5}$$

式(9-5)表明，光电探测器的平方律特性还包含有其输出功率正比于入射光功率的平方这层含义。

若入射光信号是调幅波，调制函数为 $V(t)$，那么光电探测器输出的光电流为

$$i_s(t) = \frac{1}{2} S E_s^2 + S E_s^2 K V(t) \tag{9-6}$$

式中，第一项为直流电平；

第二项为有用信号，即光载波的包络线(强度的变化)。

若光电探测器的输出电路中有隔直流电容，则输出光电流只包含第二项。这就是所谓包络探测的意思，也是直接探测的基本物理过程。

2. 直接探测系统的信噪比性能分析

设输入光电探测器的信号功率和噪声功率分别为 S_i 和 N_i，输出信号功率和噪声功率分别为 S_o 和 N_o，则总的输入功率和输出功率分别为 $S_i + N_i$ 和 $S_o + N_o$。由光电探测器的平方律特性可得

$$S_o + N_o = k(S_i + N_i)^2 = k(S_i^2 + 2S_i N_i + N_i^2) \tag{9-7}$$

考虑到信号和噪声的独立性，应用 $S_o = kS_i^2$ 和 $N_o = k(2S_i N_i + N_i^2)$，根据信噪比的定义可得输出信噪比为

$$(\text{SNR})_o = \frac{S_o}{N_o} = \frac{S_i^2}{2S_iN_i + N_i^2} = \frac{(S_i/N_i)^2}{1 + 2(S_i/N_i)} \tag{9-8}$$

由式(9-8)可得出如下结论：

(1) 若 $S_i/N_i \ll 1$，则有

$$\frac{S_o}{N_o} \approx \left(\frac{S_i}{N_i}\right)^2 \tag{9-9}$$

此时输出信噪比近似等于输入信噪比的平方。这说明直接探测方式不适于输入信噪比小于1的场合或微弱光信号的探测。

(2) 若 $S_i/N_i \gg 1$，则有

$$\frac{S_o}{N_o} \approx \frac{1}{2}\left(\frac{S_i}{N_i}\right) \tag{9-10}$$

此时输出信噪比等于输入信噪比的一半，光电转换后的信噪比损失不大，实际应用中完全可以接受。所以，直接探测方式由于实现简单，可靠性高，在强光信号的探测中得到广泛应用。

3. 直接探测系统的噪声等效功率

具有内增益的光电探测器的电输出功率可表示为

$$P_L = M^2 i_s^2 R_L = M^2 S^2 P_s^2 R_L \tag{9-11}$$

式中：M——光电探测器的增益。

输出噪声功率可表示为

$$P_n = (\overline{i_{ns}^2} + \overline{i_{nb}^2} + \overline{i_{nd}^2} + \overline{i_{nT}^2})R_L \tag{9-12}$$

式中：$\overline{i_{ns}^2}$——信号光电流；

$\overline{i_{nb}^2}$——背景光电流噪声；

$\overline{i_{nd}^2}$——暗电流噪声；

$\overline{i_{nT}^2}$——电阻热噪声。

它们分别可表示为

$$\overline{i_{ns}^2} = 2eM^2 i_s \Delta f, \quad \overline{i_{nb}^2} = 2eM^2 i_b \Delta f, \quad \overline{i_{nd}^2} = 2eM^2 i_d \Delta f, \quad \overline{i_{nT}^2} = 4kT\Delta f/R_L \tag{9-13}$$

式中：Δf——系统带宽。

另外，$i_s = SP_s$，$i_b = SP_b$，P_b 为背景杂散光功率。以上诸式适用于光电倍增管；对于光电二极管，$M = 1$；对于光电导探测器，式(9-13)前三式中的系数 2 应为 4。

根据输出信噪比的定义有

$$\frac{S_o}{N_o} = \frac{M^2 S^2 P_s^2}{\overline{i_{ns}^2} + \overline{i_{nb}^2} + \overline{i_{nd}^2} + \overline{i_{nT}^2}} \tag{9-14}$$

当 $S_o/N_o = 1$ 时，信号光功率就是光电探测器的等效噪声功率，即

$$\text{NEP} = \frac{1}{M \cdot S}(\overline{i_{ns}^2} + \overline{i_{nb}^2} + \overline{i_{nd}^2} + \overline{i_{nT}^2})^{1/2}$$

$$= \frac{1}{M \cdot S}\left[2eM^2\Delta f(i_s + i_b + i_d) + \frac{4kT\Delta f}{R_L}\right]^{1/2} \tag{9-15}$$

式中，方括号内第一项为散粒噪声贡献；方括号内第二项为热噪声。

理想情况下,直接探测系统只受信号光引起的散粒噪声 $\overline{i_{\mathrm{ns}}^2}$ 限制(即量子噪声限),其他噪声为零或很小,可以忽略。则此时信噪比 $\mathrm{SNR_d}$ 为

$$\mathrm{SNR_d} = \frac{S_\mathrm{o}}{N_\mathrm{o}} = \frac{SP_\mathrm{L}}{2e\Delta f} \tag{9-16}$$

这是直接探测系统所能达到的最大信噪比极限,也称为直接探测的量子极限。

在量子极限的情况下,直接探测的噪声等效功率为

$$\mathrm{NEP_d} = \frac{2h\nu\Delta f}{\eta} \tag{9-17}$$

若光波长 $\lambda = 1.06\mu m$,光电探测器的量子效率 $\eta = 50\%$,$\Delta f = 1\mathrm{Hz}$,$\mathrm{NEP_d} \approx 7.2 \times 10^{-22}\mathrm{W}$。此结果已接近单光子接收灵敏度。然而这种情况实际上很难实现。一方面探测器不可能没有噪声;另一方面要满足信号噪声极限条件,信号光强必须大才行。因此,这个结果只能理解为直接探测系统的理想状态。

9.1.2
微课视频

9.1.2 光频外差探测

光频外差探测的原理和无线电波外差的接收原理一样,它是将信号光和参考光同时入射到光电探测器的光敏面上,形成光的干涉图样,光电探测器响应两光束的干涉光场,其输出信号不仅与入射光波的强度(或振幅)有关,还与频率和相位等其他特征波动参数有关。光频外差探测是基于两束光波在光电探测器光敏面上的相干效应,因此光频外差探测也常常称为光波的相干探测。

光频外差探测所用的探测器,只要光谱响应和频率效应合适,原则上和直接探测所用的光电探测器相同。与直接探测相比,它是一种结构复杂而转换效率很高的光-电转换方法。它具有灵敏度高(比直接检测高 7~8 个数量级)、输出信噪比高、精度高、探测目标的作用距离远等特点,因而在精密测量系统中得到广泛应用。基于迈克尔逊干涉仪的光电位移测量系统、激光多普勒测速和激光陀螺等都是典型的光频外差探测的应用实例。

1. 光频外差探测的基本原理

图 9-2 所示为光频外差探测原理框图。其中,信号光是指包含有被测信息的相干调制

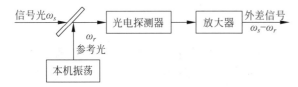

图 9-2 光频处差探测原理框图

波,参考光是指作为基准的本机振荡光波,也称为本振光。相干探测是指信号光和参考光在满足波前匹配的条件下在光电探测器上进行光学混频。探测器输出的是两光波光频之差的拍频信号,该信号包含有调制信号的振幅、频率和相位等特征。通过检测拍频信号可以解调出被传送的信息。

实际上,差频信号(或拍频)的获得,主要是利用具有平方律特性的光电探测器。在输入光强较弱的情况下,光电倍增管或光电二极管等光电探测器件的光照特性具有平方律性质,即输出光电流和输入光振幅的平方成正比。

设入射的信号光波的复振幅和本机振荡的参考光波的复振幅分别为 $E_\mathrm{s} = A_\mathrm{s}\sin(\omega_\mathrm{s}t + \varphi_\mathrm{s})$ 和 $E_0 = A_0\sin(\omega_0 t + \varphi_0)$,则光电探测器输出的光电流 I_φ 为

$$I_\varphi = S(E_\mathrm{s} + E_0)^2 = S[A_\mathrm{s}\sin(\omega_\mathrm{s}t + \varphi_\mathrm{s}) + A_0\sin(\omega_0 t + \varphi_0)]^2$$

$$= \frac{S}{2}\{A_s^2 + A_0^2 - A_s^2\cos 2(\omega_s t + \varphi_s) - A_0^2\cos 2(\omega_0 t + \varphi_0) -$$
$$2A_sA_0\cos[(\omega_s + \omega_0)t + (\varphi_s + \varphi_0)t] +$$
$$2A_sA_0\cos[(\omega_s - \omega_0)t + (\varphi_s - \varphi_0)t]\}$$

(9-18)

式中：S——光电探测的光电灵敏度。

由式(9-18)可知,在输出信号中除了直流分量外,在交变分量中还包含有 $2\omega_s$、$2\omega_0$、$\omega_s + \omega_0$ 和 $\omega_s - \omega_0$ 等四个谐波成分。它们的频谱如图 9-3 所示。其中,倍频项与和频项由于频率过高不能为光电探测器直接接收;只有 ω_s 和 ω_0 比较接近时,使 $\omega_s - \omega_0$ 处于光电探测器的上限截止频率之内,差频分量才能被探测器响应。因此,光电探测器经隔直电容后能单独分离出差频信号分量(或称为中频),其输出中频电流 I_{IF} 为

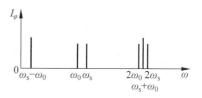

图 9-3 光频外差探测频谱图

$$I_{IF} = SA_sA_0\cos[(\omega_s - \omega_0)t + (\varphi_s - \varphi_0)t] = SA_sA_0\cos(\Delta\omega t + \Delta\varphi)$$

(9-19)

式中：$\Delta\omega$——频差,$\Delta\omega = \omega_s - \omega_0$;

$\Delta\varphi$——相位差,$\Delta\varphi = \varphi_s - \varphi_0$。

式(9-19)即为光学差频或光拍的表达式。它表明光频外差探测是一种全息探测技术。与直接探测只响应光功率的时变信息不同,在光频外差探测中,振幅 A_s、频率 $\omega_s = \Delta\omega + \omega_0$($\omega_0$ 是已知的,$\Delta\omega$ 可以测量)、φ_s 所携带的信息均可探测出来。也就是说,一个振幅调制、频率调制以及相位调制的光波所携带的信息,通过光频外差探测方式均可实现解调。这一点可以用简单的调幅信号加以说明。设信号光的振幅 A_s 受频谱如图 9-4(a)中的调制信号 $V(t)$ 的调幅,则式(9-19)中的 $A_s(t)$ 为

$$A_s(t) = A_n[1 - V(t)] = A_n\left[1 + \sum_{n=1}^{M} m_n\cos(\Omega_n t + \varphi_n)\right]$$

(9-20)

式中：A_n——调制信号的振幅;

m_n——调制信号各频谱分量的调制度;

Ω_n——角频率;

φ_n——相位。

将式(9-20)代入式(9-19)中,可得外差信号为

$$I_{IF} = SA_0A_n\left[1 + \sum_{n=1}^{M} m_n\cos(\Omega_n t + \varphi_n)\right]\cos(\Delta\omega + \Delta\varphi)$$

$$= SA_0A_n\cos(\Delta\omega + \Delta\varphi) + SA_0A_n\sum_{n=1}^{M} \frac{m_n}{2}\cos[(\Delta\omega + \Omega_n)t + (\Delta\varphi + \varphi_n)]$$

$$= SA_0A_n\sum_{n=1}^{M} \frac{m_n}{2}\cos[(\Delta\omega - \Omega_n)t + (\Delta\varphi - \varphi_n)]$$

(9-21)

它的频谱分布如图 9-4(b)所示。由图 9-4 及式(9-21)可见,信号光波振幅上所载荷的调制信号转换到外差信号上去了。对于其他调制方式,也有类似的结果。这是直接探测所不能达到的。

在特殊情况下,若使本振光频率和信号光频率相同,则式(9-19)变为

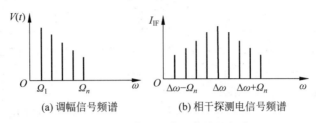

(a) 调幅信号频谱   (b) 相干探测电信号频谱

图 9-4　调幅信号机外差信号的频谱

$$I_{IF} = SA_s A_0 \cos\Delta\varphi \qquad (9-22)$$

这是零差探测的信号表达式。式中,A_s 项也可以是调制信号。例如,在式(9-20)调幅波的情况下,则由式(9-21)可得零差信号为

$$I_{IF} = SA_0 A_n \cos\Delta\varphi + SA_0 A_n \sum_{n=1}^{M} \frac{m_n}{2}\cos(\Omega_n t + \Delta\varphi + \varphi_n)$$

$$= SA_0 A_n \sum_{n=1}^{M} \frac{m_n}{2}\cos(\Omega_n t + \varphi_n - \Delta\varphi) \qquad (9-23)$$

令 $\Delta\varphi = 0$,则可得

$$I_{IF} = SA_0 A_n \left[1 + \sum_{n=1}^{M} \frac{m_n}{2}\cos(\Omega_n t + \varphi_n) \right] \qquad (9-24)$$

式(9-24)表明,零差探测能无畸变地获得信号原形,只是包含了本振光振幅的影响。此外,在信号光不做调制时,零差信号只能反映相干振幅和相位的变化,而不能反映频率的变化,这也就是单一频率双光束干涉,相位调制形成稳定干涉条纹的工作状态。

2. 光频外差探测的特性

由式(9-19)出发,可以得出光频外差探测具有以下优良特性。

1) 高转换增益

在光频外差检测中,中频电流对应的电功率为

$$P_{IF} = M^2 I_{IF}^2 R_L \qquad (9-25)$$

式中：M——光电探测器的增益系数；

$\qquad R_L$——光电探测的负载电阻。

将式(9-19)代入式(9-25)有

$$P_{IF} < 4M^2 S^2 P_s P_0 \cos^2[\Delta\omega t + (\varphi_s - \varphi_0)] \cdot R_L > 2M^2 S^2 P_s P_0 R_L \qquad (9-26)$$

式中：P_s——信号光功率；

$\qquad P_0$——本振光功率；

$\qquad <\cdots>$——对中频周期求平均。

而在直接探测中,探测器输出的电功率 $P_L = S^2 P_s^2 R_L$。

从物理过程的观点看,直接探测是光功率包络的检波过程；而光频外差探测的光电转换过程不是检波过程,而是一种“转换”过程。即把以 ω_s 为载频的光频信息转换到以 $\Delta\omega$ 为载频的中频电流上。从式(9-19)可见,这一“转换”是本机振荡光波的作用,它使光外差探测天然地具有一种转换增益。

为衡量这种转换增益的量值,以直接探测为基准加以描述,令转换增益 G 为

$$G = \frac{P_{IF}}{P_L} \tag{9-27}$$

在同样信号光功率 P_s 条件下可得

$$G = \frac{2P_0}{P_s} \tag{9-28}$$

通常 $P_0 \gg P_s$，因此 $G \gg 1$。显然，G 的大小和 P_s 的量值关系很大。例如，假定 $P_0 = 0.5\mathrm{mW}$，那么不同的 P_s 值下，G 值将发生明显变化，如表 9-1 所示。

表 9-1　$P_0 = 0.5\mathrm{mW}$ 时 P_s 与 G 的关系

P_s/W	10^{-3}	10^{-4}	10^{-5}	10^{-6}	10^{-7}	10^{-8}	10^{-9}	10^{-10}	10^{-11}
G	1	10	10^2	10^3	10^4	10^5	10^6	10^7	10^8

从表 9-1 可见，在强光信号下，外差探测并没有多少好处；而在微弱光信号下，外差探测表现出十分高的转换增益。例如，在 $P_s = 10^{-10} \sim 10^{-11}\mathrm{W}$ 量级时，$G = 10^7 \sim 10^8$。也就是说，外差探测的灵敏度比直接探测将高 $10^7 \sim 10^8$ 量级。所以光外差探测方式具有天然的探测微弱信号的能力。

2）良好的滤波性能

在直接探测中，为了抑制杂散光的干扰，都是在探测器前加置窄带滤光片。例如，采用性能优良的滤光片，带宽 $\Delta\lambda = 1\mathrm{nm}$ 对应的频带宽度（以 $\lambda = 10.6\mu\mathrm{m}$ 估算）为

$$\Delta f = \frac{c}{\lambda^2}\Delta\lambda = 3 \times 10^9\,\mathrm{Hz} \tag{9-29}$$

显然，这仍然是一个十分宽的频带。

在外差探测中，如果取差频宽度作为信息处理器的通频带 Δf，即

$$\Delta f_{IF} = \frac{\omega_s - \omega_0}{2\pi} = f_s - f_0 \tag{9-30}$$

例如，在 $10.6\mu\mathrm{m}$ 多普勒测速装置中，当运动目标沿光束方向的速度 v 为 $10\mathrm{m/s}$，信号回波产生多普勒频移，频差 Δf_{IF} 约为 $2.6 \times 10^6\,\mathrm{Hz}$。可见，在光频外差探测中，不加滤光片也比加滤光片的直接探测系统有更窄的接收带宽。显然，只有与本振光束混频后仍在此频带内的杂散背景光才可以进入系统，而其他杂散光所形成的噪声均被中频放大器滤除掉了。因此，光频外差探测对背景光有良好的滤波性能。

3）高性噪比

在光频外差探测情况下，光电探测器的噪声功率为

$$P_n = 2M^2 e\big[S(P_0 + P_s + P_b) + i_d\big]\Delta f_{IF}R_L + 4K_BT\Delta f_{IF}R_L \tag{9-31}$$

式中，第一项为散粒噪声；第二项为热噪声。

本振功率的引入将使本振散粒噪声大大超过热噪声及其他散粒噪声，所以式（9-31）可近似为

$$P_n = 2M^2 eSP_0\Delta f_{IF}R_L \tag{9-32}$$

由式（9-26）和式（9-32）可得输出功率信噪比为

$$\left(\frac{S}{N}\right)_{IF} = \frac{P_{IF}}{P_n} = \frac{\eta P_s}{h\nu\Delta f_{IF}} \tag{9-33}$$

根据 NEP 的定义,令$(S/N)_{IF}=1$,则光频外差探测的极限灵敏度为

$$(NEP)_{IF} = \frac{h\nu \Delta f_{IF}}{\eta} \tag{9-34}$$

与式(9-17)相比,直接探测和光频外差探测中的等效噪声功率的表达式十分相似,在滤波器带宽相同的情况下,光频外差探测的噪声等效功率为直接探测的一半。这里需要特别注意的是,式(9-17)是理想探测器工作在理想条件下得到的,即背景光及暗电流引起的散粒噪声和探测器的热噪声以及放大器的噪声均为零,这种情况在直接探测系统中基本上不存在;而式(9-34)是在本振光有足够强度的条件下得到的,并没有认为探测器是一个无噪声的理想探测器。因此光频外差探测可以检测到更小的入射功率,有利于弱光信号的检测。由此可见,光频外差中的本振光束不仅给信号光提供了转换增益,而且还有清除探测器内部噪声的作用。

4)良好的空间和偏振鉴别能力

在光频外差探测中,信号光和本振光必须沿同一方向射向光电探测器,而且要保持相同的偏振方向。而背景光入射方向是杂乱的,偏振方向不确定,不能满足空间对准要求,不能形成有效的相干信号。这就意味着光频外差探测装置本身具备了对探测光入射方向和偏振方向的高度鉴别能力。

5)高稳定性和可靠性

相干信号通常是交变的射频或中频信号,并且多采用频率或相位调制,即使被测参量为零,载波信号仍保持稳定的幅度。对于这种交流测量系统,系统的直流分量漂移和光信号幅度涨落不会直接影响其检测性能,系统能稳定可靠地工作。

9.2　微弱光电信号前置放大器的设计

对于微弱光电信号检测系统,前置放大器是引入噪声的主要器件之一,整个检测系统噪声主要取决于前置放大器,因而系统可检测的最小信号也主要取决于前置放大器。设计低噪声前置放大器包括选择低噪声运放、确定放大器级数、确定低噪声工作点、进行噪声匹配等工作。本节主要讨论前置放大器的噪声、光电探测器与前置放大器的匹配、低噪声放大器的选用以及低噪声运放的设计原则与方法。

9.2.1.1
微课视频

9.2.1　放大器的噪声模型与等效输入噪声

1. 放大器的 E_n-I_n 模型

一个放大器是由若干个元器件构成的,而每个元器件都会产生各种噪声,因而一个放大器内部的噪声是相当复杂的。为了简化分析,通常采用放大器 E_n-I_n 模型来描述放大器总的噪声特性。

根据线性电路网络理论,任何四端网络内的电过程均可等效地用连接在输入端的一对电压、电流发生器来表示。因而一个放大器的内部噪声可以用串联在输入端、具有零阻抗的电压发生器 E_n 和一个并联在输入端、具有无穷大阻抗的电流发生器 I_n 来表示,两者相关系数为 r。这个模型称为放大器的 E_n-I_n 噪声模型,如图 9-5 所示。

图 9-5 中,V_s 为信号源电压;R_s 为信号源内阻;E_{ns} 为信号源内阻上的热噪声电压,其

值为 $E_{ns}^2 = 4kTR_s\Delta f$；$Z_i$ 为放大器输入电阻；A_v 为放大器电压增益；V_{so} 为总的输出信号。

利用 E_n-I_n 模型后，放大器便可看成是无噪声的理想放大器，因而对放大器噪声的研究归结为只要分析 E_n、I_n 在整个电路中所起的作用就行了，这就简化了对整个电路系统的噪声的计算。这种模型能够通过测量得出 E_n、I_n 的具体大小，这对于低噪声放大器设计来说是相当重要的。

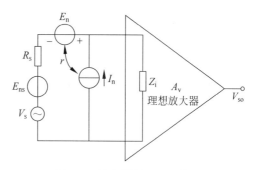

图 9-5 放大器的 E_n-I_n 模型

2. 放大器的等效输入噪声 E_{ni}

利用 E_n-I_n 模型，一个放大系统的噪声能够简化为输入端三个噪声源，即 E_n、I_n 和 E_{ns}。考虑这三个噪声源的共同效果，可以将它们一起等效地归结到信号源位置上，用等效输入噪声 E_{ni} 这个物理量来表示它们，下面讨论 E_{ni} 与 E_n、I_n、E_{ns} 的关系。

先计算各噪声源在放大器输出端的贡献。E_{ns} 的贡献为

$$E_{no(E_{ns})} = E_{ns}\frac{Z_i}{R_s + Z_i}A_v = E_{ns}A_vZ_i/(R_s + Z_i)$$

E_n 的贡献为

$$E_{no(E_n)} = E_n\frac{Z_i}{R_s + Z_i}A_v$$

I_n 的贡献为

$$E_{no(I_n)} = I_n(R_s \parallel Z_i)A_v = I_n\frac{R_sZ_i}{R_s + Z_i}A_v。$$

若 E_n、I_n 不相关，则总的输出噪声为

$$E_{no}^2 = E_{no(E_{ns})}^2 + E_{no(E_n)}^2 + E_{no(I_n)}^2$$

$$= E_{ns}^2\left(\frac{Z_i}{R_s + Z_i}A_v\right)^2 + E_n^2\left(\frac{Z_i}{R_s + Z_i}A_v\right)^2 + I_n^2\left(\frac{R_sZ_i}{R_s + Z_i}A_v\right)^2$$

在上式中，有一个公共因子 $\frac{Z_i}{R_s + Z_i}A_v$，实际上，这是放大系统对信号源的电压放大倍数。当输入信号为 V_s 时，输出信号为

$$V_{so} = V_s\frac{Z_i}{R_s + Z_i}A_v; \quad K_v = \frac{V_{so}}{V_s} = \frac{Z_i}{R_s + Z_i}A_v$$

因此等效输入噪声可以表示为

$$E_{ni}^2 = E_{no}^2/K_v^2 = E_{ns}^2 + E_n^2 + I_n^2R_s^2 \tag{9-35}$$

这个 E_{ni} 噪声源位于 V_s 位置上，代替了系统的所有噪声源，称为等效输入噪声。

如果 E_n、I_n 是相关的，则

$$E_{ni}^2 = E_{ns}^2 + E_n^2 + I_n^2R_s^2 + 2rE_nI_nR_s \tag{9-36}$$

式中：r——相关系数。

E_n-I_n 模型广泛采用的另一个原因是这个模型中所采用的各个参数容易测量。

（1）源电阻 R_s 的热噪声 E_{ns} 可以由电阻的热噪声公式求出，即

$$E_{ns}^2 = 4kTR_s\Delta f \Rightarrow E_{ns} = \sqrt{4kTR_s\Delta f}$$

（2）在式 $E_{ni}^2 = E_{ns}^2 + E_n^2 + I_n^2R_s^2$ 中，令 $R_s = 0$（将输入短路）就会使 $E_{ns} = 0$，$I_nR_s = 0$，于是 $E_{ni}^2 = E_n^2$。

因此，在 $R_s = 0$ 的条件下，测量放大器的总输出噪声得到的就是 $A_{vs}E_n$，此条件下总输出噪声除以 A_{vs} 即是 E_n 的值。

在已知 E_{ns} 和 E_n 的条件下，再进行一次测量，即可求出 I_n 的值。

9.2.2 噪声系数与最佳源电阻

1. 噪声系数

在实际工作中常常需要衡量一个放大器，或者一个元器件，或者一个系统的噪声性能。系统的噪声性能，不仅仅是指系统本身元器件产生噪声的大小，还包括它对信号影响的程度。由于 E_{ni} 的表示式中含有源电阻 R_s 及其热噪声项，故不宜用 E_{ni} 作为衡量的指标。另外，同时用 E_n、I_n 来表示又比较麻烦。因此，在噪声分析中，通常是用噪声系数（Noise Factor，NF）作为衡量放大器、元器件或系统噪声性能的指标。

NF 的定义为输入端信噪比与输出端信噪比之比，其表达式为

$$NF = \frac{P_{si}/P_{ni}}{P_{so}/P_{no}} = \frac{输入端信噪比}{输出端信噪比} \qquad (9-37)$$

用 dB 表示则写成

$$NF = 10\lg\frac{P_{si}/P_{ni}}{P_{so}/P_{no}} \qquad (9-38)$$

放大器的噪声系数的定义表示信号通过放大器后，信噪比变坏的程度，信号通过放大器后，假定信号和噪声都同样放大了，放大器无滤波功能，则信噪比不可能变好。

如果放大器是理想的无噪声的线性网络，那么其输入端的信号与噪声得到同样的放大，即输出端的信噪比与输入端的信噪比相同，于是 NF=1 或 NF=0dB。

一个好的低噪声放大器其噪声系数可小于 3dB。如果放大器本身有噪声，则输出噪声功率等于放大后的输入噪声功率和放大器本身的噪声功率之和，这样的放大器，信号经放大后，输出端的信噪比就比输入端的信噪比低，则 NF>1。这样分析，实际上假定噪声的带宽恒等于或小于放大器的通频带。

由此看来，噪声系数是用来衡量一个放大器（或一个元器件，或一个电子系统）的噪声性能的参数，如果其噪声系数 NF=1，则这个放大器是一个理想的无噪声的放大器，而实际的放大器，其噪声系数 NF>1。

通常，输入端的信号功率 P_{si} 和噪声功率 P_{ni} 分别由输入信号源的信号电压 V_s 和其内阻 R_s 的热噪声所产生，通常 R_s 的温度为常温，即 290K。

因此，NF 的定义也可以写成另一种形式，即

$$NF = \frac{P_{si}/P_{ni}}{P_{so}/P_{no}} = \frac{P_{si}P_{no}}{P_{ni}P_{so}} = \frac{P_{no}}{P_{ni}(P_{so}/P_{si})}$$

即

$$NF = \frac{P_{no}}{P_{ni}A_p} = \frac{P_{no}}{P_{no1}} \qquad (9-39)$$

式中：A_p——放大器的功率增益，$A_p = P_{so}/P_{si}$；

$\quad\quad P_{no1}$——信号源内阻产生的噪声，通过放大器后在输出端所产生的噪声功率，

$\quad\quad\quad\quad P_{no1} = P_{ni}A_p$。

上式表示，噪声系数 NF 仅与输出端的两个噪声功率 P_{no} 和 P_{no1} 有关，而与输入信号的大小无关。

实际上，放大器的输出噪声功率 P_{no} 是由两部分组成，一部分是 $P_{ni}A_p$；另一部分是放大器本身(内部)产生的噪声在输出端上呈现的噪声功率 P_n，即

$$P_{no} = A_p P_{ni} + P_n = P_{no1} + P_n$$

所以，噪声系数又可写成

$$\mathrm{NF} = \frac{P_{no}}{P_{ni}A_p} = \frac{A_p P_{ni} + P_n}{A_p P_{ni}} = 1 + \frac{P_n}{P_{ni}A_p} \tag{9-40}$$

由式(9-40)也可以看出噪声系数与放大器内部噪声的关系。实际放大器总是要产生噪声的，即 $P_n > 0$，因此 NF > 1。只有放大器是理想情况，内部无噪声即 $P_n = 0$，则 NF $= 1$。

式(9-37)、式(9-39)、式(9-40)是完全一致和等效的。它们分别从不同的角度说明了噪声系数的含义。

应该指出，噪声系数的概念仅仅适用于线性电路(线性放大器)，因此可以用功率增益来描述。

有时噪声系数用电压比表示，则

$$\mathrm{NF} = \frac{V_s^2/E_{ns}^2}{V_{s0}^2/E_{n0}^2} = \frac{E_{n0}^2}{E_{ns}^2} \cdot \frac{1}{K_v^2}$$

式中：K_v——系统对源的电压增益，$K_v = \dfrac{V_{so}}{V_s}$。

又

$$E_{n0}^2 = K_v^2 E_{ni}^2$$

于是

$$\mathrm{NF} = \frac{E_{n0}^2}{E_{ns}^2} \cdot \frac{1}{K_v^2} = \frac{E_{ni}^2}{E_{ns}^2} = \frac{E_{ns}^2 + E_n^2 + I_n^2 R_s^2}{E_{ns}^2} \tag{9-41}$$

考虑到相关系数 $r \neq 0$，则噪声系数

$$\mathrm{NF} = \frac{E_{ns}^2 + E_n^2 + I_n^2 R_s^2 + 2r E_n I_n R_s}{E_{ns}^2} \tag{9-42}$$

噪声系数的概念只适用于线性放大器，这在前面已经论述。还要注意的是，噪声系数是对信号源为电阻性质定义的。如果信号源为阻抗形式，此时噪声系数中的 R_s 应为阻抗中的电阻部分。

2. 最佳源电阻 R_{opt}

根据前面导出的噪声系数表达式(9-41)可知

$$\mathrm{NF} = \frac{E_{ns}^2 + E_n^2 + I_n^2 R_s^2}{E_{ns}^2} = 1 + \frac{E_n^2}{4kTR_s\Delta f} + \frac{(I_n^2 R_s)^2}{4kTR_s\Delta f} \tag{9-43}$$

由式(9-43)可见，NF 是变量 E_n、I_n、R_s、Δf 的函数。放大器一旦选定以后，E_n、I_n 就基本不变了，因为 E_n、I_n 是由放大器内部的元器件和它们之间的配置情况确定的。因此，对

9.2.2.2
微课视频

于一个确定的放大器,NF 就只是 R_s 和 Δf 的函数,Δf 是系统的带宽,它可以由放大器本身决定,也可以由放大器前后的滤波器决定,不过这时应该把放大器和滤波器看成一个整体来考虑它们的噪声系数。对于一个确定的放大器,只能通过改变源电阻来减小它的噪声系数。NF 和 Δf 的关系是明显的,增大 Δf 可以减小 NF。但在后面的分析中会看到,增大 Δf 会使等效输入噪声 E_{ni} 增加,这对提高系统的信噪比是非常不利的,因此不能采取增加 Δf 的方法,而只能研究 NF 和 R_s 的关系。

由表达式(9-43)看出 NF 和 R_s 有关。对式(9-43)求偏导数并令其等于零有

$$\frac{\partial \text{NF}}{\partial R_s} = -\frac{1}{R_s^2} \cdot \frac{E_n^2}{4kT\Delta f} + \frac{I_n^2}{4kT\Delta f} = 0$$

得 $R_s = \dfrac{E_n}{I_n}$,用 $(R_s)_{\text{opt}}$ 表示。

因此,当信号源的内阻 $R_s = \dfrac{E_n}{I_n}$ 时噪声系数 NF 取得最小值,$\text{NF}_{\min} = 1 + \dfrac{E_n I_n}{2kT\Delta f}$。称源电阻 $R_s = \dfrac{E_n}{I_n}$ 为最佳源电阻,记为 R_{opt} 或 $(R_s)_{\text{opt}}$。

当 $R_s = R_{\text{opt}} = E_n/I_n$ 时,可使放大器的噪声系数最小,这时源电阻和放大器的配置称为"噪声匹配",这是低噪声放大器设计的一个重要原则。

9.2.3 光电探测器与前置放大器耦合网络的设计原则

从光电探测器获取信号,除了要有必要的偏置电路外,还必须有耦合网络才能将探测器输出的信号送到后续的低噪声前置放大器进行放大。

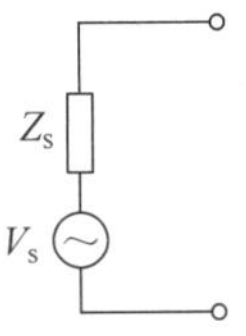

图 9-6 探测器的等效电路

如图 9-6 所示,用源阻抗 Z_s 表示探测器和偏置电路形成的等效阻抗,而用 V_s 表示由探测器得到的信号电压。这样光电探测器及其偏置电路就可以看成一个内阻为 Z_s、信号电压为 V_s 的信号源。

信号源与前置放大器耦合的方式,经过归纳,无外乎 5 种形式,如图 9-7 所示。典型的耦合例子如图 9-8 所示。

耦合网络除了要符合电子学的设计原则之外,从降低噪声提高输出端信噪比的角度来考虑和分析,理论分析和实验均证明,为了尽量减少耦合网络带来的噪声,必须满足下列条件:

设 $Z_{cp} = R_{cp} + jX_{cp}$,$Z_{cs} = R_{cs} + jX_{cs}$,则应满足:

(1) 对于耦合网络中的串联阻抗元件 $R_{cs} \ll E_n/I_n$;$X_{cs} \ll E_n/I_n$。

(2) 对于耦合网络中的并联阻抗元件 $R_{cp} \gg E_n/I_n$;$X_{cp} \gg E_n/I_n$。

(3) 为了减小电阻元件的过剩噪声,过剩噪声是除了热噪声之外的一种由流过电阻的直流电流所引起的 $1/f$ 噪声,必须尽量减小流过电阻的电流或降低电阻两端的直流压降。

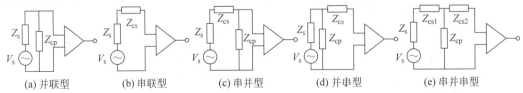

(a) 并联型   (b) 串联型   (c) 串并型   (d) 并串型   (e) 串并串型

图 9-7 耦合类型

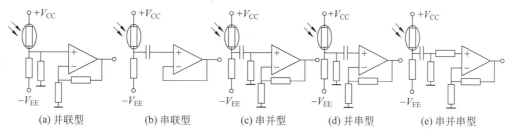

(a) 并联型　　　(b) 串联型　　　(c) 串并型　　　(d) 并串型　　　(e) 串并串型

图 9-8　耦合例子

由于每一个元件都是一个噪声源,对系统的输出噪声都有贡献,因此为了减小输出端的噪声,提高信噪比,应尽量采用简单的耦合方式,在可能的情况下,应采用直接耦合方式,从而消除耦合网络所带来的噪声。在迫不得已要采用耦合网络时,注意遵循上述原则。

9.2.4　低噪声前置运放的选用

9.2.4
微课视频

在光电探测系统中,紧接着光电探测器后面的是耦合网络和前置放大器,为了将光电探测器输出的微弱信号放大,必须合理地选用和设计低噪声前置放大器(简称前放),以保证放大器的输入端和输出端有足够大的信噪比。

1. 根据低噪声前放的 NF 值计算等效输入噪声 E_{ni}

噪声系数 NF 是用来描述放大器(或一个器件)噪声性能的参数,如果一个放大器是理想的无噪声放大器,那么,它的噪声系数 NF=1,而 NF=10lgNF=0(dB),一个实际的质量好的低噪声前置放大器的 NF 值可以做到 0.05dB,甚至更低。生产厂商在出售低噪声放大器时的技术资料中包括提供各种测试条件下的 NF 值。可以根据 NF 值来计算低噪声前放的等效输入噪声 E_{ni},采用 dB 表示的噪声系数为

$$NF = 10\lg NF = 10\lg(E_{ni}^2/4kTR_s\Delta f)$$

解之,得

$$E_{ni} = 10^{\frac{NF}{20}}\sqrt{4kTR_s\Delta f} \qquad (9\text{-}44)$$

此式表明,如果已知前放的 NF 值、信号源的源电阻 R_s 及带宽 Δf(在其中心频率 f_0 附近),则放大器的等效输入噪声 E_{ni} 即可求出。

2. 根据 E_{ni} 和 V_{si} 来选用前放

知道了放大器等效输入噪声 E_{ni} 的大小,将 E_{ni} 和放大器输入端的信号 V_s 进行比较,就可判定这个放大器是否符合要求,一般是根据系统的比值(V_{si}/E_{ni})的要求来选定放大器的 NF 值。要注意的是 NF 值和 E_{ni} 的大小都是和源电阻及带宽 Δf 密切相关的。其中,带宽 Δf 是由系统的需要所确定的,并且是由系统中的某一元器件,例如带通滤波器或者前放本身所决定的。

下面根据实例来说明前放的选用。

例如,有两个标号分别为 1 号、2 号的前置放大器,1 号的参数为 NF=20dB,R_s=100Ω,Δf=100Hz 时 E_{ni}=130nV,Δf=1Hz 时 E_{ni}=18nV;2 号的参数为 NF=3dB,R_s=100Ω,Δf=100Hz 时 E_{ni}=18nV,Δf=1Hz 时 E_{ni}=1.3nV。

如果被测信号为 V_{si}=1μV,Δf=100Hz,R_s=100Ω,且系统要求 V_{si}/E_{ni}>10,如果选用

1号放大器,则

$$\frac{V_{si}}{E_{ni}} = \frac{1\mu V}{130nV} = \frac{1000nV}{130nV} = 7.69 < 10$$

不合要求,如果选用2号放大器,则

$$\frac{V_{si}}{E_{ni}} = \frac{1\mu V}{18nV} = \frac{1000nV}{18nV} = 55.56 > 10$$

符合要求。

故在信号源内阻 $R_s = 100\Omega$,系统带宽 $\Delta f = 100Hz$,且要求 $V_{si}/E_{ni} > 10$ 的条件下,应该选择2号放大器作为低噪声前放使用。

若其他条件不变,采取压缩带宽的措施,使 $\Delta f = 1Hz$,经过计算可以知道,1号放大器也可以适用。故压缩带宽对克服噪声是非常有利的,但是压缩带宽在某些情况下可能损失信息量,所以压缩带宽有时要付出一定的代价。

3. NF~R_s 图的应用

NF 和 R_s 噪声分析的数据是由低噪声放大器的生产厂家所提供的 NF 图得到的。

NF 的表达式可写为

$$NF = 10\lg\frac{E_{ni}^2}{4kTR_s\Delta f} = 10\lg\frac{E_{ni}^2}{E_{ns}^2} \tag{9-45}$$

选定不同的 R_s 和 Δf 测出 E_{ni} 就可以得到一系列的 NF 值。

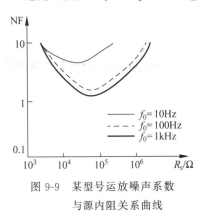

图 9-9 某型号运放噪声系数
与源内阻关系曲线

生产厂家在测量中通常的做法是在放大器后面接一个中心频率 f_0 可调的带通滤波器,采用噪声发生器法或正弦波法,测出不同 R_s 和 f_0 条件下的一系列 NF 值,都标在坐标图上,如图 9-9 所示。

利用 NF 图,可以做到如下几点:

(1) 从 NF 图中可以选择 NF 最小的 R_s 和 f_0 的范围。

(2) 在实际的微弱信号检测中,不同的检测对象可根据 NF 图选择最适用的前放。由于测量和放大的对象不同,源电阻 R_s 的差异是很大的。例如,光电倍增管为高阻 R_s,热电偶的 R_s 却很低。同样,工作频率的选择也不一致。例如,声学或生物医学的使用常在低频范围,而某些电检测又常常避开 $1/f$ 噪声,需选择中频区,NF 图为我们正确选择前放提供了依据。

(3) 利用 NF 图还可以计算出最小可检测信号(Minimun Detectable Singal,MDS)的大小,MDS 的定义为折合到放大器输入端的 E_{ni}。

由式(9-44),即

$$E_{ni} = 10^{\frac{NF}{20}}\sqrt{4kTR_s\Delta f}$$

可以由等值图中最小的 NF 值计算出低噪声前放在一定条件下的最小的 E_{ni},这就是 MDS。

在科研和开发中,选购低噪声前放时,应注意向厂方要求提供 NF 图及有关技术参数,如输入/输出阻抗、增益、带宽、NF 最小点、增益稳定度等。

9.2.5　低噪声放大器设计原则与方法

低噪声放大器的设计通常有噪声、增益、带宽、输入阻抗、输出阻抗以及稳定性等要求。设计方法可有如下两种：

（1）先按普通放大器那样进行设计，即只考虑增益、带宽、输入/输出阻抗等指标，然后在设计过程中校核噪声是否符合指标。尚不符合，修改某些参数重新计算，直到符合噪声指标，同时也满足其他指标为止。这种方法只适用于对噪声要求不高的场合。

（2）与上一种方法相反，首先考虑的是噪声特性并满足其要求，其次才是增益、带宽和阻抗。满足了噪声指标不一定能满足增益、带宽和阻抗的要求，这时可以采用不同的组态或加负反馈或增减放大器的级数来进行调节，使之符合要求。为了获得足够的增益，一般采用多级放大器，但级数多了又会使得通带变窄，可以用负反馈或用组合电路来加宽通频带，不仅如此，负反馈还可以稳定电路增益、改变输入/输出阻抗以及减少失真。但要注意，引入负反馈后，又引入了新的噪声源，只可能使放大器的噪声性能变坏，如果按一定的原则引入负反馈，则可使新引入的噪声减到最小，以至可以忽略不计。经过了上述改造后，再回头检验一下噪声。这样反复计算直到得到满意结果。

1. 按噪声要求设计的步骤和原则

根据噪声要求设计输入级。根据前面的分析，系统的噪声性能主要取决于第一级。第一级又称输入级，应根据系统要求的输入信噪比、第一级噪声系数 NF_1、源阻抗特性及频率范围等指标，确定输入级的电路形式和有源器件，确定直流工作点，进行噪声匹配的估算。一般经验是，当源电阻是低阻抗时，可以采用共基-共发电路，当源电阻是高阻抗时，可采用共发-共集电路；如果源电阻相当高，则应使用负反馈电路，或者用场效应管来作为输入级。

2. 噪声匹配的方法

低噪声前放的设计，关键是第一级或输入级的设计，设计时要考虑的噪声指标，其中一个是噪声系数 NF，为了获得最小的噪声系数，必须使得 $R_s = E_n/I_n = (R_s)_{opt}$，探测器虽有一定的选择余地，一旦选定后，$R_s$ 也就确定了，这时，只有选择前放，使其 $E_n/I_n \to R_s$ 并兼顾其他指标。噪声匹配的方法就是调节 E_n/I_n 使其可以趋近 R_s。

3. 元件的挑选

为了满足噪声指标，必须选用合适的有源器件与无源器件，并在线路上作相应配合使用，例如，采用无噪声偏置电路，使用合理的负反馈，选用恰当的组态配合，确定适当的级联数等。

1）有源器件的选用

选用有源器件主要从源电阻和频率范围来考虑，图 9-10 可以作为选择的指南。源电阻小于 100Ω 时，为了和放大器的 R_{opt} 匹配，可以采用变压器耦合或用几路相同的放大器并联。源电阻很大或源电阻的工作范围很大时，可以选用场效应管。

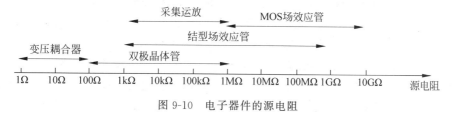

图 9-10　电子器件的源电阻

处于中间范围的源电阻则可以选用双极型晶体管或结型场效应管为宜。表 9-2 给出了几种典型探测器的内阻和响应时间。

表 9-2　各种典型探测器的内阻和响应时间

热探测器	内阻/Ω	响应时间/s	光子探测器	内阻/Ω	响应时间/s
热电阻	$1\sim10$	$10^{-2}\sim1$	P-I-N 型锗二极管	大约 50	大约 10^{-7}
蒸发型热电偶	$20\sim200$	$10^{-3}\sim10^{-2}$	PbS	$10^{5}\sim10^{7}$	$5\times10^{-5}\sim5\times10^{-4}$
金属测辐射热计	$1\sim10$	$10^{-2}\sim10^{-1}$	PbSe	$10^{6}\sim10^{7}$	大约 2×10^{-6}
热敏电阻测辐射热计	$10^{5}\sim16^{7}$	$3\times10^{-4}\sim3\times10^{-3}$	InAs	$20\sim30$	$<10^{-6}$
热释电探测器	$>10^{8}$	$3\times10^{-9}\sim4\times10^{-5}$	InSb(光伏型,77K)	$10^{3}\sim10^{5}$	$<10^{-6}$
锗测辐射热计(2.1K)	10^{4}	4×10^{-4}	InSb(光伏型,77K)	$10^{3}\sim10^{5}$	$10^{-6}\sim10^{-5}$
碳测辐射热计(2.1K)	$10^{5}\sim10^{6}$	10^{-2}	HgCdTe(光伏型,77K)	$2.5\sim50$	大约 10^{-8}

2）电阻的选用

在低噪声电路中,凡通电流的电阻,宜用过剩噪声较小的金属膜电阻或线绕电阻。与信号源并联的电阻,其阻值应当尽可能的大,以减小其噪声贡献。

还要考虑电阻工作的频率范围,线绕电阻与薄膜电阻在制作上是螺旋式的,较之合成炭质电阻有较大的电感(特制的无感电阻除外),通过这些电感的磁耦合,易使外部噪声窜入低噪声电阻。此外,电阻器还存在着分布电容,随着频率的不同,电阻器呈现的阻抗也不一样,特别用于高频(500kHz 以上)时更为显著,这将会影响电路的工作性能。

3）电容的选用

电容器按其介质性质可以分为许多种,不同类型的电容器其用途也不同,不能做到通用。图 9-11 所示是各类电容器大致适用的频率范围,可作选用时参考。

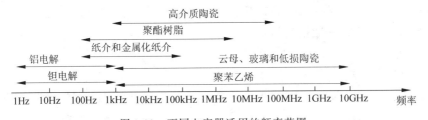

图 9-11　不同电容器适用的频率范围

选用电容器时,还要考虑电容器的自生噪声和外感噪声。

4）电感的选用

实际电感线圈的等效电路如图 9-12 所示。选用电感线圈可从以下三方面考虑：①通过选择线圈导线的粗细、控制通电流的大小,可以改变 R 的热噪声与过剩噪声；②电感线圈 L 与 C 均能改变电路的噪声；

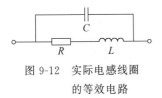

图 9-12　实际电感线圈的等效电路

③电感有空芯与磁芯两种,磁芯电感又可分为开环(磁芯不闭合)与闭环(磁芯闭合)两种。电感易受外磁场的影响,受影响最大的是空芯电感,开环磁芯电感次之,而闭环磁芯电感受影

响最小。

5) 同轴电缆的选用

在有些实际问题中,信号源与低噪声前放之间或者前放与主放大器之间相距较远(不在同一机箱内),因而需要采用同轴电缆(俗称屏蔽线,有各种不同的规格)来连接,这时必须注意降低电缆的噪声。电缆的噪声有两种:一种是来自外界电磁场产生的干扰,这种干扰要注意将电缆的屏蔽层一端良好接地,此时屏蔽层只作屏蔽使用,本身不作地线,有时屏蔽层兼作地线使用(尽量不这样使用),则要两端均良好接地;另一种噪声是来自外界机械应力的作用使导体与绝缘体之间发生摩擦分离,产生噪声电荷,对于这种噪声的消除可选用高质量的低噪声电缆,当频率在 30MHz 以下选用加有石墨层的低噪声电缆,当频率在 30MHz 以上时选用加有润滑膜的低噪声电缆。

9.3　微弱光电信号的探测与处理

通过讨论噪声的基本概念、降低噪声和排除干扰的一些基本方法,人们能够设计出低噪声前置放大器。这些设计的前提是在光电信号处理的输入端有足够大的信噪比,处理的结果是使信噪比不至于变坏。如果在光电信号处理系统的输入端,信噪比已很糟糕,甚至光电信号深埋于噪声之中,要想将信号检测出来,仅使用低噪声前置放大器方法是不行的。这时,必须根据信号和噪声的不同特点,采用相应的方法将信号与噪声分离。如果光电信号弱小且输入信噪比非常差,则需根据不同光电微弱信号的特点进行检测。微弱光电信号检测的途径通常有三种:①降低光电探测器与放大器的固有噪声,尽量提高其信噪比;②研制适合弱信号的检测原理;③研究并采用各种弱信号检测技术,通过各种手段提取光电探测弱信号。

9.3.1　微弱光电信号的检测

微弱光电信号检测的一项重要性能指标为信噪比改善(SNIR),其定义为

$$\text{SNIR} = \frac{\text{输出信噪比}}{\text{输入信噪比}} = \frac{S_\text{o}/N_\text{o}}{S_\text{i}/N_\text{i}} \tag{9-46}$$

从定义式看,SNIR 是噪声系数 NF 的倒数,但实质上两者是有差别的。噪声系数是对窄带噪声而言的,由此得到的结论是 NF≥1。噪声系数大于或等于 1 的结论是由于假设了输入噪声的带宽恒等于或小于放大系统的带宽所致。可是,实际上输入噪声的带宽可能要大于放大系统的带宽,因而噪声系数 NF 便有可能要小于 1,考虑到实际的情况,因而给出信噪比改善的概念。

运算放大器系统如图 9-13 所示。下面以白噪声为例分析 SNIR。

由信噪比改善定义有

$$\text{SNIR} = \frac{\text{输出信噪比}}{\text{输入信噪比}} = \frac{V_\text{so}^2/E_\text{no}^2}{V_\text{si}^2/E_\text{ni}^2} \tag{9-47}$$

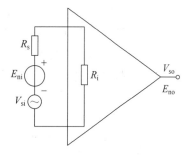

图 9-13　运算放大器系统

设 E_ni 是白噪声,这样噪声功率谱密度 $S = E_\text{ni}^2/\Delta f_\text{in}$ 为常数,Δf_in 为输入噪声的带宽。

那么 $E_{no}^2 = \int_0^\infty SK_v^2(f)\mathrm{d}f$，$A_v(f) = V_{so}/V_{si}$ 为放大系统的增益。这样有

$$\mathrm{SNIR} = \frac{V_{so}^2/S \int_0^\infty A_v^2(f)\mathrm{d}f}{V_{si}^2/S \cdot \Delta f_{in}} = \frac{V_{so}^2}{V_{si}^2} \cdot \frac{\Delta f_{in}}{\int_0^\infty A_v^2(f)\mathrm{d}f} \tag{9-48}$$

式中：V_{so}^2/V_{si}^2——放大系统对信号的功率增益。

可以取中频区最大值，且为常数，即 $V_{so}^2/V_{si}^2 = A_v^2(f_0)$。

因此式(9-48)变为

$$\mathrm{SNIR} = A_v^2(f_0) \cdot \frac{\Delta f_{in}}{\int_0^\infty A_v^2(f)\mathrm{d}f}$$

式中，$\dfrac{\int_0^\infty A_v^2(f)\mathrm{d}f}{A_v^2(f_0)} = \Delta f_n$ 即系统的等效噪声带宽。

信噪比改善为

$$\mathrm{SNIR} = \frac{\Delta f_{in}}{\Delta f_n} \tag{9-49}$$

对于白噪声，放大系统的信噪比改善等于等效输入噪声的带宽 Δf_{in} 与系统的等效噪声带宽 Δf_n 之比。因此减小系统的等效噪声带宽，可以提高信噪比改善。有一个信号掩埋在噪声中，即输入信噪比 $V_{si}^2/E_{ni}^2 < 1$，那么只要检测放大系统的等效噪声带宽做得很小，使 $\Delta f_n \ll \Delta f_{ni}$，就可能将此信号检测出来。由此可见，输出端信噪比得到改善，信号远大于噪声，信号被检测出来。

9.3.2 窄带滤波法

窄带滤波器是利用信号的功率谱密度较窄而噪声的功率谱相对很宽的特点，使用一个窄带通滤波器，将有用信号的功率提取出来。由于窄带通滤波器只让噪声功率的很小一部分通过，而滤掉了大部分的噪声功率，所以输出信噪比能得到很大的提高。

对一个白噪声，当其通过一个电压传输系数为 A_v，带宽为 $B = f_2 - f_1$ 的系统后，则输出噪声为

$$E_{no}^2 = \int_{f_1}^{f_2} A_v^2 \frac{E_{ni}^2}{\Delta f_{in}}\mathrm{d}f = A_v^2 \left(\frac{E_{ni}^2}{\Delta f_{in}}\right)(f_2 - f_1) = K_v^2 \frac{E_{ni}^2}{\Delta f_{in}}B \tag{9-50}$$

由上式可以看出，噪声输出总功率 E_{no}^2 与系统的带宽成正比，因而可以通过减小系统带宽来减小输出的白噪声功率。

对 $1/f$ 噪声通过与上相同的系统之后，其输出噪声即由 $1/f$ 噪声产生的输出噪声功率为

$$E_{no}^2 = \int_{f_1}^{f_2} A_v^2 K_0 \frac{1}{f}\mathrm{d}f = A_v^2 K_0 \ln\frac{f_2 - f_1 + f_1}{f_1} = A_v^2 K_0 \ln\left(1 + \frac{B}{f_1}\right) \tag{9-51}$$

由上式可见，仍然可以通过减小通频带 B 来减小输出端的 $1/f$ 噪声功率。

窄带通滤波器的实现方式很多，通常有双 T 选频、LC 调谐、晶体窄带滤波器等。但即使是这样，这些滤波器的带宽还嫌太宽，因此这种方法不能检测深埋在噪声中的信号，通常它只用在对噪声特性要求不很高的场合。更好的方法是使用锁定放大器和取样积分器。

9.3.3　相关检测法

利用信号在时间上相关这一特性,可以将深埋于噪声中的周期信号提取出来,这样的方法称为相关检测,是微弱信号检测的基础。原理上来讲,采用窄带滤波法可以将信号从噪声中提取出来,但对于周期不固定或者频率不能做到绝对恒定的信号,显然滤波器的频带不能过窄,因此信噪比改善不可能很大。相关检测相当于一个跟踪滤波器,因此不受这方面的限制。人们考察和研究各种信号及噪声的规律,发现信号与信号的延时相乘后累加的结果可以区别于信号与噪声的延时相乘后累加的结果,从而提出了相关的概念。

1. 相关函数

相关函数分为互相关函数和自相关函数。

1) 自相关函数

自相关函数 $R_{xx}(\tau)$ 是度量一个变化量或随机过程在 t 和 $t-\tau$ 两个时刻线性相关的统计参量,它是 t 和 $t-\tau$ 两个点间时间间隔 τ 的函数,定义为

$$R_{xx}(\tau) = \lim_{T \to \infty} \frac{1}{T} \int_{-\frac{T}{2}}^{\frac{T}{2}} x(t)x(t-\tau)\mathrm{d}t \tag{9-52}$$

式中：τ——延迟时间;

　　　T——观测时间;

　　　x——随机过程中的一个样本函数。

根据维纳-辛钦(Wiener-Khinthine)定理,有

$$R_{xx}(\tau) = \frac{1}{2\pi} \int_{-\infty}^{\infty} S_x(\omega) \mathrm{e}^{\mathrm{j}\omega\tau} \mathrm{d}\omega \tag{9-53}$$

式中：$S_x(\omega)$——$x(t)$ 的功率谱密度函数。

即 $x(t)$ 的自相关函数 $R_{xx}(\tau)$ 和功率谱密度函数 $S_x(\omega)$ 是一对傅里叶变换。

正是由于 Wiener-Khinthine 定理,找到了求取随机信号自相关函数的计算方法,根据式(9-53)可以求出一些常用信号及随机过程的自相关函数。

(1) 正弦波。设 $x(t) = A\sin(\omega_0 t + \varphi)$,则根据定义式可得

$$R_{xx}(\tau) = \lim_{T \to \infty} \int_{-\frac{T}{2}}^{\frac{T}{2}} A^2 \sin(\omega_0 t + \varphi)\sin[\omega_0(t-\tau)+\varphi]\mathrm{d}t = \frac{A^2}{2}\cos\omega_0\tau \tag{9-54}$$

由此可见,周期信号的自相关函数仍为周期信号,且周期不变。

(2) 白噪声。由于白噪声的功率谱密度与频率无关,为一常数,即 $S_x(\omega) = c$,根据 Wiener-Khinthine 定理,白噪声的自相关函数为

$$R_{xx}(\tau) = \frac{1}{2\pi} \int_{-\infty}^{\infty} c \cdot \mathrm{e}^{\mathrm{j}\omega\tau} \mathrm{d}\omega = c \cdot \delta(\tau) \tag{9-55}$$

式中,$\frac{1}{2\pi} \int_{-\infty}^{\infty} \mathrm{e}^{\mathrm{j}\omega\tau} \mathrm{d}\omega = \delta(\tau)$ 为 δ 函数。这就说明白噪声的自相关函数只在 $\tau = 0$ 时存在,随着 τ 的增大而迅速衰减。

(3) 带通白噪声。实际的白噪声也都是在一定带宽之内的白噪声,这种一定带宽内的白噪声可定义其功率谱密度为

$$S_x(\omega) = \begin{cases} \rho & \omega_0 - \Omega \leqslant \omega \leqslant \omega_0 + \Omega \\ 0 & \text{其他频率} \end{cases}$$

式中：Ω——带通白噪声的带宽，这种带通白噪声的带宽决定于系统中的通频带。

自相关函数为

$$R_{xx}(\tau) = \frac{1}{2\pi}\int_{-\infty}^{\infty} S_x(\omega) e^{j\omega\tau} d\omega = \frac{\rho\Omega}{\pi} \cdot \sin\Omega\tau \tag{9-56}$$

根据理论的进一步分析表明，自相关函数具有下列性质：

(1) $R_{xx}(\tau) = R_{xx}(-\tau)$，即 $R_{xx}(\tau)$ 为 τ 的偶函数。

(2) $R_{xx}(\tau)$ 在原点 $\tau = 0$ 处最大，并且 $R_{xx}(0)$ 代表 $x(t)$ 的平均功率，这可以从定义式直接看出。

(3) 如果 $x(t)$ 不包含周期性分量，则 $R_{xx}(\tau)$ 将随 τ 的增加从最大值 $R_{xx}(0)$ 逐渐下降。$R_{xx}(\tau)$ 衰减得越快，表示随机信号 $x(t)$ 的相关性越小。由于白噪声在不同时间是独立的，所以 $R_{xx}(\tau) = \delta(\tau)$，随着 τ 的增加急速衰减，理论上是只在 $\tau = 0$ 有一个冲激。

(4) 若 $x(t)$ 为确知信号，并包含有周期信号分量，则自相关函数 $R_{xx}(\tau)$ 也将包含有周期性分量。若 $x(t)$ 为一纯周期信号，则自相关函数将包含原信号的基波与所有谐波（但相位因子消失），如前例。这时表示 $x(t)$ 是完全相关的。

2) 互相关函数

互相关函数 $R_{xy}(\tau)$ 是度量两个随机过程 $x(t)$、$y(t)$ 间相关性的函数，定义互相关性的函数为

$$R_{xy}(\tau) = \lim_{T \to \infty} \frac{1}{T} \int_{-\frac{T}{2}}^{\frac{T}{2}} x(t) y(t-\tau) dt \tag{9-57}$$

如果两个随机过程相互完全没有关联（如信号与噪声），则互相关函数为一个常数，并等于两个变化量平均值的乘积；若其中一个变化量的平均值为零（如噪声），则两个变化量的互相关函数 $R_{xy}(\tau)$ 将处处为零。如果两个变化量是具有相同基波频率的周期函数，则它们的互相关函数将保存它们的基波频率和两者所共有的谐波。互相关函数中基波及谐波的相位为两个原函数的相位差。

2. 相关检测

相关检测就是利用信号有良好的时间相关性和噪声的不相关，使信号进行积累而噪声不积累的原理将被噪声淹没的信号提取出来。根据相关函数的性质，可以利用乘法器、延时器和积分器进行相关运算，从而将周期信号从噪声中检测出来。相关检测可分为自相关检测与互相关检测。

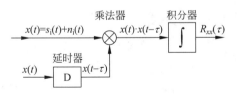

图 9-14　自相关检测原理框图

1) 自相关检测

图 9-14 所示为自相关检测的原理框图。

被噪声 $n_i(t)$ 所淹没的信号 $s_i(t)$，通过延时器后在乘法器实现乘法运算，即 $x(t) \cdot x(t-\tau)$，然后通过积分器输出得到

$$R(\tau) = R_{xx}(\tau) = \lim_{T \to \infty} \frac{1}{T} \int_{-\frac{T}{2}}^{\frac{T}{2}} x(t) x(t-\tau) dt$$

$$= \lim_{T \to \infty} \frac{1}{T} \int_{-\frac{T}{2}}^{\frac{T}{2}} [S_i(t) + n_i(t)][S_i(t-\tau) + n_i(t-\tau)] dt$$

$$= R_{ss}(\tau) + R_{sn}(\tau) + R_{ns}(\tau) + R_{nn}(\tau) \tag{9-58}$$

式中，$R_{sn}(\tau)$、$R_{ns}(\tau)$ 分别表示信号和噪声的互相关函数，由于信号与噪声不相关，故几乎为零，而 $R_{nn}(\tau)$ 代表噪声的自相关函数，随着积分时间的适当延长，$R_{nn}(\tau)$ 也很快趋于零。

因此，经过不太长的时间积分，积分器的输出中只会有一项 $R_{ss}(\tau)$，故 $R_{xx}(\tau) \approx R_{ss}(\tau)$，这样，便可顺利地将淹没在噪声中的信号检测出来。

例如，被检测信号为一余弦信号时，设

$$S_i(t) = E\cos\omega_1 t$$

则

$$R_{ss}(\tau) = \frac{E^2}{2}\cos\omega_1\tau$$

相应的自相关检测输出波形如图 9-15 所示。

图 9-15 中，$R_{ss}(\tau)$ 为信号的自相关函数，它是与信号同频的余弦函数；$R_{nn}(\tau)$ 为噪声的自相关函数，随 τ 的增加，衰减得很快；$R_{xx}(\tau)$ 为输出端最初的波形，仍混有噪声的干扰。

2) 互相关检测

互相关检测的原理框图如图 9-16 所示。

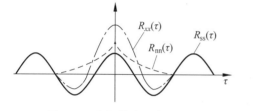

图 9-15　自相关检测输出波形

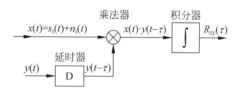

图 9-16　互相关检测原理框图

输入乘法器的是被噪声 $n_i(t)$ 所淹没了的信号 $s_i(t)$ 即 $x(t) = n_i(t) + s_i(t)$ 和被延时了的与被检测信号 $s_i(t)$ 同频率的参考信号 $y(t)$，积分器的输出为

$$
\begin{aligned}
R_{xy}(\tau) &= \lim_{T\to\infty} \frac{1}{T}\int_{-\frac{T}{2}}^{\frac{T}{2}} x(t)\cdot y(t-\tau)\,\mathrm{d}t \\
&= \lim_{T\to\infty} \frac{1}{T}\int_{-\frac{T}{2}}^{\frac{T}{2}} [n_i(t) + s_i(t)]y(t-\tau)\,\mathrm{d}t \\
&= \lim_{T\to\infty}\left[\frac{1}{T}\int_{-\frac{T}{2}}^{\frac{T}{2}} n_i(t)y(t-\tau)\,\mathrm{d}t + \frac{1}{T}\int_{-\frac{T}{2}}^{\frac{T}{2}} s_i(t)y(t-\tau)\,\mathrm{d}t\right] \\
&= R_{ny}(\tau) + R_{sy}(\tau)
\end{aligned}
$$

$$(9-59)$$

即是噪声与参考信号的互相关函数 $R_{ny}(\tau)$ 和信号与参考信号的互相关函数 $R_{sy}(\tau)$，参考信号和噪声是不相关的，$R_{ny}(\tau)$ 随积分时间 t 的延长而趋于零，参考信号和信号是相关的，随积分时间 t 的延长而趋于某一函数值 $R_{sy}(\tau)$。

比较式(9-58)和式(9-59)，可知互相关输出比自相关输出噪声有关项要少 2 项，故互相关检测比自相关检测抑制噪声的能力强。但互相关检测要求用与被测信号同频率的参考信号 $y(t)$，当被测信号 $s_i(t)$ 未知时，要取得与 $s_i(t)$ 同频率的信号在某些情况下是困难的。要做大量试验工作才能确定，这时一般不采用互相关检测。

9.3.4　锁定放大器

锁定放大器(Lock-in Amplifier)是根据互相关检测原理做成的相关检测仪器。锁定放大器经过几十年的发展,在检测性能、质量指标上有飞跃进步。性能优异的锁定放大器能把幅值小到 0.1nV 且信噪比小于 $1/10^3$ 的周期信号检测出来,并放大到 10V。锁定放大器实际上是完成了窄带放大并检波的功能。如果有一个理想的窄带滤波器,也就是说这个滤波器的带宽可以无限窄,趋近于零,即滤波器的带宽可以做到点频,它只让某一个频率的信号通过,而且非常稳定,那么其他频率的噪声都不能通过,只有某一个频率的信号和噪声可以通过,那么这个滤波器就可以极大地改善信噪比。

实际上,衡量带通滤波器性能的指标是其中心频率 f_0 和带宽 Δf 之比(或 $\omega_0/\Delta\omega$),即带通滤波器的品质因素 Q。Q 的定义为 $Q=\omega_0/\Delta\omega$,其中 ω_0 为中心频率,$\Delta\omega$ 为带宽。Q 值越高,滤波器性能就越好,滤除干扰和噪声的能力就越强。锁定放大器采取新的方法、新的原理做到了 Q 值为 10^8 以上,而频率稳定度可以达 10^{-8} 以上,锁定放大器不仅可以滤除带外的噪声和干扰,而且对带内的噪声也有一定的滤除作用,这是因为锁定放大器利用了信号的相位特征,对于同频且同相的可以顺利通过,对于同频而不同相的,则有一定的衰减作用,对于同频的噪声,当然也是如此。

但是,锁定放大器最终的输出是直流量。这就是说,锁定放大器虽然能把深埋于噪声之中的微弱的交流信号检测出来,但是它不能将微弱信号不失真地放大,它不是一个普通意义所讲的放大器,实际上它是一个微弱信号检测计。

1. 典型锁定放大器的原理框图

一种典型的锁定放大器的原理框图如图 9-17 所示。

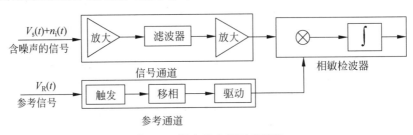

图 9-17　锁定放大器原理框图

从图 9-17 中可以看出,锁定放大器主要由三个单元组成:信号通道、参考通道和相敏检波器。现分别叙述各单元的结构和作用。

1)信号通道

从探测器输出的信号或源发出的信号经过被测物体后十分微弱,其信噪比甚至低于 $1/10^3$。信号被噪声和干扰所淹没,这种信号首先经过低噪声前置放大器进行放大,然后再通过各类滤波器和陷波器将信号进行初步的预处理,将带外噪声和干扰尽量排除,然后再作进一步的放大,以便送到相敏检波器进行检测,信号通道的组成十分灵活,可供使用者选择。要看信号和噪声的实际情况而定。信号通道中还可以安排调谐放大器。这里若被检测信号的频率不稳定,也不要紧,因为参考信号是随被检测信号而产生的,被检测信号频率改变了,漂移了,参考信号的频率也跟着改变,总是保持着两种信号的频率相等。

2)参考通道

送入参考通道的是和被检测信号频率相同的周期信号。参考信号必须和被检测信号频率相同,这是进行锁定放大的一个必要条件,因此锁定放大器所进行的工作又称为频域相干检测。参考信号送入参考通道后,首先进入触发电路,产生和被检信号同频的方波,这个同频的方波再经过相角范围可调节的移相电路进行移相,然后经过驱动电路功率放大后,再送达相敏检波器去控制乘法器。

3）相敏检测器

相敏检测器(Phase Sensitive Detector,PSD)是锁定放大器的核心单元,主要是由一个乘法器和一个积分器组成,锁定放大器之所以有很强的抑噪能力,主要是靠相敏检测器的排除噪声和干扰的优越性能。它直接检测出淹没在噪声中的被测信号,输出一个与被测信号成正比的直流信号,其极性和相位与参考信号的相位有关。

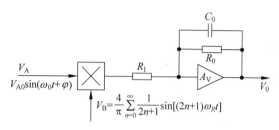

图 9-18　相敏检测器原理

相敏检测器原理如图 9-18 所示。设被测信号和参考信号为

$$V_A = V_{A0} \sin(\omega_0 t + \varphi) \tag{9-60}$$

$$V_B = \frac{4}{\pi} \sum_{n=0}^{\infty} \frac{1}{2n+1} \sin[(2n+1)\omega_R t] \tag{9-61}$$

式中：V_B——频率为 ω_R 的方波,相位可从 0°至 360°可调。

通过模拟乘法器可以得到输出电压 V_0 及相位 θ_{2n+1} 的一级近似表达式

$$V_0 = \frac{2R_0 V_{A0}}{\pi R_1} \sum_{n=0}^{\infty} \frac{1}{2n+1} \frac{\cos\{[\omega_0 - (2n+1)\omega_R]t + \varphi + \theta_{2n+1}\}}{\sqrt{1 - \{[\omega_0 - (2n+1)\omega_R]R_0 C_0\}^2}} \tag{9-62}$$

$$\theta_{2n+1} = \arctan\{[\omega_0 - (2n+1)\omega_R]R_0 C_0\} \tag{9-63}$$

式中：R_0、C_0——低通滤波器参数。

由此可见,相敏检波器可以通过奇次谐波而抑制偶次谐波,它的传输函数类似于一个方波的传输函数。所以,通常又称相敏检测器为以参考信号频率 ω_R 为参数的方波匹配滤波器。其基波($n=0$)响应可以表示为

$$V_{01} = \frac{2R_0 V_{A0}}{\pi R_1} \frac{\cos[(\omega_0 - \omega_R)t + \varphi + \theta_1]}{\sqrt{1 + [(\omega_0 - \omega_R)R_0 C_0]^2}} \tag{9-64}$$

当信号频率 $\omega_0 = \omega_R$ 时,并设基波初始相位 $\theta_1 = 0$,则相关器的输出电压 V_0 为

$$V_0 = \frac{2R_0 V_{A0}}{\pi R_1} \cos\varphi \tag{9-65}$$

式中：V_0——直流电压,其大小正比于输入信号幅值 V_{A0} 和被测信号与参考信号之间的相位差的余弦,改变相位差 φ 则可求得被测信号的幅值和相位。

由于相关检测是利用了长时间对信号的积累原理,所以最终输出的信号不再是周期变化的信号,而是被 PSD 平滑了的直流信号。

2. 锁定放大器的主要参数

1）等效噪声带宽

因为 PSD 的积分器是一个 RC 滤波器,其等效噪声带宽的定义为

$$\Delta f_n = \frac{1}{4R_0 C_0} \tag{9-66}$$

若取 $R_0 C_0 = 300s$,则 $\Delta f_n = 8.3 \times 10^{-4} Hz$。

2) 等效信号带宽

由式(9-64)可知,锁定放大器输出信号 V_0 与被测信号的幅值成正比且与被测信号和参考信号的频差 $\omega_0 - \omega_R$ 有关。因此,等效带通滤波器带宽可以做得很窄,也就是可以用一个RC 滤波器来压缩带宽。对于 PSD 的 RC 低通滤波器,其等效信号带宽为

$$\Delta f_s = \frac{1}{2\pi R_0 C_0} \tag{9-67}$$

Δf_s 也可看作等效带通滤波器的带宽,若仍取 $R_0 C_0 = 300s$,则 $\Delta f_s = 5.3 \times 10^{-4} Hz$。根据线性电路分析,当已知信号频率为 f_s,所用的带通滤波器等效带宽为 Δf_s,则相应的带通放大器品质因数 Q 为

$$Q = \frac{f_s}{\Delta f_s} \tag{9-68}$$

由于等效噪声带宽 Δf_n 与 Δf_s 有一定关系,Δf_s 越窄,则 Δf_n 越窄,对噪声抑制也越好。所以,品质因数 Q 也表征了带通放大器对噪声的抑制能力。例如,当 $f_s = 100kHz$,$\Delta f_s = 5.4 \times 10^{-4} Hz$,或相应的 $\Delta f_n = 8.3 \times 10^{-4} Hz$ 时,品质因数 $Q = 1.85 \times 10^8$。

这样高 Q 的带通滤波器是一般常规滤波器所不能达到的。对于一个具有 $Q \approx 10^8$ 的带通滤波器,元器件参数不稳定会导致滤波器不能正常工作,因为任何因素引起的信号频率漂移将使信号不能通过滤波器。而相敏检波器并不是一个真正的带通滤波器,只是等效于一个带通滤波器或者说相当于一个"跟踪"滤波器。由于被测信号与参考信号严格同步,就能保证在很窄的 Δf_s 条件下输出信号并抑制噪声,所以不必担心由于温度、环境和频率变化所引起元器件参数不稳定性对滤波器性能的影响。

3) 信噪比改善

由于相关检测实质上是将信号进行积累使噪声得到抑制,所以输出信噪比 $(S/N)_o$ 必定优于输入信噪比 $(S/N)_i$,显然信噪比改善情况与锁定放大器抑制噪声能力有关,即与噪声带宽被压缩的程度有关,其信噪比改善为

$$SNIR = \frac{\sqrt{\Delta f_{ni}}}{\sqrt{\Delta f_{no}}} \tag{9-69}$$

式中：Δf_{ni}——锁定放大器输入等效噪声带宽；

Δf_{no}——锁定放大器输出等效噪声带宽。

若设 $\Delta f_{ni} = 200kHz$,$\Delta f_{no} = 8.3 \times 10^{-4} Hz$,则可求出 $SNIR = 6 \times 10^4$。这表明,锁定放大器可以使信噪比改善一万多倍,可见锁定放大器具有很强的抑制噪声的能力。

最后要强调的是,锁定放大器与一般带通放大器不同,其输出信号不是输入信号简单的放大,而是把输入的交流信号变为直流信号,换言之,它不能恢复原有信号的波形,使用时要注意这一点。

9.3.5 取样积分法

一个周期性的十分微弱的信号被背景噪声所掩埋,如何从背景噪声中检出这个周期性的信号呢? 人们通常用取样积分法又称为 Boxcar 方法来处理。取样积分法是一种常用的微弱信号检测方法,是利用周期性信号的重复特性,在每个周期内对信号的一部分取样一次

然后经过积分器计算出平均值。这种信号一般是在主动光电测量中,光源发出的周期性信号与被测物体作用后产生的,被检测的微弱光电信号的周期和光源发出的周期性信号的周期存在一定的关系,或者相等,或者存在某种函数关系。

取样积分法的核心部分为门积分电路和门脉冲电路。工作方式分为单点取样方式(可分为定点取样方式和扫描取样方式两种)和多点取样方式,下面逐一讨论。

1. 定点取样积分器

图 9-19 所示为定点取样积分器的原理框图。光电探测器输出的光电信号经过前置放大输入取样器,取样器由门脉冲电路控制。脉冲触发[图 9-20(b)]输入经延时电路按取样信号点要求时间延时脉冲 T_d[图 9-20(c)],控制脉冲控制器产生确定宽度的取样门脉冲 T_g[图 9-20(d)]加在取样器上。当取样器接通时,输入信号经过电阻向存储电容上充电,得到信号的积分值。如果能够很准确地对准周期信号的某一点,在每个周期的这一时刻,都对这一信号点进行取样,并把取样值保存在积分器中,经过 n 次取样后,信号得到了增强,而噪声由于随机性,相互抵消了一部分,所以信号在噪声中显现出来。如果对周期信号的每一点都这样处理,那就有可能将被噪声淹没的信号波形恢复出来。

这种取样积分法只能恢复周期性信号某一点的幅值,故称为定点取样工作模式。

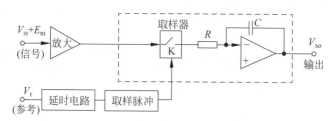

图 9-19 定点取样积分器原理框图

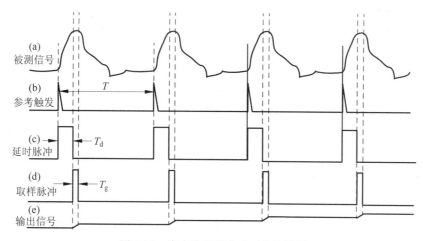

图 9-20 定点取样积分器工作波形图

2. 扫描取样积分器

在定点取样积分的基础上,顺序改变取样点的位置,就得到以扫描方式工作的取样积分器。图 9-21 所示为扫描取样积分器原理框图,图 9-22 所示为扫描取样积分器工作波形图。从中可知,参考信号经过整形脉冲电路变成触发脉冲,用此脉冲去触发时基电路产生时基电压,时基电压宽度 T_B 小于、等于或大于被测周期信号 T,触发信号在触发时基电路的同时,也触发慢扫描电压发生器,产生慢扫描电压,其宽度为 T_S。时基电压与慢扫描电压同时输入比较器进行幅度比较,形成比较器输出。

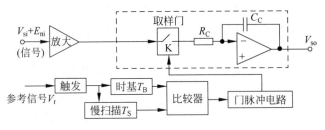

图 9-21 扫描取样积分器原理框图

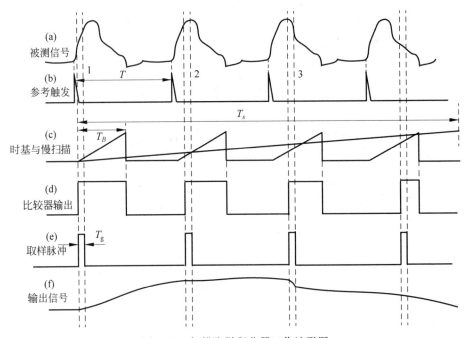

图 9-22 扫描取样积分器工作波形图

当取样脉冲 T_g 对准图 9-22 中信号 1 位置取样积分 n 次后,将取样脉冲在时间轴上向右移动 Δt(一般来说 $\Delta t < T_g$),对准图中信号 2 位置再取样 n 次,然后又向右移动 Δt,对准图中信号 3 位置取样积分 n 次……直到取样脉冲移动扫过信号的一个完整的周期,这种扫描取样方式由于 $\Delta t < T_g$,取样门 T_g 会出现重叠。因此,这种扫描取样积分方式称为重叠扫描。显然,若 $\Delta t \geqslant T_g$,上述过程就不会出现重叠,称为非重叠扫描。

设被恢复的弱信号的周期为 T,取样脉冲步进时间为 Δt,要对弱信号一个周期取样完毕,而每个周期又只取样一次,故所需时间为 $\frac{T}{\Delta t} \cdot T = nT$,因此在积分器输出端得到的输出波形是将原被测信号拉长了 $\frac{T}{\Delta t} = n$ 的波形,如图 9-22(f)所示。因此这种取样方式又称为变换取样。

取样脉冲宽度 T_g 反映了对信号中高频分量的滤波程度,理论分析可以得出取样脉冲宽度确定后,被恢复信号的最高频率为 $f_c \leqslant 0.42/T_g$,同样被恢复信号的最高频率确定后,取样脉冲宽度的上限为 $T_g \leqslant 0.42/f_c$,脉冲宽带越窄,能恢复的信号频率越高。时基锯齿波宽度 T_B 决定了被测信号周期中恢复区段的长度,通常实际需要恢复区段的两端都要留有余地。慢扫描实际也就是恢复波形所需要的总测量时间。

在对某一点进行取样时,包括信号和噪声之和。若输入信号值为 S_i、噪声值为 N_i,则输入的信噪比为 S_i/N_i。如果对信号某一点取样次数为 n,并在积分器中进行线性积累,则输出信号值增加 n 倍,即 $S_o=nS_i$,由于噪声是随机的,其平均后输出值为 $N_o=\sqrt{n}N_i$,输出信噪比为 $S_o/N_o=\sqrt{n}(S_i/N_i)$,显然对信号 n 次取样后的信噪比改善为

$$\mathrm{SNIR}=\frac{S_o/N_o}{S_i/N_i}=\sqrt{n} \tag{9-70}$$

式(9-70)为取样累积平均效果的 $\sqrt{n}$ 法则。显然,取样点数 n 越多,信号恢复越精确,同时需要平均积累时间也越长。

3. 多点信号平均器

扫描取样积分器有极高的分辨力和快速脉冲信号的处理能力,但在信号重复出现的一个周期内只对信号取样一次。因此要取出信号一个周期内的完整波形需要 nT 的时间。扫描取样积分器在时间上的利用率是很低的。同时,积分器积分电容由于漏电而使保持时间有限。为了缩短恢复波形所需要的时间,可以使用多个取样积分器,在每个信号重复周期内对信号逐次多点取样。在有效的观察时间内,信号每重复一次,各取样积分器上存储的信号电压就进行一次累加,多次累加的结果,使信噪比得到改善,多点信号平均器就是这样一种实时取样系统,它等效于大量单点取样积分器在不同延时的情况下并联使用。

多点信号平均器有模拟式和数字式两种。模拟式多点平均器的存储器是电容,而数字式多点平均器的存储器是计算机中使用的半导体存储器。模拟式多点信号平均器原理框图如图 9-23 所示。其工作过程是顺序闭合开关,对波形上各点顺序取样,在电容上进行积累;累计完成后,再依顺序输出电容上的电压。

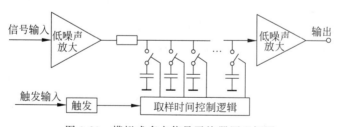

图 9-23　模拟式多点信号平均器原理框图

多点信号平均器对于恢复被噪声淹没的重复信号是一个强有力的工具,由于扫描取样积分是单点步进多次取样平均,因此需要测量时间很长。而多点信号平均器则是在信号的一个周期内对信号多点取样,所以可节省测量时间,在获得同样 SNIR 的情况下多点信号平均器所需时间只是单点平均器测一点的平均时间。因此,可以节省大量时间。再者,多点信号平均器是实时取样,不会使被恢复的弱信号变形(拉长),这是 Boxcar 所不能比拟的。

9.3.6　光子计数器

光子计数是微弱光信号探测中的一种新技术。它可以探测极弱的光能,弱到光能量以单光子到达时的能量。目前已被广泛应用于拉曼散射探测、医学、生物学、物理学等许多领域里微弱发光现象的研究。光子计数输出信号的形式是数字量,很容易与微机连接进行信息处理。本节描述了光子计数法的原理、操作方法、检测能力和用光电倍增管设计的光子计数器的典型特征。

1. 光子计数法的原理

图 9-24 所示为一个典型的光子计数器系统原理以及每个电路得到的脉冲波形。主要包括光电探测器及其密闭外壳、高压电源、制冷器、放大器、幅度甄别器、波形整形器、计数器和显示装置等。

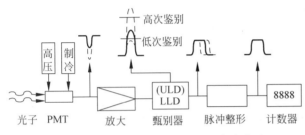

图 9-24　光子计数器系统原理以及每个电路得到的脉冲波形

其中,用光电倍增管接收光信号,它的输出电流脉冲通过宽屏带前置放大器转换为电压信号并放大。这些电压脉冲被反馈到幅度甄别器和波形整形器,最后脉冲个数由计数器进行计数。幅度甄别器将输入的电压脉冲和预定参考阈值电压进行比较,消除振幅低于阈值的脉冲。一般情况下,低次鉴别(Lower Level Discrimination,LLD)设置在低脉冲高度位置,高次鉴别(Upper Level Discrimination,ULD)设置在较高脉冲高度处以消除高振幅脉冲噪声。计数器通常配有一个门电路,实现不同时间间隔的测量。

1) 光电探测器

当入射到光电倍增管的光强微弱到在光电倍增管的时间分辨率(脉冲宽度)内不会发射出两个光电子,这种光强水平被称为单光电子区域,光子计数便是在该区域中进行。在单光子区域,每个光子能激发出 0~1 个电子。在光子计数模式下,计数脉冲数(脉冲)与入射光子数之比称为检测效率或光电倍增管计数效率。表达式为

$$光子计数区域中的检测效率(计数效率)=N_d/N_p=\eta \times \alpha \qquad (9-71)$$

式中:N_d——计数值;

　　N_p——入射光子数;

　　η——光电阴极的量子效率;

　　α——倍增极的收集效率。

检测效率很大程度上取决于二值化处理的阈值电平。

第一倍增极释放的二次电子数不定。每个初级电子能激发若干二级电子,其具有广泛的概率,可以看作泊松分布。平均每个初级电子发射 δ 个二次电子。同样地,重复这一过程,电子通过后续的倍增极到达阳极。δ 为二次发射系数,如果光电倍增管有 N 级倍增极,光电阴极发射的光电子倍增级联 δ^N 次。在这个过程中,由于二次发射系数的波动(级联倍增引起的统计波动)、倍增极位置和电子偏离轨道引起的倍增非均匀性,阳极的每个输出脉冲的高度呈现特定分布。图 9-25 所示为光电倍增管输出脉冲直方图。横坐标表示脉冲高

度,纵坐标为时间。这个曲线被称为脉冲高度分布。

图 9-25 也显示了脉冲高度分布和光电倍增管实际输出脉冲之间的关系。脉冲高度分布检测通常采用在闪烁计数中经常使用的多通道分析器(Multichannel Pulse Height Analyzer,MCA)。

图 9-26(a)所示为用光电倍增管得到的脉冲高度分布示例。即使在没有光照射到光电倍增管的情况下,输出脉冲依然存在,这些脉冲称为暗电流脉冲或噪声脉冲。虚线表示存在于较低脉冲高度(左侧)区域的暗电流脉冲分布。这些暗电流脉冲主要来源于光电阴极和倍增极的热电子发射,分布在较低的脉冲高度区域。

图 9-26(b)表示总计数脉冲幅值的分布 $S(L)$ 大于图 9-26(a)中的阈值 L。图 9-26(a)和图 9-26(b)之间为微分和积分的关系。图 9-26(b)所示为使用光电倍增管的光子计数系统的典型积分曲线。

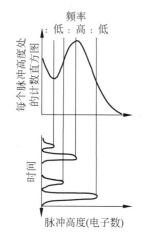

图 9-25 光电倍增管输出脉冲直方图

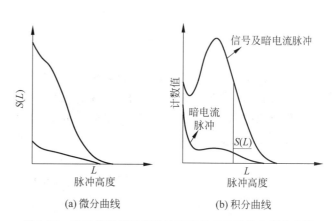

(a) 微分曲线　　　　(b) 积分曲线

图 9-26 光电倍增管输出脉冲高度分布的微分和积分曲线

2) 脉冲高度分布和坪特性

幅度甄别器用于甄别光电子脉冲、倍增极热电子脉冲和宇宙射线激发的电脉冲。宇宙射线激发的电脉冲幅度最大(激发荧光造成多电子),光电子脉冲的幅度居中,倍增极的热电子脉冲最小。根据这些特点,如果使用一个多通道幅度甄别器,则可以在脉冲高度分布中设置一个合适的阈值电平。信号脉冲和噪声脉冲的典型脉冲高度分布如图 9-27 所示。由于暗电流脉冲通常分布于低脉冲高度区域,因此将 LLD 设置在脉冲分布的谷值(L_1)附近,可以有效消除噪声脉冲且不影响检测效率。然而,在实际操作中,幅度甄别器使用并不普遍,如图 9-28 所示电路测量坪特性较为常用。通过测量幅度高于阈值电平的脉冲数并同时改变光电倍增管的供电电压,可以得到类似图 9-28 所示曲线,这些曲线称为坪特性曲线。在坪范围中,供电电压对脉冲计数的影响较小,这是由于在脉冲计数中只有脉冲个数以数字式计数。

3) 光电倍增管的供电电压设置

光电倍增管工作时需外加高电压偏置。偏置电压有两种接地方式,即高压正极接地或负极接地。光子计数条件下需采用负极(即阴极)接地。这样可避免屏蔽壳与光电倍增管管壳间因电位差引起漏电而产生暗电流噪声。但是在结构上还要注意高压绝缘好,否则,它相对管壳漏电会激发出荧光,严重时还会产生火花放电现象,使光子计数完全失效。

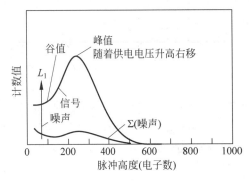

图 9-27 脉冲高度分布的典型实例

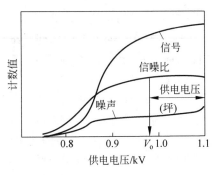

图 9-28 坪特性曲线

从精确测量上来说,信噪比是一个重要因素。在这里,性噪比是指信号光引起的计数率的平均值比上计数信号波动和噪声脉冲(用标准差和均方根表示)。图 9-28 所示信噪比曲线是通过改变供电电压绘制,也可以用同样的方法绘制坪特性曲线。从该曲线可以看出,光电倍增管应工作在坪区域开始的电压 V_o 和最大供电电压范围内。

2. 计数方法

直接计数法原理如图 9-29 所示。计数器 A 用来累计光电子脉冲数 n。计数器 B 对时钟脉冲进行计数,用来控制光电子脉冲计数的时间间隔。

计数器 B 在计数开始前可预置一个脉冲数 N。测量时,计数器 A 和 B 各自同时启动进行计数。当计数器 B 计数值达到 N 时,立即输出计数停止信号,一方面控制计数器 A 停止计数,同时也反馈至计数器 B 使它停止计数。

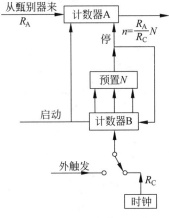

图 9-29 直接计数法原理

若时钟计数率(频率)为 R_C,计数器 B 被预置的数为 N,光电子脉冲计数率为 R_A,在计数时间间隔 T 内的光电子脉冲数为 n,则有

$$n = R_A T = R_A \cdot (N/R_C) = R_A \times 常数 \qquad (9\text{-}72)$$

3. 改进光子计数的方法

上述简单计数方法会因为光源强度不稳、杂光和热电子的影响而产生很大误差,需要设法消除掉。

抵消光源强度变化的方法采用双光路及双光子计数装置,如图 9-30 所示。其中一路通过了被测对象;另一路不通过被测对象,而是由它产生的光电子脉冲作为时钟脉冲进行计数,可以补偿光源强度的变化。

设第一通道的光电子产生率为 R_A,第二通道的光电子产生率为 R_B,累计的光电子数分别为 n_A 和 n_B,则

$$n_A = R_A T = R_A \frac{n_B}{R_B} = \frac{R_A}{R_B} n_B = \frac{R_A}{R_B} \times 常数 \qquad (9\text{-}73)$$

式中,n_B 可以人为设定,故是常数。当光源强度改变时,比值 R_A/R_B 保持不变,从而消除了光源强度变化的影响。

图 9-31 所示是这种计数法的计数器,它与图 9-29 不同之处在于用通道 B 的光子脉冲代替时钟。

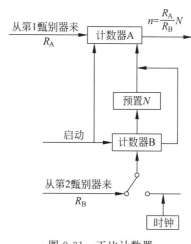

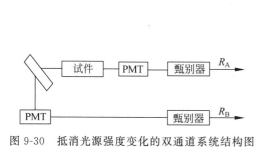

图 9-30 抵消光源强度变化的双通道系统结构图

图 9-31 正比计数器

第 9 章
参考答案

思考题与习题

9.1 为什么说直接探测又称为包络探测？并以缓变光功率和调制光功率信号为例加以说明。

9.2 证明：(1)直接探测系统和光频外差探测系统的 NEP 理论极限；(2)说明两个结果的物理意思。

9.3 画出放大器的 E_n-I_n 模型，并导出等效输入噪声 E_{ni} 的表达式。说明这种模型方法在科学研究中的意义。

9.4 给出噪声系数 NF 的定义，一个三极管的噪声系数 NF＝0dB，其实际意义是什么？

9.5 什么叫"噪声匹配"？实现噪声匹配的目的是什么？

9.6 如果源阻抗较小，实现噪声匹配的方法有哪些？

9.7 有一低噪声前置放大器，噪声系数 NF 为 3dB，源电阻为 100Ω，带宽为 100Hz，求 $T＝27℃$ 时的等效输入噪声 E_{ni}。NF＝2dB 时呢？

9.8 已知源电阻为 $100k\Omega$，带宽为 $\Delta f＝1000Hz$，在 $T＝300℃$ 时，欲使输入信噪比 $(V_{si}^2/E_{ni}^2)\geqslant 2$，且已知 $V_{si}＝10\mu V$，应选用噪声系数 NF 为多大的前放才合适？

9.9 什么叫信噪比改善？为什么说信噪比改善(SNIR)不是噪声系数(NF)的倒数？

9.10 当一个白噪声通过一个等效噪声带宽为 Δf_n 的系统时，求输出端得到的噪声功率与输入端的噪声功率之比，设系统的最大增益 $A_V(f_0)＝1$。

9.11 微弱信号检测的基本方法有哪几种？试分别予以简要说明。

9.12 一个弱检系统的等效噪声带宽为 Δf_n，输入信号中混有白噪声，且白噪声所占的带宽为 Δf_{in}，试求弱检系统所能获得的 SNIR，若 $\Delta f_n＝10^{-4}Hz$ 而 $\Delta f_{in}＝10^{-5}Hz$，求 SNIR。

9.13 相关检测的基本原理是什么？

光电探测系统应用实例分析

　　前面已经学习了光辐射探测的理论基础、光电探测器和光电信号变换与处理等内容。本章介绍几个典型的光电系统实例,从系统级的高度对前面的知识加以综合与梳理,进一步加深对这些知识的理解,提高光电技术及相关知识的应用能力,并初步掌握对光电系统进行分析和设计的基本方法。

10.1　空间光通信捕获、跟踪、瞄准系统

　　自由空间光通信(Free Space Optical Communication,FSO)也称为无线激光通信(Wireless Laser Communication,WLC),是以激光作为载波经过空间介质实现大容量信息传递。根据其使用情况,自由空间光通信可分为点对点、点对多点、环形或网格状通信,而根据其传输信道特征则又可分为大气激光通信、星际(深空)激光通信和水下激光通信。

　　自由空间激光通信结合了光纤通信与微波通信的优点,既具有大通信容量、高速传输的优点,又不需要铺设光纤,因此各技术强国在空间激光通信领域投入大量人力、物力,并取得了很大进展。星际自由空间光通信技术的可行性问题已经解决,虽然至今尚未真正实现星际通信,但是发射功率、接收灵敏度、捕获和瞄准要求、热稳定性和机械稳定性等关键技术在近几年已取得明显进步,相信不远的将来将取代微波通信成为星际通信的主要手段。地面空间光通信将作为一种主要手段进入本地宽带接入市场,特别是那些通常没有光纤连接的中小企业。

　　微波系统和自由空间光通信系统在许多方面可互为补充,前者能提供大区域内低速通信,而后者能提供小区域内高速灵活的连接。此外,自由空间光通信系统还可与微波系统互为备份,在天气恶劣甚至无法进行光通信时,启动微波通信系统,可以大大提高通信系统的适用性和可靠性。在战场上,当受到敌方强电磁辐射干扰时,会导致微波通信系统失效,而光纤通信系统既无法在短时间内建立起来,也不能满足机动性要求,此时自由空间光通信系统的优势立刻显现:它能在极短的时间内建立,还对电磁干扰免疫,所以自由空间光通信在军事领域有着广泛的应用前景。

10.1.1　空间光通信系统

　　空间光通信系统中的通信设备根据信息传输的远近、通信环境等不同,设计的系统也不同。一个空间光通信系统通常由光发射机、光接收机、合/分束元件、光学收/发天线及其伺

服平台和捕获、跟踪、瞄准（Acquisition Tracking Pointing，ATP）子系统等部件构成。其功能框图如图 10-1 所示。

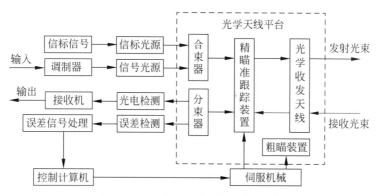

图 10-1 空间光通信系统功能框图

空间光通信系统包括信号子系统、光学天线平台、ATP 子系统等。其中，信号子系统包括调制器、信号光源、光电检测和接收机等，负责信号的产生和还原；光学天线平台包括光学收发天线和合/分束器等，负责实现激光光束的发送和接收；ATP 子系统包括信标信号、信号光源、误差检测、误差信号处理、伺服机械以及粗瞄/精瞄跟踪装置等，负责激光光束的精确指向及跟踪。

进行空间光通信时，信标光源首先发射信标光，通过 ATP 系统使信标光能够成功为光接收机所接收。在完成了系统的跟踪、瞄准后，信标光改为信号光，在发射和接收系统间进行信号传输，而 ATP 系统从接收系统提取部分信号光作为此后的跟踪、瞄准的参考信号。由于激光信标发射的光束很窄，且光在空间信道长距离过程中光能损失很大，在接收端探测器上接收的光信号往往很微弱，此外还存在背景光的干扰和系统的扰动，这都给通信链路中光束的捕获、对准、跟踪提出了苛刻的要求，所以空间光束的 ATP 技术就成为空间光通信成败的关键技术之一。空间光通信 ATP 技术是一个综合了光、机、电等相关内容的技术，接下来介绍 ATP 系统的基本构成和工作原理。

10.1.2 ATP 系统构成

在空间光通信系统中，ATP 系统的作用是接收对方发射的信标光，并对之进行捕获、跟踪，然后返回一信标光到对方的接收端，以完成点对点的锁定，在两点之间建立通信链接。所以 ATP 系统的性能和跟踪精度对通信的成功与否有着至关重要的影响。

根据空间光通信 ATP 系统的要求完成的功能及自身特点，典型的 ATP 系统结构设计一般分为两级结构，如图 10-2 所示。ATP 系统主要由前端万向架和光学天线、分束器、粗

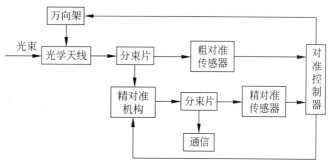

图 10-2 ATP 系统结构

对准传感器、精对准机构和对准控制器等组成。

为了实现 ATP 系统中激光束的对准和跟踪,则需对运动精度、跟踪精度和调整速度提出一定要求。当接收端和发射端之间的天线的范围角度变得很大时,这就要求转动天线系统来调整,而天线本身有一定质量,调整起来有一定难度,这就使得运动精度和跟踪精度有所下降。为了解决这个矛盾,有必要将不同的需求分别进行处理,因此实际 ATP 系统设计为粗跟踪和精跟踪两级结构。

1. 粗跟踪系统

粗跟踪系统的作用是要完成初始状态下对光束的捕捉以及完成对系统的粗跟踪,其特点是捕获范围较大、伺服控制执行机构精度的要求与精跟踪系统相比要低一些。粗跟踪系统中一般包括三轴万向架、万向架伺服驱动电机、安装在万向架上的光学系统、万向架角度传感器设备、中继光学机构以及一个粗跟踪探测器。

捕获阶段时粗跟踪系统是在开环的工作方式下,跟踪时用的位置传感器是在闭环的方式下。粗跟踪系统在接收到指令后根据运行的一些算法将万向架上的光学望远镜固定在发射端的方位上,然后进行扫描、捕获对方激光光束。

粗跟踪阶段时,在捕获到了激光光束后系统就会运行闭环的工作方式,它会根据位置传感器提供的位置信息来控制万向架上的天线。粗跟踪阶段的精度一定要不大于精跟踪范围角度,从而可以保证激光光束在精控制系统的可控角度内。

粗跟踪系统中的探测器作用在捕获和粗跟踪阶段,这样粗跟踪探测器有较为开阔的范围角度,采样次数通常比较低,在系统设计中一般采用电荷耦合器件(CCD)。但粗跟踪系统的转轴可能会发生摩擦以及可能在前端会有一些振动,这些因素都会给系统精度带来影响,这就要求通过精度很高的探测器来解决问题。

2. 精跟踪系统

精跟踪系统会根据高精度的位置传感器提供的位置误差调整快速倾斜镜的位置以跟踪光束,使光点能够最大限度地入射在 PSD 的中点位置,以此达到精跟踪的目的。精跟踪系统一般包括执行系统、两轴高带宽快速倾斜镜和精跟踪探测器等。

精跟踪系统部分主要完成对信号的跟踪、对准工作,其视场角一般设计为几百 μrad,跟踪精度为 μrad 量级,跟踪灵敏度为 nW 量级,在系统设计中一般采用四象限红外探测器 QD、CCD 等高灵敏度位置传感器、两轴高带宽快速倾斜镜等器件。精跟踪系统一般采用的是闭环工作方式。

10.1.3 共轴双检测 ATP 系统

图 10-3 和图 10-4 所示为一种共轴双检测 ATP 系统的光学系统和控制系统示意图,主要包括光学天线平台、误差信号提取系统和控制系统。

1. 光学天线平台

光学天线平台主要包括粗跟踪系统和精跟踪系统,两者采用双共轴检测工作方式。

粗瞄准由一个安装在万向架上的收发天线、粗跟踪 CCD 探测器以及万向架伺服驱动电机组成,主要作用是捕获目标和完成对目标的粗跟踪。捕获是将粗跟踪探测器定位到对方信标光的方向上,在 $\pm1° \sim \pm20°$ 或更大视场范围内对对方信标光进行搜索,以便获得来自对方信标光束。在捕获目标后,系统根据粗跟踪探测器给出的目标脱靶量来控制万向架上的望远镜,把信标光引入精跟踪探测器的视场内。

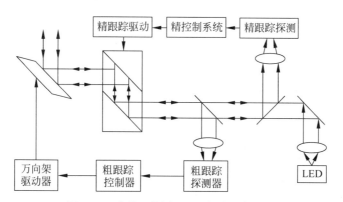

图 10-3　共轴双检测 ATP 光学系统结构

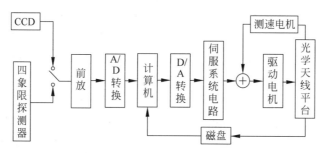

图 10-4　ATP 控制系统功能结构

在完成了目标捕获后,需对目标进行瞄准和实时跟踪。精跟踪机构由一个 Q-PIN 探测器、全反镜及全反镜驱动机构组成。当粗跟踪系统将入射光束引至精跟踪传感器的视场后,精跟踪控制器根据精跟踪探测器提供的脱靶量,控制全反镜动作,跟踪入射光束,使其尽可能处于探测器的中心,从而构成精跟踪环。精跟踪环的跟踪精度将决定整个系统的跟踪精度,因此,设计一个高带宽高精度的精跟踪环是整个 ATP 系统的关键所在。

在共轴跟踪工作方式下,系统是静态自主的,即只要两个分系统是稳定的,则整个共轴系统也是稳定的,系统的误差度为精跟踪误差。而复合轴跟踪方式的误差为两个系统的误差之和,这说明采用共轴跟踪方式与复合轴跟踪方式相比能够提高系统精度。

2. 误差信号提取系统

ATP 伺服系统主要由天线位置误差信号控制,光学天线接收到的光信号通过由捕获探测器(CCD)和定位探测器(Q-PIN)组成的探测接收单元转换,CCD 完成捕获与粗跟踪,并将接收光引导至 Q-PIN 上,在 Q-PIN 中进行误差信号检测,如图 10-5 所示。

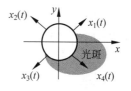

图 10-5　Q-PIN 误差信号形成原理

由光电探测原理可知,四象限探测器每象限输出电信号强弱与受照光斑面积有关,经 A、B、C、D 通道放大归一化后,水平和垂直方向误差信号 $\varepsilon_x(t)$ 和 $\varepsilon_y(t)$ 分别为

$$\varepsilon_x(t)=k_x\frac{[x_1(t)+x_2(t)]-[x_3(t)+x_4(t)]}{\sum_{i=1}^{4}x_i(t)} \tag{10-1}$$

$$\varepsilon_y(t) = k_y \frac{[x_1(t) + x_4(t)] - [x_3(t) + x_2(t)]}{\sum\limits_{i=1}^{4} x_i(t)} \tag{10-2}$$

式中：k_x、k_y——比例系数；

　　　x_i——相应象限输出电流。

从上式可以看出，当光斑中心不在四象限探测器中心时，将产生水平或垂直方向的误差电压。严格来讲，要计算 Q-PIN 上光斑在每象限光能量必须采用积分的方法，因为光斑能量成高斯分布，由于探测器的探测面相对光斑的面积要小得多，因此探测器上探测到的信号可以近似看成均匀分布。

3. 控制系统

对四象限光电探测器传送来的四象限模拟电信号经放大、整形和 A/D 变换处理后，按一定的数据分配流程将信号输入计算机，输入的四路数字信号在预先设计处理程序的运行下，分别实现其水平和俯仰方向的和差、对比运算，并根据运算结果确定水平和俯仰方向的天线偏差，给出相应的速度控制信号和加速度控制信号。由计算机给出的速度控制信号和加速度控制信号又经数据分配接口送入 D/A 转换和处理网络，经过 D/A 变换和放大整形等处理送到控制校正电机驱动单元的各个相应部分，使伺服电机按要求转动并带动天线转动机构分别在水平和俯仰两个方向转动，以调整天线的位置，达到自动捕获、跟踪和瞄准的目的。

10.1.4　ATP 系统关键参数和技术考虑

ATP 可分为捕获、跟踪和瞄准三个过程。捕获过程是指接收机搜索其不确定区(先验设定的发射机存在的区域)，寻找发射机发射的激光信号的过程；跟踪过程是指接收机根据接收到的激光束判定光束到达方向，并保持对接收到光束的监视状态的过程；瞄准过程是指接收机根据接收到的激光束的到达方向，在精度允许范围内将本地的发射光束对准远端发射机的过程。三个过程分别涉及不同的关键参数，这些参数是进行 ATP 关键技术研究的基础。

1. 信标光链路分析

信标光是用于光通信系统的捕获和跟踪的激光发射源，信标光链路的链路极限为

$$M = 10\lg(P_r / P_{req}) \tag{10-3}$$

式中：P_r——接收机探测器接收的信号功率；

　　　P_{req}——要求的在接收机探测器上接收的功率。

P_r 可以简化为

$$P_r = P_t \eta_t \eta_r \mathrm{e}^{-aL} \left[\frac{D_r}{\theta L}\right]^2 \tag{10-4}$$

式中：P_t——光发射机中激光器所发射出的激光功率；

　　　η_t——发射天线的效率；

　　　η_r——接收天线的效率；

　　　a——信道衰减系数；

　　　L——传输距离；

D_r——接收天线的口径；

θ——激光发散角。

由上式可知，在发射功率一定的情况下，接收机中探测器所接收到的激光功率主要与三个因素有关，即激光发射和接收天线的效率（η_t 和 η_r）、信道衰减 $e^{-\alpha L}$ 和几何衰减 $\left(\dfrac{D_r}{\theta L}\right)^2$。信标光束越宽，系统越容易跟踪和瞄准，但光束宽度受瞄准误差的限制。由于信标光传输光束越宽，接收探测器上接收到的能量越小，如果为了补偿瞄准误差而增加光束的宽度就会引起接收机的功率变弱，信噪比下降。

2. 跟踪灵敏度

跟踪灵敏度是为了满足给定的探测概率 P_D 和虚警概率 P_F 所要求的在跟踪探测器上接收到的最小功率 P_{rep}。在跟踪探测器上采用阈值探测的 P_{rep} 由下式给出：

$$P_{rep} = I_{pk}/R_d \tag{10-5}$$

式中：R_d——探测器响应度；

I_{pk}——满足给定 P_D 和 P_F 要求值的接收信号峰值电流。

$$R_d = \eta q\lambda/hc \tag{10-6}$$

式中：η——探测器量子效率；

q——电子电量；

h——普朗克常数；

c——光速；

λ——激光信号波长。

$$I_{pk} = (K_1\sigma_n + qFBK_2^2) + \left[(K_1\sigma_n + qFBK_2^2)^2 + (K_2^2 - K_1^2)\sigma_n^2\right]^{\frac{1}{2}} \tag{10-7}$$

式中：B——电路带宽；

F——检测过程噪声因子；

K_1——和虚警概率 P_F 有关的系数；

K_2——和探测概率 P_D 有关的系数。

其中

$$P_F = \frac{1}{\sqrt{2\pi}}\int_{K_1}^{\infty} e^{\frac{x^2}{2}} dx \tag{10-8}$$

$$P_D = \frac{1}{\sqrt{2\pi}}\int_{-\infty}^{K_2} e^{\frac{x^2}{2}} dx \tag{10-9}$$

3. 捕获灵敏度

空间光通信在建立过程中的扫描范围应大于或等于初始不确定角，初始不确定角过大，将增加捕获时间。

大多数空间光通信系统设计中，对 ATP 系统捕获成功的概率要求都在 99% 以上，捕获概率表示为

$$P_{acq} = P_{U-are} \cdot P_D \tag{10-10}$$

式中：P_{U-are}——不确定区域对目标的覆盖概率。

捕获时间与捕获时对方端机的工作方式有关。当工作在凝视/扫描方式时，即发射机以

一个窄的光束扫描不确定区域,接收机处在凝视状态,在这种工作方式下,捕获时间依靠不确定区域角与可探测的光束尺寸的比值乘以在每一个点上的停留时间,即

$$T_{\text{acq stare/scan}} = [\theta_{\text{unc}}^2/\theta_{\text{beam}}^2] \cdot T_{\text{dell}} \cdot N_t \tag{10-11}$$

式中:θ_{unc}——不确定区域角;

$\quad\quad \theta_{\text{beam}}$——发射光束发射角的 $1/e$;

$\quad\quad T_{\text{dell}}$——发射机在一个位置上的停留时间;

$\quad\quad N_t$——扫描的区域数。

4. 瞄准性能

瞄准过程是根据跟踪过程所得到的光斑位置偏差得到入射光到达方向,然后引导本地的激光束与接收光到达方向共轴发射的过程,简单说就是让本地发射的激光束跟随接收光束方向的过程。瞄准过程和光束的跟踪过程是密不可分的,它们共同决定了 ATP 系统的精度,精度的角度偏差信息由精度跟踪过程提供,然后通过光束偏转伺服系统将激光器发射的光束按照估计的方向发射出去。瞄准过程最关键的参数为瞄准精度和瞄准子系统带宽,和跟踪过程一样,瞄准精度和瞄准子系统的带宽也是紧密联系的。

但是,无论在精跟踪子系统还是瞄准子系统,要提高它们环路的带宽,仅靠使用宽带的光束偏转器件是不够的,还要足够高响应速度和足够定位精度的位置探测器。对于四象限跟踪传感器,用 Q_{NEA} 表示等效噪声角(NEA),则有

$$Q_{\text{NEA}} = 1/\text{SF}\sqrt{S/N} \tag{10-12}$$

$$S/N = (P_r R_d)^2/N_0 B \tag{10-13}$$

式中:SF——斜率因子;

$\quad\quad P_r$——接收功率;

$\quad\quad R_d$——探测器灵敏度;

$\quad\quad N_0$——接收机噪声密度;

$\quad\quad B$——跟踪环的带宽。

等效噪声角是与跟踪控制带宽的方根成比例,因此降低 NEA 的方法是选择高灵敏或低噪声的探测器。

10.2　基于光电鼠标芯片的物体运动状态测量系统

光电鼠标的工作机理是采用一种基于 CMOS 成像的图像识别方法,通过一个感光眼不断地对物体进行拍照,并将前后两次图像进行 DSP 处理,得到移动的方向和间隔。光电鼠标集现代高分辨率成像技术和数字图像处理技术于一体,以其独特的技术性能和价格优势迅速成为计算机的标准配置。此外,由光电鼠标的工作机理可知,光电鼠标芯片还具有一种传感器的基本功能,基于光电鼠标芯片可设计具有不同应用功能的测量控制系统。本节在叙述光电鼠标结构原理的基础上,介绍一种基于光电鼠标芯片的运动物体状态测量系统。

10.2.1　光电鼠标的工作原理和构成

光电鼠标的结构与机械鼠标和第一代光学鼠标都有很大的差异,它的底部没有滚轮,也不需要借助反射板来实现定位,其核心部件是发光二极管、微型摄像头、光学引擎和控制芯

片。工作时发光二极管发射光束照亮鼠标底部的表面,同时微型摄像头以一定的时间间隔不断进行图像拍摄。鼠标在移动过程中产生的不同图像传送给光学引擎进行数字化处理,最后再由光学引擎中的定位 DSP 芯片对所产生的图像数字矩阵进行分析。由于相邻的两幅图像总会存在相同的特征,通过对比这些特征点的位置变化信息,便可以判断出鼠标的移动方向与距离,这个分析结果最终被转换为坐标偏移量实现光标的定位。

光电鼠标通常由光学感应器、光学透镜、发光二极管、接口微处理器、轻触式按键、滚轮、连线、PS/2 或 USB 接口、外壳等构成。图 10-6 所示为其结构示意图。

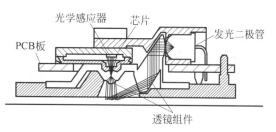

图 10-6　光电鼠标结构示意图

1. 光学感应器

光学感应器是光电鼠标的核心,目前能够生产光学感应器的厂家只有安捷伦、微软和罗技三家公司。图 10-7 所示是安捷伦公司的 H2000-A0214 光学感应器内部的组成方式,它主要由 CMOS 感光板和 DSP 组成。CMOS 感光块负责采集、接收由鼠标底部光学透镜传递过来的光线(并同步成像),然后 CMOS 感光块会将一帧帧生成的图像交由其内部的 DSP 进行运算和比较,通过图像的比较,便可实现鼠标所在位置的定位工作。

2. 控制芯片

控制芯片负责协调光电鼠标中各元器件的工作,并与外部电路进行沟通(桥接)及各种信号的传送和收取。图 10-8 所示是罗技公司的 CP5919AM 控制芯片,它可以配合安捷伦的 H2000-A0214 光学感应元件,实现与主板 USB 接口之间的桥接。当然,它也具备了一块控制芯片所应该具备的控制、传输和协调等功能。

图 10-7　H2000-A0214 光学感应器内部组成

图 10-8　罗技公司的 CP5919AM 控制芯片

3. 光学透镜组件

光学透镜组件被放在光电鼠标的底部位置,它由一个棱光镜和一个圆形透镜组成,如图 10-9 所示。其中,棱光镜负责将发光二极管发出的光线传送至鼠标的底部,并予以照亮。圆形透镜则相当于一台摄像机的镜头,这个镜头负责将已经被照亮的鼠标底部图像传送至光学感应器底部的小孔中。

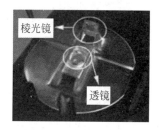

图 10-9　光学透镜组件

4．发光二极管

光电鼠标通常采用高亮度的发光二极管作为工作时所需要的光源。发光二极管发出的红光(也有部分是蓝光)，一部分通过鼠标底部的光学透镜(即其中的棱镜)来照亮鼠标底部；另一部分则直接传到了光学感应器的正面。

5．轻触式按键

通常光电鼠标的 PCB 上共焊有三个轻触式按键。除了左键、右键之外，中键被赋给了翻页滚轮。翻页滚轮上、下滚动时，会使正在观看的"文档"或"网页"上下滚动。而当滚轮按下时，则会使 PCB 上的"中键"产生作用。注意："中键"产生的动作，可由用户根据自己的需要进行定义。在光电鼠标的内部，滚轮位置上安装有一对光电"发射/接收"装置。"滚轮"上带有栅格，由于栅格能够间隔地"阻断"这对光电"发射/接收"装置的光路，这样便能产生翻页脉冲信号，此脉冲信号经过控制芯片传送给 Windows 操作系统，便可以产生翻页动作。

除了上述的这些主要构件外，光电鼠标还包括连接线、PS/2 或 USB 接口、外壳等，这几个部分与机械式鼠标没有多大区别。

10.2.2　光电鼠标的主要技术参数

光电鼠标的主要技术参数包括光感应度、刷新频率和像素处理能力等。

1．光感应度

光感应度即鼠标的分辨率、精度，它是选择鼠标的主要依据之一，用来描述鼠标的精度和准确度，单位是 DPI 或者 CPI，其意思是指鼠标移动中每移动 1in 能准确定位的最大信息数。显然鼠标在每英寸中能定位的信息数量越大，鼠标就越精确。对于以前使用滚球来定位的鼠标来说，一般用 DPI(Dots Per Inch)表示鼠标的定位能力，意思是每英寸的像素数，这是最常见的分辨率单位。光电鼠标出现后，用 DPI 描述鼠标精确度已经不太合适，因为DPI 反映的是静态指标，用在打印机或扫描仪上显得更为合适。由于鼠标移动是一个动态的过程，用 CPI(Count Per Inch)表示鼠标的分辨率更为恰当，这是由鼠标核心芯片生产厂商安捷伦定义的标准，意思是每英寸的采样率。

大多数鼠标采用了 400CPI，少数罗技高端鼠标采用了 800CPI。400CPI 意味着什么呢？也就是说当鼠标每移动 1in 就可反馈 400 个不同的坐标，换句话说也就是采用 400CPI 的鼠标可以观察到你手部 0.06mm 的微弱移动。理论上说 CPI 越大，光电鼠标就越灵敏。例如，当把鼠标向左移动 1in 时，400CPI 的鼠标会向计算机发出 400 次"左移"信号，而 800CPI 的鼠标就发送 800 次。做个假设，把鼠标移动 1/800in，那么 800CPI 的鼠标会向计算机传送一次移动信号，而 400CPI 的鼠标却没有反应，必须再移动 1/800in 它才会传送移动信号。从这里可以看出，这两种分辨率的性能最大差别就在于 800CPI 的鼠标在移动的开始阶段会比 400CPI 的鼠标反应快些。800CPI 和 400CPI 的鼠标只是在显示器分辨率高的情况下性能差异才会表现得明显一点。

2．刷新频率

鼠标的刷新频率也叫采样频率，它是指鼠标每秒钟能采集和处理的图像数量，一般以帧/秒(FPS/s)为单位，反映了光学传感器内部的 DSP 对 CMOS 每秒钟可拍摄图像的处理能力。当鼠标移动时，CMOS 以一定的频率对鼠标下的采样表面进行采样，产生离散量后转换为数字信息供计算机处理,这个采样频率就是刷新率。倘若鼠标的刷新率小于移动距离之内的图像数据,鼠标内部扫描的图像数据就会出现盲点,即扫描不到图像数据,最后导致定位光标位置失败,从而出现指针丢失的情况。鼠标的刷新率参数越高,意味着其每秒采样的数据率越大,性能也越好。

3. 像素处理能力

虽然分辨率和刷新率都是光电鼠标重要的技术指标,但它们并不能客观反映光电鼠标的性能,所以又提出了像素处理能力这个指标,并规定:像素处理能力=CMOS晶阵像素数×刷新率。根据光电鼠标的定位原理,光学传感器会将CMOS拍摄的图像进行光学放大后再投射到CMOS晶阵上形成帧,所以在光学放大了一定的情况下,增加CMOS晶阵像素数,也可以增大实际拍摄图像的面积。而拍摄面积越大,每帧图像上的细节也就越清晰,参考物也就越明显,和提高刷新率一样,也可以减少跳帧的概率。

10.2.3 基于光电鼠标传感器的运动物体的无接触检测

在机电产品设计中,有时需要检测物体间的相对运动状态,包括运动方向和运动速度。若采用机械式的检测结构,需要两个物体表面相接触,则会由于滚轮磨损或滚轮的光滑而引起误差,而有些场合甚至由于某种需要是不允许进行直接接触测量。解决方案是采用光电器件进行光电测量,而传统的运动状态检测电路是由CCD器件和DSP组成,电路设计复杂,DSP需要大量的计算。在此,介绍一种基于ADNS-2051鼠标芯片组和单片机等器件组成的运动物体状态检测系统,能够在无接触条件下进行运动方向和运动速度的检测。

1. 检测系统的原理

检测系统的原理如图10-10所示。系统由发光二极管、凸镜镜头、光电鼠标芯片ADNS-2051、光纤式鼠标控制器MDT80C06和单片机系统等组成。

图 10-10 检测系统原理

光学鼠标芯片ADNS-2051是安捷伦(Agilent)公司推出的高性能的光学感测芯片,经过编程支持800CPI的分辨率和最高2300帧/秒的扫描速度,能从容应对各种不同材质表面,提供更光滑、更迅速、更准确的定位控制。虽然它的市场是针对光学鼠标,但也可以作为一种高性能而又廉价的器件运用于工业控制领域。图10-11所示为ADNS-2051外形和引脚分布图。

发光二极管发出的光经过物体反射后进入ADNS-2051的感光眼,ADNS-2051的定位传感器就会开始操作,如果物体处于运动状态,会触发传感器的影像撷取系统(IAS),透过镜头和照明系统来撷取极小的表面影像。这些影像经过DSP的处理,得到移动的方向和距离。DSP产生的位移值会被转换成双通道正交信号。

MDT80C06是光纤式鼠标控制器,与ADNS-2051能很好配合,其功能是将双通道正交信号转换成单片机能够处理的PS/2数据格式。单片机根据接收的PS/2数据,判断物体的移动方向和移动速度大小。

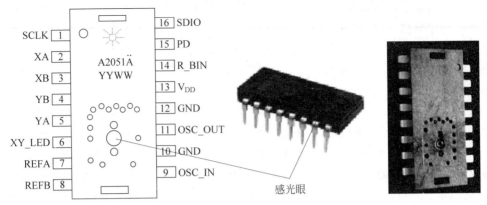

图 10-11　ADNS-2051 外形和引脚分布图

2. 检测系统硬件电路设计

检测系统的硬件电路如图 10-12 所示。

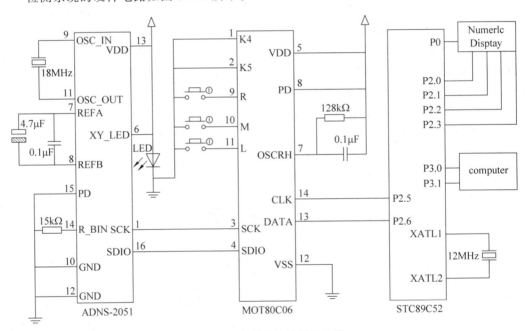

图 10-12　检测系统的硬件电路

其中,ADNS-2051 是 DIP16 封装,有 16 个引脚。第 6 脚是 LED 驱动端,驱动型号为 HLMP-ED80 的 LED,其发光波长为 639nm。第 14 引脚 R_BIN 是 LED 的限流电阻端,其电阻大小取决于 LED 的型号,在此为 15kΩ。第 13 脚是 5V 电源正端,10、12 脚是电源地端。9 脚和 11 脚分布为晶振输入端和输出端,两端外接 18MHz 的晶振。7 脚和 8 脚为两个内部参考端,外部并联 4.7μF 的电解电容和 0.1μF 的陶瓷电容。15 脚是光电传感器掉电控制端 PD,高电平时起作用。1 脚和 16 脚分别为串行时钟输入端和串行数据输入/输出端,与 PS/2 接口芯片 MDT80C06 的对应端相连接。

MDT80C06 是用 DIP16 封装,内建有 RC 振荡电路,频率约 7MHz,由引脚 7 的外部电阻调整频率,电阻值约 180kΩ。8 脚 PD 是旋转选择器,高电平时分辨率是 800DPI。13 脚

和 14 脚分别是 MDT80C06 的时钟线 CLK 端和数据线 DATA 端,连接单片机的 P2.0 和
P2.1 端口。MDT80C06 的 R、M、L 端分别是右、中、左三个按键的输入端,在此将其作为系
统的按键使用。

为了增加系统的稳定性,单片机部分有看门狗芯片和 E^2PROM 存储芯片。看门狗芯
片 DS1232 具有对系统电压监控和防止单片机死机两个功能。当系统供电电压低于 4.5V
或单片机死机时,DS1232 会重启单片机系统。E^2PROM 采用非易失存储器 AT24C02,系
统正常运行时,零点参数及运行时的重要数据均保留在 E^2PROM 中。当系统重新启动后
会自动从 E^2PROM 中读出预先设定的(或上次设定的)有关参数,实现掉电数据自动保护。
液晶能够显示单片机计算出的运动信息。

3. 检测系统的软件设计

MDT80C06 与单片机接口之间的数据传送符合 PS/2 协议,检测系统软件设计的核心
部分是单片机实现 PS/2 协议。PS/2 协议是双向通信,只需两根线与单片机连接即可完成
通信功能,两根线分别是 MDT80C06 的时钟线和数据线。单片机既可以从 MDT80C06 接
收运动状态数据,也可以向 MDT80C06 发出控制命令,接收或发送状态由单片机通过控制
PS/2 接口的时钟信号决定。正常情况下芯片 MDT80C06 发出接口时钟信号,单片机根据
接口的时钟信号、数据信号变化接收数据。如果单片机想要发送控制命令到 MDT80C06,
则在任何时候把时钟拉低一定时间(至少 $100\mu s$)即可。

PS/2 协议的数据帧共有 11 位,格式为:1 为起始位(0)、8 位数据位(低位在前,高位在
后)、1 位奇偶校验位和 1 位结束位(1)。

单片机编程使用 Keil C 语言,程序可以分成两个部分:向 MDT80C06 写控制命令数据
模块和从 MDT80C06 读取运动状态数据模块。

1)单片机向 MDT80C06 写控制命令数据模块

图 10-13 所示是单片机向 MDT80C06 写控制命令的时序图。时序要求单片机把时钟
线拉低至少 $100\mu s$,然后单片机等待时钟线被 MDT80C06 拉低,根据 MDT80C06 的时钟线
发送 PS/2 协议的数据帧的 11 位数据。

2)单片机读取 MDT80C06 运动状态数据模块

图 10-14 所示是单片机从 MDT80C06 读取数据的时序图。时序图中若时钟线出现高
电平,数据线出现低电平,表明系统请求发送,MDT80C06 准备产生同步时钟脉冲串,单片
机可以接收来自 MDT80C06 的数据。

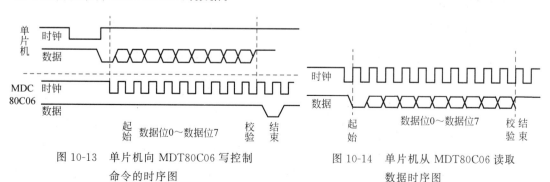

图 10-13　单片机向 MDT80C06 写控制　　　　图 10-14　单片机从 MDT80C06 读取
命令的时序图　　　　　　　　　　　　　数据时序图

3）单片机对运动方向和运动速度的计算

单片机接收到位移数据包的格式如表 10-1 所示。位移数据包是 3 字节,字节 2 是 X 方向位移量信息,字节 3 是 Y 方向位移量信息,字节 2 和字节 3 最大位移量是 255。如果位移量超过 255,字节 1 的 BIT6 和 BIT7 将会置溢出标志。BIT4 和 BIT5 分别表示 X 方向的运动方向和 Y 方向的运动方向。当有左、中、右按键动作时,字节 1 的 BIT2、BIT1、BIT0 就会置 1。

表 10-1 位移数据包的格式

字节 1	BIT7	BIT6	BIT5	BIT4	BIT3	BIT2	BIT1	BIT0
	Y 字节	X 字节	Y 字节	X 字节	1	字节键	字节键	字节键
字节 2	X 字节键位移量信息							
字节 3	Y 字节键位移量信息							

单片机编程时进行下面几步操作：①读出字节 1 中的 BIT6 和 BIT7 位,检测位移量是否溢出,如果是 1 则表示有溢出；②读出字节 1 的 BIT6 和 BIT7 位,检测是否有按键动作,如果是 1 则表示有按键动作；③读出字节 1 的 BIT4 和 BIT5 位,判断物体的运动方向；④如果没有溢出,可以通过位移数据包中字节 2 和字节 3 的位移量计算出物体的运动速度。

ADNS-2051 检测反应速度是由它的扫描频率决定的,ADNS-2051 经过编程支持 800CPI 的分辨率和最高 2300 帧/秒的扫描速度,这样可以测量最小 1/800in 大小的移动距离,可以每秒 2300 次采样。

10.3
微课视频

10.3 用于三维复合精细成像的双 CCD 交会测量

近些年来,伴随着光电成像、图像处理等技术的迅猛发展,三维成像测量技术也得到了非常快速的发展。三维成像的基本原理是利用距离传感器获取目标表面的距离图像,实现对目标表面的几何形状的测量,距离图像的每一个像素都会对应目标物体表面的三维坐标。由于三维图像可以提供目标的形状、方位和姿态等立体信息,因而在工业、交通运输和军事等领域中得到广泛应用。

成像激光雷达和双 CCD 交会测量技术是目前正在发展中的两种主要三维成像技术。由于两者的成像原理完全不同,因而具有各自的特点。本节介绍一种基于激光雷达和双 CCD 交会测量的新型的三维精细成像系统,它利用成像激光雷达和双 CCD 交会测量技术的优势互补,可以提高目标的检测和识别效率,高效实时地获得目标的三维精细信息。

10.3.1 CCD 光电信号的二值化处理与数据采集

光电信号的二值化就是将光电信号转换成 0 或 1 的数字量的过程,它既可以代表信号的有与无,又可以代表光信号的强弱程度,还可以检测运动物体是否运动到某一特定的位置。实际上许多检测对象在本质上也表现为二值情况,如图纸、文字的输入,尺寸、位置的检测等。二值化处理一般将图像和背景作为分离的二值图像对待。例如,光学系统把被测物体的直径成像在 CCD 光敏元件上,由于被测物体与背景在光强上强烈变化,反映在 CCD 视频信号中所对应的图像边界处会有急剧的电平变化。通过二值化处理把 CCD 视频信号中被测物体的直径与背景分离成二值电平。这里以线阵 CCD 输出的视频信号为例,讨论光电信号的硬件和软件二值化处理方法。

1. 硬件二值化处理方法

1) 固定阈值法

将 CCD 输出的视频信号送入电压比较器的同相输入端,比较器的反相输入端加上可调的电平就构成了固定阈值二值化电路,如图 10-15 所示。当 CCD 视频信号电压的幅度稍大于阈值电压(电压比较器的反相输入端电压)时,电压比较器输出为高电平(为数字信号 1);当 CCD 视频信号小于或等于阈值电压时,电压比较器输出为低电平(为数字信号 0)。CCD 视频信号经电压比较器后输出的是二值化方波信号。

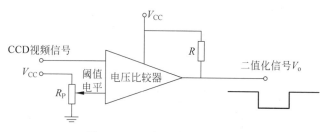

图 10-15　固定阈值二值化电路

调节阈值电压,方波脉冲的前、后沿将发生移动,脉冲宽度发生变化。当 CCD 视频信号输出含有被测物体直径的信息时,可以通过适当调节阈值电压获得方波脉冲宽度与被测物体直径的精确关系,这种方法常用于 CCD 测径仪中。

固定阈值法要求阈值电压稳定、光源稳定、驱动脉冲稳定,对系统提出较高要求。浮动阈值法可以克服这些缺点。

2) 浮动阈值法

如图 10-16 所示,浮动阈值法使电压比较器的阈值电压随测量系统的光源或随 CCD 输出视频信号的幅值浮动。这样,当光源强度变化引起 CCD 输出视频信号起伏变化时,可以通过电路将光源起伏或 CCD 视频信号的变化反馈到阈值上,使阈值电位跟着变化,从而使方波脉冲宽度基本不变。

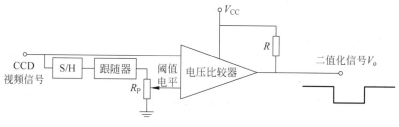

图 10-16　浮动阈值法原理图

2. 软件二值化处理方法

线阵 CCD 输出信号经 A/D 转换进入计算机系统后,软件测量有多种方法,这里只介绍最基本的三种方法。

1) 固定阈值二值化方法

用计算机软件提取边界信息的最基本方法是固定阈值二值化提取方法,原理类同于硬件二值化提取方法。不同点在于硬件固定阈值二值化提取方法的阈值由硬件设置,软件固定阈值二值化提取方法的阈值可由软件以数字方式设置。它比硬件固定阈值二值化提取方法更容易改变或设置阈值。在能够保证系统光源稳定的情况下,这种方法简单易行。图 10-17 所示为软件固定阈值二值化提取的信号波形图。

2)浮动阈值二值化方法

在固定阈值的基础上软件做浮动阈值处理要比硬件的浮动阈值简单得多,软件采集到一行周期 U_O 输出的数据后,根据背景光信号的强度信号设置阈值,该阈值可以根据背景光幅值的百分比来设置,因此所设置的阈值将跟随背景光的变化而变化,即随背景光的强弱浮动,在一定程度上消除了背景光的不稳定带来的误差。另外,软件还可以采用多次平均、叠加的算法提高测量的稳定性和精度。

3)微分二值化方法

边缘提取的第 3 种方法是斜率算法,采用二次微分的方法。图 10-18 所示为这种算法的波形图。线阵 CCD 输出的载有被测物体边界信息的电压信号 U_O 经数据采集系统送入计算机,该信号的一次微分结果记为 U_W,二次微分结果记为 U_{RW},由此可以采用提取一次微分信号的峰值或者二次微分信号的过零点作为边界信息。这种算法要求信号的边界锐利,以便判断。

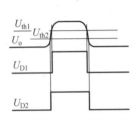

图 10-17 固定阈值二值化提取的信号波形图

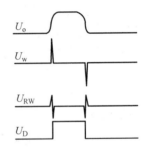

图 10-18 微分二值化算法的波形图

当物体成像较为清晰时,物体边界处所对应的输出信号变化很快,利用这个特点很容易从线阵 CCD 输出的信号中提取边界信息,完成测量工作。当然,光谱分析中的光谱信号类似于微分后的输出波形,经常采用这种算法计算光谱的准确位置。

3. 线阵 CCD 的数据采集

在定量分析线阵 CCD 输出信号幅值时,如用线阵 CCD 检测光强的分布进行图像的扫描输入,进行多通道光谱分析等应用领域,需要对线阵 CCD 输出信号进行 A/D 数据采集。

线阵 CCD 的 A/D 数据采集的种类和方法很多,这里介绍采用 8 位并行接口方式的数据采集基本工作原理。

图 10-19 所示为以 A/D 转换器件为核心构成的线阵 CCD 数据采集系统。以 CPLD 完成地址译码器、接口控制、同步控制、存储器地址译码等逻辑功能。计算机软件通过向数据端口发送控制指令对 CPLD 复位。CPLD 等待 SH 信号上升沿触发 A/D 开始工作,A/D 器件则通过 SP 信号完成对每个像元的同步采样,A/D 转换输出的数字

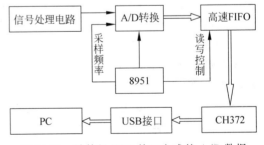

图 10-19 计算机 USB 接口方式的 A/D 数据
采集系统原理图

信号存储在静态缓存器件中,当一行像元的数据转换完成后,CPLD会生成一个标志转换结束的信号,同时停止 A/D 转换器和 SRAM 存储器的工作。计算机软件在查询标志信号后,读取 SRAM 存储器中的数据,完成数据曲线显示等一系列功能。当软件读取并处理完一行数据后,再次发送复位指令循环上述过程。

10.3.2　双 CCD 交会测量系统的构成

双 CCD 交会测量技术又称双目立体视觉。双 CCD 交会测量是由位于不同位置的两个 CCD 同时对空间同一场景成像,由两幅图像获取物体三维几何信息的方法。它是以机器视觉理论为基础,基于三角法原理进行测量的,即两个 CCD 的图像平面和被测物体之间构成一个三角形。已知两个 CCD 之间的位置关系,便可测量两个 CCD 公共视场内物体的三维尺寸及空间物体特征点的三维坐标。

一个完整的双 CCD 交会测量系统一般以计算机为中心,由图像采集获取、图像处理、摄像机标定、立体匹配、三维重建和图像显示等模块构成,如图 10-20 所示。

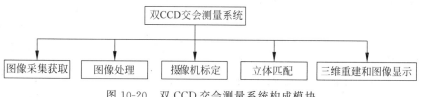

图 10-20　双 CCD 交会测量系统构成模块

图像采集获取的主要功能是控制两 CCD 采集交会测量系统要处理的两幅原始图像。采集图像时不但要满足系统的应用要求,而且要考虑视点差异、光照条件、摄像机性能以及景物特点等因素的影响。

图像处理模块主要对 CCD 采集的原始图像进行滤波去噪处理,进而提取出有用的目标特征,如点、线以及边缘特征等。从图像采集获取模块得到的原始图像对,由于包含了各种各样的随机噪声,目标的有用特征被噪声淹没,影响了特征提取精度,因此在对图像操作之前,必须对原始图像进行预处理,以及改善图像质量,提高图像清晰度,便于各种特征提取。图像预处理主要包括图像滤波、图像增强和锐化等。在对图像进行预处理之后,便可以利用角点提取、边缘检测等特征提取算法提取目标特征。

摄像机标定主要是通过实验计算确定摄像机成像模型中的各种内外参数,以及两摄像机之间的相对位置关系,以便确定空间坐标系中物体点与它在图像平面上像点之间的对应关系。摄像机标定是双 CCD 交会测量中的关键环节,标定精度的高低直接影响着三维重建的精度。

立体匹配是根据对所选特征基元的计算,建立特征间的对应关系,将两图像中对应的同一空间特征联系起来,以便进行后续的三维重建。立体匹配是双 CCD 交会测量技术中最复杂、最困难的环节。

三维重建是利用事先已标定的摄像机内外参数和匹配特征,由双 CCD 交会测量模型恢复空间景物的三维信息,并通过后续数据处理,把景物的三维空间信息真实地显示出来。

10.3.3 双 CCD 交会测量的基本原理

1. 双 CCD 交会测量数学模型

双 CCD 交会测量系统是基于三角法测量原理来实现的。已知空间中同一物体在左右两个 CCD 图像平面中的投影点的像素坐标,根据 CCD 的理想成像模型,结合诸如正弦定理、相似三角形等几何知识,便能够求解出待测物体的空间位置坐标。下面来具体介绍交会测量的理论模型。

如图 10-21 所示,两个面阵 CCD 水平放置。L_1 和 L_2 分别为两 CCD 的光心,L_1L_2 的连线称作基线,它的长度设为 d。以基线中点 O_w 为坐标原点来建立世界坐标系 $O_w\text{-}X_wY_wZ_w$,其中 X_w 轴垂直向上,基线与 Y_w 轴同轴,Z_w 轴垂直纸面朝向里。$X_1O_1Y_1$ 与 $X_2O_2Y_2$ 分别为两个面阵 CCD 的图像坐标系。L_1O_1 与 L_2O_2 所在的直线分别是两个面阵 CCD 的光轴。空间中的一点 $P(X_w,Y_w,Z_w)$,它在 CCD1 和 CCD2 的成像点分别是 $P_1(x_1,y_1)$ 和 $P_2(x_2,y_2)$。α 和 β 分别是两 CCD 光轴与基线的夹角(角度范围为 $0°\sim90°$),称它们为光轴倾角。点 P 在水平面 $Y_wO_wZ_w$ 上的投影点 P' 和两个面阵 CCD 光轴间的

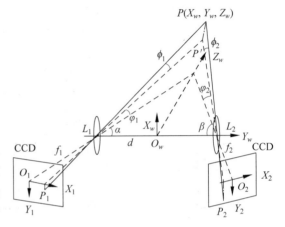

图 10-21　双 CCD 交会测量原理图

夹角(即水平视场角)分别为 φ_1 和 φ_2(设 L_1P' 在基线和光轴之内为负,之外为正)。两个面阵 CCD 镜头的有效焦距分别是 f_1、f_2,而 Φ_1 和 Φ_2 是物点 P 的垂直方向视场角。

从图 10-21 中的几何关系可以得到

$$Z_w\cot(\alpha+\varphi_1)+Z_w\cot(\beta+\varphi_2)=d \tag{10-14}$$

$$Y_w+\frac{d}{2}=Z_w\cot(\alpha+\varphi_1) \tag{10-15}$$

在 $\triangle PL_1P'$ 和 $\triangle PL_2P'$ 中,根据三角定理有

$$X_w=\overline{L_1P'}\cdot\tan\phi_1=\overline{L_2P'}\cdot\tan\phi_2 \tag{10-16}$$

同时由几何关系可知

$$\overline{L_1P'}=\frac{Z_w}{\sin(\alpha+\varphi_1)},\quad \overline{L_2P'}=\frac{Z_w}{\sin(\beta+\varphi_2)} \tag{10-17}$$

联立式(10-14)~式(10-17),求得物点 P 的空间坐标表达式如下:

$$\begin{cases} Z_w=\dfrac{d}{\cot(\alpha+\varphi_1)+\cot(\beta+\varphi_2)} \\[2mm] Y_w=Z_w\cot(\alpha+\varphi_1)-\dfrac{d}{2} \\[2mm] X_w=\dfrac{Z_w\tan\phi_1}{\sin(\alpha+\varphi_1)}=\dfrac{Z_w\tan\phi_2}{\sin(\beta+\varphi_2)} \end{cases} \tag{10-18}$$

其中, $\tan\varphi_1=\dfrac{x_1}{f_1}$, $\tan\varphi_1=\dfrac{x_x}{f_2}$, $\tan\phi_1=\dfrac{y_1\cos\varphi_1}{f_1}$, $\tan\phi_2=\dfrac{y_2\cos\varphi_2}{f_2}$。

可见,如果知道两 CCD 镜头的有效焦距及物点在两 CCD 图像坐标系的像素坐标,通过双 CCD 的本身结构参数和相互位置关系,就可由式(10-18)得到被测物体的三维坐标。

2. 双 CCD 有效视场

每个 CCD 摄像机都有一个成像范围,就是水平半视场角 γ 与垂直半视场角 ψ。在测量系统中,两个面阵 CCD 的成像区域有部分交叠存在,定义这个区域是双 CCD 交会测量系统的有效视场,只有将待测物体放在有效视场内,才可能分别在两 CCD 像面上清晰成像。而双 CCD 交会测量系统的垂直方向有效视场角与单个面阵 CCD 的垂直半视场角基本相等,所以在这里重点讨论水平有效视场角。考虑 CCD 对称放置的特殊情况,如图 10-22 所示。在公共视场区域内作一内切圆,半径为 R_b,内切圆半径一定程度上代表实际有效视场的大小。

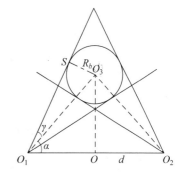

图 10-22 双 CCD 有效视场示意图

设光轴倾角等于 α,面阵 CCD 的水平半视场角是 γ,基线长度为 d。在 $\triangle O_1O_3S$ 中,可得 $R_b=\overline{O_1O_3}\cdot\sin\gamma$。在 $\triangle O_1OO_3$ 中,可得 $\overline{O_1O_3}=\overline{O_1O}/\cos\alpha=d/(2\cos\alpha)$。故得 R_b 的表达式为

$$R_b=\frac{d\sin\gamma}{2\cos\alpha} \tag{10-19}$$

从式(10-19)可知,双 CCD 交会测量系统的水平有效视场和基线长度 d、光轴倾角 α 和面阵 CCD 水平半视场角 γ 有关。有效视场与基线长度 d 成正比,并且随着水平半视场角 γ 和光轴倾角 α 的增加而变大。由此可以得到,在实际搭建平台中,可以适当调节基线长度 d 和物体的位置来使物体成的像更加完整清晰。

10.3.4 用于三维精细成像的双 CCD 交会测量系统设计

1. 双 CCD 与三维成像激光雷达的约束关系

在此介绍的三维精细成像系统是将双 CCD 交会测量系与三维成像激光雷达结合,利用双 CCD 在近距离测量精度高的优势来提高成像激光雷达的分辨率,以实现三维精细成像目的。因此,系统的设计需考虑成像激光雷达的性能特点。图 10-23 所示是国防科技大学研制的一种成像激光雷达的结构简图。该雷达采用直接探测脉冲激光测距体制,利用 APD 探测器进行探测,使用单一转镜实现二维扫描,成像速率可达 30 帧/s,每帧图像分辨率为 16×101 像素,测距精度为 9.2cm 左右,作用距离范围为 $4\sim24m$,水平方

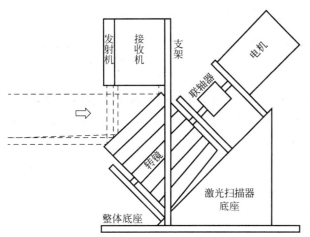

图 10-23 三维激光成像雷达总体结构简图

向的视场角约为 26°,垂直方向的视场角约为 12°。

双 CCD 交会测量系统和成像激光雷达是两种具有不同工作机制的测量系统,有各自的视场范围。当把两种测量系统结合在一起时,为了使它们能共同探测到待测目标,二者的视场范围需满足一定的视场约束关系。

双 CCD 的有效视场由 CCD 的水平视场角和光轴倾角决定,因此双 CCD 与成像激光雷达的水平视场约束表现在 CCD 水平视场角和光轴倾角的选择上。图 10-24 标示了两者之间的约束关系。

其中,O_1、O_2 为两 CCD 的光心,O 是激光雷达坐标系原点,O_3 是两 CCD 光轴的交点,α 为光轴倾角,γ 为 CCD 的水平半视场角,d 是基线的长度,H 为成像激光雷达的水平半视场角,Z_{min} 和 Z_{max} 分别是成像激光雷达的最小和最大探测距离。为满足激光雷达的水平视场要求,则需 $\gamma > \theta$,$\alpha > \psi$,由图中几何关系分析可得双 CCD 和成像激光雷达的水平视场约束关系为

$$\tan(\alpha - \gamma) \leqslant \frac{2Z_{min}}{d + 2Z_{min} \cdot \tan H}$$

$$\tan(\alpha + \gamma) \geqslant \frac{2Z_{max} \cdot \cos H}{d \cos H - 2Z_{max} \cdot \sin H} \tag{10-20}$$

图 10-25 所示为双 CCD 与成像激光雷达的垂直视场约束关系示意图。V 是激光雷达的垂直半视场角,P 在水平面上的投影 P' 位于基线 O_1O_2 的中垂线上,PO_1P' 的夹角为 ω。设 CCD 的垂直半视场角为 φ,若使双 CCD 的有效垂直视场大于成像激光雷达的垂直视场,则需 $\varphi > \omega$。由图中几何关系分析可得双 CCD 与成像激光雷达的垂直视场约束关系为

$$\tan\varphi \geqslant \sin\alpha \cdot \tan V \tag{10-21}$$

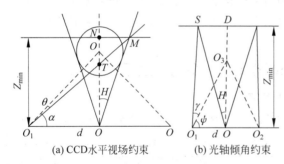

(a) CCD水平视场约束　　(b) 光轴倾角约束

图 10-24　双 CCD 与成像激光雷达的水平视场约束

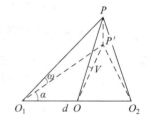

图 10-25　双 CCD 与成像激光雷达的
垂直视场约束关系示意图

此外,为了在三维精细成像中利用双 CCD 交会测量系统提高激光雷达的图像分辨率,双 CCD 交会测量系统在激光雷达最大探测距离处的测量精度需与激光雷达相当。设系统在激光雷达最大探测距离 Z_{max} 处的测量误差为 Δ_{total},激光雷达的精度为 Δ_{max},则有

$$\Delta_{max} \geqslant \Delta_{total} = \sqrt{\sum_i \xi_i^2 \Delta_i^2} \tag{10-22}$$

式中：i——d,α,β,f_1,f_2,x_1,y_1,x_2,y_2 等结构参数与像点坐标；

Δ_i——上述各参数的测量误差；

ξ_i——结构参数误差传递函数。

2. 双 CCD 交会测量系统结构配置

1）系统结构参数优化设计

双 CCD 交会测量系统结构参数的选择将直接影响系统测量的精度。为了尽可能降低因结构参数设置引起的误差,在其他已知参数给定的情况下,需要对系统的结构参数进行优化。

由于成像激光雷达的水平半视角 H、垂直半视角 V、最小探测距离 Z_{min}、最大探测距离 Z_{max} 及该位置处的测量误差都已确定,所以若给定双 CCD 测量系统的结构参数测量误差,同时给定 CCD 每个像元的尺寸 $\Delta T_x \times \Delta T_y$ 和 CCD 的水平像元数,则由约束条件通过优化设计,便可以得到双 CCD 交会测量系统的最优结构参数。在优化设计过程中,设定的优化设计准则是:在双 CCD 有效视场内,使坐标测量误差 Δ_{total} 的最大值小于设定的最大误差 Δ_{max}。

根据成像激光雷达的性能参数,设置初始参数并进行优化,得到双 CCD 交会测量系统的最优结构参数如表 10-2 所示。

表 10-2 双 CCD 交会测量系统结构参数优化设计计算结果

光轴倾角 α/(°)	基线长度 d 取值范围/mm	有效焦距/mm	CCD 垂直像元数 N_y
77	1424~1500	19.49~20.48	671~705
78	1446~1500	18.02~18.61	623~643

在表 10-2 所示的两组结构参数中,选择使系统测量误差 Δ_{total} 最小的一组参数作为双 CCD 交会测量系统的最优结构参数。经过计算得到,在两组结构参数中,当光轴倾角取 $\alpha = 77°$,基线长度 $d = 1500\text{mm}$,有效焦距 $f = 19.4917\text{mm}$ 时,测量系统误差最小,为 $\Delta_{total} = 96.7247\text{mm}$。由于工业用镜头的焦距一般为整数值,因此,取最接近上述有效焦距值,$f = 20\text{mm}$,此时对应的系统测量误差 $\Delta_{total} = 96.7577\text{mm}$。

当系统结构参数取上述值时,由优化程序算出相应 CCD 参数为:成像面水平尺寸 $T_x = 9.008\text{mm}$,垂直尺寸 $T_y = 4.4406\text{mm}$,CCD 水平像元数 $N_x = 1396$,垂直像元数 $N_y = 689$。

2）系统结构配置及器件选型

根据优化设计结果,最终确定双 CCD 交会测量系统的尾部结构参数如下:两 CCD 成对称结构放置,并且双 CCD 光心之间的距离为 1.5m,CCD 光轴与基线之间的夹角——光轴倾角为 77°。当上述结构参数确定后,下一步就是为了测量系统选择合适型号的 CCD 相机和镜头。

CCD 的主要特征参数有分辨率、速度、灵敏度、像元深度、动态范围和光谱响应等,在成像色彩上,CCD 可分为黑白和彩色两种类型。考虑到双 CCD 交会测量系统需与成像激光雷达结合实现三维精细成像,所以彩色相机更能满足要求。此外,成像激光雷达帧速率达到 30 帧/s,为了使设计的双 CCD 交会测量系统能够与激光雷达进行同步工作,CCD 的帧速率至少要达到 30 帧/s。

根据前面确定所需 CCD 的基本参数,所选择的 CCD 像面尺寸至少为 2/3in。根据以上分析,综合 CCD 性能和成本等因素,选用加拿大 Prosilica 公司的 GC1380CH 型彩色相机。

镜头的主要特征参数有焦距、光圈、工作距离、像面尺寸、像质和接口等。由于双 CCD 交会测量系统主要用于三维测量,因此不仅镜头畸变要小,而且镜头的像面尺寸必须大于 CCD 的成像面尺寸,否则图像边缘的像质将会变差。镜头的焦距是一个重要参数,前面已经确定了双 CCD 交会测量系统的焦距 $f=20\text{mm}$,经过综合分析并考虑到镜头的通用性,选择 Computar 公司的型号为 M6Z1212-3S 的变焦镜头,变焦范围为 $12.5\sim75\text{mm}$。表 10-3 列出了所选择的相机和镜头的主要性能参数。

表 10-3 相机和镜头的主要性能参数

品　　名	型　　号	产　　地	主要性能参数
CCD 相机	Prosilica GC1380CH	加拿大	分辨率 1360×1024;像元尺寸 $6.45\mu m\times6.45\mu m$;全分辨率帧速 30fps;芯片尺寸 2/3in
镜头	M6Z1212-3S	日本	焦距 12.5～75mm;光圈 1.2～16C;最近工作距离 1m

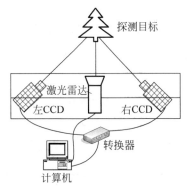

图 10-26 双 CCD 交会测量
系统结构配置图

3) 系统构成

双 CCD 交会测量系统需与成像激光雷达相结合,从而实现三维精细成像。根据前面确定的系统结构参数和器件选型,双 CCD 交会测量系统结构配置如图 10-26 所示,主要由左右 CCD 相机、成像激光雷达、转接器和计算机等部分组成。其中左右 CCD 成水平对称结构放置,激光雷达位于两个 CCD 连线的中间位置。

CCD 的主要作用是采集待测目标的图像,为后续目标特征提取提供信息输入源。在每次测量之前,需根据目标距离、大小及光线强弱调节镜头,做到对目标清晰成像,以便更精确地提取目标特征。

激光雷达的作用是获取目标的三维空间坐标,结合两个 CCD 的相应图像坐标,并利用激光雷达坐标系与 CCD 坐标系的标定算法,可以计算激光雷达与两个 CCD 的相互位置关系,实现三维精细成像。

转接器的作用是把两个 CCD 采集的图像数据送入同一台控制处理计算机中。通过转接器的中转作用,计算机可以控制双 CCD 同时采集目标图像。

计算机的主要作用是控制双 CCD 和激光雷达工作,同时对它们采集的数据进行处理,得到待测目标的空间位置坐标信息。

双 CCD 交会测量系统的功能是利用待测目标的二维图像坐标求解其空间三维坐标,最终实现目标的三维重建。完成这个过程需要已知 CCD 的内部几何与光学特征(内部参数)和 CCD 相对世界坐标系的空间方位(外部参数)以及两 CCD 之间的相互位置关系。这些参数通常需要通过实验和计算求得,确定这些参数的过程称为系统标定。因此在实际测量过程中,需要对测量系统进行精确标定,包括单 CCD 内部参数标定、双 CCD 相互位置关系的标定及双 CCD 坐标系与成像激光雷达坐标系之间变换关系的标定等。

10.4 时域分布式光纤测温系统

10.4
微课视频

由于光纤传感器具有传统传感器不可比拟的多种优点,故它自 20 世纪 70 年代问世以来得到了广泛的关注与发展。与传统的传感器相比,光纤传感器除了具有轻巧、抗电磁干扰等特征之外,还能够既作为传感元件又作为传输介质,容易显示长距离、分布式监测的突出优势。分布式光纤传感技术是最能体现光纤分布伸展优势的传感测量方法,它可以准确地测出光纤沿线任一点上的应力、温度、振动和损伤等信息,而不需构成回路。而基于光纤工程中广泛应用的光时域反射(Optical Time Domain Reflection,OTDR)技术的分布式传感是目前研究最多、应用不断扩展、作用大幅提升的真正意义上的分布式传感技术。

本节介绍一种基于拉曼散射的时域分布式光纤测温系统。

10.4.1 拉曼散射型分布式光纤测温系统的工作原理

1. 光纤中的背向散射光分析

当光波在光纤中传输时,由于光子与光纤纤芯介质分子之间的相互作用,会导致产生弹性碰撞(瑞利散射)和非弹性碰撞(如自发拉曼散射、布里渊散射)等现象。

瑞利散射为光波在光纤中传输时,由于光纤纤芯折射率 n 在微观上随机起伏而引起的线性散射,是光纤的一种固有特性。

布里渊散射是入射光与声波或传播的压力波(声学声子)相互作用的结果。这个传播的压力波等效于一个以一定速度(且具有一定频率)移动的密度光栅。因此,布里渊散射可以看作入射光在移动的光栅上的散射,多普勒效应使得散射光的频率不同于入射光。

拉曼散射是入射光波的一个光子被一个光学声子散射成为另一个低频光子,同时声子完成其两个振动态之间的跃迁。拉曼散射光含有斯托克斯光和反斯托克斯光,如图 10-27 所示。瑞利散射的波长不发生变化,而拉曼散射和布里渊散射是光与物质发生的非弹性散射所携带出的信息,散射波长相对于入射光波长发生偏移。

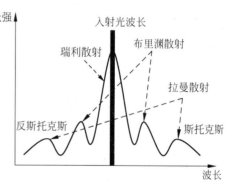

图 10-27 后向散射光分析

2. 基于拉曼散射的温度传感原理

当光波通过光纤时,光子和光学声子发生非弹性碰撞,产生拉曼散射。在光谱图上,拉曼散射频谱具有两条谱线,分别分布在入射光谱线的两侧。其中,波长大于入射光为斯托克斯光(stokes),波长小于入射光为反斯托克斯光(anti-stokes)。在自发拉曼散射中,斯托克斯光与反斯托克斯光的强度比和温度存在一定的关系,可表示为

$$R(T) = \frac{I_{as}(T)}{I_s(T)} = \left(\frac{\lambda_{as}}{\lambda_s}\right)^4 \cdot e^{\frac{hcv_0}{k \cdot T}} \tag{10-23}$$

式中:λ_{as}、λ_s——分别为反斯托克斯光和斯托克斯光波长;

h——普朗克常数(J·s);

c——真空中的光速;

v_0——入射光频率(m^{-1});

k——玻尔兹曼常数(J/K);

T——绝对温度值(K)。

拉曼散射型光纤传感器正是利用这一关系来实现传感。基于拉曼散射光时域反射仪(ROTDR)的分布式光纤传感器的原理是:拉曼散射光中斯托克斯光的光强与温度无关,而

反斯托克斯光的光强会随温度变化。反斯托克斯光强 I_{as} 与斯托克斯光强 I_s 之比和温度 T 之间的关系可表示为

$$\frac{I_{as}}{I_s} = a\,\mathrm{e}^{-\frac{hcv_0}{k \cdot T}} \tag{10-24}$$

式中：a——与温度相关的系数。

从上式可知,实测出斯托克斯-反斯托克斯光强之比可计算出温度,即

$$T = \frac{hcv_0}{k} \cdot \frac{1}{\ln a - \ln\left(\dfrac{I_{as}}{I_s}\right)} \tag{10-25}$$

由于 ROTDR 直接测量的是拉曼反射光中斯托克斯光与反斯托克斯光的光强之比,与其光强的绝对值无关,因此即使光纤随时间老化,光损耗增加,仍可保证测量精度。

3. 光时域反射定位技术

如图 10-28 所示,激光器发出的激光脉冲注入光纤中,产生多种散射光,其中部分散射

图 10-28　光时域反射定位技术原理示意图

光会沿着光纤反射回来(称为后向散射光),并被光电探测器接收。工作时,激光器与探测器同步触发,并利用高速采集卡进行采样计时。设采样卡的频率为 f,则时间采样间隔 $\Delta t = 1/f$。由光波在光纤中的传输定律,光电探测器在不同的 $i \cdot \Delta t$($i = 0$,1,2,$\cdots$)时刻接收到的后向散射光信号来自于距离发射端的 l 处,有

$$l = v \cdot i \cdot \Delta t/2 = c \cdot i \cdot \Delta t/(2n) = ic/(2nf) \tag{10-26}$$

式中：v——激光脉冲在光纤中的传输速率；

c——真空中的光速；

n——光纤纤芯的折射率。

因此,只要确定出时间序列 i,即可确定散射点的位置参数 l,这就是光时域反射定位技术。

可见,基于拉曼散射的时域分布光纤测温是将光纤沿温度场排布,测量光在光纤中传输时所产生的后向拉曼散射光,根据散射光所携带的温度信息,同时采用光时域反射定位技术,对沿光纤传输路径的空间分布和随时间变化的信息进行测量和监控。

人物介绍

姜德生(1949 年 3 月 1 日——),中国工程院院士,中国光纤传感技术的主要开拓者之一。从事光纤传感新技术的研究 40 多年,在光纤传感敏感材料制备、光纤传感器的精密加工、工业化生产关键技术与装备等方面取得突破,在武汉理工大学建成了国内光纤传感技术领域唯一国家工程研究中心,在全国率先实现了光纤传感技术的产业化；打破了国外技术封锁,形成了具有我国自主知识产权的成套生产技术与装备；为我国众多行业和重大工程及军工提供了急需的新一代传感技术,先后获国家科技奖励 5 项。

姜德生

10.4.2　拉曼散射型分布式光纤测温系统的设计

1. 系统结构

由前面的理论知识可知,光纤所在区域的温度信息与反斯托克斯的光功率有关,并通过反斯托克斯光与斯托克斯光的比值来解调出温度。但在实际中,计算机无法直接对光信号进行采集和处理,必须把光信号转换成电信号,利用比较成熟的高速数据采集卡进行采集和处理。因此,拉曼散射型分布光纤测温系统应包括控制触发、光信号采集、光电转换和电信号处理四个子系统,如图 10-29 所示。

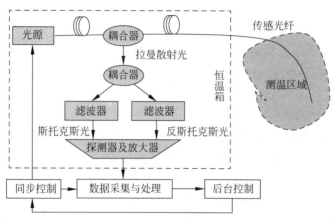

图 10-29　拉曼分布式温度传感系统的功能结构示意图

控制触发子系统是指同步脉冲发生器,它在计算机控制下产生一定重复频率的脉冲,这个脉冲一方面调制脉冲激光器,使之产生一系列大功率光脉冲,同时向高速数据采集卡提供同步脉冲,进入数据采集状态。光信号采集子系统由脉冲激光器、两个 1×2 双向耦合器、两个滤波器和传感光纤构成。激光器产生的光脉冲经过双向耦合器的一个端口进入传感光纤,并在光纤中各点处产生后向散射光。后向散射光经双向耦合器分成两路通过滤波器分别滤出斯托克斯光和反斯托克斯光,并分别进入光电转换子系统中的两个光电检测器和放大器中进行光电转换和放大。电信号处理子系统中的数据采集卡将传感光纤各点散射回来的光电信号进行采集和存储,产生一条光纤温度曲线,并等待后续光脉冲产生的散射光电信号进行累加和平均等数据处理,最终由计算机通过编译好的软件进行温度解调和显示。

2. 系统的主要技术指标

评定分布式光纤传感系统优劣的技术指标很多,其中决定分布式拉曼光纤温度传感器系统性能的最重要的技术指标有温度分辨率 δT、空间分辨率 δL 和系统响应时间 δt。

1)温度分辨率

温度分辨率是指为产生大小与总噪声电流的均方根值相同的信号光电流变化而需要的温度变化量,即信噪比为 1 时对应的温度变化量。温度分辨率是描述传感器系统实现准确测量的程度。根据拉曼散射分布式光纤测温原理分析可得到传感系统温度分辨率可表示为

$$\delta T \approx \sqrt{2}\,\frac{kT^2}{hcv}\left(\frac{P_{as}}{n_{as}}\right)^{-1} \tag{10-27}$$

式中：h、c、k——分别是普朗克常数、真空中光速和玻尔兹曼常数；

T——纤芯温度；

P_{as}/n_{as}——系统的信噪比。

可见,拉曼型分布式光纤温度传感系统的温度分辨率与系统的信噪比成反比,因而提高系统的温度分辨率的关键在于提高信号的信噪比。

2）空间分辨率

系统空间分辨率描述了分布式光纤温度传感系统对沿光纤长度分布的温度场进行测量所能分辨的最小空间单元,即达到的分布程度。系统的空间分辨率由光探测脉冲宽度 ΔT、光探测器响应时间 τ 和 A/D 转换时间 t_{ad} 三个因素确定,由此三个因素所确定的空间分辨率分别为

$$\delta L_{\Delta T} = (\Delta T v)/2, \quad \delta L_{\tau} = v\tau/2, \quad \delta L_{t_{ad}} = v t_{ad}/2 \tag{10-28}$$

式中：v——光在光纤中的传输速度。

因此分布式光纤传感系统的空间分辨率为

$$\delta L = \max\{\delta L_{\Delta T}, \delta L_{\tau}, \delta L_{t_{ad}}\} \tag{10-29}$$

3）系统的响应时间

系统的响应时间是指整个系统在给定的温度分辨率条件下,以一定的空间分辨率对整个传感光纤所处待测温度场完成一次测量所需要的最少时间。它包括后向拉曼散射信号的获取时间、提高信号信噪比所需的信号平均时间和其他数据处理时间。该项指标表明了系统对温度场实时监控的程度,即分布式光纤温度传感器的实用化程度。

设激光器脉冲驱动频率为 f,为达到规定的信噪比所需数字平均次数为 N,则测量时间为 $T_{total} = N/f$。因此,提高脉冲激光器驱动电源的频率有利于实现分布式测量的实时化,但值得注意的是随之而来的是要求模数转换器、存储器及累加器的性能应有相应的提高。目前,模数转换器和存储器的性能均已达到很高水平,关键是受到脉冲激光器实际工作频率的限制。此外,为保证对传感光纤后向散射信号的两次采样不至于相混,也要求两次采样脉冲信号时间间隔大于 $2L/v$（其中 L 为传感光纤总长）。总之,单靠提高脉冲激光器驱动电源频率来缩短测量时间不是无限制的,主要受脉冲激光器特性的制约,一般不高于几十 kHz。

3. 系统工作波长的选择

由理论分析可知,系统的最优工作波长实际是和系统选用光纤、系统的测温距离密切相关。在两者一定的情况下,从系统的测温灵敏度角度出发,系统波长越长越好；从工作稳定性角度出发,系统的波长宜选择短波长；而从待检测光功率角度出发,系统只有一个最佳波长。基于后向拉曼散射测温系统由于拉曼散射信号的强度太弱,因此系统最优中心波长的选取应该在着重考虑信号强度的基础上,兼顾系统的温度灵敏度和稳定性。此外,工作波长的选取还应该从实际的角度出发,考虑激光器工作波长的普适性以及光电探测器等因素,主要是光电探测器的响应范围,选择适当的系统中心波长,使斯托克斯光波长和反斯托克斯光波长处在光电探测器光谱响应范围的平坦区域内。

4. 系统待检光功率的估算

拉曼分布式光纤温度传感器的温度信号是由光纤中的后向反斯托克斯散射光所携带,散射系数很小。因此,此信号功率的大小决定着光电探测器的探测精度、前置放大器和主放大器的增益系数,以至于决定了数据采集卡的采集范围。因此有必要对光纤中的后向反斯

托克斯光功率进行一个定量的分析计算。在实际应用系统中,由于泵浦光脉冲从光纤放大器出来还要经过分路器、传感光纤、光滤波器等部件才到达光探测器。这样,得出光脉冲经过耦合器、光滤波片插入损耗及传感光纤的传输损耗后完整的后向反斯托克斯拉曼散射光功率公式,即

$$P_{as}(T) = \frac{v}{2} E_0 \frac{\exp(-h\Delta v/kT)}{1-\exp(-h\Delta v/kT)} \Gamma_{as} \eta_1 \eta_2 \eta_3 \exp[-(\alpha_0 + \alpha_{as})L] \qquad (10\text{-}30)$$

式中:v——光在光纤中的传输速度;

E_0——泵浦光脉冲的能量;

h 和 k——分别为普朗克常数和玻尔兹曼常数;

Δv——光纤的拉曼频移量;

Γ_{as}——光纤单位长度上的后向反斯托克斯拉曼散射光的散射系数;

α_0 和 α_{as}——分别为入射泵浦光和反斯托克斯光在光纤中单位长度上的损耗系数;

L——对应光纤上某一测量点到测量起始点的距离;

T——该测量点处的绝对温度;

η_1、η_2、η_3——分别为入射泵浦光通过光纤分路器进入传感光纤的光通过率、后向反斯托克斯光通过光耦合器进入光滤波器的光通过率、后向反斯托克斯光通过光滤波器进入光探测器的光通过率。

由上式可知,当系统确定后,v、h、k、Δv、Γ_{as}、α_0、α_{as}、η_1、η_2、η_3 都将不变,后向反斯托克斯光功率 $P_{as}(T)$ 只随 E_0、T 和 L 的改变而改变。进一步分析可发现,$P_{as}(T)$ 与 E_0 成正比关系,随 T 增加而增加,随 L 的增加而减小。

一般情况下,光探测器接收到的后向反斯托克斯光功率接近 nW 量级。也就是说,光探测器探测到的后向反斯托克斯光完全淹没在噪声中,因此要将信号光从噪声中提取出来,除了尽可能提高光探测器的探测灵敏度外,必须采用有效的信号处理措施。

5. 光电探测器件的选择

光电检测是整个系统能否实现的关键所在。微弱后向散射信号转换为计算机可处理的电信号,并有效地优化信噪比都在于如何选择合适的光电检测器件。

PMT 是作为弱光信号探测的有力手段之一,能够适应很多场合的光电检测。但对于分布式光纤检测系统来说,系统微弱信号检测条件极为苛刻。PMT 不足在于暗电流大、线性差和寿命短等缺点。APD 与 PMT 相比较,除了能够克服 PMT 的缺点外还具有体积小、结构紧凑、工作电压低、使用方便等优点。而 APD 与 PIN 相比较来说,其基本工作原理相仿。在同样负载条件下,前者具有更高的灵敏度,并具有较大的内部增益,从而降低了对前置放大器的要求,这一点恰恰是分布式测温系统所需要的。此外,APD 的性能与入射光功率有关,通常当入射光功率在 1nW 至几个 μW 时,倍增电流与入射光具有较好的线性关系,但当入射光功率过大,倍增系数 M 反而会降低,从而引起光电流的畸变。因此,在实际测量系统中,当入射光功率较小时,多采用 APD,此时雪崩增益引起的噪声贡献不大。相反,在入射光功率较大时,雪崩增益引起的噪声占主要优势,并可能带来光电流失真,这时采用 APD 带来的好处不大,采用 PIN 更为恰当。

6. 系统的数据采集与处理

光电检测输出的电压经过放大器后进入双通道高速数据采集卡进行数据采集。然后根

据测得的数据的时间序列和散射光强可以解调出所测温场的温度信息。在实际应用中,温度信号是淹没于噪声之中的,为了提高系统的测温精度,一般采用累加平均的方法进行去噪。

经过 m 次积累的信噪比为

$$\mathrm{SNR}_m = \left(\frac{S}{N}\right)_m = \frac{m f_s(iT)}{\sqrt{m} \cdot n(t)} = \sqrt{m}\,\frac{f_s(iT)}{n(t)} = \sqrt{m}\left(\frac{S}{N}\right)_{in} \tag{10-31}$$

m 次累积后的信噪比改善了 $\sqrt{m}$ 倍,可以看出增加累计次数可以进一步提高信噪比。但在实际应用中还要考虑两个问题,一是系统的测量时间,随着累加次数的增加,系统的测量时间变长,不利于温度场的实时测量,降低了系统的实用性;二是测量次数的增加并不能无限地增大信噪比,研究表明,当累加次数达到一定程度(约 100 000 次)再增加累计次数,系统的信噪比并没有明显的提升。

表 10-4 给出了国内外几种远程分布式光纤拉曼温度传感器的主要性能指标。其中,FGC-W30 由中国计量科学研究院研制。光源采用掺铒光纤激光器,激光中心波长 1547.4nm,光谱带宽 0.075nm,脉冲频率为 2kHz,脉冲宽度 $\tau = 10$ns,激光输出功率 $0 \sim 100$W 可调;两个滤波器的中心波长分别为 1451nm 和 1547nm;光电探测选用的是 SU200-01-SM 型 InGaAs-APD,探测直径为 0.2mm,带宽大于 1GHz,在 $1000 \sim 1650$nm 波段内的量子效率超过 70%;放大器采用 TI 公司生产的 THS3001 型运算放大器,转换速率高达 6500V$/\mu$s,-3dB 带宽达 420MHz 且具有良好的带内平坦度;采用长度为 31km 的 G652 单模光纤作为系统的光束传输与温度传感光纤;信号采集与处理部分由硬件和软件组成。硬件包括双通道数据采集累加卡(采样频率为 50MHz、带宽为 100MHz)、计算机系统、高速瞬态数字示波器、Boxcar。软件包括数据采集、累加与同步控制、各种降噪算法和测量结果显示等程序。

表 10-4　国内外几种远程分布式光纤拉曼温度传感器的主要性能指标

温度传感器	FTR300(BICC)	DTS800(SANSA)	FGC-W30(CJLU)
光纤长度/km	30	30	31
波长/nm	1550	1550	1550
温度不确定度/℃		±2	±2
温度分辨率/℃		2.0	0.1
空间分辨率/m	5	8	4
测量时间/s	600	600	432
工作温度范围/℃	$0 \sim 30$	$0 \sim 40$	$0 \sim 100$

10.5　基于红外传感器的气体浓度检测系统

随着科学技术的不断发展和人民生活水平的日益提高,工业生产规模迅速扩大,导致了二氧化碳的排放成倍增长。二氧化碳是大气重要组成成分之一,其含量过高不但会危害人类的健康,还会产生温室效应、土地荒漠化程度加速等多种不良影响。近年来,随着人们环保意识的增强和科学技术的进步,在农业、医疗、汽车及环保等方面对二氧化碳气体的浓度进行定量监测与控制成为日益增长的需求。

监测 CO_2 的方法主要有化学法、电化学法、气相色谱法、容量滴定法等,这些方法普遍存在着测量精度低、价格昂贵和普适性差等问题。气体传感器具有安全可靠、快速直读、可连续监测等特点,因而在 CO_2 浓度监测中被广泛采用。目前,应用于二氧化碳气体传感器主要有电化学式、热传导式、电容式、固体电介质式和红外吸收式等。红外吸收型 CO_2 传感器是利用不同气体对红外辐射有着不同的吸收光谱、吸收强度与气体浓度有关的原理来实现 CO_2 浓度检测的,具有测量范围宽、选择性好、防爆性好、设计简便和价格低廉等优点。

本节介绍一种红外吸收型 CO_2 浓度监测系统。

10.5.1　红外吸收检测原理

1. 朗伯定律

当光通过介质时,光强度发生减弱现象,称为光的吸收。在线性吸收情况下,光的吸收满足朗伯定律,即

$$I = I_0 e^{-aL} \tag{10-32}$$

式中：I_0——输入光强度；

I——输出光强度；

α——光通过介质的吸收系数；

L——光通过介质和光作用的长度。

介质的吸收系数 α 随光波长的变化关系称为该介质的吸收光谱。在一定波长范围内,光辐射通过某些介质时,吸收系数 α 不随波长变化,称之为一般吸收。反之,吸收系数 α 随波长变化的吸收称为选择吸收。

当吸收介质是气体时,吸收系数与光辐射通过的单位长度内的分子数成正比,或者说与单位体积内的气体分子数(即浓度 C)成正比。在这种情况下,吸收系数 α 可以表示为 $\alpha = A \cdot C$,则式(10-32)可改写为

$$I = I_0 e^{-ACL} \tag{10-33}$$

式中：A——与气体浓度无关的、反应吸收气体分子特性的系数。

习惯上将上式称为比尔吸收定律。应当注意,当浓度很大时,分子间相互作用不能忽略,比尔定律不再成立,A 将与浓度 C 有关。

由于气体分子之间相互作用很弱,气体吸收体现在气体分子的吸收。气体分子具有近于线性的能级结构,其吸收光谱是清晰、狭窄的吸收线,而且吸收线的位置就是该气体发射光谱线的位置。此外,气体分子之间相互作用受到压力、温度、密度等因素影响,所以气体的吸收和气体的压力、温度、密度等均有密切的关系。一般而言,气体密度越大,它对光辐射吸收就越强。

2. 二氧化碳气体吸收原理

依据朗伯定律,当红外光源发射的红外光通过 CO_2 气体时,CO_2 气体会对相应波长的红外光进行吸收。

设光源强度为 I_0,通过待测气体后,光强发生衰减。根据朗伯定律,出射光强 I 可表示为

$$I = I_0 e^{-g(\lambda)CL} \tag{10-34}$$

式中：$g(\lambda)$——待测 CO_2 气体分子的吸收系数；

C——气体浓度；

L——光程。

则气体的浓度为

$$C = \frac{1}{g(\lambda)L}\ln\frac{I}{I_0} \tag{10-35}$$

对于确定的待测 CO_2 气体和系统结构, $g(\lambda)L$ 是一个确定的量,因此只要测出 I 和 I_0 的比值就能测出 CO_2 气体的浓度。

10.5.2　红外吸收型 CO_2 气体检测系统的设计

1. 差分检测法

红外光谱吸收检测法主要采用差分吸收方式,差分吸收检测法的工作原理是:光源发出两路或多路光束,一路(或多路)携带被测气体吸收后的信息,作为信号信息;另一路(或多路)带有未经被测气体吸收的信息,作为参考信息。然后对两组信息进行处理,从而得到想要的结果。差分吸收可采用单波长双光路法实现,也可采用双波长单光路法实现。

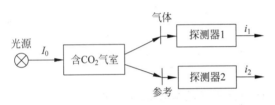

图 10-30　双波长单光路法原理框图

单波长双光路法系统一般采用窄带光源,价格高,同时在一定程度上增加了二氧化碳气体传感器的光路复杂程度和传感器体积。因此,可采用图 10-30 所示双波长单光路法。双波长单光路法的光源一般采用宽带光源,光辐射经过探测气室后通过分束器将光束分成两束,各自通过中心频率分别为 λ_1 和 λ_2 两个干涉滤光片,分别照射在两个光电探测器上,转换成电信号。其中作为检测信号的光辐射波长 λ_1 在 CO_2 气体吸收峰上,而 CO_2 气体对作为参考信号波长 λ_2 的光辐射吸收很弱或不吸收,同时也要避开气体分子(C_2H_2、NH_3、H_2O)的吸收。

考虑到光路的干扰因素,两路探测输出的电信号可表示为

$$\begin{cases} i(\lambda_1) = I_0(\lambda_1)K(\lambda_1)D(\lambda_1)\mathrm{e}^{-[g(\lambda_1)CL+\beta(\lambda_1)]} \\ i(\lambda_2) = I_0(\lambda_2)K(\lambda_2)D(\lambda_2)\mathrm{e}^{-[g(\lambda_2)CL+\beta(\lambda_2)]} \end{cases} \tag{10-36}$$

式中: $K(\lambda_1)$ 和 $K(\lambda_2)$ ——光学系统的耦合参数;

　　　$D(\lambda_1)$ 和 $D(\lambda_2)$ ——光电转换器件的灵敏度;

　　　$\beta(\lambda_1)$ 和 $\beta(\lambda_2)$ ——光路的干扰因素。

将两式相除,可得

$$C = \frac{1}{[g(\lambda_1)-g(\lambda_2)]L}\left\{\ln\frac{I_0(\lambda_1)K(\lambda_1)D(\lambda_1)}{I_0(\lambda_2)K(\lambda_2)D(\lambda_2)} + \ln\frac{i(\lambda_2)}{i(\lambda_1)} + [\beta(\lambda_1)-\beta(\lambda_2)]\right\} \tag{10-37}$$

因为 λ_1 和 λ_2 相差很小,而且光辐射几乎同时进入和通过待测的二氧化碳气体,因此 $\beta(\lambda_1) \approx \beta(\lambda_2)$,适当调节光学系统,使得 $I_0(\lambda_1)K(\lambda_1)D(\lambda_1) = I_0(\lambda_2)K(\lambda_2)D(\lambda_2)$,则上式可简化为

$$C = \frac{1}{[g(\lambda_1)-g(\lambda_2)]L}\ln\frac{i(\lambda_2)}{i(\lambda_1)} \tag{10-38}$$

定义透过率 $t=i(\lambda_1)/i(\lambda_2)$，得出气体浓度表达式为

$$C=\frac{C_1}{L}\ln\frac{1}{t} \tag{10-39}$$

可以看出，这种差分检测方法不仅可以从理论上完全消除光路的干扰因素，还可以消除光源输出光功率不稳定的影响。

两波长的光分别经过同一气室的输出信号强度之比与光源的强度波动以及气室上的粉尘的沉积因素无关，而且光源的波动、光纤接头的不稳定等因素对两种波长所引起的信号电平基本相同，以相对值作为检测结果，就可以消除因此而引入的误差。

2. 红外发射光源

1）IRL715 红外光源

红外吸收型气体检测系统采用单光路双波长法时，要求光源在待测气体的红外吸收峰范围内有较强的光强。由于二氧化碳的红外吸收峰在 $4.26\mu m$ 左右处，因此可选用 PerkinElmer 公司生产的 IRL715 红外光源。

IRL715 红外光源是一种直径在 $3.17mm$ 左右的白炽灯，属于热辐射型光源，波长从可见光到 $5\mu m$，适合 $CO_2(4.15\sim4.4\mu m)$ 的测量。

图 10-31 所示为 IRL715 的实物图和外壳玻璃透射率曲线。由于外壳玻璃的影响，截止波长在 $5\mu m$ 左右，有利于克服窄带滤光片加工工艺限制而导致的非理想带通的影响，可以去除 $5\mu m$ 以上的红外光对传感器的影响，从而提高传感器的精度，同时可以阻止外界环境辐射的红外光对传感器的影响。图中竖线显示了选择的测试成分和参考光路的波长。

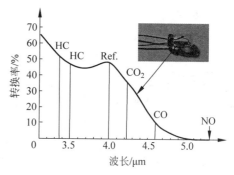

图 10-31　IRL715 的实物图和外壳玻璃透射率曲线

2）滤光片

在检测气室后、探测器之前，使用两块中心波长不同的滤光片进行滤光。滤光片的中心波长一般选择在待测气体吸收峰（信号波长）和在待测气体吸收很弱或不吸收处（参考波长），同时要避免气体分子的吸收。

根据所选择的 IRL715 光源的发光特性，选择干涉滤光片的性能参数如下：

（1）信号滤光片：中心波长是 $4.26\mu m$，半带宽是 $90nm$。

（2）参考滤光片：中心波长是 $4.0\mu m$，半带宽是 $180nm$。

3. 红外探测器

红外探测是用于接收红外辐射的装置，常用的红外探测器有光电导型和热释电型。光电导探测器对波长有一定选择性，响应速度快，时间常数小，一般在毫秒级甚至微秒级范围。热释电探测器光谱响应与波长无关，为无选择性探测器，它一般不需要制冷（除超导外），易于使用和维护，可靠性好，成本低。

气体检测系统所用的红外辐射变化缓慢，对反应速度要求不高。考虑到使用方便和成本因素，可选用 PerkinElmer 公司生产的 TPS2543 型热释电探测器。图 10-32 所示为 TPS2543 型双通道补偿热释电探测器。

图 10-32　TPS2543 型双通道补偿热释电探测器

设一束波长为 λ，光强为 I_0 的单色平行光射向二氧化碳和空气混合的被测气室时，气室中的样品在 λ 处具有吸收线和吸收带，光被吸收和散射一部分。根据朗伯定律，气室出射光强为

$$I = I_m \exp(-\alpha_m CL) \qquad (10\text{-}40)$$

式中：α_m——吸收系数；

C 和 L——分别为气体浓度和气室长度。

光探测器的两路通道接收红外光输出两路电信号。信号通道是与被测气体浓度直接相关的，而参考通道与被测气体无直接关系，但它反映了外界环境条件等因素，处理好这个量将对被测气体测量具有补偿作用，将能提高测量的精度和准确度。

信号通道的输出信号 $V_1 \propto I \cdot \exp(-KCL)$，而参考通道的输出信号 $V_2 \propto I$。可见，两路输出信号都正比于光强，当气室里二氧化碳浓度发生改变，由于吸收将引起光强变化，从而使两路信号的输出发生改变。对于一个确定的系统，吸收系数 K 和光程 L 都是确定的，设两路通道的比例因子分别为 K_1 和 K_2，可以得到

$$\begin{cases} V_1 = K_1 \cdot I \cdot \exp(-KCL) \\ V_2 = K_2 \cdot I \end{cases} \qquad (10\text{-}41)$$

为了消除光强因子的影响，将两式相除从而消除光强因子，也消除了系统的一些影响，提高了准确性，由此可得

$$\frac{V_1}{V_2} = \frac{K_1}{K_2} \exp(-KCL) \qquad (10\text{-}42)$$

从而可得浓度表达式为

$$C = \frac{-1}{KL} \cdot (\ln V_1 - \ln V_2 + \ln K_2 - \ln K_1) \qquad (10\text{-}43)$$

对于一个确定的系统，K 和 L 为常数，所以 $-1/KL$ 可以假定为一个常数 S，而 K_1/K_2 两比例因子只与当前的环境状态有关，可以设 $(\ln K_2 - \ln K_1)$ 这个值为随环境变化的参数 m，可以通过标定以及软件和电路的方法来补偿。$(\ln V_1 - \ln V_2)$ 可以通过电路和单片机运算直接求得，可以等效为一个因子 X。则上式可简化为

$$C = SX + Sm \qquad (10\text{-}44)$$

对于一个确定的环境，二氧化碳的浓度可以写成一个直线关系的方程式，即

$$y = kx + b \qquad (10\text{-}45)$$

这就是通过计算和处理最后得到的一个与浓度相关的简单数学关系式，式中的 x 为与浓度等效的输出信号，是两通道的比值的对数值；y 为气室内的分子数；k 和 b 为系统比例参数。

4. 检测电路及软件设计

吸收型气体传感器检测电路硬件设计主要包括电源模块电路、红外光源驱动电路、信号调制电路、外围接口电路、单片机控制电路和计算机通信接口电路设计。软件方面主要包括单片机主控制程序设计、数据采样、光源控制盒数码显示程序设计。系统工作原理如图 10-33 所示。

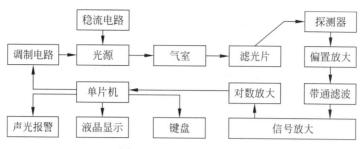

图 10-33　系统工作原理

10.5.3　系统的定标

系统构建后,还需进行实验对系统进行定标,得出基于红外吸收二氧化碳气体定标方程。

进行系统定标时,需根据气室的体积,配置标准浓度(如 1%、3%、7%、9%、10%)的二氧化碳气体充入气室对系统进行定标。首先充入 100% 氮气,由于氮气在近红外波段没有吸收,不会对系统产生影响,此时认为气室中没有气体,这时系统输出的就是零点值对应的 A/D 转换数。再充入 10% 浓度的二氧化碳气体,用调零和调整电路使单片机显示 A/D 转换数为 0。这样就完成了系统的"调零"。然后往气室里分别充入浓度分别为 1%、3%、7% 和 9% 的二氧化碳气体,记录 A/D 转换读数,每个浓度读取多次并取平均值。最后用最小二乘法对记录的数据进行处理得到拟合曲线方程,将其固化到单片机程序中。以后每往气室里充入一定量的二氧化碳气体,就可以直接得出一个浓度值。

10.6　光电火控系统

光电火控系统是建立数字化炮兵的必备条件,也是关键因素之一。光电火控系统是一种新型火控系统,其突出特点是采用光电传感器探测和跟踪目标,因而具有测量精度高、命中概率高、隐蔽性和抗电磁干扰能力强、低仰角跟踪能力强、可对付低空和地面目标等优点。光电火控系统因配装的武器平台不同,可分为高炮火控系统、低炮火控系统、坦克火控系统、机载火控系统和舰载火控系统。

10.6.1　光电火控系统的构成和工作原理

光电火控系统是指借助光电跟踪测量传感器,跟踪并测量目标的方位和距离等参数,通过火控计算机(或指挥仪)计算射击诸元,用以指挥控制火炮将其摧毁的系统。光电火控系统的战术功能是及时发现、捕捉和识别目标,精确跟踪并测量目标的方位、距离,计算射击诸元,并及时做出射击反应。和传统的雷达火控系统一样,光电火控系统的主要组成是光电传感器和火控计算机。

新型光电火控系统的基本组成如图 10-34 所示,主要包括两大部分,即侦察部分和指挥控制部分。侦察部分又包括战场监视及目标捕获装置、测距装置、测角装置,指挥控制部分主要包括数据处理装置(火控计算机)和通信系统。工作过程为:战场监视及目标捕捉装置

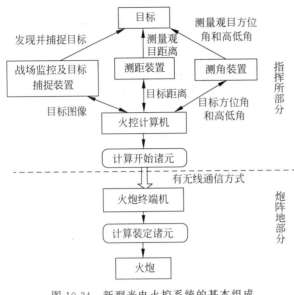

图 10-34 新型光电火控系统的基本组成

发现并锁定目标后,激光测距机测出观目距离,光电测角仪测出观目方向角和观目高低角,火控计算机接收到距离和方位数据后,结合预先设定的气象条件、弹道条件和战斗队形数值计算出目标的开始射击诸元,通过有线或无线方式传至火炮终端机,由火炮终端机计算装定诸元并传至伺服系统,由装定射击诸元实施射击,出现射击误差后,火控系统自动进行射击修正。

(1) 战场监视及目标捕获装置:由红外热像仪、CCD 电视摄像、微光夜视仪等光电成像设备构成,主要任务是侦察战场前沿敌方阵地编成、火力配系和筑城工事,搜索、发现、识别和确定敌暴露及隐蔽目标的坐标,监视敌重要目标的活动情况,并将所侦察到的景象实时传给前方指挥员和侦察情报网,为指挥员做出正确的决策提供依据。

(2) 测距装置:由激光测距机构成,主要任务是进行监测战斗队形和迅速准确地测定目标的距离参数。由于现代战争的特点和战区多云多雾的实际,要求测距机能全天候工作,特别是要增加激光穿透战场烟尘和云雾的能力,同时必须对人眼安全,以保护操作人员,减少非战斗减员。

(3) 测角机构:由光电测角仪构成,主要任务是快速测定目标的磁方位角、坐标方位角和高低角,要求测角机构能自动读数和传输数据,提高作业速度和精度。

(4) 数据处理装置:由火控计算机构成,要求数据处理装置能根据激光测距机和光电测角仪传来的数据计算出目标的地理坐标和平面直角坐标,根据存储的数据决定开始射击诸元。战场监视及目标捕捉装置与计算机通过 USB 接口连接,光电测距装置和光电测角装置与计算机通过 RS485 接口连接,计算机同时还必须有与 GPS 和 C-ISR 的连接接口。

10.6.2　光电测距装置

在火电火控系统中,光电测距装置主要使用激光测距机,其功能是与光电测角仪配合使用,用于检测战斗队形和测定目标(炸点)位置坐标,也可单独用于测定目标、炸点和方位物的距离。

激光测距是光波测距中的一种测距方式,激光以速度 c 在空气中传播,在两点间往返一次所需时间为 Δt,则

$$L = \frac{1}{2}c \cdot \Delta t \tag{10-46}$$

式中:L——目标距离;

　　　c——真空中的光速。

由上式可知,要测量两点间距离实际上是要测量激光传播的时间 Δt。根据测量时间的方法不同,激光测距仪通常可分为脉冲式和相位式两种测量形式。

1. 脉冲激光测距

相位测距精度一般可达到毫米级,但由于其电路复杂,造价高,因此主要用于精度测量。目前,世界各国光电火控系统中的激光测距机都采用脉冲测距,其结构相对简单,在 10km 左右的中等距离测量精度完全满足炮兵射击指挥精度要求。

图 10-35(a)所示为脉冲激光测距原理示意图。它主要由脉冲激光发射系统、光电接收系统、门控电路、时钟脉冲振荡器以及计数显示电路组成。其工作过程是:首先开启复位开关 K,复原电路给出复原信号,使整机复原,准备进行测量;同时触发脉冲激光发生器,产生激光脉冲。该激光脉冲有一小部分能量由参考信号取样器直接送到接收系统,作为计时的起始点。大部分光脉冲能量射向待测目标,由目标反射回测距仪的光脉冲能量被接收系统接收,这就是回波信号。参考信号和回波信号先后由光电探测器转换为电脉冲,并加以放大和整形。整形后的参考信号能使触发器翻转,控制计数器开始对晶体振荡器发出的时钟脉冲进行计数。整形后的回波信号使触发器的输出翻转无效,从而使计数器停止工作。图 10-35(b)所示为原理图中各点的信号波形。这样,根据计数器的输出即可计算出待测目标的距离,即

$$L = \frac{cN}{2f_0} \tag{10-47}$$

式中：N——计数器计到的脉冲个数;

$\quad\quad f_0$——计数脉冲的频率。

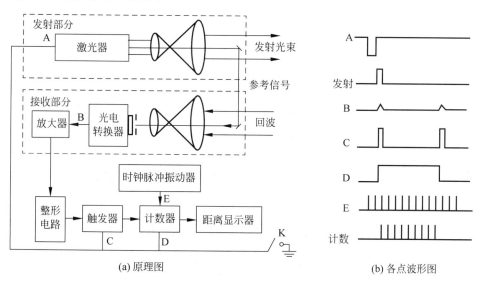

(a) 原理图　　　　　　　　　　　　(b) 各点波形图

图 10-35　脉冲激光测距原理图

脉冲激光测距仪的分辨率取决于计数脉冲的频率,根据式(10-47)可知

$$f_0 = \frac{c}{2P_L} \tag{10-48}$$

若要求测距仪的分辨率 $P_L = 1\mathrm{m}$,则要求计数脉冲的频率为 150MHz。由于计数脉冲的频率不能无限制提高,脉冲激光测距仪的分辨率一般较低,通常为数米的量级。

2. 激光测距机的参数

1) 激光器与探测器

考虑到战场环境的需要,常用的光电火控系统中激光测距机工作波长选择 $1.5X\,\mu m$ 波段人眼安全激光,因此,可选用拉曼频移 Nd:YAG 激光器,而探测器相应可采用 InGaAs-APD 或 InGaAs-PIN。

2) 最大可测距离

最大可测距离 R_m 是激光测距机的重要性能参数之一。由于激光测距机的发散角通常为 mrad 量级,目标对接收机而言可以看作小面元。假设目标与测距机的距离为 R,激光在大气中的单程透射率为 τ_a,目标被照部分在发射激光光束横截面方向的投影面积为 A_t,目标处的激光光束横截面积为 A_1,目标的法向为 ON,发射机的光学系统光轴与目标法向 ON 的夹角为 θ,如图 10-36 所示。

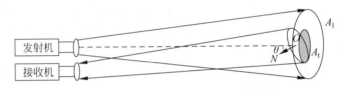

图 10-36　激光测距机接收的目标散射激光

假设发射机输出的激光功率为 P_t,经过大气传输后到达目标表面总激光功率为 $\tau_a P_t$。为简化计算,假设发射机发出光束在横截面上各处的功率是均匀的,则目标被照射部分的入射通量为

$$\Phi_i = \tau_a P_t \frac{A_t}{A_1} \tag{10-49}$$

由于接收机和发射机在一起,假设目标的反射率为 ρ_T,则激光散射后辐射强度为

$$I_\theta = I_0 \cos\theta = \frac{\rho_T \Phi_i \cos\theta}{\pi} \tag{10-50}$$

由式(10-49)和式(10-50)得到散射激光经大气传输后到达接收机处的辐射强度为

$$I_\theta = \frac{\tau_a^2 \rho_T P_t A_1 \cos\theta}{\pi A_L} \tag{10-51}$$

假设接收机的有效接收面积为 A_r,则该面积对目标所张的立体角为

$$\Omega_r = \frac{A_r}{R^2} \tag{10-52}$$

设接收光学系统的效率为 η_r,则光电探测器上接收到的激光功率为

$$P_r = I_\theta \Omega_r = \frac{\tau_a^2 \eta_r \rho_T P_t A_t A_r \cos\theta}{\pi R^2 A_1} \tag{10-53}$$

光电火控系统中激光测距机的发射机输出激光的立体角和接收机视场角都比较小,一般目标都可当作面状目标。对于面状目标,目标的面积大于发射激光光束在目标处的面积,则 $A_t = A_1$,式(10-53)可表示为

$$P_r = I_\theta \Omega_r = \frac{\tau_a^2 \eta_r \rho_T P_t A_r \cos\theta}{\pi R^2} \tag{10-54}$$

可见,激光测距机的最大可测距离由激光器的发射功率和探测器可探测的最小功率等

决定。根据激光器和探测器现有技术水平,取激光束的平面发散角 $\alpha = 0.5\text{mrad}$,$\tau_a = 0.6$、$\eta_r = 0.5$、$\rho_T = 0.1$、$\theta = 0$、$P_r = 1\text{nW}$,则光电火控系统要求激光测距机最大测程为 10km 时,激光器的发射功率约为 2W。

3)测距精度

以 152mm 加农榴弹炮为例,采用二号装药对 15km 处目标射击,每表尺对应距离变化为 21m。因此,测距精度应小于 10m,否则就会引起 1 个表尺的射击误差,影响射击精度。

引起测距精度误差的因素主要有大气折射率数值不准引入的误差 ΔR_n、时钟振动频率不稳引入的误差 ΔR_f、脉冲计数不准引入的误差 ΔR_m 和系统时间响应特性引入的误差 ΔR_t,其中 ΔR_m 和 ΔR_t 是主要因素。

假设某型激光测距机振荡器频率为 75MHz,一个脉冲计数误差引起的精度误差 $\Delta L = c \cdot \Delta\tau \approx 3 \times 10^8 / (75 \times 10^6) = 4\text{m}$,考虑到实际测距时的光波往返,脉冲计数不准引入的误差 $\Delta R_m = 2\text{m}$。设触发时间误差约为 $1.5 \times 10^{-8}\text{s}$,则系统时间响应特性引入的误差 $\Delta R_t = c \cdot \Delta\tau / 2 \approx 3 \times 10^8 \times 1.5 \times 10^{-8} / 2 = 2.25\text{m}$。

此外,实际应用中,测距机的晶体振荡器频率也会受到温度影响。如某频率为 75MHz 的晶体振荡器在低温($-40℃$)时测得 $f_l = 74.980\,93\text{MHz}$,常温($22℃$)时测得 $f_n = 74.979\,77\text{MHz}$,高温($50℃$)时测得 $f_h = 74.978\,68\text{MHz}$,则平均振荡频率 $f_p = 74.979\,79\text{MHz}$,则可得时钟振动频率不稳引入的误差 $\Delta R_f = 0.6\text{m}$。

光在空气中传播时,由于受介质、气压、温度和湿度等因素影响,传播速度会有一定的变化,其变化范围是 $12 \times 10^{-3}\text{m/s}$,这对于 10km 的测距范围来说其影响可以忽略,即 ΔR_n 可忽略不计。

则测距误差 $\Delta R = \Delta R_f + \Delta R_m + \Delta R_t = 0.6 + 2 + 2.25 = 4.85\text{m}$,小于 10m,符合系统精度要求。

10.6.3 光电测角装置

光电测角仪是光电火控系统中最重要的器件之一,它通过主机电缆与激光测距机连接,通过工作电缆与火控计算机连接。其主要用途除了赋予火炮基准射向外,还要测量目标或方位物的磁方位角、坐标方位角和高低角,结合激光测距机测出的距离数值决定目标和方位的地理坐标和平面直角坐标,并且测量炸点偏差量,进行射击修正。

图 10-37 所示为光电测角仪用的光电轴角编码器结构原理图和外形图。LED是光源,光敏元件通过码盘接收光信号,输出电信号。

光电轴角编码器的工作原理为:光源经校准后照射主光栅,当机械轴旋转时,码盘与狭缝之间的相对运动产生明暗交错变化的莫尔条纹,位于狭缝后面的光电接收器将接收的光信号转变成电信号,经过电子处理后转换成二进制代码输出,由

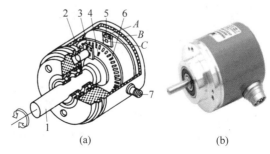

1—轴;2—LED;3—平行光栅;4—参考标志;
5—光敏元件;6—码盘;7—电信号输出。

图 10-37 光电轴角编码器结构原理图和外形图

于机械轴转角与输出的二进制代码一一对应,因此编码器具有直接测量角位移的功能,亦称光电角位置传感器。

码盘是编码器的核心部件,是一种由许多圆环形码道组成的圆盘,码盘的每个码道由按一定关系排列的透光区(为 1)和不透光区(为 0)组成,因此,在码盘的径向位置上形成透光和不透光的组合,即 1 和 0 的组合,组合码(循环码)表示相应的角度,代表着码盘的位置。码盘的盘面可设计出十几种编码图案:普通二进制编码、二进制循环码、余三反射二至十进制循环码、哥哈姆码、等比码、函数码和增量码等。在测角时,码盘相对于发光单元和接收单元转动,发光单元在驱动单元的作用下,发出脉冲光,在码盘另一面的接收单元将接收到的光信号转变成电信号,经信号处理单元细分后形成循环码并传送给单片机。单片机再进行处理,将它转换成 6000 密位制角,即为当前的方位角。

光电轴角编码器的角分辨率为

$$\alpha = \frac{360°}{2^n} \tag{10-55}$$

式中:n——码道数。

光电火控系统要求测角仪测角精度 0.06°,为满足要求,根据式(10-55)计算,光电轴角编码器的码道数不得小于 13,可选用 E1031-14 型绝对式光电轴角编码器。

10.6.4　监视及捕捉装置

战场监视及目标捕捉装置可采用电视侦察、微光夜视和红外侦察等技术。由于红外技术相对于微光夜视技术的优越性,当前火控技术的主流是采用电视侦察和红外侦察技术进行战场监视和目标捕捉。其中电视侦察可选用可见光 CCD 电视摄像机,红外侦察可选用热像仪。在光电火控系统中,将 CCD 战场电视摄像机和热成像仪结合使用,既能够实现昼夜可用,又可以探测敌隐身目标和工事内目标,还可以保证战场电视传输系统在恶劣气候条件下能够正常工作。

1. 热像仪的工作原理

热成像技术能把目标与场景各部分的温度分布、发射率差异转换成相应的电信号,再转换成可见光图像。这种把不可见的红外辐射转换为可见光图像的装置就是热成像仪。其成像原理如图 10-38 所示。

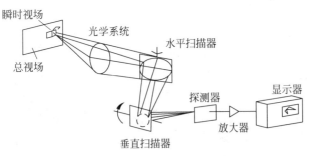

热像仪的红外光学系统把来自目标景物的红外辐射通量分布聚集成像于光学系统焦平面的探测器光敏面上;位于聚集光学系统和探测器之间的光机扫描包括垂直和水平两个扫描镜组,当扫描器工作时,从景物到达探测器的光束随之移动,从而在物空间扫出像

图 10-38　单元光机扫描热成像系统工作原理

电视一样的光栅;扫描器以电视光栅形式使探测器扫过景物时,探测器将逐点接收的景物辐射转换成相应的电信号序列,或者说,光机扫描器构成的景物图像依次扫过探测器,探测器依次把景物各部分的红外辐射转换成电信号,经过视频处理的信号,在同步扫描的显示器

上显示出景物的热图像。

2. 热像仪的主要性能参数

在选择热像仪时,必须考虑其作用距离、输出方式等主要性能参数。而作用距离又与其光学系统的入瞳口径、焦距有直接关系。

1) 焦距

根据 NATO(北大西洋条约组织)标准化协定规定,热成像系统作用距离分为探测距离、识别距离和看清距离。探测、识别和看清概率为 50% 的最低分辨率为 1∶3∶6(线对/目标尺寸)。在光电火控系统中,红外热像仪要求对人体的识别距离通常为 0.4km,则可根据镜头的物像关系(如图 10-39 所示)得到红外镜头的焦距 f。

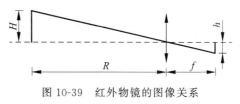

图 10-39 红外物镜的图像关系

$$f = R \cdot \frac{h}{H} \tag{10-56}$$

根据识别分辨率的要求,在识别距离,人体经过红外镜头成像后应至少有 3 个像元。人的身高按 $H = 1.70$m 计算,R 为热像仪的识别距离,探测器每个像元尺寸为 $45\mu m$,填充因子为 0.8,则 3 个探测器像元尺寸 $h = 3 \times 45/0.8 = 168.75\mu m$。考虑到镜头的衍射效应,加入弥散斑的收集效率因子 $\eta = 0.5$,根据系统要求,热像仪对人的识别距离为 400m,镜头焦距约为 80mm。

2) 入瞳口径

热像仪的入瞳口径与其作用距离有密切关系。热像仪的探测距离与四个方面因素有关,可表达为

$$R = K_1 \cdot K_2 \cdot K_3 \cdot K_4 \tag{10-57}$$

式中:K_1——目标辐射强度和大气透过率的影响;

　　　K_2——光学系统参数的影响;

　　　K_3——探测器探测率的影响;

　　　K_4——系统特性和信号处理因素的影响。

$$K_1 = \sqrt{J_{\Delta\lambda} \cdot \tau_a} \tag{10-58}$$

式中:$J_{\Delta\lambda}$——目标的辐射强度(W/sr);

　　　τ_a——沿瞄准方向大气透过率。

$$K_2 = \sqrt{\frac{\pi}{2} D_0 (\mathrm{NA}) \tau_0} \tag{10-59}$$

式中:τ_0——光学系统轴向透过率;

　　　NA——光学系统像元数值孔径;

　　　D_0——光学系统的入射孔径(mm)。

$$K_3 = \sqrt{D^*} \tag{10-60}$$

式中:D^*——探测器的探测率(cm·Hz$^{1/2}$/W)。

$$K_4 = \sqrt{\frac{1}{\sqrt{\omega \cdot \Delta f} \cdot \mathrm{SNR}}} \tag{10-61}$$

式中：ω——瞬时视场；

　　　Δf——系统带宽(Hz)；

　　　SNR——信噪比。

在上述各式中：

$$NA = \frac{D_0}{2f}, \quad \omega = \frac{A_d}{f^2}, \quad D^* = \frac{R_{bb}}{V_n}\sqrt{A_d \cdot \Delta f}$$

式中：A_d——探测器面积；

　　　R_{bb}——黑体响应率(V/W)；

　　　V_n——探测器噪声。

将上述各因子代入式(10-57)，得到

$$R = \sqrt{J_{\Delta\lambda} \cdot \tau_a} \cdot \sqrt{\frac{\pi D_0^2 \cdot \tau_0}{4}} \cdot \sqrt{\frac{R_{bb}}{V_n}} \cdot \sqrt{\frac{1}{SNR}} \tag{10-62}$$

根据系统性能指标，以人为探测目标，探测距离为 1.2km 计算入瞳口径。人的辐射强度 $J_{\Delta\lambda} = P/4\pi$，其中 $P = \varepsilon\sigma A(T^4 - T_c^4)$，斯特藩-玻尔兹曼常数 $\sigma = 5.67 \times 10^{-8}$ W/(m²K⁴)，T 为辐射物体表面温度，T_c 为环境温度，ε 为物体的反射率，A 为物体的表面积。设人体表面温度为 303K，常温环境温度为 293K，人体的反射率 ε 取 1，人体表面积 $A = 0.68$m²，则人体的辐射功率 $P = 100$W，$J_{\Delta\lambda} = 100/4\pi = 7.96$W/sr。

大气透过率 τ_a 要考虑的因素很多，为估算方便，取一个近似平均值 50% 进行计算。红外镜头按照现行的工艺，其平均透过率 τ_0 可达到 85%。目前，国内非制冷热像仪的探测器主要由法国 SOFRADIR 公司生产，根据探测器给出的相关数值，黑体响应率 $R_{bb} = 0.1$V/W，探测器噪声 $V_n = 100\mu$V。探测概率为 50% 时，取 SNR=1。

代入式(10-62)，得出光学系统的入射孔径 $D_0 = 23.2$mm。

3) 输出方式

热像仪由于其内部扫描方式不同，所以输出的视频信号也不尽相同。在光电火控系统中，为了得到清晰的视频信号，同时又能将视频信号在火控计算机上显示并传入指挥控制网和情报侦察系统，要求热像仪输出标准 CCIR 广播制式电视视频信号。

10.6.5　火控计算机

火控计算机接收到光电测距机和光电测角装置的数据后，结合预先设定的气象条件、弹道条件和战斗队形数值，计算出目标的开始射击诸元，通过有线或无线方式传至火炮终端机，由火炮终端机计算装定诸元并传至伺服系统中，装定射击诸元实施射击，出现射击误差后，火控系统自动进行射击修正。除此之外，火控计算机还要动态显示电视摄像机和热像仪传来的战场实况视频信号，因而要求计算机具有较强的图像显示、处理和存储功能。

火控计算机与阵地计算机可以通过有线和无线两种方式进行数据传输，由于光电火控系统配置在战场前沿，要求系统各部件小型化、携带方便、易于展开和撤收、系统稳定性高、安全性好、噪声小。另外，系统工作环境复杂，特别是要求在高山高寒环境下工作，因此火控计算机必须采用军用标准，以确保计算机在各种条件下正常工作。目前满足上述标准的军用计算机可采取两种方案解决：一是使用军用宽温加固型笔记本；二是采用军用嵌入式计算机加宽温液晶显示器。

第 10 章
参考答案

思考题与习题

10.1　叙述光电鼠标的结构及其工作原理。

10.2　在双 CCD 交会测量系统中,分析垂直视场、光轴倾角、水平视场角、基线长度和探测距离等因素对系统测量精度的影响。

10.3　在光纤分布测温系统中,问：(1)OTDR 定位技术原理是什么？(2)定位误差或空间分辨率与哪些因素有关？(3)如果采用频率足够高的脉冲激光,脉冲宽度 $\tau = 10\text{ns}$,则系统的空间分辨率为多少？

10.4　试比较红外吸收型 CO_2 气体检测系统中单波长双光路法和双波长单光路法的优缺点。

10.5　在短距离脉冲激光测距仪中,测距准确度主要取决于时间的测量不确定度,试分析影响时间测量不确定度的因素有哪些。

10.6　叙述光电轴角编码器测角原理。

专业英语

专题实例 1

专题实例 2

专题实例 3

专题实例 4

参 考 文 献

[1] 魏光辉,高以智.光子学技术——信息时代的支撑技术[M].北京:清华大学出版社,2002.
[2] 范晋祥,杨建宇.红外成像探测技术发展趋势分析[J].红外与激光工程,2012,41(12):3145-3153.
[3] 叶培建,饶伟.光电技术在中国深空探测中的应用[J].航天返回与遥感,2011,32(2):1-11.
[4] 刘松涛,高东华.光电对抗技术及其发展[J].光电技术应用,2012,27(3):1-9.
[5] 骆清铭.光电技术在生物医学中的应用——现状与发展[J].光学与光电技术,2003,1(1):7-14.
[6] 曹俊诚.半导体太赫兹源、探测器与应用[M].北京:科学出版社,2012.
[7] 缪家鼎,徐文娟,牟同升.光电技术[M].杭州:浙江大学出版社,1994.
[8] 安毓英,刘继芳,李庆辉.光电子技术[M].北京:电子工业出版社,2002.
[9] 江文杰,曾学文,施建华.光电技术[M].北京:科学出版社,2008.
[10] 刘恩科,朱秉升,罗晋生.半导体物理学[M].6版.北京:电子工业出版社,2007.
[11] 赵近芳.大学物理学[M].北京:北京邮电大学出版社,2003.
[12] 汪贵华.光电子器件[M].北京:国防工业出版社,2008.
[13] 张广军.光电测试技术与系统[M].北京:北京航空航天大学出版社,2010.
[14] 原荣.光纤通信[M].3版.北京:电子工业出版社,2010.
[15] 王庆有.光电技术[M].北京:电子工业出版社,2008.
[16] 周志敏,纪爱华.太阳能LED路灯设计与应用[M].北京:电子工业出版社,2009.
[17] 关积珍.2008、2009中国LED显示应用行业发展报告[J].现代显示,2010,112(5):9-17.
[18] 付贤政.高亮度LED综述[J].中国西部科技,2011,10(19):12-13.
[19] Kasap S O.光电子学与光子学的原理及应用(英文版)[M].北京:电子工业出版社,2003.
[20] 刘云燕,张德恒,王卿璞.GaN紫外光电导探测器的研究[J].半导体情报,2000,37(2):16-20.
[21] Foit J,Novak J.光敏电阻向运算放大器提供负反馈,产生线性响应[J].电子设计技术,2010,8:
      60-63.
[22] 刘增基,周洋溢,胡辽林,等.光纤通信[M].西安:西安电子科技大学出版社,2005.
[23] 章毓晋.图像处理和分析[M].北京:清华大学出版社,2002.
[24] 冉榴红.光电器件在色敏传感器中的应用[J].光电子技术,1994,14(3):177-181.
[25] 张智博,王艳,殷天明.基于TCS3200的颜色识别系统设计[J].机械与电子(增刊),2010,S1:54-57.
[26]   Mäkynen A. Position-sensitive devices and sensor systems for optical tracking and displacement
      sensing applications[D]. Oulu: University of Oulu,2000.
[27] 童诗白,华成英.模拟电子技术基础[M].北京:高等教育出版社,2006.
[28] 赵尚弘.卫星光通信导论[M].西安:西安电子科技大学出版社,2005.
[29] 阎石.数字电子技术基础[M].北京:高等教育出版社,2006.
[30] 康力耀,黄梅珍,陈钰清.二维PSD的结构和性能分析[J].功能材料与器件学报,2000,6(3):
      301-304.
[31] 阚家溪.APD雪崩光电检测器在模拟光接收机中的应用[J].电子技术,1983(04):30-31.
[32] 吕华,王日.雪崩光电二极管恒虚警率控制在激光成像系统中的应用[J].红外与激光工程,2002,
      01:44-47.
[33] 夏延.半导体色敏传感器及其应用[J].仪器制造,1981,04:25-29,52.
[34] 杜清府,刘海.检测原理与传感技术[M].济南:山东大学出版社,2008.
[35] 苏俊宏,尚小燕,弥谦.光电技术基础[M].北京:国防工业出版社,2011.

[36] 郭天太,陈爱军,沈小燕,等.光电检测技术[M].武汉:华中科技大学出版社,2012.

[37] Hamamatsu. PMT 技术资料[EB/OL]. [2022-3-20]. http://share. hamamatsu. com. cn/special-1028. html.

[38] 李忠虎.热电偶应用问题综述[J].工业计量,2007,17(2):34-37.

[39] 张磊,郑小兵,林志强,等.面向定向化红外遥感的热电堆探测器定标技术[J].光电工程,2007,34(2):15-22.

[40] 徐江涛,张兴社.微光像增强器的最新发展动向[J].应用光学,2005,26(2):21-23.

[41] 程开富.微光摄像器件的发展趋势[J].电子元器件应用,2004,10:1-3.

[42] 白廷柱,金伟其.光电成像原理与技术[M].北京:北京理工大学出版社,2006.

[43] 赵远,张宇.光电信号检测原理与技术[M].北京:机械工业出版社,2005.

[44] 米本和也.CCD/CMOS 图像传感器基础与应用[M].陈榕庭,彭美桂,译.北京:科学出版社,2006.

[45] 杨应平,胡昌奎,胡靖华,等.光电技术[M].北京:机械工业出版社,2014.

[46] 黎敏,廖延彪.光纤传感器及其应用技术[M].武汉:武汉大学出版社,2008.

[47] 梁深,欧阳三泰,王侃夫.自动检测技术及应用[M].北京:机械工业出版社,2011.

[48] 韩丽英,崔海霞.光电变换与检测技术[M].北京:国防工业出版社,2010.

[49] 高景占.微弱信号检测[M].北京:清华大学出版社,2004.

[50] 安毓英,曾晓东,冯喆珺.光电探测与信号处理[M].北京:科学出版社,2010.

[51] 杨志强.空间光通信 ATP 系统关键技术研究[D].秦皇岛:燕山大学,2008.

[52] 潘浩杰.自由空间光通信(FSO)中 ATP 关键技术研究[D].南京:南京邮电大学,2012.

[53] 林邓伟,邢文生.光电鼠标芯片组在无接触检测运动物体中的应用[J].微计算机信息,2006,22(72):131-134.

[54] 胡峰.用于三维复合精细成像的双 CCD 交会测量技术研究[D].长沙:国防科学技术大学,2009.

[55] 张艺,张在宣,金仁洙.远程分布式光纤温度传感器的设计和制造[J].光电工程,2005,4(4):45-48.

[56] 李秀琦.基于拉曼散射分布式光纤测温系统的研究与设计[D].保定:华北电力大学,2008.

[57] 何睿.基于红外光谱吸收原理的二氧化碳气体检测系统的设计与实验研究[D].吉林:吉林大学,2009.

[58] 王艳菊,王玉田,张玉燕.差分吸收式甲烷气体传感器系统研究[J].仪器仪表学报,2006,27(12):1647-1650.

[59] 张洁.用 LED 作光源的光纤甲烷气体传感器及其检测系统的研究[D].秦皇岛:燕山大学,2005.

[60] 刘中奇,王汝琳.基于红外吸收原理的气体检测[J].煤炭科学技术,2005,33(1):65-68.

[61] 姜开旺.光电火控系统在未来数字化炮兵中的应用[D].长沙:国防科技大学,2006.

[62] 潘平.非制冷红外侦察仪红外镜头配置研究[J].红外技术,2004(3):37-39.

[63] 曾华林,左昉,谢福增.空间光通信 ATP 系统的研究[J].光学技术,2005,31(1):93-95.